"十三五"江苏省高等学校重点教材
教材编号：2018-1-114

高等院校精品课程系列教材

# C++程序设计教程

### 第3版
皮德常 编著

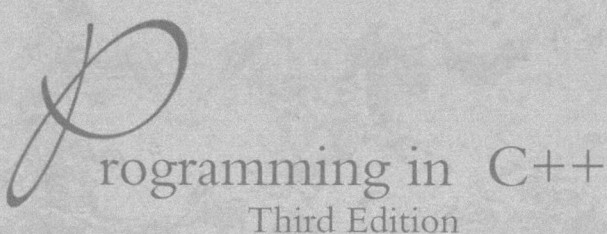

机械工业出版社
CHINA MACHINE PRESS

图书在版编目（CIP）数据

C++程序设计教程 / 皮德常编著. -- 3版. -- 北京：机械工业出版社，2021.11（2024.11重印）

高等院校精品课程系列教材

ISBN 978-7-111-69421-2

I. ①C… Ⅱ. ①皮… Ⅲ. ①C++语言 – 程序设计 – 高等学校 – 教材　Ⅳ. ①TP312.8

中国版本图书馆CIP数据核字（2021）第210097号

本书针对初学者和自学者的特点，在总结作者多年程序设计课程教学和实践经验的基础上编写而成。书中结合实例讲解了C++的基本概念和方法，力求将复杂的概念用简洁、通俗、有趣的语言描述，做到深入浅出、循序渐进，从而使读者体会到学习的快乐，并在快乐中学习。

全书共12章，主要内容包括C++基本数据类型、流程控制、函数、数组、指针、结构体、文件操作、类、继承、多态、虚函数、异常处理等。书中列举了数百个可供直接使用的程序示例代码，并给出了运行结果，使读者在学习时更为直观。

本书配有适当的习题，并提供配套的电子教案，爱课程（中国大学MOOC）平台上还提供了作者的授课录像及本教材的辅助材料，因此本书特别适合用作大学计算机专业和非计算机专业的程序设计课程教材，也非常适合那些具有C编程经验又想转向C++编程的读者阅读。

出版发行：机械工业出版社（北京市西城区百万庄大街22号　邮政编码：100037）

责任编辑：姚　蕾　　　　　　　　　　　　　责任校对：殷　虹

印　　刷：涿州市般润文化传播有限公司　　版　　次：2024年11月第3版第2次印刷

开　　本：185mm×260mm　1/16　　　　　　印　　张：22

书　　号：ISBN 978-7-111-69421-2　　　　　定　　价：69.00元

客服电话：(010) 88361066　88379833　68326294

版权所有·侵权必究
封底无防伪标均为盗版

# 前　言

本书前两版出版以来一直受到众多读者喜爱，许多读者和授课教师纷纷与作者联系，作者受益良多，深表感谢。针对初学者和自学者的需求，本版结合读者反馈和作者近几年的科研成果，采用 Visual Studio 2015 对 C++ 的知识点进行了全面的修订。

本书的特点如下：

1）本书主要讲解 C++ 程序设计的编程方法，这是计算机类专业学生的编程基础。

2）本书是作者教学经验的结晶。作者 20 年来一直从事程序设计方面的教学和科研工作，主讲 C、C++、Java 等程序设计课程，积累了丰富的教学经验。"从实践到理论，再从理论到实践，循序而渐进"是作者教学的心得体会，编写教材也不例外。作者深知学生的薄弱环节和学习特点，所以将自己的知识、授课方法和教学经验总结出来，以使更多的学生受益。

3）在内容安排上，本书尽量提前讲解文件操作这部分内容（许多书都是在最后讲解）。因为文件是很实用也是比较难学的，所以这种安排也为学生进行课程设计和实验做了铺垫。

4）在作业安排上，从易到难，环环相扣。作者在教学中发现，许多学生学过 C++ 却不会编程。因此，本书设计了许多与实际有关的习题，并且它们彼此相关。

5）强调课程设计。C++ 课程应该有课程设计，我们在本书的最后给出了一个课程设计要求，希望学生能独立、认真完成。这对提高学生的编程能力、巩固学过的知识大有裨益。

6）力求语言通俗易懂。本书的编写目的是让学生通过自学或在教师的讲授下，能够运用 C++ 语言的核心要素进行程序设计。因此，本书围绕着如何进行 C++ 编程展开。为了便于学生学习，作者力求讲解通俗易懂，将复杂的概念采用浅显的语言描述，做到易学、易用、有趣，从而便于学生理解和掌握 C++ 编程思想与方法。

7）强调程序的可读性。本书中的程序全部采用统一的程序设计风格。例如，类名、函数名和变量名的定义做到"见名知义"；采用缩排格式组织程序代码并配以尽可能多的注释。希望学生能够模仿这种程序设计风格。

8）包含大量的程序示例，并给出运行结果。凡是程序开头带有编号的程序，都是完整的程序，可以直接在计算机上编译运行。

9）采用醒目的标记来显示知识点。这些标记是注意、警告和思考等，它们穿插在正文中，帮助学生尽快找到重要的信息。

**注意**：值得关注的地方，也是作者在教学中发现学生容易搞错的知识点。

**警告**：这是容易混淆的知识点。

**思考**：提出问题，引导学生思考，以培养思考能力。

本书的电子教案采用 PowerPoint 制作，可以在讲课时用多媒体投影演示，这样可部分取代板书。教师不仅可以使用本教案，还可以方便地修改和重新组织其中的内容以适应自己的教学需要。使用本教案可以减少教师备课时编写教案的工作量，以及因板书所花费的时间和精力，从而提高单位课时内的知识含量。

我们向使用本书的教师免费提供电子教案，需要本教案的教师可以直接与机械工业出版社华章公司联系。

在编写本书的过程中,作者得到了许多同事的帮助,包括王珊珊、张志航、郑洪源、陈丹等,他们提出了许多宝贵的意见和建议。作者的研究生马程、张玉、方卓然、张伟、王强、程冉、李文等人,为本书做了大量的程序验证工作。在教学的过程中,作者也受到了许多学生提出的问题的启发,这也使作者在写书的过程中注意有的放矢。

感谢您选择本书,欢迎您对本书的内容提出批评和修改建议,作者将不胜感激。作者的电子邮件地址:dc.pi@163.com。

皮德常

2021 年 10 月

# 教学建议

| 教学章节 | 教学要求 | 课　时 |
|---|---|---|
| 第 1 章<br>C++ 程序设计基础 | 掌握 C++ 编程风格<br>掌握 C++ 程序的词法单位<br>掌握 C++ 的基本数据类型<br>掌握变量和常量<br>掌握运算符和表达式<br>掌握语句<br>掌握输出和输入方法<br>了解枚举 | 6 |
| 第 2 章<br>C++ 的流程控制 | 了解算法的基本概念和表示方法<br>掌握选择结构程序设计、switch 语句<br>掌握循环结构程序设计 | 6 |
| 第 3 章<br>函数 | 掌握函数的定义和调用<br>掌握函数的声明<br>掌握函数的参数传递和返回值<br>掌握局部变量和全局变量<br>掌握变量的存储类别、默认参数、引用<br>掌握函数重载、函数模板、内联函数<br>掌握递归调用（根据授课对象灵活选择）<br>了解函数的调试方法<br>了解编译预处理 | 7～9 |
| 第 4 章<br>数组 | 掌握一维数组、多维数组<br>掌握数组做函数参数<br>掌握字符数组与字符串<br>掌握处理字符和字符串 | 8 |
| 第 5 章<br>指针 | 掌握指针的概念和定义<br>掌握指针与数组<br>掌握指针与函数<br>掌握指针数组与指向指针的指针<br>了解内存的动态分配和释放<br>了解 void 和 const 修饰指针变量 | 8～9 |
| 第 6 章<br>结构体与链表 | 了解抽象数据类型<br>掌握结构体的定义及应用<br>了解用 typedef 定义类型<br>掌握单向链表（根据授课对象灵活选择） | 4 |
| 第 7 章<br>文件操作 | 掌握文件的基本概念、打开和关闭<br>掌握采用流操作符读写文件<br>掌握流对象做参数<br>掌握出错检测<br>掌握采用函数成员读写文件<br>了解多文件操作<br>掌握二进制文件<br>掌握随机访问文件 | 4 |

（续）

| 教学章节 | 教学要求 | 课时 |
| --- | --- | --- |
| 第8章<br>类的基础部分 | 掌握面向对象程序设计的基本思想<br>掌握类的概念与定义方法<br>掌握多文件组织<br>掌握内联函数、构造函数、析构函数<br>掌握重载构造函数<br>掌握对象数组<br>了解抽象数组类型 | 6~8 |
| 第9章<br>类的高级部分 | 掌握静态成员<br>掌握友元函数<br>掌握对象赋值问题<br>掌握拷贝构造函数<br>掌握运算符重载<br>了解对象组合 | 7~8 |
| 第10章<br>继承、多态和虚函数 | 掌握继承<br>掌握保护成员和类的访问<br>掌握构造函数和析构函数<br>掌握覆盖、虚函数<br>掌握多重继承<br>了解多继承<br>了解类模板 | 6~8 |
| 第11章<br>异常处理 | 掌握异常概念<br>掌握基于对象的异常处理 | 2 |
| 第12章（选讲）<br>数据库程序设计 | 掌握采用C++编写一个完整数据库管理系统 | 2~4 |

说明：面向对象程序设计分为核心知识模块（前11章）和提高模块（第12章），其中核心知识模块建议教学学时为64~72，提高模块建议教学学时为2~4。平时作业建议都在计算机上完成，上机实验不低于60机时，课程设计不低于40机时。不同的学校可以根据各自的教学要求和计划学时，对教学内容进行取舍。

# 目 录

前言
教学建议

## 第1章 C++程序设计基础 ...... 1
### 1.1 为什么要学习C++程序设计 ...... 1
### 1.2 简单的C++程序举例 ...... 2
### 1.3 注释方法 ...... 3
### 1.4 编程风格 ...... 3
### 1.5 C++程序的词法单位 ...... 3
#### 1.5.1 C++程序中的字符 ...... 4
#### 1.5.2 标识符 ...... 4
#### 1.5.3 关键字 ...... 4
### 1.6 C++的基本数据类型 ...... 5
### 1.7 变量和常量 ...... 6
#### 1.7.1 变量 ...... 6
#### 1.7.2 文字常量 ...... 7
#### 1.7.3 符号常量 ...... 8
#### 1.7.4 常变量 ...... 9
### 1.8 运算符和表达式 ...... 9
#### 1.8.1 算术运算符和算术表达式 ...... 9
#### 1.8.2 初识运算符的优先级和结合性 ...... 9
#### 1.8.3 赋值运算符和赋值表达式 ...... 10
#### 1.8.4 自增、自减运算符 ...... 11
#### 1.8.5 关系运算符和关系表达式 ...... 11
#### 1.8.6 逻辑运算符和逻辑表达式 ...... 12
#### 1.8.7 位运算符和位表达式 ...... 13
#### 1.8.8 逗号运算符和逗号表达式 ...... 15
#### 1.8.9 sizeof 运算符 ...... 15
#### 1.8.10 C++的运算符优先级和结合性 ...... 16
### 1.9 语句 ...... 16
### 1.10 类型转换 ...... 17
#### 1.10.1 赋值时的类型转换 ...... 17
#### 1.10.2 混合运算时的类型转换 ...... 18
#### 1.10.3 强制类型转换 ...... 19
### 1.11 简单的输出和输入方法 ...... 19
#### 1.11.1 cout 对象和 cin 对象 ...... 19
#### 1.11.2 格式化输出 ...... 22
#### 1.11.3 采用函数成员实现格式化输出 ...... 24
#### 1.11.4 对函数成员的初步讨论 ...... 26
#### 1.11.5 指定输入域宽 ...... 26
#### 1.11.6 读取一行 ...... 27
#### 1.11.7 读取一个字符 ...... 27
#### 1.11.8 读取字符时易出错的地方 ...... 28
### 1.12 枚举类型 ...... 29
#### 1.12.1 枚举类型的定义 ...... 29
#### 1.12.2 枚举类型的变量 ...... 29
#### 1.12.3 枚举类型的应用 ...... 30
### 思考与练习 ...... 31

## 第2章 C++的流程控制 ...... 32
### 2.1 算法的基本概念和表示方法 ...... 32
#### 2.1.1 算法的基本概念 ...... 32
#### 2.1.2 算法的表示 ...... 32
#### 2.1.3 算法的三种基本结构 ...... 33
### 2.2 选择结构程序设计 ...... 34
#### 2.2.1 基本的 if 语句 ...... 34
#### 2.2.2 嵌套的 if 语句 ...... 36
#### 2.2.3 条件运算符 ...... 38
#### 2.2.4 switch 语句 ...... 39
### 2.3 循环结构程序设计 ...... 41
#### 2.3.1 while 循环 ...... 41
#### 2.3.2 do-while 循环 ...... 42
#### 2.3.3 for 循环 ...... 42
#### 2.3.4 循环嵌套 ...... 44
#### 2.3.5 break 语句 ...... 45
#### 2.3.6 continue 语句 ...... 46
#### 2.3.7 应该少用的 goto 语句 ...... 47
### 2.4 程序设计应用举例 ...... 47
### 思考与练习 ...... 51

## 第3章 函数 ...... 54
### 3.1 函数的定义和调用 ...... 54

3.1.1 概述 54
3.1.2 定义函数 54
3.1.3 调用函数 55
3.2 函数的声明 57
3.3 函数的参数传递和返回值 58
3.3.1 函数参数的传递方式 58
3.3.2 函数的返回值 59
3.4 局部变量和全局变量 61
3.4.1 内存存储区的布局 61
3.4.2 局部变量 62
3.4.3 全局变量 62
3.4.4 局部变量与栈 63
3.5 变量的存储类别 64
3.5.1 auto 修饰的变量 64
3.5.2 register 修饰的变量 65
3.5.3 static 修饰的变量 65
3.5.4 extern 修饰的变量 66
3.6 默认参数 68
3.7 引用做参数 70
3.8 函数重载 71
3.9 函数模板 74
3.9.1 从函数重载到函数模板 74
3.9.2 定义函数模板的方法 77
3.9.3 函数模板重载 77
3.10 内联函数 78
3.11 函数的递归调用 79
3.12 函数的调试方法 84
3.13 编译预处理 85
3.13.1 宏定义 85
3.13.2 文件包含 87
3.13.3 条件编译 87
思考与练习 89
第4章 数组 92
4.1 一维数组 92
4.1.1 一维数组的定义和应用 92
4.1.2 引用一维数组元素 93
4.1.3 数组无越界检查 93
4.1.4 数组初始化 93
4.2 多维数组 95
4.2.1 二维数组的定义 95
4.2.2 二维数组的初始化 95
4.2.3 引用二维数组元素 96

4.3 数组做函数参数 97
4.3.1 数组元素做函数参数 97
4.3.2 数组名做函数参数 98
4.4 常用算法举例 99
4.5 字符数组与字符串 110
4.5.1 字符数组的定义 110
4.5.2 字符数组的初始化 111
4.5.3 字符串 111
4.5.4 字符数组的输入和输出 112
4.6 处理字符和字符串 113
4.6.1 处理字符的宏 113
4.6.2 处理 C 风格字符串的函数 114
4.6.3 自定义字符串处理函数 117
思考与练习 119
第5章 指针 120
5.1 指针的概念 120
5.2 指针变量 120
5.2.1 定义指针变量 120
5.2.2 运算符 & 和 * 121
5.2.3 引用指针变量 122
5.3 指针与数组 124
5.3.1 指向数组元素的指针 124
5.3.2 指针的运算 125
5.3.3 二维数组与指针 127
5.4 指针与函数 131
5.4.1 基本类型的变量做函数形参 131
5.4.2 引用做函数形参 132
5.4.3 指针变量做函数形参 133
5.4.4 返回指针的函数 135
5.4.5 指向函数的指针 137
5.5 指针数组与指向指针的指针 138
5.5.1 指针数组 138
5.5.2 main 函数的参数 141
5.5.3 指向指针的指针 141
5.5.4 再次讨论 main 函数的参数 142
5.6 内存的动态分配和释放 143
5.7 void 和 const 修饰指针变量 146
5.7.1 void 修饰指针 146
5.7.2 const 修饰指针 147
5.8 对容易混淆概念的总结 148
思考与练习 150

第6章　结构体与链表……………153
　6.1　抽象数据类型………………153
　6.2　结构体的定义及应用………153
　　6.2.1　定义结构体类型………153
　　6.2.2　定义结构体类型的变量…154
　　6.2.3　初始化结构体类型的变量……156
　　6.2.4　结构体类型变量及其成员的引用……………………156
　　6.2.5　结构体数组与指针……159
　6.3　用typedef定义类型…………161
　6.4　单向链表……………………162
　　6.4.1　链表的概念……………162
　　6.4.2　带头结点的单向链表常用算法…………………164
　思考与练习…………………………169
第7章　文件操作……………………170
　7.1　文件的基本概念……………170
　　7.1.1　文件命名的原则………170
　　7.1.2　使用文件的基本过程…170
　　7.1.3　文件流类型……………170
　7.2　打开文件和关闭文件………171
　　7.2.1　打开文件………………171
　　7.2.2　文件的打开模式………172
　　7.2.3　定义流对象时打开文件…173
　　7.2.4　测试文件打开是否失败…173
　　7.2.5　关闭文件………………174
　7.3　采用流操作符读写文件……174
　　7.3.1　采用"<<"操作符写文件……174
　　7.3.2　格式化输出在写文件中的应用……………………176
　　7.3.3　采用">>"操作符从文件读数据…………………177
　　7.3.4　检测文件结束…………178
　7.4　流对象做参数………………179
　7.5　出错检测……………………181
　7.6　采用函数成员读写文件……182
　　7.6.1　采用">>"操作符读文件的缺陷……………………183
　　7.6.2　采用函数getline读文件…183
　　7.6.3　采用函数get读文件……185
　　7.6.4　采用函数put写文件……186
　7.7　多文件操作…………………186
　7.8　二进制文件…………………188
　　7.8.1　二进制文件的操作……188
　　7.8.2　读写结构体记录………189
　7.9　随机访问文件………………192
　　7.9.1　顺序访问文件的缺陷…192
　　7.9.2　定位函数seekp和seekg…192
　　7.9.3　返回位置函数tellp和tellg………………………195
　7.10　输入/输出二进制文件综合举例………………………196
　思考与练习…………………………199
第8章　类的基础部分………………201
　8.1　面向过程程序设计与面向对象程序设计的区别……………201
　　8.1.1　面向过程程序设计的缺陷…………………………201
　　8.1.2　面向对象程序设计的基本思想……………………201
　8.2　类的基本概念………………203
　8.3　定义函数成员………………205
　8.4　定义对象……………………206
　　8.4.1　访问对象的成员………206
　　8.4.2　指向对象的指针………206
　　8.4.3　引入私有成员的原因…208
　8.5　类的多文件组织……………208
　8.6　私有函数成员的作用………210
　8.7　内联函数……………………211
　8.8　构造函数和析构函数………212
　　8.8.1　构造函数………………213
　　8.8.2　析构函数………………215
　　8.8.3　带参构造函数…………216
　　8.8.4　构造函数应用举例——输入有效的对象……………218
　　8.8.5　重载构造函数…………220
　　8.8.6　默认构造函数的表现形式……221
　8.9　对象数组……………………222
　8.10　类的应用举例………………225
　8.11　抽象数组类型………………229
　　8.11.1　创建抽象数组类型……229
　　8.11.2　扩充抽象数组类型……231
　思考与练习…………………………235

## 第 9 章 类的高级部分 236
### 9.1 静态成员 236
#### 9.1.1 静态数据成员 236
#### 9.1.2 静态函数成员 239
### 9.2 友元函数 241
#### 9.2.1 外部函数作为类的友元 241
#### 9.2.2 类的成员函数作为另一个类的友元 242
#### 9.2.3 一个类作为另一个类的友元 245
### 9.3 对象赋值问题 246
### 9.4 拷贝构造函数 247
#### 9.4.1 默认的拷贝构造函数 249
#### 9.4.2 调用拷贝构造函数的情况 249
### 9.5 运算符重载 252
#### 9.5.1 重载赋值运算符 252
#### 9.5.2 this 指针 254
#### 9.5.3 重载双目算术运算符 257
#### 9.5.4 重载单目算术运算符 259
#### 9.5.5 重载关系运算符 260
#### 9.5.6 重载流运算符 "<<" 和 ">>" 260
#### 9.5.7 重载类型转换运算符 262
#### 9.5.8 重载运算符 "[ ]" 266
#### 9.5.9 重载运算符时要注意的问题 270
#### 9.5.10 运算符重载综合举例——自定义 string 类 271
### 9.6 对象组合 278
### 思考与练习 279

## 第 10 章 继承、多态和虚函数 281
### 10.1 继承 281
### 10.2 保护成员和类的访问 285
### 10.3 构造函数和析构函数 288
#### 10.3.1 默认构造函数和析构函数的调用 288
#### 10.3.2 向基类的构造函数传参数 289
#### 10.3.3 初始化列表的作用 291
### 10.4 覆盖基类的函数成员 292
### 10.5 虚函数 295
### 10.6 纯虚函数和抽象类 298
#### 10.6.1 纯虚函数 298
#### 10.6.2 抽象类 298
#### 10.6.3 指向基类的指针 301
### 10.7 多重继承 302
### 10.8 多继承 303
### 10.9 类模板 306
#### 10.9.1 定义类模板的方法 306
#### 10.9.2 定义类模板的对象 308
#### 10.9.3 类模板与继承 310
### 思考与练习 312

## 第 11 章 异常处理 315
### 11.1 异常 315
#### 11.1.1 抛出异常 315
#### 11.1.2 处理异常 316
### 11.2 基于对象的异常处理 317
### 11.3 捕捉多种类型的异常 319
### 11.4 通过异常对象获取异常信息 321
### 11.5 再次抛出异常 322
### 思考与练习 323

## 第 12 章 数据库程序设计 324
### 12.1 数据库简介 324
### 12.2 SQL 语句 324
#### 12.2.1 定义表 325
#### 12.2.2 查询 325
#### 12.2.3 插入 325
#### 12.2.4 删除 325
#### 12.2.5 修改 326
### 12.3 数据库连接 326
#### 12.3.1 创建数据表 326
#### 12.3.2 配置 Visual Studio 2015 相关环境 326
### 12.4 数据库编程中的基本操作 329
#### 12.4.1 数据库编程的基本过程 329
#### 12.4.2 数据库查询 329
#### 12.4.3 插入记录 331
#### 12.4.4 修改记录 333
#### 12.4.5 删除记录 335
### 思考与练习 337

## 课程设计 338

## 参考文献 342

# 第 1 章　C++ 程序设计基础

C++ 是在 C 的基础上扩充而成的，因其独特的机制在计算机领域有着广泛的应用。本章主要讲述 C++ 的基本知识，主要包括词法单位、基本数据类型、变量和常量、运算符和表达式、语句、类型转换等基础知识，最后介绍简单的输入和输出方法。

## 1.1　为什么要学习 C++ 程序设计

随着计算机软硬件技术的发展，计算机应用规模不断提高，科技人员在软件开发语言和工具方面不断地推陈出新，新语言、新工具层出不穷。目前，国内许多高校，无论是计算机专业还是非计算机专业，都开设了 C++ 语言程序设计课程，并且将它作为一门专业必修课程。

C++ 是 C 的扩充版本。C++ 对 C 的扩充是由 Bjarne Stroustrup 于 1980 年在美国新泽西州玛瑞惠尔的贝尔实验室提出来的，起初他把这种语言称为"带类的 C"，到 1983 年才改名为 C++。

在计算机刚发明时，人们采用打孔机直接进行机器指令程序设计，当程序长达几百条指令时，采用这种方法就很困难了。后来人们设计了用符号表示机器指令的汇编语言，从而能够处理更大更复杂的程序。到了 20 世纪 60 年代出现了结构化程序设计方法（C 语言就采用这种方法），这使得人们能够容易编写较为复杂的程序。但是一旦程序设计达到一定的程度，即使采用结构化程序设计方法，程序也变得无法控制，其复杂性超出了人的管理限度。例如，一旦 C 程序代码达到了 25 000 行至 100 000 行，系统就变得十分复杂，程序员很难控制，而设计 C++ 语言就是为了解决这个问题，其本质就是让程序员理解和管理更大、更复杂的程序。因此，采用支持面向对象的 C++ 语言进行程序设计是时代发展的需要。

C++ 吸收了 C 和 Simula67（一个古老的计算机语言）的精髓，具有 C 所无法比拟的优越性。C++ 在维持 C 原来特长（如效率高和程序灵活）的基础上，借鉴了 Simula67 的面向对象思想，将这两种程序设计语言的优点相结合。C++ 的程序结构清晰、易于扩展、易于维护同时又不失效率。目前，C++ 的应用已超出了当初设计其的目的，被成功地应用到数据库、数据通信等系统，并成功地构造了许多高性能的系统软件。C++ 与 C 相比，具有三个重要的特征，从而使其优越于 C。

第一个特征是支持抽象数据类型（Abstract Data Type，ADT），在 C++ 中 ADT 表现为类，是对对象的抽象，而对象是数据和操作该数据代码的封装体，它提供了对代码和数据的有效保护，可防止程序其他不相关的部分偶然或错误地使用对象的私有部分，这是 C 所无法实现的。

第二个特征是多态性，即一个接口，多重算法。C++ 既支持早期联编又支持滞后联编，而 C 仅支持前者。

最后一个特征是继承性。继承性一方面保证了代码复用，确保了软件的质量；另一方面也支持子类的概念，从而使对象成为一般情况下的具体实例。

我们将在后面的章节详细讲解这三个特性。

C++ 对 C 基本上完全兼容，很多用 C 写的应用程序都可以在 C++ 环境中使用，因此 C++ 不是一个纯粹的面向对象程序设计语言，它既支持面向对象的程序设计方法，又支持面向过程的程序设计方法。

目前许多系统软件（如操作系统、数据库管理系统（DBMS）等）都采用 C++ 编写，所以从事有关软件开发、自动控制和计算机应用的人员,如果不掌握 C++ 简直寸步难行。用一句话概括:掌握 C++ 编程已成为许多专业学生的必然选择。

C++ 有很多版本,国内比较流行的是微软公司推出的 Visual C++,本教材采用的是 Microsoft Visual Studio 2015,简称 VS 2015。

## 1.2 简单的 C++ 程序举例

【例 1-1】下面通过一个简单程序来分析 C++ 程序的基本构成和特点。为了便于解释程序,我们给程序加了行号,这在写程序时是不需要的。

```
1    #include <iostream>
2    using namespace std;
3
4    int main( )
5    {
6        int a, b;              //定义两个变量
7
8        cout << "输入变量a和b: ";
9        cin >> a >> b;          /*从键盘输入a和b的值*/
10       cout << "a + b = " << a + b << endl;
11
12       system("pause");
13       return 0;
14   }
```

将该程序以扩展名为 .cpp 的文件形式保存,经过编译、链接生成可执行文件,运行后显示如下信息:

```
输入变量a和b: 22    88 [Enter]
a + b = 110
```

用户输入 22 和 88 并按回车键后,输出它们相加的和是 110。

上述 C++ 程序由编译预处理指令、程序主体和注释组成。

程序的第 1 行是编译预处理指令,include 称为文件包含,它使后面的 iostream 成为本程序的一部分,这样本程序可以直接使用包含文件中的函数。编译预处理是 C++ 提供的组织程序的一种工具,我们将在 3.13 节介绍。

第 2 行是用 using 告诉编译器名字空间的名字,本例中的 std 代表系统提供的标准名字空间,当采用 "using namespace std;" 说明以后,程序就可以访问 std 名字空间中的内容。

第 4~14 行是程序的主体,其中第 4 行是函数头,第 5~14 行称为函数体。一个 C++ 程序由一个或多个函数构成,并且在这些函数中有且仅有一个主函数 main,它是程序执行的入口。任何一个函数由 "{}" 中的语句序列描述,如本例中的第 5 行和第 14 行,而它们括起来的第 6~13 行是程序执行的语句,并且任何一个语句都以 ";" 结束。C++ 程序严格区别字母的大小写。

注意:程序第 12 行调用系统的暂停功能,当程序执行到此行时,在命令行窗口中输出"请按任意键继续..."的提示,并暂停程序,等待用户按一个键,然后继续执行。如果没有此行,在 VS 2015 环境下,程序将一晃而过。如果你采用的是低版本的开发环境,则不需要此行,一个程序运行结束后,将自动暂停。在此后的程序中,我们省略了该行,请读者根据开发环境来取舍。

## 1.3 注释方法

C++的注释形式有两种。一种是"/**/"格式，这是C程序的注释风格。因为C++是C的扩充版，所以它支持C的注释方法。在C语言中，注释是以"/*"开头，以"*/"结束。编译器将忽略这两个符号之间的所有语句，如例1-1中的第9行采用的就是这种注释。另一种注释形式是双斜线(//)格式，在双斜线之后的部分都会被视为注释，如例1-1中的第6行。注释是程序员用来说明程序或解释代码的语句。注释是程序的组成部分，但编译器在编译时忽略它，不构成可执行代码。它也属于编程风格中关键的一环。

许多程序员都会在源程序中尽可能少地添加注释语句，因为编写源代码本身已经很痛苦了。但是，养成加注释的习惯是很有帮助的。虽然程序员在编程时可能要花费额外的时间，但在以后将会节省很多时间。假设你辛苦数月，编写了一个8 000～60 000行代码的C++程序，你完成了编码，并且调试成功，交给了客户使用，然后你继续做下一个项目。一年以后你需要对原来的程序进行修正，当你打开数万行没有注解的源代码时，你发现有许多函数已经不知道它们的功能，当初设计的目的是什么都不知道。这时你就会想，要是当初加一些必要的注释就好了，但为时已晚，此时要做的只能是用较多的时间来理解源程序或重写代码。

**注意**：不必为程序的每一行都加注释，也不必为一目了然的代码加注释，只要注释适当的代码，有助于他人理解即可。

C注释方法能跨越多行，便于对多行注释。但对单行注释并不方便，程序员往往把两者结合起来使用：使用C注释方法完成多行注释，使用C++注释方法完成单行注释。

## 1.4 编程风格

程序员使用标识符、空格、Tab键、空行、标点符号、代码缩进排列和注释等来安排源代码的方式，就构成了编程风格中重要的组成部分。

当编译器对源程序进行编译时，它会将程序处理为一个长字符串。一条语句不在同一行或者操作符和操作数之间有空格，都不会影响编译。但阅读程序的人很难读懂这种书写不规范的程序。例1-2中的程序虽然没有什么语法错误，但却很难读。

【例1-2】 一个令人难以理解的程序。

```
#include  <iostream>
using namespace std;
int  main( ){int a, b; cout << "输入变量a和b: " ;        cin
>> a >> b; cout << "a + b = " << a + b << endl; return 0; }
```

上面的程序虽然没有违反C++的语法规则，但却难以阅读。较为理想的编程风格应在编程时使用空格、空行和代码缩进排列，从而使别人能很快读懂你的程序。

**警告**：尽管编程风格的自由度很大，但还是应该遵循程序设计的国际常规，这样其他程序员才会很容易读懂你的程序。建议你模仿本书的编程风格。当然，你也可以参考国际知名公司（如微软、IBM等）的风格。不同的公司编程风格不尽相同，可以参考其提供的样式文件，这对培养编程风格大有裨益。

## 1.5 C++程序的词法单位

本节介绍C++程序使用的字符、关键字和标识符。

### 1.5.1 C++ 程序中的字符

标准的 C++ 程序采用 0x00 到 0x7F 范围内定义的 ASCII 码所表示的西文字符作为程序的基本字符单位,主要包括 26 个小写英文字母、26 个大写英文字母、10 个阿拉伯数字和其他一些符号,如 +、-、*、/ 等,其中每个 ASCII 码字符占用一个字节。

### 1.5.2 标识符

标识符是程序员自己定义的"单词",标准 C++ 的标识符由字母、下划线和数字组成,且第一个字符不能为数字,长度一般不超过 32 个,文件名只识别前 8 个字符。标识符区分大小写,同一个单词的不同大小写被编译器看作不同的标识符。在实际使用时应尽量采用有意义的单词作为标识符,达到见名知义。

虽然 C++ 编译器允许用户定义的标识符以下划线开始,但因为系统定义的内部符号以下划线或双下划线开始,所以自定义的标识符不提倡以下划线开始。

以下均是合法的并且达到见名知义的标识符:

studentName、StudentName、name_of_student、salary

通过变量名 studentName,可以很容易地看出该变量的意义。这种编程风格使得程序易于理解和维护,因为一个大的系统通常由数万行源代码构成,程序的可读性十分重要。定义标识符应尽量选择有含义的英文单词,以下变量命名就毫无意义:

abc、xyzw、a123、x888888

标识符是区分大小写的,变量 studentName 和 StudentName 是不同的变量。我们之所以将变量 studentName 中的"N"大写,是为了增强程序的可读性,如 studentname 是全部由小写字母构成的变量名,使人不易读懂,因此这不是好的变量名。

总之,选择标识符时,要尽可能做到"见名知义",选择有含义的英文单词作为标识符,使别人(包括你本人)容易读懂你的程序。

以下是非法的标识符:

```
8abc              // 标识符不能以数字开头
Student Name      // 标识符中间不能有空格
$bill             // 标识符不能以 $ 开头
```

### 1.5.3 关键字

关键字又称保留字,是系统定义的一些特殊标识符,它们具有特定含义,不允许程序员将它们挪作他用,如作为一般标识符使用。C++ 中常用的部分关键字如表 1-1 所示:

表 1-1 C++ 常用关键字

| 类 型 | 关 键 字 |
| --- | --- |
| 数据类型说明符和修饰符 | bool、char、class、const、double、enum、float、int、long、short、signed、struct、union、unsigned、void、volatile |
| 存储类型说明符 | auto、extern、inline、register、static |
| 访问说明符 | friend、private、protected、public |
| 语句 | break、case、catch、continue、default、do、else、finally、for、goto、if、return、switch、throw、try、while |
| 运算符和常量 | delete、false、new、sizeof、true |
| 其他 | asm、explicit、namespace、operator、template、this、typedef、typename、using、virtual |

还有一些不常用的关键字：bad_cast、bad_typeid、const_cast、dynamic_cast、except、mutable、reinterpret_cast、static_cast、type_info、typeid 和 wchar_t。我们会在后面的章节中逐步引入并介绍常用关键字的含义，其他内容读者可参考有关手册。

## 1.6 C++ 的基本数据类型

从程序设计语言原理的角度讲，C++ 是一种强类型的语言，必须严格遵循"先定义后使用"的原则。读者可以在后续的学习中慢慢品味该原则。

C++ 的数据类型分为两大类：基本数据类型和导出数据类型。

基本数据类型也称为 C++ 预定义的类型或内置数据类型，包括字符型（char）、整型（int）、单精度实型（float）、双精度实型（double）、布尔型（bool）和空类型（void）。这些预定义的类型不仅定义了数据类型，还定义了常用的操作。

导出数据类型是由基本数据类型构造出来的数据类型，包括数组、指针、引用、结构体、共用体、枚举和类等。

字符型用来存放一个字符的 ASCII 码值，可以将其看成一个 8 位二进制码的整数，如大写字母 A 的 ASCII 码是 65。宽字符类型（wchar_t）也称为双字节字符，往往采用 Unicode 编码格式，该标准中的所有字符都是双字节的，这样可以统一处理西文、中文、阿拉伯文和其他语言的符号。但宽字符类型不属于基本数据类型，限于篇幅，本书不做介绍。

整型用来存放一个整数，一般占用 4 个字节，无符号数采用原码的形式表示，而有符号数采用补码表示。

实型用来存放实型数据，C++ 提供了 float 和 double 两种实型类型，因占用的字节数不同，其表示的数据范围也不同。

逻辑型也称为布尔型。为了纪念英国的数学家乔治·布尔（George Boolean），在程序设计语言中引入了"布尔"类型。布尔型用来处理逻辑量，取值只有 true(真) 和 false(假) 两个，占 1 个字节，我们将非 0 值解释为 true，将 0 值解释为 false。

**注意**：从程序设计语言原理的角度讲，布尔变量的取值只能是真或假，但 C++ 中对它的定义很不严格，将 0 看作 false，将非 0 看作 true。这是为了向下兼容，即兼容它的子集 C 语言，因为 C 就是这样定义的。

空类型（void）用来定义指针，或用来说明函数的返回值类型，我们将在 5.7.1 节讲解这种类型。

C++ 允许在整型、字符型或实型前面加上修饰符：short(短类型)、long(长类型)、signed(有符号类型) 和 unsigned(无符号类型)。表 1-2 列出了 C++ 中基本数据类型及其变量的取值范围。

表 1-2  C++ 中所有的基本数据类型

| 类　型 | 名　称 | 占用字节数 | 取值范围 |
| --- | --- | --- | --- |
| bool | 布尔型 | 1 | true，false |
| [signed] char | 有符号字符型 | 1 | −128 ~ 127 |
| unsigned char | 无符号字符型 | 1 | 0 ~ 255 |
| [signed] short[int] | 有符号短整型 | 2 | −32768 ~ 32767 |
| unsigned short[int] | 无符号短整型 | 2 | 0 ~ 65535 |
| [signed]int 或 signed | 有符号整型 | 4 | $-2^{31}$ ~ $(2^{31}-1)$ |

（续）

| 类　　型 | 名　　称 | 占用字节数 | 取值范围 |
| --- | --- | --- | --- |
| unsigned[int] | 无符号整型 | 4 | $0 \sim (2^{32}-1)$ |
| [signed]long[int] | 有符号长整型 | 4 | $-2^{31} \sim (2^{31}-1)$ |
| unsigned long[int] | 无符号长整型 | 4 | $0 \sim (2^{32}-1)$ |
| float | 单精度实型 | 4 | $-10^{38} \sim 10^{38}$ |
| double | 双精度实型 | 8 | $-10^{308} \sim 10^{308}$ |
| long double | 长双精度实型 | 8 | $-10^{308} \sim 10^{308}$ |

**注意**：1）可选项问题。例如 [signed]char 中的"[signed]"代表可选项，即它等价于 signed char 或 char。

2）有些教材将 void 类型作为基本数据类型，我们不赞成这种观点。因为 void 在 C++ 中只能用来修饰指针和函数，后面的章节会讲解它的用途。

## 1.7 变量和常量

### 1.7.1 变量

C++ 作为一种强类型的程序设计语言，在使用变量前应当先说明类型，然后再定义变量，以便于编译器分配内存空间，以及对程序中的数据类型和运算等进行常见错误检查，以提高程序的编译和运行效率。

在程序运行中，值可变的量称为变量。变量必须用标识符（即变量的名字）来标识。变量根据其取值范围的不同可分为字符型变量、整型变量、实型变量等。在程序运行时，系统将会给每个变量分配一段连续的内存单元，用来存放变量的值。

变量有三个要素：变量名、变量的内存空间和变量的值。

**1. 定义变量**

定义变量的一般格式为：

[<存储类别>] <数据类型> <变量名1>[, <变量名2>, … <变量名n>];

其中，"<>"括起来的是必选项。存储类别将在 3.5 节介绍。下面定义几个变量：

```
bool   b;                    //定义1个布尔型变量 b
char gender, ch;             //定义2个字符型变量 gender 和 ch
int a, b ;                   //定义2个整型变量a和b
double dx ;                  //定义1个双精度实型变量 dx
float f ;                    //定义1个单精度实型变量 f
unsigned u ;                 //定义1个无符号整型变量 u
```

变量必须先定义后使用，其原因如下：

1）变量定义后就具有了变量名和类型。编译系统根据类型给变量分配内存空间，并建立变量名和其内存空间的对应关系，于是可以通过变量名给变量的内存空间赋值或读取该内存空间中的值。

2）变量确定类型后，编译器可以对变量参与的运算做合法性检查。

**2. 变量赋值**

当使用变量时，变量必须有一个确定的值，给变量赋值的方法有以下两种：

1）变量定义后，用赋值语句赋初值。例如：

```
int    a;
char  gender;
a = -12+100;
gender = 'M';
```

此处"="是赋值运算符，表示将赋值号右边的运算结果放入左边变量对应的内存空间中。

2）在定义变量的同时，直接对变量赋初值，称为变量的初始化。例如：

```
int    a = 12;              // 采用 12 初始化变量 a
char gender='M';            // 采用 'M' 初始化变量 gender
```

**注意**：初学者往往有一个疑问，如果变量不赋值，其值是什么，例如：

```
int    a;
```

在不赋值的情况下，a 的值可能是 0，也可能是一个不确定的值。既然存在不确定性，就可能导致程序出错，所以我们要对变量赋一个确定的值。

### 1.7.2 文字常量

在程序运行过程中，值不能被改变的量称为常量。其中，文字常量是指程序中直接使用的常量。文字常量存储在代码区而不是数据区，对它的访问不是通过地址进行的。根据取值方式和表达方法的不同，文字常量分为整型常量、实型常量、字符型常量和字符串型常量。

**1. 整型常量**

1）十进制整数，如 789、–456。

2）八进制整数，如 0345、–026。

八进制整数以 0（零）开头，在数值中可以出现数字符号 0 ~ 7。

3）十六进制整数，如 0x789、–0xAB。

十六进制整数以 0x 或 0X 开头，在数值中可以出现数字符号 0 ~ 9、A ~ F（或 a ~ f）。

4）长整型与无符号型整数：长整型整数，如 12L、0234L、–0xABL、12l、0234l、–0xABl；无符号型整数，如 12U、0234U、0xABU、12u、0234u、0xABu。

在一个常数后加 L 或 l（小写的 L）表示该常数是长整型的整数；在一个常数后加 U 或 u 表示该常数是无符号型的整数。

**2. 实型常量**

实型常量在内存中以浮点形式存放，在程序中书写时，均为十进制数。两种书写形式分别为：

1）小数形式：必须写出小数点，如 1.65、1.、.123 均是合法的实型常量。

2）指数形式：也称为科学表示法形式，如 $1.23 \times 10^5$ 和 $1.23 \times 10^{-5}$ 在程序中表示为 1.23e5 或 1.23e-5。此处的 e 也可写成大写的 E，但 e 或 E 前必须有数字，e 或 E 后必须是整数；1000 应写为 1e3，而不能写成 e3，实际上为 1000.0 的实数。

**3. 字符型常量**

用单引号括起来的一个字符称为字符型常量（简称字符常量），如 'a'、'A'、'?'、'#'。

在内存中对应存放字符的 ASCII 码值，其数据类型为 char。用这种方式只能表示键盘上的可输入字符，而有些控制字符，如回车符、换行符、制表符、响铃、退格等，就不能用这种方式表示，如 ASCII 码值为 10 的字符表示换行，就无法用前述方式表示。

针对这些无法直接表示的字符或具有特殊含义的字符，C++ 提供了另外一种称为转义序列的表示方法，即"转义"字符。转义字符是以反斜杠"\"开始的特殊字符常量。如 'n' 表示字母 n，而 '\n' 代表一个字符，即换行符，跟在"\"后的字母 n 的含义发生了改变，所以称为转义字符。在表 1-3 中列出 C++ 中定义的转义字符及其功能。

表 1-3  C++ 中定义的转义字符及其功能

| 转义字符 | 名 称 | 功能或用途 |
| --- | --- | --- |
| \a | 响铃 | 用于输出响铃 |
| \b | 退格（Backspace 键） | 用于输出时回退一个字符位置 |
| \f | 换页 | 用于输出 |
| \n | 换行符 | 用于输出，移至下一行行首 |
| \r | 回车符 | 用于输出，回退至本行行首 |
| \t | 水平制表符（Tab 键） | 用于输出，跳至下一制表起始位置 |
| \v | 纵向制表符 | 用于制表 |
| \\ | 反斜杠字符 | 用于表示一个反斜杠字符 |
| \' | 单引号 | 用于表示一个单引号字符 |
| \" | 双引号 | 用于表示一个双引号字符 |
| \nnn | nnn 是 ASCII 码的八进制值，最多三位 | 用八进制 ASCII 码表示字符 |
| \xhh | hh 是 ASCII 码的十六进制值，最多两位 | 用十六进制 ASCII 码表示字符 |

表 1-3 中最后两行是所有字符的通用表示形式，即用反斜杠加 ASCII 码表示，它可以表示任一字符。如 '\n' 表示"换行"，它的 ASCII 码是十进制数 10，10 的八进制和十六进制表示分别是 12 和 a，因此 '\n' 也可以表示成 '\12' 和 '\xa'。字母 A 的 ASCII 码是十进制数 65，它的八进制和十六进制表示分别是 101 和 41，所以字母 A 也可以写成 'A'、'\101' 或 '\x41' 的形式。

**4. 字符串型常量**

字符串型常量（简称字符串常量）是用双引号括起来的字符序列，如 "123"、"I am a Chinese."、"a"。字符串常量在内存中是按顺序逐个存储串中字符的 ASCII 码，并在末尾加一个结尾标志 '\0' 字符，称为串结束符。'\0' 表示 ASCII 码值为 0 的字符，即 ASCII 码表中第一个字符，也称为"空字符"，其值为 0。字符串的长度是 '\0' 字符之前的所有字符的个数，因此，字符串常量实际占用的字节数是串长加 1。

**注意：** 字符串常量 "a" 和字符常量 'a' 不同。字符常量 'a' 在内存中占用一个字节，而字符串常量 "a" 在内存中占用两个字节。

**思考：** 如果在程序中出现了下面 3 个串，它们分别代表什么？

"I\"ve done"    "dog \" s toy"    "\"Love\""

### 1.7.3  符号常量

我们可以在程序中直接书写常量，但有时会遇到一些麻烦，如在程序中需要多次使用 3.1415926，这样编写程序时可能出现数字书写错误；同时如果精度上需要变化，例如将 3.1415926 改为 3.14，就需要在程序中做多处修改。

C++ 提供了一种称为符号常量的机制，以避免上述麻烦，即用一个标识符代表一个常量，称为符号常量。只要在程序的开头定义一个符号常量，令其代表一个数值，在程序的后面使用该符号常量即可。符号常量的定义形式为：

```
#define   PI   3.1415926
```

定义符号常量的好处是，如果在程序中多处使用同一个常量，当需要修改该常量时，只需在定义处修改即可，而不需要修改程序中的多处。给符号常量取有意义的名字有利于提高程序的可读性，另外，一般用大写字母给符号常量命名。

### 1.7.4 常变量

const 是 constant 的缩写，是"恒定不变"的意思。被 const 修饰的变量或对象（参见第 8 章），都将受到强制保护，可以预防意外的改变。C++ 采用 const 定义一种称为常变量的量，其形式为：

```
const double pi=3.14159;
```

pi 具有变量的三个要素，即具有变量名、变量的内存空间和变量的值。但必须在定义时赋初值，且它的值在程序的运行过程中不能被改变。常变量存储在数据区，并且可以按地址访问，但在初始化后不允许再次被赋值。编译器在编译时会对常变量进行类型检查，这比符号常量要好，因此在 C++ 编程中完全可以用 const 常变量取代符号常量。

## 1.8 运算符和表达式

对变量或常量进行运算或处理的符号称为运算符，参与运算的对象称为操作数。

数据处理是通过运算实现的。为表示一个计算过程，需要使用表达式，表达式是由运算符、运算量构成的一个计算序列。在 C++ 中有很多运算符，如算术运算符（+、–、*、/、%）、关系运算符（>、>=、<、<=、==、!=）等。

### 1.8.1 算术运算符和算术表达式

C++ 的 5 个算术运算符是：+（加）、–（减）、*（乘）、/（除）、%（求余），它们是二元运算符，其中 +（正号）和 –（负号）又可作为一元运算符。

运算符总是与操作数联系在一起，相同的运算符对不同类型的操作数执行运算，其结果是有差异的，称为运算符重载。对于除运算符"/"，当两个运算量均为整数时为整除，如 5/2 结果为 2。当至少有一个运算量为实数时则为通常意义的除法，如 5.0/2 结果为 2.5。

对于求余运算（或称模运算），要求运算量必须为整数，如 8%3 结果为 2，而 8.0%3 为非法表达式。这说明 C++ 对求余运算符"%"没有重载。

由算术运算符、操作数和括号连接而成的表达式称为算术表达式。当表达式中的每个变量都有确定的值时，才能进行表达式求值。算术运算会产生数据溢出，即运算结果超出表示范围。C++ 编译器仅对除法运算中除数为 0 的情况给出错误提示，而溢出不作为错误处理，程序将继续执行，并产生错误的计算结果。因此，我们要注意数据溢出问题。

### 1.8.2 初识运算符的优先级和结合性

如果表达式中出现多个运算符和运算量，计算表达式时必须按照一定的次序，运算符的优先级和结合性规定了运算次序。

所谓优先级是指不同的运算符具有不同的运算优先次序。若在同一个表达式中出现了不同级别的运算符，首先执行优先级较高的运算符。例如表达式 d=a+b*c 中，三个运算符的优先级由高到低依次是 *、+、=，所以先算乘法，再算加法，最后执行赋值运算，即将赋值运算符右边的表达式的值赋给变量 d。

括号可以改变运算符的优先级。如表达式 d=(a+b)*c 的运算次序是 +、* 和 =。在写程序时，若不清楚它们的优先级，就加括号以确定优先级。

结合性是指在表达式中连续出现若干个优先级相同的运算符时，各运算符的执行次序。如表达式中 d=a+b-c 出现了三个运算符，即 +（加）、-（减）、=（赋值），其中加和减运算符的优先级相同，而赋值运算符的优先级较低。那么加和减运算的结合性是从左向右，因此计算该表达式时，先算加法，再算减法，最后执行赋值运算。

### 1.8.3 赋值运算符和赋值表达式

将数据存放到变量所表示的内存单元的操作称为赋值。如果该单元中已经有值，则赋值操作以新值取代旧值。从某个变量的内存单元中取出数据的操作称为使用，使用不影响内存单元中的值，即可以多次使用同一个变量。常量只能使用，不能赋值，C++ 的赋值运算符为 "="，其意义是将赋值号右边的值送到左边变量的内存单元中。

**1. 赋值运算符**

在 C++ 中，"=" 是赋值运算符，赋值表达式的格式是：

<变量> = <表达式>

赋值表达式的求解过程是：先求出表达式的值，再赋值给变量。表达式的值就是变量的值。例如：

```
int  y=20,  x = 100 + y;              //合法的赋值
```

而下面几个赋值表达式都是非法的：

```
3.14 = pi                             //不能对文字常量赋值
x + y = 100                           //不能对表达式赋值
const  int  N = 100;                  //定义了一个常变量N并进行初始化
N = 200;                              //常变量不能重新赋值
```

赋值运算符 "=" 与数学上的等号不一样，赋值表示一种运算，如 i=i+100，表示先计算赋值运算符右边的 i+100，再把结果赋给变量 i。赋值运算符的优先级比到目前为止我们学习过的所有运算符的优先级都低，其结合性是从右向左的，如表达式：

b = c = d = a+5

是合法表达式，若 a 的初值是 3，则先计算表达式 a+5，结果为 8，将 8 赋给变量 d，此时赋值表达式 "d=a+5" 的值是 8，再从右向左依次计算 c=8,b=8，结果整个表达式的值是 b 的值，即 8。而表达式：

a = 5 + c = 20

是一个非法表达式。因为 5+c 不是一个变量，不能出现在赋值运算符的左边。

**思考**：如下三个表达式的值分别是多少？

a=b=5　　　　a=5+(c=6)　　　　a=(b=4)+(c=6)

**注意**：赋值运算符不是等号。赋值运算符左边的操作数称为"左值"或"左元"，左值必须是可以访问且可以修改的存储单元，通常是一个变量名。赋值运算符右边的操作数称为"右值"或"右元"，它可以是常量、变量或表达式，且一定能取得确定的值。

#### 2. 复合赋值运算符

在 C++ 中，所有的二元算术运算符和二元位运算符都可与赋值运算符组合成一个复合赋值运算符。例如，表达式 a=a+3 可简写成 a+=3；表达式 a=a*b 可简写成 a*=b。复合赋值运算符有 +=、-=、*=、/=、%=、<<=、>>=、&=、^=、|=。

复合赋值运算符与赋值运算符的优先级和结合性是一样的。如 y*=x+8，等价于 y*=(x+8)，也等价于 y=y*(x+8)。

**思考**：若 a 初值为 6，执行表达式"a+=a-=a*=a"后，表达式的值和 a 的值分别是多少？

### 1.8.4 自增、自减运算符

C++ 中还有两个可以改变变量值的运算符，它们是自增（++）和自减（--）运算符，作用是使变量的值加 1 或减 1。这两个运算符均是一元运算符，它们可以放在变量之前或之后，如 ++i，--i 表示先将 i 的值加 1 或减 1，然后再参加其他运算；而 i++，i-- 表示先用 i 的值参加运算，然后再将变量 i 的值加 1 或减 1。例如：

```
int  i =3, j ;
j = ++i ;
```

则运算结束后，i 的值是 4，j 的值也是 4。又如：

```
int  i =3, j ;
j = i++ ;
```

则运算结束后，i 的值是 4，j 的值是 3。又如：

```
int  i =3 , j = 4, x ;
x = (i++)+(j++);
```

则运算结束后，i、j 的值是 4、5，x 的值是 7。自增、自减运算符只能作用于变量，不能用于其他，因此表达式 3++ 或 ++(x+y) 均是非法的。

### 1.8.5 关系运算符和关系表达式

关系运算符实际上就是比较运算符。关系运算符的意义及运算优先级如下：

```
<    小于
<=   小于等于  ⎫
>    大于      ⎬ 它们四个的优先级相同，且高于下面两个
>=   大于等于  ⎭
==   恒等于    ⎫
!=   不等于    ⎬ 它们两个的优先级相同
```

关系表达式是用关系运算符连接构成的式子。如下均是关系表达式：

```
a>3.0    a+b>b+c    (a=3)>(b=5)    'a'<'b'
```

关系运算符的优先级比算术运算符的优先级低，但比赋值运算符的优先级高。

参加关系运算的两个操作数可以是任意类型的数据。当比较结果成立时，结果为 true（表示"真"，实际是 1），当比较结果不成立时，结果为 false（表示"假"，实际是 0）。例如，若

有 int a=1，b=2，c=3；则表达式 a>b 的值为 false；表达式 b<a+c 的值为 true；表达式 a==b–1 的值为 true。

**注意：** 若有 a=1，b=2，c=3，则表达式 a>b>c 的值为 false，这是一种"走火入魔"的写法，读者不要去模仿。

### 1.8.6 逻辑运算符和逻辑表达式

C++ 中提供了三种逻辑运算符，它们按照从高到低的优先级，依次是：

  !        逻辑"非"（一元运算符）
  &&      逻辑"与"（二元运算符）
  ||       逻辑"或"（二元运算符）

若 a 和 b 是两个运算量（表达式、变量或常量等），a&&b 的意义是当 a、b 均为真时，表达式的值为真，否则为假；a||b 的意义是当 a、b 均为假时，表达式的值为假，否则为真；!a 的意义是当 a 为真时，!a 为假，当 a 为假时，!a 为真。

逻辑表达式是用逻辑运算符连接构成的表达式，如：

  a>b && x>y    a==b || x==y    !a >b

非运算符（!）的优先级比算术运算符、关系运算符的优先级高。"与"（&&）和"或"（||）运算符的优先级比算术运算符、关系运算符的优先级低，但比赋值运算符的优先级高。因此，上述三个逻辑表达式等价于（a>b）&&（x>y）、(a==b) || (x==y)、(!a) >b。

**注意：** 以下三点容易混淆：

1）在判断运算量的真假时，C++ 规定任何非 0 值表示 true，0 值表示 false。若 a=–1，b=2.0，即 a、b 均为真，则表达式 a&&b 的结果为 true。

2）关系表达式或逻辑表达式的运算结果以 true 代表"真"，以 false 代表"假"。若 a=1，b=–2，则表达式 a>b 的值为 true（即 1）。

3）用程序表示数学关系 0≤x≤10 时，应写成 0<=x&&x<=10，而不能写成 0<=x<=10。例如当 x=–1 时，数学关系 0≤x≤10 显然不成立；而 C++ 表达式 0<=x<=10 的运算结果为真，与数学关系矛盾。其计算过程：表达式 0<=x<=10 中两个运算符的优先级相同，按照结合性，自左向右运算，先算 0<=x，结果为 0（即 false）；再算 0<=10，结果为 true。而对表达式 0<=x&&x<=10，先算 0<=x，结果为 false；再算 0&&x<=10，结果为 false，与数学关系保持一致。

C++ 在计算逻辑表达式时，从左向右扫描表达式，一旦能确定表达式的值，就不继续进行计算，这就是逻辑表达式运算的优化，也称为表达式求值"短路"。例如，求 "<表达式 1>&&<表达式 2>" 的值，从左向右扫描，先计算<表达式 1>，若其值为 true，继续计算<表达式 2>；若<表达式 1>的值为 false，即能确定整个表达式的值为 false，则停止计算后面的<表达式 2>。

再比如求 "<表达式 1>||<表达式 2>" 的值，先计算<表达式 1>，若其值为 false，继续计算<表达式 2>；若<表达式 1>的值为 true，即能确定整个表达式的值为 true，则停止计算后面的<表达式 2>。例如：

```
int x = 1, y = 1, z = 1 , w = 0 ;
w = ++x || ++y && ++z ;
```

则上述语句执行结束后，变量 x、y、z 和 w 的值分别是 2、1、1 和 1。因为先计算 ++x，结果是 2，代表真，其后紧跟的是"||"运算符，此时，已能确定逻辑表达式的值是 true，不再继

续计算，故 y 和 z 的值保持不变。所以变量 w 的值为 1。

**警告**：逻辑表达式的优化固然可提高运行的效率，但也可能产生副作用，即得到意想不到的结果。表达式优化是一把双刃剑。

### 1.8.7 位运算符和位表达式

位运算是对整型数据的运算，而且符号位也参与运算，主要用于编写控制硬件系统的软件。如完成对机器字以及机器字中的二进制位进行的操作。

位运算符共有 6 个：按位与（&）、按位或（|）、按位异或（^）、按位取反（~）、左移（<<）和右移（>>）。其中按位取反是单目运算符，其他是双目运算符。

**1. 按位与（&）**

运算符"&"将两个运算量的对应二进制位逐一按位进行逻辑与运算。每一个二进制位（包括符号位）均参加运算。运算规则：对应位都是 1，结果为 1，否则为 0。例如：

```
int a = 3, b = -2 , c = a & b ;
a   0000 0000 0000 0000 0000 0000 0000 0011
b   1111 1111 1111 1111 1111 1111 1111 1110
c   0000 0000 0000 0000 0000 0000 0000 0010
```

运算结果：变量 c 的值为 2。

**2. 按位或（|）**

运算符"|"将两个运算量的对应二进制位逐一按位进行逻辑或运算。每一个二进制位均参加运算。运算规则：若一个数的对应位是 1，则结果为 1；若两个数的对应位都是 0，结果为 0。对于上例的整数 a 和 b，c=a|b，则其运算过程如下：

```
a   0000 0000 0000 0000 0000 0000 0000 0011
b   1111 1111 1111 1111 1111 1111 1111 1110
c   1111 1111 1111 1111 1111 1111 1111 1111
```

运算结果：变量 c 的值为 -1。

**3. 按位异或（^）**

运算符"^"将两个运算量的对应二进制位逐一按位进行逻辑异或运算。每一个二进制位均参加运算。运算规则：若对应位不同，结果为 1，否则为 0。对于上例的整数 a 和 b，c=a^b，则其运算过程如下：

```
a   0000 0000 0000 0000 0000 0000 0000 0011
b   1111 1111 1111 1111 1111 1111 1111 1110
c   1111 1111 1111 1111 1111 1111 1111 1101
```

运算结果：变量 c 的值为 -3。

**思考**：执行如下程序段后，a、b 的值分别是多少？你能得出什么结论？

```
int a=5, b=9;
a = a^b;   b = a^b;   a = a^b;
```

**4. 按位取反（~）**

运算符"~"将运算量的每一个二进制位取反，即 0 变 1，1 变 0。例如：

```
int a=18, b = ~a;
```

运算结果：变量 b 的值为 –19，或记为十六进制数形式 0xffffffed，其计算过程如下：

```
a  0000 0000 0000 0000 0000 0000 0001 0010
b  1111 1111 1111 1111 1111 1111 1110 1101
```

**5. 左移（<<）**

假设 a、n 是整型量，左移运算的一般格式为 a<<n，其意义是将 a 按二进制位向左移动 n 位，移出的最高 n 位舍弃，最低位补 n 个 0。例如：

```
int a = 15, x = a << 3;
```

运算后 x 的值是 0000 0000 0000 0000 0000 0000 0111 1000，其十进制数是 120。对一个量进行左移一个二进制位，相当于乘以 2 操作。左移 n 个二进制位，相当于乘以 $2^n$ 操作。程序运行时，左移运算比乘法操作速度要快。左移 1 位，相当于该数乘以 2，所以结果可能会溢出。例如：

```
short int a = 32767, b = a<<1;
a  0111 1111 1111 1111
b  1111 1111 1111 1110
```

变量 b 的值为 –2，而不是 65534。原因是短整型变量 a 占据了 2 个字节，由 16 个二进制位的补码表示。其能表达的数据范围是 –32768 ～ +32767。若 a 的值是 32767，将 a 乘以 2，则结果超出了短整型变量 b 所能表示的数据范围。溢出后，得到一个在逻辑上不正确的值。

**6. 右移（>>）**

假设 a、n 是整型量，右移运算的一般格式为 a>>n，其意义是将 a 按二进制位向右移动 n 位，移出的最低 n 位舍弃，最高位补 n 个 0 或 1。补 0 还是 1 取决于 a 是什么类型的整型量，若 a 是有符号的整型量，则高位补 1；若 a 是无符号的整型量，则高位补 0。例如：

```
short int a = -2, b = a>>2;         // a 是有符号的整型变量
a  1111 1111 1111 1110
b  1111 1111 1111 1111
```

则变量 b 的值为 –1。若有：

```
unsigned short int c = 65535, d = c>>2;  // c 是无符号的整型变量
c  1111 1111 1111 1111
d  0011 1111 1111 1111
```

则变量 d 的值为 16383。同样，整数右移 n 位，相当于该数除以 $2^n$，但比除法快。

**注意**：无论是左移或右移，原变量 a 的值并没有发生变化。这类似于：

```
int a = 1, b = a + 200;
```

执行后仅仅改变 b 的值，但 a 的值并没有变化。

**【例 1-3】** 编写程序从一个 16 位的单元中取出某几位。

假定变量 value 中存放一个 16 位二进制值，存储位自左向右从 1 开始编号，将 value 中从 start 位开始到 end 位结束的各位取出，存入另一变量 result。

若 value 的值为八进制数 0101675，start 为 5，end 为 8，那么 value 的值为：

| 1 | 0 | 0 | 0 | 0 | 0 | 0 | 1 | 1 | 1 | 0 | 1 | 1 | 1 | 0 | 1 |

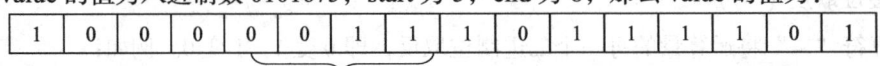

取出 5 至 8 位

result 的值为：

| 0 | 0 | 0 | 0 | 0 | 0 | 0 | 0 | 0 | 0 | 0 | 0 | 0 | 0 | 1 | 1 |

保存到 result 变量的最低位，其余各位置 0

代码段如下：

```
unsigned short int value=0101675, result;
int start=5, end=8;
result = value <<(start-1) >> 16-(end-start+1);
```

程序思路：

1）先对 value 进行左移 start-1 位，这样原第 start 位被移到第 1 位，即：

| 0 | 0 | 1 | 1 | 1 | 0 | 1 | 1 | 1 | 1 | 0 | 1 | 0 | 0 | 0 | 0 |

2）对上述结果右移（16-（end-start+1））位，将待保留的（end-start+1）位移到了最后，右移时最高位补 0。

| 0 | 0 | 0 | 0 | 0 | 0 | 0 | 0 | 0 | 0 | 0 | 0 | 0 | 0 | 1 | 1 |

**思考**：为什么将变量 value 定义成 unsigned int 类型，如果改成 int 型可以吗？

### 1.8.8 逗号运算符和逗号表达式

逗号运算符 ","是所有运算符中级别最低的。用逗号连接起来的表达式称为逗号表达式，其一般形式：

<表达式 1>，<表达式 2>，…，<表达式 n>

逗号表达式的求解过程是从左至右依次计算各表达式，并将最后一个表达式的值，即<表达式 n>的值，作为整个逗号表达式的值。例如逗号表达式：

a=3*5，a*4，a+5

将依次计算 a=3*5、a*4、a+5，运算结束后：变量 a 的值为 15，整个表达式的值为 20。

**思考**：下面三个表达式运算结束后，a、x 和表达式的值分别是多少？

```
a=3*5, a*4
x=(a=3, 6*3)
x=a=3, 6*3
```

### 1.8.9 sizeof 运算符

sizeof 运算符是一元运算符，用于计算某类型的运算量所占用的字节数。其格式：

sizeof (<类型标识> 或 <变量名> 或 <表达式>)

也可以将上述格式中的括号去掉，写成：

sizeof <类型标识> 或 <变量名> 或 <表达式>

例如：

```
double x = 100 ;
```

sizeof（double）、sizeof x 和 sizeof（3*x）均为 8。

使用该运算符可以实现程序的通用性，因为同一操作数类型（如 int），在不同的计算机系统中可能占用不同的字节数。我们将在后面的指针讲解中多次使用该运算符。

### 1.8.10 C++ 的运算符优先级和结合性

C++ 的运算符非常丰富，为了便于记忆，下面给出一个方便记住运算符优先级和结合性的口诀。

优先级口诀：

括号箭头点　　　　　　　　[], ( ), ->, .（1级）
否定取反加加负减减　　　　!, ~, ++, -, --（2级）
间访地址转型分配回收测空间　*, &, (类型), new, delete, sizeof（2级）
先乘除后加减　　　　　　　*, /, %（3级），+, -（4级）
先移位后比较再看等不等　　<<, >>（5级），<, <=, >, >=（6级），==, !=（7级）
位与位异或位或　　　　　　&（8级），^（9级），|（10级）
与或三元件　　　　　　　　&&（11级），||（12级），? :（13级）
赋值接逗点　　　　　　　　=, +=, -=, *=, /=, %=, &=, ^=, |=, <<=, >>=（14级），,（15级）

结合性口诀：

从右到左 214，其他都是左到右。（214 指优先级为第 2 级和第 14 级的运算符。）

优先级和结合性决定运算中的优先关系。运算符的优先级指不同运算符在运算中的优先关系，优先级号越小，级别越高。运算符的结合性决定优先级相等的运算符组合在一起时的运算次序，同一级的运算符有相同的结合性，如 +、- 的结合性是从左到右，如 x+y-z 的运算次序为 (x+y)-z。前置 ++ 和单目负号的结合性是从右到左，如 -++x 的运算为 -(++x)。

## 1.9 语句

语句是程序的基本单位，C++ 的语句可分为如下 4 类。

#### 1. 表达式语句

在一个表达式的后面加上一个分号就构成了一个表达式语句。例如：

```
a + b, c * d;                    //一般的表达式语句
x = (a + b, c * d);              //赋值表达式语句，也是赋值语句
```

#### 2. 空语句

只有一个分号构成的语句就是空语句。空语句不执行任何操作，但具有语法作用。例如，循环体有时是空语句，条件判断有时也是空语句。从程序结构的严谨性考虑，一般不使用空语句。

#### 3. 复合语句

由 "{}" 括起来的一组语句就是一个复合语句。复合语句描述了一个块，在语法上起到一个语句的作用。

对于单个语句，必须以 ";" 结束，对于复合语句，其中的每个语句仍是以 ";" 结束，而整个复合语句的结束符是 "}"。如下就是一个复合语句：

```
{
    a + b, c * d;
    x = (a + b, c * d);
}
```

**4. 流程控制语句**

流程控制语句用来改变程序的执行方向，将在第 2 章介绍。

## 1.10 类型转换

### 1.10.1 赋值时的类型转换

如果赋值运算符两侧的左值和右值类型不一致，则由系统自动进行类型转换。

**1. 实型数据赋给整型变量**

实型数据赋给整型变量时，舍弃小数部分，将整数部分赋给整型变量，不进行四舍五入。如果整数部分的值超出了整型变量的范围，发生溢出。例如：

```
int  i=3.96;
```

则 i 值为 3。

**2. 整数赋给实型变量**

整数赋给实型变量，数值不变，有效数字位数增加。例如：

```
double d=23 ;
```

则 d 为 23.0。

**3. 整型数据之间相互赋值**

整型数据有 8 种，它们分别是 [signed]char、unsigned char、[signed]short、unsigned short、[signed]int、unsigned int、[signed]long、unsigned long。各种类型的整型数据占用的字节数不同，即二进制位数有长有短，所以有"长的"整型变量和"短的"整型变量。它们之间相互赋值，分两种情况：

（1）"长的"整型变量赋给"短的"整型变量

将"长的"整型变量赋给"短的"整型变量时，将"长的"整型变量的高位去掉，截取其与"短的"整型量相同位数的低位，然后进行赋值。例如：

```
char ch = 360 ;
```

这是将 int 整型量 360 赋给字符型变量 ch。360 在内存中的存储形式是 16 位二进制数：

0000000101101000

变量 ch 是 8 位有符号二进制整型量，将 360 的 16 位二进制形式的低 8 位赋给 ch，此时 ch 中的值是 01101000。因此变量 ch 的十进制值是 104，即字符 h 的 ASCII 码值。

（2）"短的"整型变量赋给"长的"整型变量

又分成如下两种情况：

1）将"短的"无符号整型变量赋给"长的"整型变量。方法是在"短"的无符号整型变量前补 0，使其长度达到"长的"整型变量的位数。例如：

```
unsigned char c = -2 ;        //变量 c 占 1 个字节
int i ;                       //变量 i 占 4 个字节
i = c ;
```

此例涉及两种赋值。首先将"长的"整型量 –2 赋给"短的"整型变量 c，c 获取的是 –2

的低 8 位；然后将"短的"整型变量 c 的值赋给"长的"整型变量 i。因为 c 是无符号整型变量，占 8 位，而 i 占 32 位，此时在 c 的二进制数前补 0 使其扩展到 32 位，然后赋给变量 i。赋值过程中各变量的二进制表示形式如下：

| -2 | 1111 | 1111 | 1111 | 1111 | 1111 | 1111 | 1111 | 1110 |
|----|------|------|------|------|------|------|------|------|
| c  |      |      |      |      |      |      | 1111 | 1110 |
| i  | 0000 | 0000 | 0000 | 0000 | 0000 | 0000 | 1111 | 1110 |

此时，变量 i 的值是 254。

2）将"短的"有符号整型变量赋给"长的"整型变量。此时要做符号位扩展，即在"短的"整型变量前补符号位，使其长度达到"长的"整型变量的位数，然后赋值。例如：

```
char c = -2 ;
int i ;
i = c ;
```

赋值过程中各变量的二进制表示形式如下：

| -2 | 1111 | 1111 | 1111 | 1111 | 1111 | 1111 | 1111 | 1110 |
|----|------|------|------|------|------|------|------|------|
| c  |      |      |      |      |      |      | 1111 | 1110 |
| i  | 1111 | 1111 | 1111 | 1111 | 1111 | 1111 | 1111 | 1110 |

此时，变量 i 的值是 –2。

**思考**：如果将示例中的 char c=–2 改为 char c=2，结果是什么？

### 1.10.2 混合运算时的类型转换

如果在一个表达式中出现不同数据类型（字符型、整型、浮点型）的数据进行混合运算时，C++ 利用特定的转换规则将两个不同类型的操作数自动转换成同一类型的操作数，然后再进行运算，这种自动转换的功能也称为隐式转换。不同数据类型的转换规则如图 1-1 所示。

```
char     →   short   →   int    →   long
                                    float         →  double  →  long double
unsigned     unsigned    unsigned   unsigned
char     →   short   →   int    →   long
```

图 1-1 混合运算类型转换原则

转换的总体原则是由低类型向高类型转换，因此数据精度一般不会损失。所谓低类型是指占用存储字节少、所表示的数据范围小的类型；高类型是指占用存储字节多，所表示的数据范围大的类型。例如：

```
char     ch='b';
int      i=6;
float    f=8.36f;
double   df=9.63;
ch*i+f*2.0-df
```

表达式 ch*i+f*2.0–df 的计算过程为：

1）将 ch 转换为 int 型，计算 ch*i=98*6=588；

2）将 f 转换为 double 型，计算 f*2.0=8.36*2=16.72；

3）将第 1 步的计算结果转换为 double 型，计算 588+16.72=604.72；
4）计算 604.72−df=604.72−9.63=595.09。

当参与运算的两个操作数中至少有一个是 float 型，并且另一个不是 double 型，则运算结果为 float 型。

**注意**：实型常量 2.0f 或 2.0F 属于 float 类型，而 2.0 属于 double 类型。

### 1.10.3　强制类型转换

前面介绍了不同类型量之间的自动类型转换，但有时为了强调类型的概念或者为了满足运算符对数据类型的要求，可以显式地给出类型转换，称为强制类型转换，其格式如下：

```
(<type>) <表达式>
```

该运算符将表达式的值强制性地转换为 type 所指定的类型。例如：

```
int a=9, b=5 ;
double  d1, d2 ;
d1 = (double) a / b ;         //d1 的值为 1.8
d2 = (double) (a / b) ;       //d2 的值为 1.0
```

对于 d1=（double）a/b 的计算，是先进行类型转换，然后再做除法操作；而对于 d2=（double）(a/b) 的计算，则是先进行除法操作，然后再做类型转换。

**注意**：强制转换的对象是表达式的值，如表达式（double）a 的意义是将 a 的值（即表达式的值）转换成 double 型，而 a 仍然为 int 型变量，其值未发生变化。

在新的 C++ 标准中，强制类型转换采用 static_cast<type>（exp）的形式，其意义是将表达式 exp 的值强制转换为 type 指定的类型，这在语法上更为严谨。例如，static_cast<double>(a/b)，将 a/b 的结果转换为 double 型。

## 1.11　简单的输出和输入方法

C++ 除了具有 C 语言的输出和输入方法之外，还具有自己的输出和输入方法。由于 C++ 的输出和输入方法比 C 的输出和输入方法简单易用，我们仅介绍 C++ 特有的输出和输入方法。

### 1.11.1　cout 对象和 cin 对象

cout 对象和 cin 对象是 C++ 提供的标准输出和输入数据的对象。cout 对象只能用来输出数据，也称为标准输出对象，它的作用是使用标准输出设备（即显示器）输出信息。cout 是 console output 的缩写。cin 对象是 C++ 的标准输入对象，其功能是从 I/O 控制台（即键盘）接收输入数据。我们在 1.2 节曾对它们做过简单的介绍。

cout 是输出流中的一个对象，因此也称为流对象，输出流是 C++ 系统定义的一种类型。要输出信息，只需将数据传给 cout，例如：

```
cout << " I like C++" ;
```

"<<" 是流插入操作符，功能是将字符串 "I like C++" 送给 cout，由 cout 对象完成在显示器上的输出。

**注意**：程序使用 cout 对象和 cin 对象，必须在程序开头包含如下两行：

```
#include <iostream>
using namespace std;
```

使用<<可以传送多个数据给cout，例如：

```
cout << " I like " ;
cout << " C++" ;
```

或

```
cout << " I like " << " C++" ;
```

运行结果与cout<<"I like C++"没有任何区别。我们有两个换行的方法，一种方法是在cout语句后加一个流操作符endl；另一种方法是加入'\n'换行符，见例1-4。

【例1-4】 基本程序示例。

```
1    #include <iostream>
2    using namespace std;
3
4    int main( )
5    {
6        int length, width, area ;
7
8        cout << "计算矩形的面积 \n" ;
9        cout << "输入矩形的长：" ;
10       cin >> length ;
11       cout << "输入矩形的宽：" ;
12       cin >> width ;
13       area = length * width ;
14       cout << "矩形的面积为:" << area << endl ;
15
16       return 0;
17   }
```

程序运行结果：

计算矩形的面积
输入矩形的长：10 **[Enter]**
输入矩形的宽：20 **[Enter]**
矩形的面积为:200

当程序运行时，用户输入的数据将存储在length和width两个变量中。

第9行的cout在屏幕上显示"输入矩形的长："，第10行的cin为length变量输入值。其中">>"称为流提取操作符，它从左边输入流对象cin中读一个数，并把它存储在">>"右边的length变量中。

**注意**：1）程序第14行的endl是end of line的缩写，它与第8行的'\n'功能一样都是换行。当cout遇到'\n'时，将光标移到下一行的开头。此外，不要把反斜线（\）和正斜线（/）弄混，'/n'不是换行符；同时也不要在反斜线和字符n之间加空格，如 ' \n' 是错误的。

2）流插入操作符"<<"和流提取操作符">>"指定了数据的流动方向。流提取操作符将输入的数据传给变量，而流插入操作符将变量（或常量）传给cout输出。cin对象在读取数据时将暂停程序的运行，直到从键盘上输入数据并按Enter键确认。cin对象能自动地将输入数据转换成与变量一致的数据类型。例如，用户输入"10"，cin将分别读入字符'1'和'0'，在将该数据存储到变量之前，cin能够自动地将它们转换成整数10。同样，cin能够识别出像"10.7"这样的数不能存储在整型变量中。如果用户输入一个浮点数给整型变量，那么小数点后的位数将被舍弃（也称截断），并将整数部分存储在整型变量中。

如果程序要求输入数据，那么就应该向用户提示该输入什么样的数据。如果将上述程序第 8 ~ 11 行的输入提示信息去掉，改成如下形式，将不是一个好程序。

```
cin >> length ;
cin >> width ;
area = length * width ;
cout << "矩形的面积为: " << area << "\n" ;
```

当运行这个程序段时，用户面对的是黑屏，不知道要做什么事。一个功能完善的程序应当及时、友好地给用户提供必要的提示信息。

此外，采用 cin 对象可以一次读入多个变量的值，如采用 cin 同时给变量 length 和 width 读取值。

```
cin >> length >> width ;    // 给两个变量读取值
```

上面的 cin 语句将把输入中的第一个数送给变量 length，第二个数送给变量 width。当输入多个数时，数值之间要加空格。cin 读到空格时，就能够区别输入中的各个数值，其中对空格数多少并无要求，如用户按照如下形式输入也可以：

10   20   **[Enter]**

但要注意的是，在输入最后一个数 20 后要按 Enter 键。

**注意**：cin 读取数据时，如果先输入 10 并按 Enter 键，然后输入 20 再按 Enter 键，完全可以正确地输入数据。限于篇幅，本书对数据输入和输出格式不做详细探讨，这些不是 C++ 的核心和重点。

采用一个 cin 语句，也可以同时为多个不同类型的变量读入数据，例如：

```
int    whole ;
float  fractional ;
char   letter ;
cout << "请输入一个整数、一个浮点数和一个字符: " ;
cin >> whole >> fractional >> letter ;
cout <<" 整数: "<<whole<<" 浮点数: "<< fractional<<" 字符: "<<letter <<endl ;
```

程序运行结果：

请输入一个整数、一个浮点数和一个字符: 100   3.14159      Y **[Enter]**
整数: 100    浮点数: 3.14159       字符: Y

从输出可以看出，各个数值分别存储在各自的变量中。如果用户的输入如下：

5.7   48   B

那么，程序将把"5"存储在变量 whole 中，将"0.7"存储在变量 fractional 中，把"4"存储在变量 letter 中，其余字符还在输入缓冲区中，所以必须以正确的格式输入各个数值。

cin 读入的字符串也是采用字符数组存储，例如：

```
char   company[12] ;
cin >> company ;
```

该数组最多能存储 12 个字符，并且最后一位是 '\0'，表示字符串的结束。关于字符串的其他特点，我们在第 4 章讲解。

**注意**：如果用一个字符数组存储字符串，要确保该字符数组足够大，即能够存储字符串中的所有字符（包括空字符 '\0'）。

```
char  name [21] ;
cout << "What is your name? " ;
cin >> name ;
cout << "Hi, " << name << endl ;
```

程序运行结果:

```
What is your name? Zhang san [Enter]
Hi, Zhang
```

你也许会奇怪,结果怎么没有"san"呢?这是因为上述 cin 只读取了第一个非空白字符串,其余的字符留在缓冲区中,解决方法见 1.11.6 节。

**警告**:cin 对象允许用户输入一个比字符数组容量大的字符串,但字符串会溢出,从而破坏了内存中的其他数据,因此在输入字符串时不要超出字符数组的有效容量。

### 1.11.2 格式化输出

cout 对象提供了格式化数据输出的方法,可以指定数据在屏幕上的显示方式。例如,下列各项数据虽然显示形式不同,但它们表示的数值却是相同的:

630, 630.0, 630.00000000, 6.3e+2, +630.0

数据的输出方式称为数据的格式,cout 对象为每种类型的数据提供有格式输出的方法。如下程序段显示三行数字,数据之间用空格隔开。

```
int num1 = 2897,  num2 = 5,  num3 = 837,num4 = 34,
    num5 = 7, num6 = 1623, num7 = 390, num8 = 3456, num9 = 12;
  // 显示第一行数
cout << num1 << "   " ;           // num1 后面空 3 个空格
cout << num2 << "   " ;
cout << num3 << endl ;
  // 显示第二行数
cout << num4 << "   " << num5 << "   "<< num6 << endl ;
  // 显示第三行数
cout << num7 << "   " << num8 <<"   " << num9 << endl ;
```

运行结果:

```
2897   5   837
34   7   1623
390   3456   12
```

从上述输出结果可见,这些数据在排列上并没有对齐,令人遗憾!这是因为一些数据,如 5 和 7,只占一个字符的位置,而其他数据占 2~4 个字符不等。为了弥补 cout 输出能力的不足,可分别采用操作符和函数成员实现格式化输出。

当使用 cin 和 cout 进行数据输入输出时,无论是什么类型的数据,都能够自动按照正确的默认格式处理。如必须进行特殊的格式设置,则需要用格式控制符对格式进行控制。这些格式控制符可以直接嵌入在输入/输出语句中,控制符在头文件 iomanip 中定义。输入输出的控制符见表 1-4。

表 1-4 常用格式控制符

| 控 制 符 | 功能描述 | 控 制 符 | 功能描述 |
| --- | --- | --- | --- |
| dec | 置基数为 10 | setiosflags(ios::fixed) | 固定的浮点显示 |
| hex | 置基数为 16 | setiosflags(ios::scientific) | 科学计数法 |

（续）

| 控 制 符 | 功能描述 | 控 制 符 | 功能描述 |
|---|---|---|---|
| oct | 置基数为 8 | setiosflags(ios::left) | 左对齐 |
| endl | 插入换行符，并刷新流 | setiosflags(ios::right) | 右对齐 |
| ends | 插入空字符 | setiosflags(ios::skipws) | 忽略前导空白 |
| setfill(c) | 设填充字符为 c | setiosflags(ios::uppercase) | 十六进制数大写输出 |
| setprecision(n) | 设显示小数精度为 n 位 | setiosflags(ios::lowercase) | 十六进制数小写输出 |
| setw(n) | 设域宽为 n 个字符 | | |

限于本书的篇幅和学习 C++ 的重点，本书仅介绍几个常用的控制符，其他内容读者可以参考有关资料。

1) setw 操作符为每个输出数据项指定宽度，例如：

```
int value = 68 ;
cout << setw(5) << value ;
```

setw 括号里的数值指定了将要输出的数据域宽，即输出数据在屏幕上所占的字符宽度。上例指定了 value 的域宽是 5，由于它的值是 68，占 2 个字符的宽度，因此将在 68 前面填充 3 个空格，而如下语句：

```
cout << "(" << value << ")" ;    // 通过括号测试输出数据所占的宽度
```

输出：(68)

如果在输出中加一个 setw(5)：

```
cout << "(" << setw(5) << value << ")" ;
```

输出：(   68)

68 占域宽的最后两个位置，用 3 个空格填充 68 前面的三个位置。由于数据在右边，空格在前面，我们称这种对齐方式为右对齐。

**注意**：setw 虽然有括号，但它并不是函数，而是用于设置输出项宽度的操作符。使用时要包含 iomanip 头文件。

下面的程序片段演示 setw 对整数、浮点数和字符串指定输出域宽。

```
int     intValue = 3928 ;
float   floatValue = 91.5 ;
char    cStringValue[ ] = " Confucius & Mo-tse" ;
cout << "(" << setw(5) << intValue << ")" << endl ;
cout << "(" << setw(8) << floatValue << ")" << endl ;
cout << "(" << setw(20) << cStringValue << ")" << endl ;
```

输出结果：

```
( 3928)
(    91.5)
( Confucius & Mo-tse)
```

setw 用于设置与它相邻的下一个输出项的域宽，一旦该项输出完毕，将把后面的域宽恢复为默认值，以上面的 intValue 为例说明：

```
cout << setw(5) << intValue << intValue ;
```

那么在输出第一个 intValue 时将占据 5 个字符的宽度，输出第二个 intValue 时将占 4 个字符的宽度。

如果输出数据宽度大于 setw 指定的域宽，那么 cout 将完整地输出 value 的值，也就是说 cout 不会截断数据，而是原样输出。

关于输出总结几点如下：
- 浮点数的域宽包括小数点所占的位置。
- 数值的输出默认为右对齐，即数据在右边，空格填充在数据的左边。
- 字符串中的空格也属于有效的字符，并且占域宽。

2）setprecision 操作符指定浮点数的输出精度，即输出数的有效位数，下面的程序片段采用 setprecision 指定浮点数的不同精度。

```
1    float   quotient , number1 = 132.364f , number2 = 26.91f ;
2    quotient = number1 / number2 ;
3    cout << quotient << endl ;
4    cout << setprecision (5) << quotient << endl ;
5    cout << setprecision (4) << quotient << endl ;
6    cout << setprecision (3) << quotient << endl ;
7    cout << setprecision (2) << quotient << endl ;
8    cout << setprecision (1) << quotient << endl ;
```

运行结果：

```
4.91877
4.9188
4.919
4.92
4.9
5
```

上述代码第 3 行的 cout 没有使用 setprecision 指定输出精度（系统默认的浮点数有效位数是 6 位），随后的 cout 语句分别指定了不同的有效位数 5、4、3、2、1。

如果输出数的精度比操作符 setprecision 指定的输出精度要小，则该指定失效。例如，在下面的语句中，由于 dollars 的精度为 4（只有 4 位有效数字），小于 setprecision 的指定值（5 位），因此 cout 语句的输出结果是 24.51，与不指定精度的结果完全相同。

```
float   dollars = 24.51f ;
cout << dollars << endl ;                          //输出 24.51
cout << setprecision (5) << dollars << endl ;      //输出结果与上相同
```

表 1-5 是一个举例，说明利用 setprecision 控制不同数值时的输出精度。

表 1-5 setprecision 控制不同数值时的输出精度举例

| 数 据 | 操 作 符 | 显示结果 |
| --- | --- | --- |
| 28.92786 | setprecision(3) | 28.9 |
| 21 | setprecision(5) | 21 |
| 109.5 | setprecision(4) | 109.5 |
| 34.28596 | setprecision(2) | 34 |

setprecision 设置输出精度与 setw 设置宽度的一个不同点是精度的设置在它被重新设置之前一直有效，而 setw 仅对与其相邻的一个输出项有效。它们的相同点是都必须包括头文件 iomanip。

### 1.11.3 采用函数成员实现格式化输出

格式化输出的第二种方法是使用 cout 对象的函数。输出项的域宽、精度和状态标志都可以采用 cout 的函数成员指定，例如：

```
cout.width(5);
```

cout 对象调用函数成员 width，设定输出项的域宽为 5，这与在变量前使用 setw(5) 效果等同。

cout 的另外一个函数成员是 precision，用来设定浮点数精度。例如将精度设定为 2：

```
cout.precision ( 2 );
```

上述设定将会保持到重新设定或程序结束。

cout 的函数成员 setf 用来设置状态标志，它与表 1-4 中的操作符 setiosflags 功能相同。例如：

```
cout.setf ( ios::fixed);
```

也可以在函数成员 setf 中采用"|"连接多个状态标志，例如：

```
cout.setf ( ios::fixed | ios::showpoint | ios::left);
```

与 setf 功能相反的函数成员是 unsetf，它用于清除已经设置的状态标志，如下列语句关闭状态标志 ios::fixed 和 ios::left：

```
cout.unsetf(ios::fixed | ios::left);
```

【例 1-5】 使用函数成员实现格式化输出。

```
1    #include  <iostream>
2    #include  <iomanip>
3    using namespace std;
4
5    int  main( )
6    {
7        float  day1, day2, total ;
8
9        cout << "输入第 1 天的销售量: " ;
10       cin >> day1 ;
11       cout << "输入第 2 天的销售量: " ;
12       cin >> day2 ;
13       total = day1 + day2;
14       cout << "销售数据 \n" ;
15       cout.precision ( 2 );                            //采用函数成员设置精度
16       cout.setf(ios::fixed | ios::showpoint);          //采用函数成员设置小数点显示
17       cout << "第 1 天:" ;
18       cout.width(8);                                    //采用函数成员设置输出项的宽度
19       cout << day1 << endl ;
20       cout << "第 2 天:" ;
21       cout.width(8);
22       cout << day2 << endl ;
23       cout << "总和:"<< setw(8) << total << endl ;     //setw 和 width 效果等同
24
25       return 0;
26   }
```

程序运行结果：

```
输入第 1 天的销售量: 1234.56 [Enter]
输入第 2 天的销售量: 2345.67 [Enter]
销售数据
```

```
第 1 天：1234.56
第 2 天：2345.67
总和   ：3580.23
```

函数成员 width 与操作符 setw 一样，仅对与其相邻的下一个输出项有效，表 1-6 总结了 cout 常用的函数成员及其功能。

表 1-6  cout 常用的函数成员

| 函数成员 | 功　　能 | 函数成员 | 功　　能 |
| --- | --- | --- | --- |
| cout.width() | 设置显示项的宽度 | cout.setf() | 设置指定的格式标志 |
| cout.precision() | 设置浮点数的精度 | cout.unsetf() | 关闭指定的格式标志 |

### 1.11.4  对函数成员的初步讨论

函数成员是一个函数，它是对象的一部分，可以执行对象的一个操作。

对象是程序的构成部分，如 cin 和 cout 均是对象，它包含数据和对数据的操作。对象把数据和对数据的操作封装在一起，称为一个封装体。在 C++ 中，我们把对象中的操作称为函数成员。这是因为它们是对象中的函数，或者说属于一个对象。函数成员的使用简化了程序设计，而且减少了出错的机会。无论对象用于何处，它不但包含数据也包含对数据的操作。当使用对象（如 cout 和 cin）时，不必书写自己的代码去操作对象的数据，只需了解对象的函数成员以及如何使用即可。

在面向对象的程序设计中，调用对象的函数成员有一个专门的术语：向对象发送消息。例如，在下面的语句中，给 cout 对象发送一个消息，设定输出宽度为 7 个字符：

```
cout.width( 7 );
```

下面语句是给对象 cin 发送一个消息，cin 将读取键盘缓冲区中一个字符，并把它存储在 ch 变量中：

```
cin.get( ch );
```

所有 cout 和 cin 函数成员都是用 C++ 编写的，我们将在后面的章节中逐步学习如何设计自己的对象和函数成员。

### 1.11.5  指定输入域宽

cin 与 cout 的功能虽然不同，但它们有许多类似点，如都可以指定域宽。cin 的输入域宽可以使用操作符 setw 指定，也可使用 cin.width 函数成员指定。cin 在读入一个字符串时，不能根据字符数组的长度自动读入字符，如果用户输入过多的字符，超过了字符数组的长度，cin 会将多余字符存储到该数组的后面，这就有可能覆盖其他变量。如果我们为其指定了输入域宽，就可解决这一问题。

下面定义了一个长度为 10 的字符数组，采用 setw 规定 cin 读入的字符不能超过数组的有效范围：

```
char  word[10] ;
cin >> setw ( 10 ) >> word ;
```

同样也可以使用函数成员 width 指定输入域宽：

```
cin.width(10);
```

```
cin >> word ;
```

在上述两种情况下，指定的输入域宽都是 10，cin 将最多读取 9 个字符，因为数组最后一个位置存储字符 '\0'。

下面的程序段说明了如何使用操作符 setw 和函数成员 width。

```
char   word [5] ;
cout << "请输入一个单词: " ;
cin >> setw(5) >> word ;
cout << "你输入的是: " << word << endl ;
```

运行结果：

请输入一个单词：Chinese **[Enter]**
你输入的是：Chin

也可以将上面的 cin 语句写成如下两行，结果完全相同：

```
cin.width(5);
cin  >> word ;
```

cin 将最多读取 4 个字符到字符数组。如果没有指定输入域宽，cin 会读取整个字符串 "Chinese"，这将产生溢出。关于 cin 的输入域宽，还要注意以下 3 点：

1）域宽只对与其相邻的下一个输入项有效。
2）当 cin 遇到空字符时，将停止读入，空字符包括回车、空格和 Tab 键。
3）当 cin 读取一定的字符后，多余的字符将留在缓冲区中。例如，在上面的程序段中，由于只读取了 4 个字符，那么留在缓冲区中的字符是 "ese"。

### 1.11.6　读取一行

cin 提供的函数成员 getline，一次能够读取一行，例如：

```
cin.getline( sentence , 20);
```

函数的第一个参数是数组名，第二个参数是待读取的字符个数（含空字符）。上述语句将最多读取 19 个字符，最后一个位置用于存储字符 '\0'。例如，下面的程序段中，getline 函数最多能读取 80 个字符。

```
char   sentence [81] ;            // 81 个字符的数组
cout << "请输入一个句子: " ;
cin.getline( sentence , 81);
cout << "你输入的是: " << sentence << endl ;
```

运行结果：

请输入一个句子：I love China! **[Enter]**
你输入的是：I love China!

**注意**，采用 cin.getline 读取字符串时，将读取换行符前面的所有字符（包含换行符），但向数组中存储字符时，并不存储换行符，而是采用 '\0' 填写在最后一个有效字符的后面，从而构成一个字符串。

### 1.11.7　读取一个字符

在程序设计中经常遇到要读取一个字符的情况。例如系统中经常出现的提示"按任意键继续"；另一种情况是系统提供给用户选择菜单，要求用户输入其中的一个字母。实现这些功能，最简单的方法是采用">>"，如下面的程序段输入一个字符并显示该字符。

```
char ch ;
cout << "请输入一个字符并按回车键：" ;
cin >> ch ;
cout << "你键入的字符是：" << ch << endl ;
```

运行结果：

请输入一个字符并按回车键：　　H **[Enter]**
你键入的字符是：H

**注意：** 1）cin 能够自动识别当前读入的数据类型。在上例中，由于 ch 是一个字符变量，因此在 ch 中存储字符 'H'。如果 ch 是一个字符数组，cin 还会存储字符串的结束标志 '\0'。

2）在上例的输入中，作者故意在字母 H 之前输入了若干个空格，但输出结果仍然是 H，这说明 cin 能自动跳过字母 H 前面的所有空白字符。实际上，cin 不读取空格、Tab 键和 Enter 键。如果要求用户"按 Enter 键继续"，我们就不能使用 cin 实现该功能，要使用 cin 的函数成员 get，它能读取包括空格在内的任意字符。

例如：

```
char ch ;
cout << "按 Enter 键继续 ..." ;
cin.get(ch);
cout << "谢谢！" << endl ;
```

运行结果：

按 Enter 键继续 ... **[Enter]**
谢谢！

3）get 和 >> 操作符的唯一差别是，get 读取输入中的第一个字符，包括空格、Tab 键和 Enter 键，而 >> 只读取输入中的第一个非空白字符。

### 1.11.8　读取字符时易出错的地方

如果我们将 cin>> 和 cin.get 混合使用，往往会出现难以发现的问题，例如：

```
cout << "请输入一个整数：" ;
cin >> number ;
cout << "请输入一个字符：" ;
cin.get (ch);
```

假设要给 number 变量输入 100，给 ch 变量输入 H。首先输入 100，并按 Enter 键，结果发现 cin.get 语句被跳过了，根本不给你输入字符 H 的机会，为什么呢？

这是因为 cin>> 和 cin.get 都是从键盘缓冲区（实际上就是一块内存空间）中读入用户的按键。当用户输入 100 并按 Enter 键，此时 Enter 键引起的换行符（'\n'）存储在键盘缓冲区中。当 cin>> 读入 100 后就停止了，换行符则留在键盘缓冲区中，这意味着 cin.get 读入的字符将是 '\n'，所以就没有输入字符 H 的机会。如何解决这个问题呢？采用 cin 的函数成员 ignore，该函数能够使 cin 对象跳过键盘缓冲区的字符，它的一般形式：

```
cin.ignore(n , c);
```

ignore 括号中的参数都是可选的，其中 n 是一个整数，c 是一个字符。含义是 cin 跳越 n

个字符,或者是直到遇到字符 c 为止。例如,下面的语句使 cin 跳越 20 个字符,或者是直到遇到一个换行符,哪一种情况先出现都可以,都将停止 cin 的跳越:

```
cin.ignore(20, '\n');
```

如果 cin.ignore 没有参数,表示跳过键盘缓冲区中的第一个字符,例如:

```
cin.ignore( );
```

解决 cin>> 和 cin.get 混合出现问题的方法是在 cin>> 语句之后加 cin.ignore 语句:

```
cout << "请输入一个整数:" ;
cin >> number ;
cin.ignore( );      //忽略 number 后面的一个字符
cout << "请输入一个字符:" ;
cin.get (ch);
```

## 1.12 枚举类型

枚举类型是 C++ 中的一种派生数据类型,也是一种用户自定义的数据类型。

### 1.12.1 枚举类型的定义

枚举类型定义的格式:

```
enum   <枚举类型名>  {<枚举常量列表>};
```

enum 是关键字,枚举类型名的命名规则与一般标识符相同,枚举常量列表由若干个枚举常量组成,多个枚举常量之间用逗号隔开。例如:

```
enum weekday {Sun, Mon, Tue, Wed, Thu, Fri, Sat };
```

其中,weekday 是枚举类型名,该枚举常量列表中有 7 个枚举常量。每个枚举常量是一个用标识符表示的整型常量,在默认的情况下,第 1 个为 0,第 2 个为 1,后一个总是前一个的值加 1。枚举常量的值可以在定义时被显式指定,被显式指定的枚举常量将获得该值,没有被指定的枚举常量按照后一个总是前一个的值加 1 的规则分别获得值。例如:

```
enum weekday {Sun=7, Mon=1, Tue, Wed, Thu, Fri, Sat};
```

这里 Sun 的值为 7,Mon 的值为 1,Tue 的值为 2,…,Sat 的值为 6。

### 1.12.2 枚举类型的变量

枚举变量的定义格式与其他类型变量的定义格式相同,例如:

```
enum weekday day1, day2;
```

这里 weekday 是前面定义的枚举类型名,day1 和 day2 是两个枚举变量名。它们的值应是枚举常量列表中规定的 7 个枚举常量之一。

枚举变量的定义也可以与枚举类型的定义连在一起写,上例写成:

```
enum weekday {Sun, Mon, Tue, Wed, Thu, Fri, Sat} day1, day2;
```

这就是一边定义枚举类型,一边定义枚举变量。

### 1.12.3 枚举类型的应用

枚举变量允许的操作只有赋值和关系运算。赋值包括将枚举常量赋值给枚举变量以及两个同类型变量之间的赋值。不能直接将数值常量赋值给枚举变量，两个不同类型的枚举变量之间也不能相互赋值。例如：

```
enum color {Red,Yellow,Green,Blue,Black}c1,c2;   //定义枚举变量
enum weekday {Mon=1,Tues,Wed,Thurs,Fri,Sat,Sun=0};
enum weekday day1,day2;      //定义2个枚举变量day1,day2
c1=Green;                    //正确，给枚举变量c1赋值Green
c2=Mon;                      //错误，类型不同
day1=Sat;                    //正确，给枚举变量day1赋值Sat
day2=6;                      //错误，不能将数值常量直接赋值给枚举变量
```

**【例1-6】** 定义一个枚举类型triangle，其中的枚举常量有scalene（不等边三角形）、isosceles（等腰三角形）、equilateral（等边三角形）、notriangle（非三角形），编写程序根据输入三角形各边的长度，输出三角形的形状。

```
1   #include <iostream>
2   using namespace std;
3
4   int  main( )
5   {
6       enum triangle{scalene, isosceles, equilateral, notriangle};
7       enum triangle tri;
8       int a, b, c;
9
10      cout << "请输入三角形的三个边长:";
11      cin >> a >> b >> c;
12      if(a+b<=c||a+c<=b||b+c<=a)
13          tri=notriangle;
14      else if(a==b&&b==c)
15          tri=equilateral;
16      else if(a==b||b==c||a==c)
17          tri=isosceles;
18      else
19          tri=scalene;
20
21      switch(tri)
22      {
23          case scalene:
24              cout << "scalene triangle" << endl ;
25              break;
26          case isosceles:
27              cout << "isoceles triangle" << endl ;
28              break;
29          case equilateral:
30              cout << "equilateral triangle" << endl ;
31              break;
32          case notriangle:
33              cout << "notriangle" << endl ;
34              break;
35      }
36
37      return 0;
38  }
```

程序运行结果：

```
请输入三角形的三个边长:7 8 9[Enter]
scalene triangle
```

# 思考与练习

## 一、基本概念题

1. 已知 int a=2, b=3; float x=3.5, y=2.5;
   请写出表达式 (float)(a+b)/2+(int)x%(int)y 的运算结果,并指出表达式运算结果的类型。
2. 已知 float x=2.5, y=4.7; int a=7;
   请写出表达式 x+a%3*(int)(x+y)%2/4 的运算结果,并指出表达式运算结果的类型。
3. 已知 int a=8, n=5;
   下面表达式运算结束后,请写出 a、n 的值以及表达式的值。

   (1) a+=a            (2) a-=2           (3) a*=2+3          (4) a/=a+a
   (5) a%=(n%=2)       (6) a+= a-=a*=a    (7) a=3*5, a*4      (8) n=(a=3, 6*3)
   (9) n=a=3, 6*3      (10) a = ++a || ++n

4. 已知 int a=5, b=8;
   连续做 3 个运算:

   ```
   a=a+b;
   b=a-b;
   a=a-b;
   ```

   此时,a 和 b 的值分别是什么?你能得出什么结论?再思考 1.8.7 节异或运算。

## 二、编程题

要求:以后的每个编程题,都要在每个习题的开头部分加上注释。注释包括你的姓名、编写程序的日期、习题所属章节、题号和题目的名称。下面给出一个注释示例。

```
//****************************************************************
//* 程序作者:Your Name
//* 完成日期:20YY 年 MM 月 DD 日
//* 章    节:第 X 章
//* 题    号:习题 N
//* 题    目:在屏幕上显示一个短句 "Programming is fun!"
//****************************************************************
```

1. 显示短句。在屏幕上显示一个短句"Programming is fun!"。
2. 求两个数的和与差。从键盘输入两个整数,计算并输出它们的和与差。
3. 求平方根。输入一个实数 x,计算并输出其平方根(保留 1 位小数)。
4. 华氏温度转换为摄氏温度。输入华氏温度 f,计算并输出相应的摄氏温度 c(保留 2 位小数)。
   如果变量 f 是华氏温度,那么摄氏温度 c=5/9*(f-32)。
5. 大写字母转换成小写字母。输入一个大写英文字母,输出相应的小写字母。

# 第 2 章　C++ 的流程控制

程序设计语言中的流程控制是构造程序的基础。本章主要介绍程序设计的三种基本控制结构——顺序、选择和循环，以及 C++ 中对应的控制语句。然后结合具体程序，给出若干使用流程控制语句进行程序设计的实例。

## 2.1　算法的基本概念和表示方法

算法就是采用计算机程序解决问题的方法。对于复杂的问题，直接写出程序往往比较困难，通常是先设计算法，再编写程序。算法是编写复杂程序的前导和基础。一个程序应包括：

1）对数据的描述。在程序中要指定数据的类型和数据的组织形式，即数据结构。
2）对操作的描述。即操作步骤，也就是算法。

程序就是遵循一定规则的、为完成指定工作而编写的代码。有一个经典的等式阐明了程序的定义：

$$程序 = 算法 + 数据结构 + 程序设计方法 + 语言工具和环境$$

由此可见，算法是程序的灵魂！

### 2.1.1　算法的基本概念

算法是解决问题的步骤。我们仅讨论计算机可解决的算法，其有以下几个特征：

1）有穷性。一个算法应包含有限的操作步骤而不能是无限的。算法在执行完有限步骤后结束，而不能陷入死循环。如果你写一个可预报明天天气的程序，但所采用的算法要运行 10 年才能看到结果，那么这样的算法没有实用价值，也不满足有穷性。一个良好的算法应当满足实际应用。

2）确定性。算法中每一个步骤应当是确定的，而不能是含糊、模棱两可的。例如，"他将他的书给了他"这句话就充满了歧义。

3）有零个或多个输入。算法可以无输入，也可以有输入。

4）有一个或多个输出。输出反映对输入数据加工后的结果，没有输出的算法是毫无意义的。

5）有效性。算法中每一个步骤应当能有效地执行，并得到确定的结果。如果一个算法对同一组数据进行多次处理，竟然有多个不同的结果，这说明算法是无效的。

对于程序设计人员，必须会设计算法，并根据算法写出程序。

### 2.1.2　算法的表示

描述算法有多种工具，如自然语言、传统流程图、N-S 流程图、判定表、判定树、伪代码等。流程图是图形化的表示方法，比较直观，也是目前软件领域使用最广泛的算法表示方法。一些常用的流程图符号如图 2-1 所示。

起止框是一个圆角矩形，它说明程序的起点和终点。

输入/输出框是一个平行四边形，与输入/输出相关的步骤都写在这种框中。

菱形代表判断框，它对表达式的条件进行判断，根据结果真假性决定后续操作，它有一个入口，两个出口。

处理框是一个方角矩形，表示程序要执行的指令。

流程线将上述各处理框进行连接，它表示指令的流动方向。

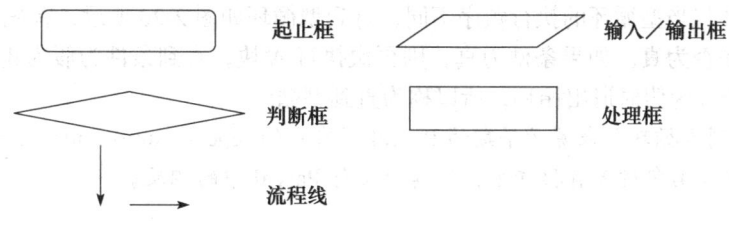

图 2-1　流程图中的常用符号

在下面的内容中，我们将陆续介绍该表示方法。

### 2.1.3　算法的三种基本结构

对算法的理论研究表明，任何算法都可采用三种基本结构或它们的组合进行描述。这三种基本结构是：顺序结构、选择结构和循环结构。图 2-2 是这三种结构的执行流程图。

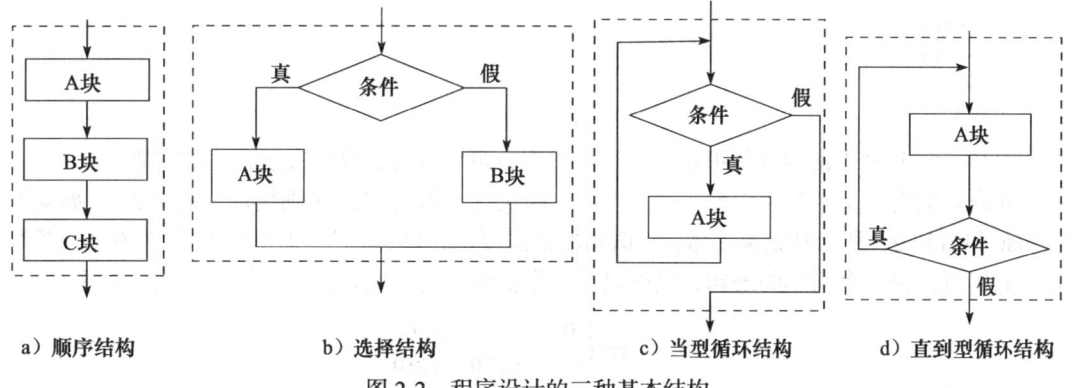

图 2-2　程序设计的三种基本结构

流程图中"块"代表一条语句或一个复合语句。复合语句是一个整体，在整个程序中呈现出一条语句的特点：要么一起执行，要么都不执行。

**1. 顺序结构**

顺序结构是算法中最简单的结构，如图 2-2a 所示，其特点是各个块按照先后次序，依次执行。先执行 A 块，再执行 B 块，它们的次序不能颠倒。

**2. 选择结构**

在选择结构中，先判断条件的真假，如果条件为真，执行 A 块，否则执行 B 块，如图 2-2b 所示。在程序的一次运行中，只能执行 A 块或者 B 块。在实际算法中，"否则"部分可省略。

例如，从键盘输入两个整数 x 和 y，输出较大的一个数。算法的流程图如图 2-3 所示。

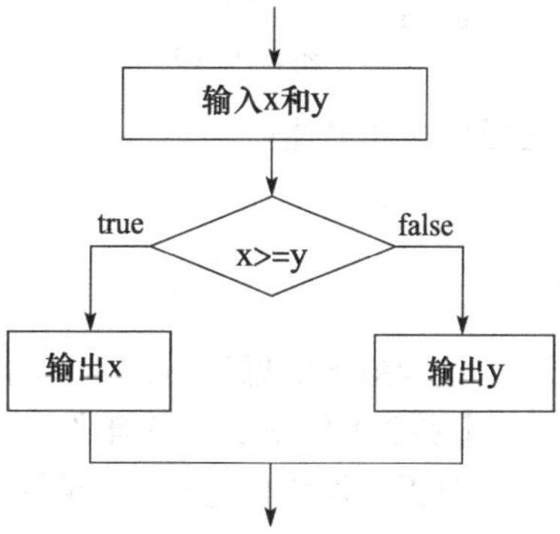

图 2-3　流程图

**3. 循环结构**

循环结构分为两类，即当（while）型循环和直到（until）型循环，这两个名称是根据它们的运算法则来取的。当型循环如图 2-2c 所示，首先判断条件：当条件为真时，执行 A 块，并且在执行完 A 后继续进行下一次的条件判断；当条件为假时，退出循环。由于在循环中执行循环体 A 的条件是"当"条件为真的时候，所以称为当型循环。

直到型循环与当型循环的执行顺序不同，直到型循环如图 2-2d 所示，首先执行 A 块，然后再判断条件是否为真。如果条件为真，则再次执行 A 块，直到条件为假为止。由于在循环中是"直到"条件为假时退出循环，所以称为直到型循环。

**注意**："直到型循环"来源于早期的 Pascal 语言中的 repeat…until。由于 C 和 C++ 都支持该结构，所以将原名拿过来直接使用，但其含义与 Pascal 中的相反。

## 2.2 选择结构程序设计

支持选择结构的语句包括：if 语句、条件运算符和 switch 语句。

### 2.2.1 基本的 if 语句

if 语句也称为条件语句，其功能是根据指定的条件选择程序的执行方向，格式为：

```
if(表达式)
   语句 1；
[else
   语句 2；]
```

其中，方括号中的内容是可选的，即可以有也可以没有，这取决于程序的需要。

if 语句的含义是：如果"表达式"为真，则执行"语句 1"，否则执行"语句 2"；如果没有 else 和语句 2，那么什么也不做。if 语句的语法要求："语句 1"和"语句 2"必须是一条语句，它们可以是一个简单的语句，也可以是一个复合语句。例如，对于如下的分段函数：

$$y = \begin{cases} 0 & x<0 \\ x^2+10x+20 & x \geq 0 \end{cases}$$

用 if 语句描述为：

```
if ( x < 0 )
    y = 0 ;
else
    y = x*x + 10 * x + 20 ;
```

也可以这样描述：

```
y = 0 ;
if ( x >= 0 )
    y = x*x + 10 * x + 20 ;
```

这种描述的思想是：令 y 的值为 0，如果 x ≥ 0，则重新计算 y 的值，否则 y 的值不变。

【**例 2-1**】输入一个年份，判断是否为闰年。

分析：设年份为 y，闰年的条件是（y%4==0&&y%100!=0）||y%400==0。

```
1    #include <iostream>
2    using namespace std;
3
4    int  main( )
5    {
6        int y;
```

```
 7
 8        cout<<" 请输入年份：";
 9        cin >> y;
10        if((y % 4 == 0 && y % 100 != 0)||y % 400 == 0)
11            cout << y <<" 年是闰年."<<endl;
12        else
13            cout << y <<" 年不是闰年."<<endl;
14
15        return 0;
16    }
```

程序运行结果：

请输入年份：2080**[Enter]**
2080 年是闰年.

**【例 2-2】** 输入两个数，输出它们的商。
分析：本程序的难点是除数不能为 0，如果除数为 0，必须特殊考虑。

```
 1    #include  <iostream>
 2    using namespace std;
 3
 4    int  main( )
 5    {
 6        float  num1, num2, quotient;
 7
 8        cout << " 输入 2 个数：";
 9        cin >> num1 >> num2;
10        if ( 0 == num2 )         //下面的两条语句构成了复合语句
11        {
12            cout << " 除数为 0 是不允许的.\n";
13            cout << " 请重新运行该程序 \n";
14        }
15        else                     //下面的两条语句也构成了复合语句
16        {
17            quotient = num1 / num2;
18            cout << num1 << "/"<< num2 << " = " << quotient << "\n";
19        }
20
21         return 0;
22    }
```

本程序的 if 和 else 部分分别控制了一组语句，称为复合语句，即几条语句作为一组全部写在一对花括号内。除数为 0 在数学上是不允许的，若在程序中出现，将引起程序崩溃。例 2-2 中是处理除数为 0 这个经典问题的一种方法。

**注意**：采用 if 语句比较数值，要注意几个问题：

（1）比较浮点数

无论是 float 还是 double 类型的变量，都有一定的精度。要避免将浮点变量用"=="或"！="与数值比较，应该设法转化成">="或"<="的形式。假设要判断 double 型变量 x 的值是否为 0，应当将 if（x==0.0）改写为 if（x>=-0.00001&&x<=0.00001）的形式，即判断 x 是否落在一个接近 0 的区间。

（2）关于真值

if 语句认为非 0 的数即为真，例如：

```
if( value )
    cout<<"it is true!";
```

上面的 if 语句的含义是：如果变量 value 的值为非 0，则显示信息"it is true！"，否则跳过输出语句。如果 value 不是一个 bool 类型的变量，最好写成：

```
if(value ! = 0)
```

因为这可避免让读者认为 value 是一个 bool 类型的变量。

也可以用一个函数的返回值作为 if 语句的条件，例如：

```
if( pow(a,b) ! = 0 )
    cout<<"it is true!";
```

这里使用了求 a 的 b 次方的函数 pow，如果结果非 0，则输出结果。

（3）容易将"=="误写为"="

C++ 判断相等的操作符是"=="，赋值符是"="，而下面的语句

```
if ( x = 99 )
    cout<<" 高分啊！祝贺你！ ";
```

不是判断 x 是否等于 99，而是将 99 赋值给 x，由于表达式 x=99 始终都为真，因此不论 x 的值是多少，总是执行这个输出语句。为了防止将 if(x==99) 误写成 if(x=99)，可有意改为 if(99==x)。编译器认为 if(99==x) 是合法的，但是会指出 if(99=x) 是错误的，因为 99 是个常量，不能被赋值。即使漏写了一个"="，编译器也会查出来。

### 2.2.2 嵌套的 if 语句

在 if 语句中，如果内嵌语句也是 if 语句，就构成了嵌套的 if 语句。通过这种语句可以解决多分支问题。

嵌套的 if 语句有两种形式，一种是嵌套在 else 分支中，格式为：

```
if(表达式 1)
    语句 1;
else if(表达式 2)
    语句 2;
…
else if(表达式 n)
    语句 n;
else
    语句 n+1;
```

这种语句的语义可采用图 2-4 描述。

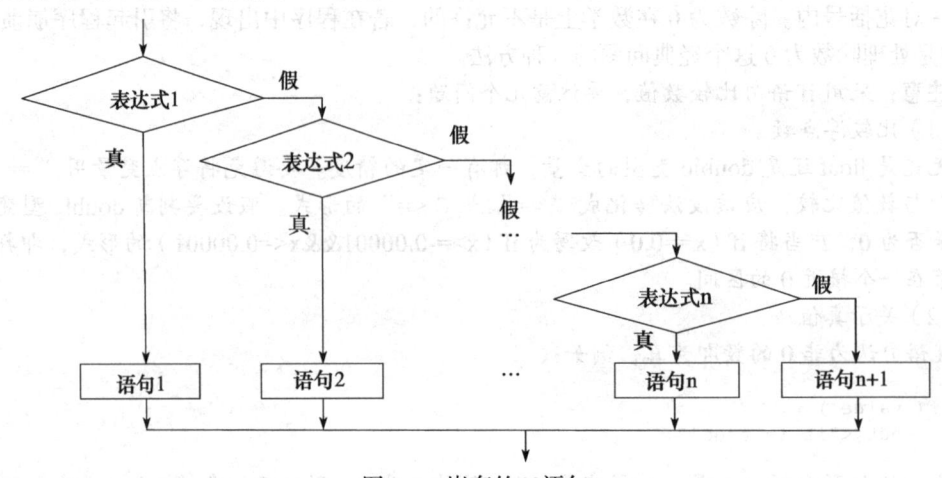

图 2-4 嵌套的 if 语句

图 2-4 就像你站在一个 n+1 叉的路口，只能选择一条路走下去。

【例 2-3】 从键盘输入一个百分制成绩，程序显示对应的五分制成绩。

```
1   #include <iostream>
2   using namespace std;
3
4   int  main( )
5   {
6       int    score;
7       char   grade;
8
9       cout << "请输入百分制成绩: ";
10      cin >> score;
11
12      if (score < 60)
13          grade = 'F';
14      else if (score < 70)
15          grade = 'D';
16      else if (score < 80)
17          grade = 'C';
18      else if (score < 90)
19          grade = 'B';
20      else if (score <= 100)
21          grade = 'A';
22      else
23          grade = 'E';
24      cout << "五分制成绩为: " << grade << ".\n";
25
26      return 0;
27  }
```

分析一下程序是如何执行的。首先，在第 12 行判断关系表达式 score<60，如果 score 小于 60，将执行第 13 行，把字母 'F' 赋值给 grade，然后跳过其他语句，直接到第 24 行执行。这种嵌套的 if 语句，就像在多叉路口你只能选择一条路走下去。如果 score 不小于 60，那么将执行第 14 行的 if 语句。如果 score 小于 70，把字母 'D' 赋值给 grade，跳过剩余的 if 语句，直接到第 24 行执行。这种判断直到有一个表达式为真为止，否则是执行到第 23 行，这代表 score 是一个大于 100 的数。

**思考 1**：例 2-3 中第 12 ~ 23 行包含了几条语句？

**思考 2**：假如你将例 2-3 中第 12 ~ 23 行的 if 语句写成如下形式，还对吗？为什么？

```
12  if (score < 60)
13      grade = 'F';
14  if (score < 70)
15  grade = 'D';
16  if (score < 80)
17      grade = 'C';
18  if (score < 90)
19      grade = 'B';
20  if (score <= 100)
21      grade = 'A';
22  else
23      grade = 'E';
```

如果这个代码段合理，估计不少读者都乐意采用这种方法来改变自己的成绩。嵌套 if 语句的另外一种形式是语句嵌套在 if 分支中，下面给出两个 if 的嵌套格式：

```
if(表达式1)
    if(表达式2)
        语句1;
    else
        语句2;
else
    语句3;
```

这种语句的语义可采用图 2-5 描述。

对于这种图，就像站在一个三叉路口只能选择一条路。你也许总感觉这个语句与例 2-3 中的 if 语句不一样。采用这种嵌套的形式改写例 2-3，只要将其中的第 12 ~ 23 行的 if 语句改为如下形式即可：

```
12    if (score >= 60)
13        if (score >= 70)
14            if (score >= 80)
15                if (score >= 90)
16                    grade = 'A';
17                else
18                    grade = 'B';
19            else
20                grade = 'C';
21        else
22            grade = 'D';
23    else
24        grade = 'F';
```

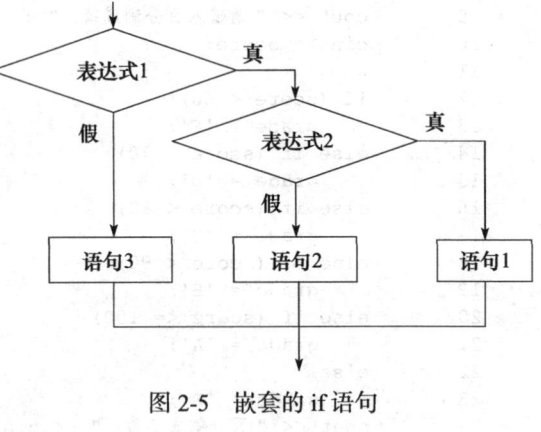

图 2-5　嵌套的 if 语句

**思考 1**：当 score>100 时，上述的 if 语句与例 2-3 中的 if 语句等价吗？

**思考 2**：如果不采用嵌套的 if 语句，怎么编写该程序？

**注意**：在嵌套 if 语句时，要注意 else 和哪一个 if 语句相匹配。它们的匹配规则是：else 与离自己最近的那个 if 相匹配。在编写代码时，要采用缩进排列的结构，要清楚地标示出 if 和 else 的匹配关系。

### 2.2.3　条件运算符

在有些情况下，采用三元条件运算符"?:"可以简化表示一个 if 语句，其格式为：

<表达式 1> ? <表达式 2> : <表达式 3>

计算过程是：首先计算表达式 1，如果表达式 1 的值为真（非 0）则执行表达式 2，并将其计算结果作为整个表达式的值；否则执行表达式 3，并将其计算结果作为整个表达式的值。条件运算符的执行流程如图 2-6 所示。

例如，求两个数 a 和 b 中较大的一个值，采用 if 语句：

```
if( a > b )
    max = a ;
else
    max = b ;
```

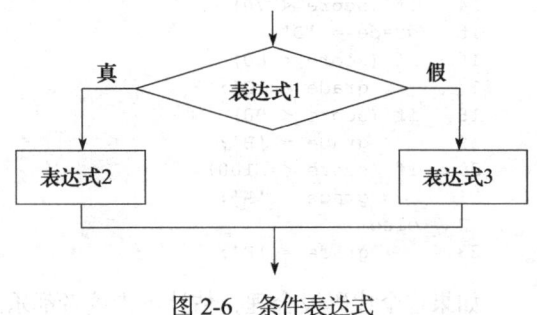

图 2-6　条件表达式

采用条件运算符可表示为：

```
max = ( a > b ) ? a : b;
```

**思考**：如果有三个变量 a、b、c，求它们中的最大值，采用条件运算符如何表示？
**答**：max= (a>b?a：b) <c?c：(a>b?a：b)；

### 2.2.4 switch 语句

嵌套的 if 语句可以实现多分支，C++ 提供的 switch 语句又称开关语句，也可以实现多分支。它根据给定的条件，从多个分支中选择一个语句作为执行入口，它与嵌套的 if 语句功能类似，但两者的功能并非完全等价。在有些情况下，采用 switch 语句比较简单，其格式为：

```
switch( <表达式> )
{
    case <常量表达式 1>:
        语句序列 1;
        [< break;>]
    case <常量表达式 2>:
        语句序列 2;
        [< break;>]
    …
    case <常量表达式 n>:
        语句序列 n;
        [< break;>]
    [default:
        语句序列 n+1;
        [< break;>]]
}
```

其中 < 表达式 > 和 < 常量表达式 i >（i=1，2，…，n）的类型必须是字符型、整型、枚举型和布尔型等离散类型，而不能是实型（如 float、double）这样的连续型。每个 case 后的 "语句序列"可以是多条语句。

switch 语句的执行流程是：先计算表达式的值，然后在常量表达式中从前向后找出与之相等的分支作为执行入口，并开始执行，直到遇到 break 语句或开关语句的结束括号 "}" 为止。如果 < 表达式 > 的值与所有的 < 常量表达式 i > 都不相等，若有 default 分支，则执行该语句序列，否则跳出 switch 语句，执行后面的语句。

【**例 2-4**】 采用 switch 语句实现例 2-3。

```
1   #include <iostream>
2   using namespace std;
3
4   int main( )
5   {
6       int score;
7       char grade;
8
9       cout << "请输入你的百分制成绩：";
10      cin >> score;
11      if(score<0 || score>100)        //出错处理
12      {
13          cout<<"成绩应介于 0~100 之间，请重新运行程序！"<<endl;
14          return 0;
15      }
16
17      switch(score/10)
18      {
19          case 0:                     // case 0,…,5 处理不及格的情况
```

```
20          case 1:
21          case 2:
22          case 3:
23          case 4:
24          case 5:
25              grade = 'F';
26              break;
27          case 6:
28              grade = 'D';
29              break;
30          case 7:
31              grade = 'C';
32              break;
33          case 8:
34              grade = 'B';
35              break;
36          case 9:
37          case 10:                          // 处理100分的情况
38              grade = 'A';
39              break;
40          }
41          cout << "你的五分制成绩为: " << grade << ".\n";
42
43          return 0;
44      }
```

程序运行时，如果输入 score 的值为 36，将执行第 17 行，score/10 得到它们整除的值 3，这与第 22 行的常量匹配，将从此处向下执行，直到第 25 行，把 grade 赋值为 'F'；在第 26 行，遇到 break，结束当前的 switch 语句，然后转到第 41 行执行。

**注意**：下面几点是关于 switch 语句容易出错的地方：

1）每个 case（包含 switch）分支出现的次序是任意的，通常将 default 放在最后。

2）每个常量表达式的值都必须互不相同，否则当表达式的值与多个常量表达式的值都匹配时，计算机将无法决定到底该执行哪一个常量表达式后面的语句序列。

3）每个常量表达式的值必须是离散的数值，不能是浮点数、变量和表达式，并且常量应互不相同。你能指出下面 switch 语句中的错误吗？

```
switch ( temp )
{
    case temp < 0:   cout << "temp is negative";
        break;
    case temp == 0:  cout << "temp is zero";
        break;
    case temp > 0:   cout << "temp is positive";
        break;
}
```

4）switch 语句只能处理离散类型的条件判断，而 if-else 语句能处理任意类型的判断。例如，很难将下面的 if-else 语句转换为 switch 语句。

```
if( temp == 100)
    x =0;
else if( population > 1000 )
    x=1;
else if( rate < .1 )
    x = -1;
```

5）如果没有 break 语句，程序将从匹配的 case 语句开始执行直到块的结束。

**知识点**：在计算机界有一个著名的谚语"garbage in, garbage out"，就是说，一个程序的好坏依赖于输入。因此在写程序时，要确保输入的数据都是有效的。一个好的程序应该清楚地引导用户输入。例 2-4 的第 11 ~ 15 行是一种防止垃圾进入程序的方法。

## 2.3 循环结构程序设计

C++ 提供了构成循环的三种语句，分别是 while 语句、do-while 语句和 for 语句。

### 2.3.1 while 循环

while 循环也称"当型"循环，语句格式为：

```
while( 表达式 )
    循环体语句；
```

其中"表达式"是 C++ 中的一个合法表达式，"循环体语句"可以是一条语句，也可以是复合语句。流程图如图 2-7 所示。

当 while 圆括号中的表达式为真时，其循环体语句将被反复执行。

【例 2-5】 使用 while 语句计算 s=1+2+3+…+99+100。

```
1    #include <iostream>
2    using namespace std;
3
4    int  main( )
5    {
6        int  i=1, sum=0;         // 变量初始化
7
8        while( i <= 100 )        // 循环体是一个复合语句
9        {
10           sum += i;
11           i++;
12       }
13       cout << "s = " << sum << endl;
14
15       return 0;
16   }
```

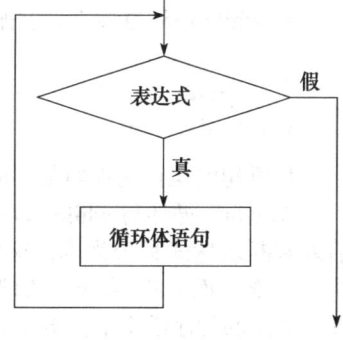

图 2-7 while 语句流程

程序运行结果：s=5050。

**注意**：

1）有些编程者在循环体只有一条语句的情况下也将循环体放在花括号内，这是一个很好的编程习惯。在此情况下，花括号是不需要的，但为了你的好习惯，可以保留。

2）while 是一个先判断的循环。在例 2-5 中的第 8 行，先判断 i<=100 是否成立，如果成立，将执行第 9 ~ 12 行的循环体语句，否则退出循环。

3）如果一个循环不能终止，就称为无限循环或死循环。例如：

```
int  test = 0;
while( test < 10 )
    cout << test ;
```

上面的循环将一直执行下去，这是因为它不包含一条改变 test 值的语句。

4）如果你将上面的 while 语句修改成如下形式：

```
int  test = 0;
while(test<10);          //  注意：圆括号的后面有分号
{
    cout << test ;
    test++;
}
```

也就是说，在判断表达式后面加了分号，这也是一个死循环。你知道为什么吗？

5）有人总喜欢写一些令人晦涩难懂的语句，例如：

```
int  num=0;
while( num++ < 10)
      cout << num << endl;
cout << num << endl;
```

在 while 的条件判断中，综合了后置的 ++ 和比较，这是先判断 num 是否小于 10，但无论 num 是否小于 10，都要将 num 的值增 1。你知道本程序的输出结果吗？

### 2.3.2  do-while 循环

do-while 循环也称直到型循环，格式为：

```
do
    循环体语句；
while( 表达式 );
```

该语句的执行流程如图 2-8 所示。

do-while 循环与 while 循环的区别在于判断条件的先后。do-while 循环是在每次循环结束后才判断表达式是否为真，这就意味着 do-while 的循环体至少要执行一次；而 while 循环，如果条件为假，将一次也不执行。例如，下面的程序段将不输出 x 的值。

```
int x=1;
while(x<0)
    cout<<x<<endl;
```

如果采用 do-while 循环改写上例，循环体将被执行一次。

```
int x=1;
do
    cout<<x<<endl;
while(x<0);
```

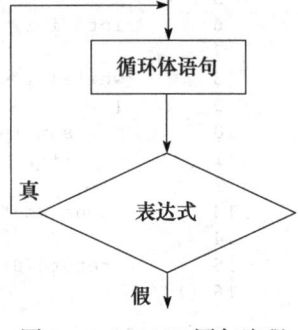

图 2-8  do-while 语句流程

**注意**：do-while 循环必须在表达式圆括号的后面加分号，切记，容易遗漏！

使用 do-while 语句改写例 2-5，只需将程序中的第 8 ~ 12 行如下修改即可：

```
8     do
9     {
10        sum += i;
11        i++;
12    } while( i <= 100 );
```

### 2.3.3  for 循环

for 语句在程序设计中使用最为频繁。其格式为：

```
for( [<初始化>] ; [<条件>] ; [<更新>] )
    循环体
```

for 语句的圆括号中有三个表达式。其中第一个表达式是"初始化"表达式,它用来给变量赋值,该操作只执行一次。第二个表达式是"条件"表达式,与 while 和 do-while 循环一样,它控制循环的执行。只要这个表达式为真,就执行循环体,然后转到第三个表达式,即执行"更新"表达式,如果"条件"为假,则结束循环。"更新"表达式执行后,立即转到第二个表达式判断,如此重复。该语句的执行流程见图 2-9。

for 循环的语义等价于如下的 while 循环:

```
初始化;
while ( <条件> )
{
    循环体;
    更新;
}
```

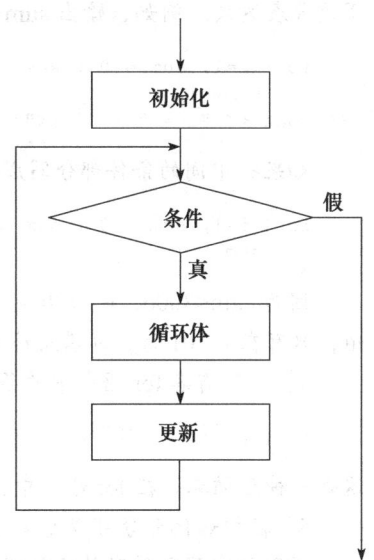

图 2-9  for 语句流程

【例 2-6】 使用 for 语句计算 s=1+2+3+…+99+100。

```
1    #include <iostream>
2    using namespace std;
3
4    int  main( )
5    {
6        int   i, sum;
7
8        for( i=1, sum = 0 ; i <= 100 ; i++ )
9            sum += i;
10       cout << "s = " << sum << endl;
11
12       return 0;
13   }
```

分析:第 6 行定义了变量;在第 8 行的 for 语句的初始化部分,采用逗号表达式对变量 i 和 sum 赋值;由于该循环只有一条语句,所以第 9 行的循环体部分没有加"{}"。

**注意:**

1)for 循环与 while 循环一样,属于先判断型,那么就有可能一次也不执行循环体。例如:

```
for( int x=100; x<20; x++ )
    cout << x << endl;
```

2)for 循环中的 3 个表达式可以根据需要省略,但两个分号不能省略。根据图 2-9 对 for 语句的描述,例 2-6 中第 8~9 行的代码还可以改写成如下形式:

```
i=1;
sum = 0;
for( ; i <= 100 ; i++ )
    sum += i;
```

这种方法将"初始化"部分放在了循环之前。还可以将"更新"部分放在循环体中:

```
i=1;
sum = 0;
for( ; i <= 100 ; )
{
    sum += i;
    i++ ;                    // 更新部分放在循环体中
}
```

3）如果在条件表达式中要测试多个条件，应使用 && 或 || 操作符连接表达式，而不能采用逗号表达式。例如，输出 sum 刚好大于 3000 时，变量 i 和 sum 的值为：

```
for( i=1, sum = 0 ; sum < 3000 && i <= 100; i++ )
    sum+=i;
cout << "i = " << i <<" s = " << sum << endl;
```

如果将中间的条件部分写成如下所示，将是错误的：

```
for( i=1, sum = 0 ; sum < 3000 , i <= 100 ; i++ )
    sum+=i;
```

因为 sum<3000, i<=100 是一个逗号表达式，其值是最后一个表达式的值，即 i<=100 的值，只有在 i=101 时，才满足终止条件。

4）如果省略 for 语句中的条件表达式：

```
for( ; ; )    等价于    while( 1 )
```

这是一种死循环。在 for 语句中，省略条件代表了条件永远为 true。

5）在初始化部分可以定义变量。

循环体中用到的变量不仅可以在初始化表达式中初始化，还可以在其中定义。例如：

```
for( int i=1, sum = 0 ; i <= 100 ; i++ )
    sum+=i;
```

变量 i 和 sum 的定义及初始化都放在了初始化表达式中。这样定义的变量 i 和 sum 原则上只能在循环体中使用。但有些编译器，如 Visual C++ 6.0，对在初始化表达式中声明的变量，在循环体之外也可以使用，这是错误的，但 Visual C++ 2010 已经改正了这个错误。

**注意**：在实际编程中，for 语句使用最多，while 语句其次，do-while 语句很少使用。

### 2.3.4 循环嵌套

在一个循环中又包含其他的循环称为循环嵌套。

【例 2-7】 从键盘输入学生的数量、课程门数，以及每个学生的每门课的分数，计算每个学生的平均分和全班的总平均分。

分析：程序可以采用双重循环实现，外循环控制学生个数，内循环控制每门课程的成绩。内循环可用如下循环语句实现：

```
for ( int j = 1; j <= 课程门数; i++ )
{
    输入当前学生的该门课程成绩；
    成绩累加；
}
```

外循环：

```
for ( int i = 1; i <= 总人数; i++ )
{
    调用内循环,处理当前第 i 个学生的成绩；
    累加当前学生的平均分；
}
```

下面通过细化即可实现该程序。

```
1   #include  <iostream>
```

```cpp
2     using namespace std;
3     int   main( )
4     {
5         int numStudents, numTests ;          //分别存放学生人数和课程门数
6               //subTotal 保存每个学生的总成绩，total 保存总平均分
7         double average, score, subTotal, total;
8
9         cout << "请输入学生人数："；
10        cin >> numStudents;
11        cout << "请输入课程门数："；
12        cin >> numTests;
13        total = 0;
14        for ( int i = 1; i <= numStudents; i++ )
15        {
16            subTotal = 0;                    //累计单个学生的总分
17            for ( int j = 1; j <= numTests; j++ )
18            {
19                cout << "输入第 " << i << " 个学生的第 "<< j << " 门成绩：";
20                cin >> score;
21                subTotal += score;
22            }
23            average = subTotal / numTests;
24            total += average;
25            cout << "学生 " << i <<" 平均分: " << average << endl;
26        }
27        cout << "全班平均分: "<< total / numStudents << endl;
28
29        return 0;
30    }
```

程序运行结果：

```
请输入学生人数：2
请输入课程门数：2
输入第 1 个学生的第 1 门成绩：80
输入第 1 个学生的第 2 门成绩：86
学生 1 平均分: 83
输入第 2 个学生的第 1 门成绩：90
输入第 2 个学生的第 2 门成绩：88
学生 2 平均分: 89
全班平均分: 86
```

## 2.3.5 break 语句

break 语句只能用在 switch 语句和循环语句中，break 语句使得程序的流程跳出 switch 语句或循环语句。

有时需要提前终止当前的循环，可以把 break 语句放在循环体中，当执行到该语句时，循环停止，流程转到循环体后继续执行。

使用 break 语句要谨慎，因为它无视循环条件而提前终止循环，使得程序难以理解和调试。因此，应该尽可能少用 break 语句。

修改例 2-6 中的 for 语句，原第 8～9 行语句如下：

```cpp
for( i=1, sum = 0 ; i <= 100 ; i++ )
    sum += i;
```

采用 break 语句，可将 for 语句中的条件部分省略，改写成如下形式：

```cpp
for(i=1, sum = 0 ;  ; i++ )
{
```

```
            if( i > 100 )
                break;
            sum += i;
        }
```

当 i=101 时，执行到 for 循环内部的 if 语句。由于满足 i>100 条件，将执行 break 语句，程序的流程将立即转到 for 语句的外面执行。

**注意**：在嵌套循环中，break 语句只能终止它所在的内层循环，对外层循环不起作用。

例如，下面的程序段显示 5 行星号。外层循环控制行数，内层循环控制每一行的星号数。虽然内层循环计划输出 20 个星号，但在进行了 10 次迭代后，break 语句使其停止。

```
for( int row = 0;row < 5;row ++ )
{
    for( int star = 0; star < 20; star ++ )
    {
        cout << '*';
        if( 10 == star )
            break;
    }
    cout << endl;
}
```

**思考**：下面程序段中的 break 语句是终止 for 循环还是终止 switch 语句，还是二者都终止？程序段输出什么？

```
for ( int i = 0; i < 5; i ++ )
    switch ( i % 4 )
    {
        case 0:
        case 1: cout << (char)('A'+i) << "\t";
            break;
        case 2: cout << (char)('A'+i) << "\t";
            break;
    }
```

想出来了吗？应该是终止 switch 语句，输出结果为"ABCE"。

### 2.3.6 continue 语句

continue 语句只能用在循环语句中，当程序执行到该语句时，将跳过其后尚未执行的循环体语句，开始下一次的循环条件判断。它与 break 语句一样，使得代码难以理解和调试，也应该尽可能少用。例如：

```
for( int i = 100;i <= 200;i ++ )
{
    if ( i % 3 == 0 )
        continue;
    cout << i << "\t";
}
```

上述循环看上去是显示 100～200 之间的整数，但是当 i%3==0，即 i 是 3 的整数倍时，continue 语句使得循环跳过了下面的 cout 语句并开始下一次的迭代，即输出 100～200 之间不是 3 的倍数的数。

**思考**：如果将上述程序段中的 continue 改为 break，输出多少？

**注意**：对于 while 循环，如果在循环体中执行到 continue 语句，意味着程序流程直接跳到 while 循环的顶部来测试条件表达式，如果表达式为真，继续循环。在 do-while 语句中，执行到 continue 语句，流程将转到循环底部，即 while 处来测试条件表达式，并决定是否进行下一次的循环。在 for 循环中，执行到 continue，将使流程直接转到"更新"表达式处，然后测试条件表达式，决定是否继续循环。

### 2.3.7 应该少用的 goto 语句

goto 语句可以使程序流程转向语句标号所指向的语句位置处开始执行，其格式为：

```
goto   <语句标号>;
```

语句标号是一个 C++ 的标识符，其命名规则与变量的命名规则相同，由字母、数字和下划线组成，而且第一个字符必须为字母或下划线。语句标号放在语句的左边，以 " : " 结束。由于 goto 语句可使语句执行顺序任意改变，降低了程序的可理解性，有人戏称有 goto 语句的程序，属于"面条"程序，因此在程序中应该尽量少用或不用 goto 语句。

goto 语句在一些特定的场合能表现出其价值，如 goto 语句可使程序流程从多重循环中直接跳到循环外，以避免多次使用 break 语句。

## 2.4 程序设计应用举例

本节将介绍循环结构的应用，给出几个常用的算法程序，它们都是有趣的例子，同时也是写程序的基础，希望读者掌握。

【例 2-8】 编写程序，从键盘输入一个 int 型的数 num，逆向输出其各位数字，同时求出其位数以及各位数字之和。

**分析**：当整数 num 大于 0 时，求出其最后一位，累加该位，同时进行位数计数，然后将该数除以 10，再次进入循环，直到 num 变成 0 时为止。

```
1    #include <iostream>
2    using namespace std;
3
4    int  main( )
5    {
6        int  num, sum=0, k, i=0;
7
8        cout << "请输入一个整数：";
9        cin >> num;
10
11       cout <<" 逆序: ";
12       while( num > 0 )
13       {
14           k = num % 10;              //将 num 的最后一位数给 k
15           cout << k;
16           sum += k;                  //累加各位的和
17           i++;                       //位数累加
18           num /= 10;
19       }
20       cout << "\n 和: " << sum <<endl ;
21       cout<< " 位数: " << i << endl;
22       return 0;
23   }
```

程序运行结果：

请输入一个整数：12345**[Enter]**

```
逆序: 54321
和: 15
位数: 5
```

【**例2-9**】 中国古代数学史上著名的"百钱买百鸡"问题:今有鸡翁一,值钱伍;鸡母一,值钱三;鸡雏三,值钱一。凡百钱买鸡百只,问鸡翁、鸡母、鸡雏各几何?

**分析**:如果采用 x、y 和 z 分别表示鸡翁、鸡母和鸡雏,则有如下条件:

```
x + y + z = 100
5x + 3y + z / 3 = 100
```

由这两个条件综合可知:百钱最多能买鸡翁 20,或鸡母 33,而鸡雏为 100-x-y。

```
1    #include <iostream>
2    #include <iomanip>
3    using namespace std;
4
5    int  main( )
6    {
7        int  x, y,z;
8
9        cout<<"   鸡翁   鸡母   鸡雏 "<< endl;
10       for( x=0; x<=20; x++)
11           for(y=0; y<=33;y++)
12           {
13               z=100-x-y;
14               if(x*5+y*3+z/3==100 && z%3==0)
15                   cout<<setw(6)<<x<<setw(6)<<y<<setw(6)<<z<<endl;
16           }
17
18       return 0;
19   }
```

程序运行结果:

```
鸡翁   鸡母   鸡雏
 0     25    75
 4     18    78
 8     11    81
12      4    84
```

**思考**:在程序第 14 行的 if 语句中,为什么要用 z%3==0 这个条件?

【**例2-10**】采用辗转相除法(也称欧几里得算法)求两个整数的最大公约数。

**分析**:设 m 和 n 是两个整数,其最大公约数应该是不超过其中较小的一个数。令余数 r=m%n,如果 r 为 0,则 n 就是它们的最大公约数,否则 n 赋值给 m,将 r 赋值给 n,重复以上过程,直到 r 为 0 为止。

```
1    #include <iostream>
2    using namespace std;
3
4    int  main( )
5    {
6        int  m, n,r;
7
8        cout<<" 请输入两个整数:";
9        cin >> m >> n;
10
11       r = m % n;
12       while( 0 != r )
```

```
13          {
14              m = n;
15              n = r;
16              r = m % n;
17          }
18          cout<< " 它们的最大公约数是: "<< n << endl;
19
20          return 0;
21     }
```

程序运行结果:

```
请输入两个整数: 64  96
它们的最大公约数是: 32
```

【例 2-11】 输入一个小于 1 的数 x,利用下面的公式求 sin(x),要求误差小于 1e-9。

$$\sin(x) = x - \frac{x^3}{3!} + \frac{x^5}{5!} - \frac{x^7}{7!} + \cdots$$

分析: 上述公式是一个具有符号变换的奇次多项式的累加,若取前 n 项为 sin(x) 的值,那么第 n+1 项的绝对值就是误差。若将公式的第 1 项作为累加和的初值,那么第 2 项就是误差,如果误差不小于 1e-9,则将该项累加到累加和中,进而推出第 3 项,而第 3 项又是新的累加和误差。经过累加、递推,直到误差满足要求为止。如果用 item 保存第 n 项,根据上述公式,那么第 n+1 项的递推公式为:

$$item = item * x * x / ((2*n) * (2*n+1))$$

```
1    #include <iostream>
2    #include <cmath>
3    using namespace std;
4
5    int  main( )
6    {
7         const  double  e=1e-9;                        //误差
8         double  x, sinx, item;
9         int  n=2, sign=-1;                            //sign 转换符号
10
11
12        cout << " 输入 x:";
13        cin >> x;
14
15        sinx=x;                                        //初值
16        item=pow(x,3)/6;                               //误差
17
18        while(item>1e-9)
19        {
20            sinx += sign*item;                         //累加当前项
21            item =item * x *x / ((2*n)*(2*n+1));       //推出新的误差项
22            sign = -sign;                              //反转符号
23            n++;
24        }
25        cout << "sin("<< x<<")=" << sinx << endl;
26
27        return 0;
28   }
```

程序运行结果:

```
输入 x:0.869
```

sin(0.869)=0.763684

**注意**：pow(x, y) 是计算 $x^y$，返回一个 double 值，该函数需要包含头文件 cmath。

【**例 2-12**】 Fibonacci 数列的递推公式如下：

$$\text{Fib}(n) = \begin{cases} 1 & n=1 \\ 1 & n=2 \\ \text{Fib}(n-1)+\text{Fib}(n-2) & n>2 \end{cases}$$

编写一个程序，输出该数列的前 24 项，要求每行 6 个数。

```
1    #include  <iostream>
2    #include  <iomanip>
3    using namespace std;
4
5    int  main( )
6    {
7        long  f1,  f2;
8        int   i;
9
10       f1 = f2 = 1;
11       for( i=1; i <= 12; i++ )        // 循环12次
12       {
13           cout << setw(10) << f1<< setw(10) << f2;
14           if( i%3 == 0 )              // 控制每行输出6个数
15               cout << endl;
16           f1 = f1 + f2;
17           f2 = f2 + f1;
18       }
19
20       return 0;
21   }
```

程序运行结果：

```
     1         1         2         3         5         8
    13        21        34        55        89       144
   233       377       610       987      1597      2584
  4181      6765     10946     17711     28657     46368
```

【**例 2-13**】 求 100 ~ 150 之间的所有素数。

**分析**：素数即质数，即只能被 1 和其自身整除的数，因此可以使用试探法来寻找素数。假设要判断整数 x 是否为素数，就可以试探用 [2, x–1] 区间之内的所有整数去除 x，如果没有一个数可以将 x 除尽，则 x 就是素数，否则 x 不是素数。寻找素数其实是寻找一种倍数关系，没有必要试探 [2,x–1] 区间之内的所有整数，只要试探 2 到 $\sqrt{x}$ 之间的整数就可以了。下面给予简单的证明。

设 x 不是一个素数，那么 x 应当有一个不小于 2 的因子 m，即 x 可以分解为 x= $(\sqrt{x})^2$ = m×n，其中 m 和 n 为 x 的两个约数，显然 m 和 n 都是大于或等于 2 的整数。假设 m 是两个数中比较小的一个整数，则可以推出 $(\sqrt{x})^2$ =m×n ≥ $m^2$ ≥ $2^2$，由前提条件 "x 是一个正整数" 可得 $\sqrt{x}$ ≥ m ≥ 2。故可以得到一个结论：若正整数 x 不是一个素数，那么在 2 ~ $\sqrt{x}$ 之间必有一个约数。

```
1    #include  <iostream>
2    #include  <iomanip>
3    #include  <cmath>
4    using namespace std;
5
6    int  main( )
7    {
8        int  x, b, i;
9
```

```
10
11          for( x = 100; x <= 150; x++ )
12          {
13              b = (int)sqrt(1.0 * x);                // sqrt 是数学上的开平方根函数
14              for( i = 2; i <= b; i++ )
15                  if( x % i == 0 )
16                      break;
17              if( i == b + 1 )
18                  cout << setw(8)<< x;
19          }
20
21          return 0;
22      }
```

程序运行结果：

```
101    103    107    109    113    127    131    137    139    149
```

程序第 11 ~ 13 行的 for 循环结束后，可根据循环变量 i 的值判定 x 是否为素数，如果 i<=b，表明在范围 2 ~ $\sqrt{x}$ 内有一个 i 能将 x 除尽，break 语句跳出循环，此时 x 是素数。如果在范围 2 ~ $\sqrt{x}$ 之内的 i 都不能将 x 除尽，则 for 循环结束后，i 的值是 b+1，即条件 i==b+1 成立，表示 x 不是素数。

## 思考与练习

### 一、基本概念题

1. 将下面的 while 循环转化为 do-while 循环：

```
int x=1;
while(x>0)
{
    cout<<"enter a number:" ;
    cin>>x;
}
```

2. 将下面的 do-while 循环转化为 while 循环：

```
char sure;
do
{
    cout<<"Are you sure you want to quit?:";
    cin>>sure;
}while(sure!='Y'&&sure!='N');
```

3. 将下面的 while 循环转化为 for 循环：

```
int count=0;
while( count++<50 )
    cout<<"count is"<<count<<endl;
```

4. 将下面的 for 循环转化为 while 循环：

```
for( int x=50;x>0,x--)
    cout<<x<<"second to go.\n";
```

5. 将下面的 if 语句转化为 switch 语句：

```
if(choice = = 1)
{
```

```
        cout.precision(2);
        cout.setf(ios::fixed | ios::showpoint);
    }
    else if(choice = = 2 || choice = = 3)
    {
        cout.precision(4);
        cout.setf(ios::fixed);
    }
    else if(choice = = 4)
    {
        cout.precision(6);
        cout.setf(ios::scientific | ios::showpiont);
    }
    else
    {
        cout.precision(8);
        cout.setf(ios::fixed | ios::showpiont);
    }
```

6. 下面的程序段输出 "hello world" 几次？

```
int count =10;
while(count < 1)
{
    count << "hello world\n";
    count++;
}
```

7. 下面的程序段输出 "I love c++ programming!" 几次？

```
int count = 0;
while(count++ <10)
    cout<<"hello world\n";
cout <<"I love c++ programming!\n";
```

8. 下面程序段中，y 的值会显示几次？

```
for(x=0;x<20;x++ )
{
    for(y=0;y<30;y++ )
        cout<<y<<endl;
}
```

9. 下面程序段中，y 的值会显示几次？

```
for(x=0;x<20;x++ )
{
    for(y=0;y<30;y++ )
        if(y>10)
            break;
    cout<<y<<endl;
}
```

10. 下面的程序段输出什么？

```
int x=0,y=0;
while(x++<5)
{
    if(x==3)
        continue;
    y+=x;
    cout<<y<<endl;
}
```

## 二、编程题

1. 写一个程序，要求用户输入一个 1~10 的数字，使用 switch 语句来显示该数字的罗马字母。有效输入：不接受比 1 小或者比 10 大的数。

2. 写一个程序作为一个计算工具，显示两个随机整数相加的结果。例如：程序要求学生输入答案，判断答案是否正确然后输出结果，如果答案不正确将显示正确答案的信息。随机数函数的介绍见 4.4 节例 4-5。

3. 编写一个程序，要求用户输入一个正整数 n，采用循环计算从 1 到 n 的和。例如，如果输入的 n 是 50，循环就要算出 1，2，3，4，…，50 的和。注意：n 不能为负数。

4. 编写一个程序计算一个人一段时期的薪水，第 1 天 1 分钱，第 2 天 2 分钱，每天翻倍。程序要求用户输入天数，用一个表显示每天的薪水是多少，最后算出薪水的总和。输出应该是人民币的"元"数，而不是"分"数。

    输入检验：工作的天数应该是大于 1 的整数。

5. 编写一个程序使用循环嵌套来收集数据，并计算几年内的平均降雨量。程序开始要求用户输入年数。外层循环对每一年迭代一次，内层循环迭代 12 次，每一次对应一个月。内层的每一次迭代要求用户输入该月的降雨量（cm）。所有迭代结束后，程序显示月份数、降雨的总量，以及每月的平均降雨量。注意：年数是大于 1 的整数，降雨量不能是负数。

6. 采用 for 循环，计算下面公式的和：

    $$\frac{1}{30}+\frac{2}{29}+\frac{3}{28}+\frac{4}{27}+\cdots+\frac{30}{1}$$

7. 编写程序，用循环语句输出如下图形：

    ```
    AAAAAAA
     AAAAA
      AAA
       A
      AAA
     AAAAA
    AAAAAAA
    ```

8. 采用循环编写程序，求下列公式 s 的前 30 项和：

    $$s=\frac{2}{1}+\frac{3}{2}+\frac{5}{3}+\frac{8}{5}+\frac{13}{8}+\frac{21}{13}+\cdots$$

9. 求 sum=a+aa+aaa+aaaa+…+aa…a（aa…a 表示 n 个 a）的值，其中 a 是一位数字。例如：当 a=2，n=6 时，sum=2+22+222+2222+22222+222222。a 和 n 的值由键盘输入。

10. 输入一行字符，以回车键结束输入，分别统计其中出现的大写英文字母、小写英文字母、数字字符、空格和其他字符等 5 类字符出现的次数。例如，若输入：

    I am 20 years old!

    则 5 类字符出现的次数分别是 1、10、2、4 和 1。

# 第3章 函　　数

大型程序的总体设计原则是模块化,即将程序划分为若干个模块,每个模块完成特定的功能。在 C++ 中,由函数实现模块的功能。一个完整的 C++ 程序往往由若干个函数与类构成,其中有且只有一个主函数 main()。主函数是一个特殊的函数,由操作系统调用,并在程序结束时返回到操作系统。程序总是从主函数开始执行。主函数调用其他子函数,子函数之间可以相互调用。函数有利于信息隐藏及数据共享,节省开发软件的时间,增强程序的可靠性。

本章主要介绍函数的定义、应用、实现机理,与此有关的变量生存期和作用域,以及递归、函数重载、内联函数、函数的默认参数等。

## 3.1 函数的定义和调用

### 3.1.1 概述

C++ 中的函数分为标准库函数和用户自定义函数。标准库函数由 C++ 系统提供,可以直接使用,但需要在程序中包含相应的头文件;用户自定义函数是由用户根据需要自己编写的函数。

程序使用函数的原因之一是它可以将程序分解成更小、更易管理的程序单元。在实际应用中,一个 C++ 程序可能由数千行代码构成,除非将其模块化,否则对它的修改和维护将非常困难。使用函数的另一个原因是它使得程序简单化。如果某个函数在程序中的多个地方都要使用,那么只要编写一次函数,即可在需要它的地方直接调用。

任何一个 C++ 程序都是由若干个函数构成的,其中一个是主函数,它是程序执行的入口,其他函数称为子函数。子函数间可以相互调用,但主函数只能调用其他子函数,而不能被其他子函数调用。

### 3.1.2 定义函数

函数必须先定义才能使用。所谓定义,就是编写完成函数功能的程序块。一个 C++ 函数由函数头和函数体两部分组成,其一般形式如下:

```
<类型> <函数名>(<参数列表>)
{
    <函数体>
}
```

函数头即是上述格式的第一行,包括:类型、函数名和参数列表。剩下部分就是函数体,它给出了函数的代码实现。

函数头中的"类型"称为函数的类型,即函数返回值的类型。如果函数没有返回值,其类型说明符为 void。

函数名是函数的标识,它应是一个有效的用户自定义标识符。

参数列表由 0 个、1 个或多个参数组成。如果没有参数称为无参函数,反之称为有参函数。在定义函数时,参数列表内给出的参数需要指出其类型和参数名。参数列表中给出变量用来保存传递给函数的值。

函数体是实现函数功能的语句的集合，放在一对花括号内。函数体由说明语句和执行语句组成，它们实现了函数的功能。其中说明语句可以根据需要随时定义，但不允许在一个函数体内再定义另一个函数，即不允许函数的嵌套定义。例如以下定义一个求两个整数中较大值的函数。

```
1    int max(int x, int y)
2    {
3        return  x > y ? x : y ;
4    }
```

第 1 行是函数头，函数名是 max，函数的类型是 int，函数有两个参数，第一个是 x，第二个是 y，这表明 max 函数可以接受其他函数传递给它的两个整型值。第 2 ~ 4 行是函数体。return 语句将 x 与 y 中较大的一个值返回，并且注意到，return 后面的表达式 x>y?x:y 的类型与 max 函数的类型完全一致。

max 函数中的参数称为形式参数，简称形参。定义时不能这样写：

```
int max(int x, y)
```

**注意**：初学者容易在函数返回值和形参上犯错误。

1）无返回值、有形参的函数。例如：

```
void display( int x )
{
    cout << "Hello" << x ;
}
```

该函数输出一个提示信息和 x 的值，没有返回值。当函数没有返回值时，可以不写 return 语句。

2）无返回值也没有参数的函数。例如：

```
void display(  )                            //void 表明函数没有返回值
{
    cout << "Hello" ;                       //函数仅显示一个信息
}
```

3）有返回值但没有形参的函数。例如：

```
int input( )
{
    int x;

    cout << "请输入一个整数: ";
    cin >> x;
    return x;                               //返回一个整型值
}
```

4）有返回值、有形参的函数。如前面的 max 函数。

定义函数时，首先要确定函数头，尤其是要确定形参的个数和类型，其次考虑函数体的实现。

### 3.1.3 调用函数

除主函数外，其他函数都必须被主函数直接或间接调用，否则不能执行。调用函数，就

是让程序流程转到相应的函数去执行,这是实现函数功能的手段。调用格式:

```
<函数名>(实际参数表);
```

其中,实际参数表简称实参表,由 0 个、1 个或多个实际参数构成,参数之间用逗号分隔,每个参数是一个表达式。即使实参表没有参数,括号也不能省略。实参是用来在调用函数时给形参初始化的,一般要求在函数调用时,实参的个数和类型必须与形参的个数和类型一致,即参数的个数相等、类型相同。实参对形参初始化是按其位置对应进行的,即第一个实参的值赋给第一个形参,第二个实参的值赋给第二个形参,依此类推。

调用无返回值的函数实际上是完成某个功能操作,因此可以单独作为函数调用语句使用;而调用有返回值的函数将产生一个数值,因此该函数调用通常出现在表达式中,让返回值参与表达式的运算。

【例 3-1】 输入两个整数,求其中较大的一个数。

```
1   #include <iostream>
2   using namespace std;
3
4   int  max( int x, int y)
5   {
6       return  x > y ? x : y ;
7   }
8
9   int  main( )
10  {
11      int  a, b;
12
13      cout << "请输入两个整数:";
14      cin >> a >> b ;
15      cout << "较大值是:" << max(a, b) << endl ;
16
17      return 0;
18  }
```

程序运行结果:

请输入两个整数:88 67**[Enter]**
较大值是:88

当上述程序运行时,main 函数被操作系统自动调用,即程序从第 9 行的 main 函数开始执行。当执行到函数调用时,即执行到第 15 行,转去调用函数 max,即转到第 4 行执行。当执行到第 6 行,遇到 return 语句时,计算出 x 与 y 中的较大值,然后返回到调用处,即第 15 行,继续执行调用语句后的其他语句。

虽然程序是从 main 函数开始执行,但是函数 max 的定义放在了 main 定义之前。因为编译器在编译函数 max 之前必须知道函数的返回类型、参数个数,以及每个参数的类型,保证编译器知道这些信息的一个方法就是将函数的定义放在对该函数的调用之前(后面将给出一种改进的方法来实现这个要求)。

**注意**:函数头与函数调用的区别。

1) 函数头是函数定义的一部分。它定义了函数的返回值类型、函数名和形参列表,并没有以分号来结束,紧跟其后面是函数体的定义。如例 3-1 中的第 4 行。

2) 函数往往表现为语句的形式,或作为另外一个语句的一部分出现。在调用中不能写函数的返回值类型,此时函数中的参数称为实参。如例 3-1 中的第 15 行,max 函数作为

cout 输出语句的一部分。

**思考**：判断如下两行是函数头还是函数调用。

```
calcTotal( );
void   showResults( )
```

## 3.2 函数的声明

C++ 程序对函数之间的排列没有顺序上的要求，但要满足"先定义后使用"。对于标准库函数，只要用 #include 宏命令包含头文件即可。对于用户自定义函数，先定义后调用的函数可以不用声明，但后定义先调用的函数必须声明。因为函数在被调用之前，应当让编译器知道该函数的原型，即函数的特征，以便编译器利用函数原型提供的信息去检查函数调用的合法性。

函数原型是由函数定义中抽取出来的能代表函数特征的部分，包括函数类型、函数名、形参个数及其类型。函数原型描述了一个函数的特征，其格式为：

<类型说明符> <函数名>(<参数表>);

一般为增加程序的可理解性，常将主函数放在程序开头，这样需要在主函数前对其所调用的函数一一进行声明，以消除函数所在位置的影响。

【**例 3-2**】 验证哥德巴赫猜想：任何一个不小于 6 的偶数都可以分解为两个素数之和。编程将 960～970 之间的全部偶数都分解成两个素数之和。

**分析**：第 2 章给出了判断一个数是否为素数的方法。设 $n$ 是 960～970 之间的一个偶数，则 $n=x+(n-x)$，只要判断 $x$ 和 $n-x$ 是否同时为素数即可。

```
1    #include <iostream>
2    #include <cmath>
3    using namespace std;
4
5    bool prime( int  x );                              //函数原型
6
7    int main( )
8    {
9        int x, n;
10
11       for (n=960; n<=970; n=n+2)
12           for (x=2; x<=n/2; x++)
13               if ( prime(x) && prime(n-x))          //函数调用
14               {
15                   cout << n << " = "<< x << " + "<< n-x<<endl;
16                   break;
17               }
18
19       return 0;
20   }
21
22   bool prime(int x)                                  //函数定义
23   {
24       int i, k;
25
26       k=(int)sqrt(1.0 * x);
27       for (i=2; i<=k; i++)
```

```
28            if (x%i==0)
29                return false;
30
31        return true;
32    }
```

程序运行结果:

```
960 = 7 + 953
962 = 43 + 919
964 = 11 + 953
966 = 13 + 953
968 = 31 + 937
970 = 3 + 967
```

程序的第 22 ~ 32 行给出了子函数 prime 的定义,它在 main 函数之后。第 13 行调用了这个子函数,为了让编译器知道该函数的特征,第 5 行给出了函数的原型。当编译器扫描例 3-2 时,它在函数 prime 的定义之前遇到了对这个函数的调用。通过函数原型,编译器就知道了这个函数的返回值类型和参数信息。

函数原型中的参数名对编译器没有意义,所以可以只包含参数的类型,而不写参数名,基于此,例 3-2 的第 5 行可以改写成如下形式:

```
5    bool prime( int );                        //函数原型
```

**注意:**

1) 函数原型和函数头很相似,区别之处是尾部有分号。

2) 必须将函数定义或函数原型放在函数被调用之前,否则程序无法通过编译。函数原型一般放在程序的顶部,往往在 #include 之后。

**思考:** 如果去掉程序的第 16 行,即将 break 语句拿掉,程序输出什么?

## 3.3 函数的参数传递和返回值

### 3.3.1 函数参数的传递方式

进行函数调用时,先将实参的值按照位置传递给对应的形参变量。一般情况下,实参与形参的个数及顺序应该是一一对应,并且类型兼容。实参与形参的参数名不要求相同。

C++ 支持两种参数传递方式:传值和传引用。传值就是传递实参的值,传引用将在后面 3.7 节介绍。

**【例 3-3】** 交换变量的值。通过该例说明实参与形参间的关系。

```
1    #include <iostream>
2    #include <iomanip>
3    using namespace std;
4
5    void swaps(int x, int y);
6
7    int main( )
8    {
9       int a=10, b=20;
10
11      swaps(a, b);
12      cout<< setw(6) << a << setw(6) <<b << endl ;
```

```
13
14        return 0;
15    }
16
17    void swaps(int x, int y)
18    {
19        int t;
20
21        t=x;
22        x=y;
23        y=t;
24        cout<< setw(6) << x << setw(6) <<y << endl ;
25    }
```

程序运行结果：

```
20    10
10    20
```

程序第 11 行是调用函数，实参是 a 和 b；程序第 17 行是函数定义，形参是 x 和 y。形参和实参分别占用不同的存储单元，如图 3-1 所示。

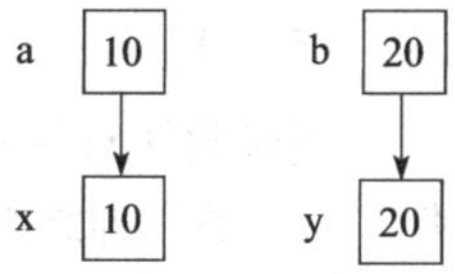

程序中的第 21~23 行，将 x 与 y 的值进行交换，所改变的是 x 与 y 的值，对实参 a 与 b 没有影响，所以说这种参数传递方式是一种单向的按值传递。

如果实参和形参的类型不同，将自动进行类型转换。例如，如果将程序第 11 行 swaps(a,b) 改为 swaps(8.9,6.3)，那么第 17 行的形参 x 与 y 将分别是 8 和 6。

图 3-1 传值中的形参与实参结合

从语言原理上讲，当遇到函数调用时，采用实参值来初始化相应的形参变量，即实参与形参的结合发生在对形参变量分配空间时。至于如何交换上例中 a 与 b 的值，在 5.4.3 节将采用指针做参数的方式继续讲解该问题。

**注意：**

1）函数原型和函数头中所列出的每个变量，其前面都有数据类型，不可遗漏，例如：

```
void swaps(int x, int y)
```

若写成 void swaps(int x, y)，则是错误的。

2）形参 x 与 y 的使用范围是定义它们的函数 swaps，超出该范围无效。

3）传值调用实际上是把实参的值复制给对应的形参。在函数中参与运算的是形参，对实参无影响，所以从某种意义上讲，传值具有隔离保护作用。

**思考：** 下面三行哪个是函数原型，哪个是函数头，哪个是函数调用？

```
1    void  show(double num)
2    void  show(double);
3    show(45.67);
```

### 3.3.2 函数的返回值

函数返回到调用者有两种方法：

1）对于没有返回值的函数，当函数的最后一条语句执行完毕后，函数终止并且返回到调用者，由调用者继续程序的执行。

2）对于有返回值的函数，必须采用 return 语句将要返回的值返回给调用者，一般格式为：

```
return  表达式 ;
```

其中表达式的值就是函数的返回值。执行到该语句时，首先计算表达式的值，然后将其转化为与函数返回值类型相一致的类型，同时无论 return 语句后是否还有其他语句，都将结束函数的运行并返回到调用处继续执行。例如：

```
int min(double x, double y)
{
   return  x < y ? x : y ;
}
```

执行 return 语句时，先计算出 x 与 y 中的最小值，将其转化为 int 类型并返回。

对于返回值类型为 void 类型的函数，函数体内的 return 语句后面没有表达式，也可以根据需要不写 return 语句。

```
1    void halfway( )
2    {
3       cout << "In halfway now.\n";
4       return;
5       cout <<"Will you ever see this message?\n";
6    }
```

当函数执行到第 4 行时将返回，第 5 行的语句永远都不会执行。这说明 return 语句可以使一个函数立即结束并返回。

【例 3-4】 求 10~1000 之内的所有数 x，满足：x、x2 和 x3 均是回文数据。

分析：回文数是一种左右对称的数，例如 121 是回文数，而 123 不是回文数。判断一个数是否为回文，只要判断该数逆过来构成的数是否与原数相等即可，请回顾 2.4 节例 2-8。

```
1    #include <iostream>
2    #include <iomanip>
3    using namespace std;
4
5    bool palindrome( int n);
6
7    int main( )
8    {
9       int x;
10
11      cout<<"x         x*x        x*x*x"<<endl;
12      for(x=10;x<=1000;x++)
13         if(palindrome(x) && palindrome(x*x) && palindrome(x*x*x))
14            cout<< x << setw(8) << x*x << setw(10) <<x*x*x <<endl ;
15
16      return  0;
17   }
18
19   bool palindrome( int  n)
20   {
21      int  m=0, t=n;
22
23      while( n != 0 )
24      {
25         m=m*10+n%10;
26         n/=10;
27      }
28
29      return   m==t;
30   }
```

程序运行结果：

```
x      x*x      x*x*x
11     121      1331
101    10201    1030301
111    12321    1367631
```

第 21 行通过变量 t 先将 n 的值保存；第 23 ~ 27 行得到一个 m，该数是原来 n 的逆序，循环结束时 n 变成了 0；第 29 行判断 m 与 t（即原来的 n 值）是否相等并返回。

**注意**：读者常问以下 3 个问题。

1）一个函数可以有多个参数，但一个函数最多只能返回一个值。如果要从一个函数返回多个值，必须通过"打包"的方式，将这些值当作一个整体来处理，5.4.4 节将讲解如何返回一个数组。

2）如果一个函数的返回值类型不是 void，那么该函数必须包含 return 语句。

3）函数的返回值是如何返回到调用处的。当函数执行到 return 语句时，系统将在内存中创建一个临时变量用以保存函数的返回值，然后结束函数的运行。主调函数到该临时变量中取值，然后释放该临时变量。这一系列动作由系统自动完成，实现机理见 3.4.4 节。

**思考**：

1）一个函数可以有几个返回值？

2）写一个名为 distance 的函数头，函数返回值类型为 double 并且有两个 double 形参。

3）写一个名为 getChar 的函数头，函数返回值类型为 char，但没有形参。

## 3.4 局部变量和全局变量

程序中使用的变量根据其定义的位置不同，其可见度和生存期也不一样。所谓可见是指变量可以正常使用；所谓生存是指变量在内存中占有单元。有时，某变量在内存中占有单元，但却不能使用。仅在某些函数或某些代码段中可见的变量，称为局部变量；如果在整个程序中都可见，称为全局变量。

### 3.4.1 内存存储区的布局

C++ 程序在运行时所占据的内存空间如图 3-2 所示。

1）代码区：存放程序的可执行代码。

2）全局数据区：存储静态变量（包括全局静态变量、局部静态变量）和一般的全局变量。使用该区的变量自动初始化为 0。

3）栈区：存放局部变量，包括函数的形参、函数内定义的一般变量。分配栈区时，不处理原内存中的值。如果不对变量进行初始化，那么变量的初值不确定。

4）自由存储的堆区：存放与指针有关的动态数据，分配存储区时也不清零。

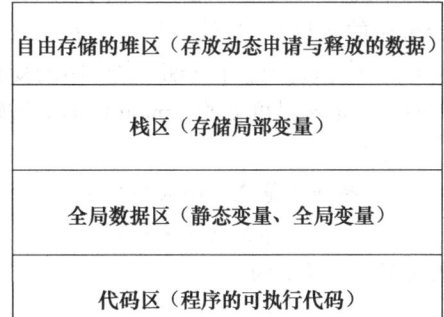

图 3-2　程序运行时内存空间分配情况

本章涉及的变量仅与栈区、全局数据区有关，堆区将在后面指针分配中的 5.6 节讲解。栈与堆均是"数据结构"课程中的主要内容，在此不讨论。读者只需知道：栈是一种"先进后出"的结构，如果进入时，按照1、2、3的顺序，那么出来时将按照3、2、1的顺序，即与进入时正好相反。"堆"是一种你想要多少空间，就力所能及地给你分配多少空间的数据结构，空间使用结束后，必须释放空间，否则导致"内存丢失"或"内存泄漏"。

### 3.4.2 局部变量

在一个函数内部定义的变量或在一个复合语句块中定义的变量都称为局部变量。局部变量是在栈中分配空间，但程序执行到定义局部变量的语句时，系统才为该变量在栈中分配空间。当函数或复合语句块执行完毕，这些局部变量占用的空间按照先进后出的顺序依次释放。

由于变量空间的分配和释放均是由系统自动进行的，在未赋值或初始化的情况下，局部变量的初始值不确定。

【例3-5】 局部变量分析。由例3-3改写而成。

```
1    #include <iostream>
2    #include <iomanip>
3    using namespace std;
4
5    void swaps(int x, int y);
6
7    int main( )
8    {
9        int  x=10, y=20;                    //局部变量
10
11       swaps(x, y);
12       cout<< setw(6) << x << setw(6) << y << endl ;
13       return 0;
14   }
15
16   void swaps(int x, int y)
17   {
18       int t;                              // 当程序执行到此行时，t的值不确定
19
20       t=x;    x=y;    y=t;
21       cout<< setw(6) << x << setw(6) <<y << endl ;
22   }
```

程序运行结果与例3-3相同，不再重复。上述程序与原例3-3的区别是main和swaps函数中的变量均是x与y，即同名。在函数swaps中，所交换的是局部的x与y，这不影响main中的x与y。虽然有两个变量x，但在某一个时刻，只能"看见"其中的一个x。当程序在main中执行时，在main中声明的变量x是可见的，然而当swaps被调用时，只有在其内声明的变量x是可见的，main中的x被隐藏。

**注意：**

1）局部变量包括函数的形参、函数内定义的变量、复合语句内定义的变量。

2）由于局部变量具有一定的范围性，所以不同的函数可以定义同名的变量，但这些变量之间不会相互影响。

### 3.4.3 全局变量

一个函数内定义的局部变量，相对其他函数是安全的，因为它被隐藏了，其他函数根本看不到该变量。但全局变量可以解决不同函数间的数据共享问题。

在函数外定义的变量就是全局变量，特点如下：

1）全局变量存放在全局数据区，如果在定义时没有给出初值，则自动初始化为 0。

2）全局变量可定义在函数外的任何一个位置，其有效范围（即作用域）是从变量定义处开始到文件结束，在此范围内，任何一个函数都可以使用它。

3）如果程序的某个函数修改了全局变量，其他函数都"可见"修改后的结果。全局变量是一把"双刃剑"，在方便数据共享的同时，也带来了安全隐患。假如你在调试一个数千行代码的程序，发现某个全局变量的值有错，你必须查找每个函数，这将十分耗时，所以要少用或不用全局变量。

【例 3-6】 全局变量示例。

```
1    #include <iostream>
2    #include <iomanip>
3    using namespace std;
4
5    int a;                              // 全局变量
6
7    void fun()
8    {
9        cout << a ;                     // 引用全局变量
10       a=200;
11   }
12
13   int main( )
14   {
15       int a=10;                       // 定义局部变量
16
17       fun( );
18       cout << setw(6) << a << setw(6) << ::a << endl;
19
20       return 0;
21   }
```

程序运行结果：

0     10    200

程序第 5 行定义的 a 是一个全局变量，它的初值自动为 0。程序从第 13 行开始执行，当运行到第 15 行时，定义了一个局部变量 a，此时，全局的 a 仍然存在。第 17 行执行函数调用。在 fun 函数中，即第 9 行输出了全局变量 a 的值 0，然后将 a 修改为 200，返回到 main 函数继续执行，第 18 行中的第一个 a 是局部变量 a，第二个 ::a 是全局变量。

**注意**：如果一个函数内的局部变量和全局变量同名，那么对于函数来说只有局部变量是可见的，这称为全局变量被"隐藏"。要引用同名的被隐藏的全局变量，必须加上"::"。

### 3.4.4 局部变量与栈

当函数调用时，系统借助栈实现函数调用和局部变量的空间分配。下面通过一个示例讲解程序设计语言的这种实现思想。

```
1    void cat(int x)
2    {
3        cout<< x << endl;
4    }
5
6    void dog(int a)
```

```
 7   {
 8       int b=10;
 9
10       cat(b+a);
11   }
12
13   int main( )
14   {
15       int a=20;
16
17       dog(a);
18       cout << a << endl;
19
20       return 0;
21   }
```

程序从第 13 行开始执行，首先为 main 中的局部变量分配空间和初始化，但运行到第 17 行时，内存中变量情况如图 3-3a 所示。然后调用函数 dog，并转到函数内执行，在第 10 行时，内存状况如图 3-3b 所示。然后，计算出 b+a 的值并调用函数 cat，在第 3 行，内存变量分布情况如图 3-3c 所示。

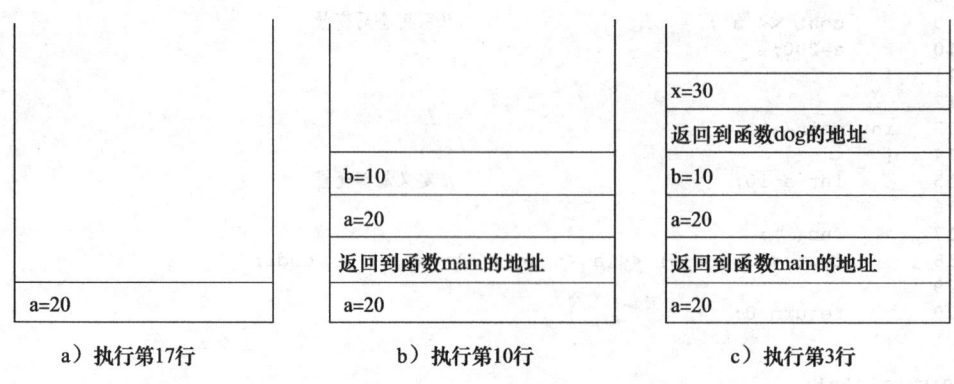

a）执行第17行　　　　b）执行第10行　　　　c）执行第3行

图 3-3　函数调用与内存分配

当执行到第 4 行时，cat 函数结束，释放栈顶的变量 x，并根据记录的返回地址返回到主调函数 dog 处的第 10 行继续执行，其他依此类推。当执行到第 21 行时，释放 main 中的局部变量 a，并将控制权转给操作系统。

通过这种栈机制，任何一个函数均可以定义自己的局部变量，而不用关心其他函数是否存在同名变量。栈机制是一种有效的解决局部变量分配和函数调用的方法。

## 3.5　变量的存储类别

存储类别决定了变量的存储区，编译系统为不同存储类别的变量分配不同的空间，内存空间决定了变量的生存期不同。一个变量只有在其生存期内，并且在自己的作用域内才能被使用。

存储类别修饰符有 4 个：auto、register、static 和 extern。其中 auto 和 register 修饰的变量是自动存储变量，static 修饰的变量是静态存储变量，extern 修饰的变量是外部存储变量。

### 3.5.1　auto 修饰的变量

新版 C++ 规定 auto 的语义发生了很大的变化，它是一种语义类型推导符，auto 不能与任何其他类型说明符组合，例如：

```
1   #include <iostream>
2   using namespace std;
3
4   double  getValue( );
5
6   int main( )
7   {
8       auto  bar= getValue();        // 采用 auto 修饰的变量必须设定初始值
9       cout << bar<< endl;
10
11      return 0;
12  }
13
14  double  getValue( )
15  {
16      return 1.98;
17  }
```

第 8 行变量 bar 的类型，是依据函数 getValue 推导得出的，即 double 类型。如果有 "auto a=10" 表示 auto 根据后面的值 10，自动把变量 a 定义为局部整型，这是最新版 C++ 的规定，如果按老标准写成 "auto a=10" 将是错误的。在编程时要注意你的编译器是否支持新版 auto。

### 3.5.2　register 修饰的变量

register 变量也称为寄存器变量，寄存器是 CPU 中十分有限的硬件，采用 register 修饰的变量将尽可能地存储在寄存器中，以提高程序的运行速度。例如，循环控制变量使用非常频繁，可以将它放在寄存器中。

```
int factor( int  n )
{
    register int f=1, i;

    for(i=1; i<=n; i++)
        f*=i;
    return  f;
}
```

C++ 编译器往往具有智能性，由它自己决定哪些变量应该存放在寄存器中，因此建议少用 register 修饰符。

**注意**：旧版本的 register 只能修饰局部的 int 型或 char 型变量，而不能修饰其他类型的变量。新版 C++ 标准规定，register 可以修饰局部的 int、char、double 等类型的变量和数组，但不能修饰任何全局变量。

### 3.5.3　static 修饰的变量

用 static 修饰的变量称为静态变量。根据变量的位置不同，又分为局部静态变量和全局静态变量，有时也称为内部静态变量和外部静态变量。无论是何种静态变量均存储在全局数据区，如果程序没有显式地进行初始化，那么该变量将自动为 0，且初始化仅进行一次。静态变量占用的空间要等到整个程序结束后才释放，因此它具有全局生存期。

定义在函数或复合语句块中的静态变量称为局部静态变量，当第一次执行到变量定义时，系统在全局数据区中为该变量分配空间，该空间一直到整个程序结束才释放。局部静态变量具有局部作用域，但却具有全局生存期。

**【例 3-7】** 局部自动变量与局部静态变量的区别。

```
1   #include <iostream>
2   #include <iomanip>
3   using namespace std;
4
5   void fun ( )
6   {
7       static int a;              //局部静态变量
8       int b=1;
9
10      a++;
11      b++;
12      cout<< setw(6)<<a<< setw(6)<<b<<endl;
13  }
14
15  int main( )
16  {
17      for(int i=0; i<5; i++)
18          fun();
19
20      return 0;
21  }
```

程序运行结果：

```
1    2
2    2
3    2
4    2
5    2
```

在第 18 行，主函数 main 调用 fun 函数 5 次，输出 a 和 b 的值相差甚远。第 7 行定义的变量 a 是一个局部静态变量，当首次调用 fun 函数时，为静态变量 a 在全局数据区分配空间并自动赋初值 0；第 8 行定义的变量 b 是一个自动变量，每次执行到此行，都给 b 在栈中分配空间，并通过初始化语句赋值 1。当程序执行到第 13 行，子函数 fun 结束，此时释放变量 b，而将静态变量 a 保留下来。第 2 次调用函数 fun 时，对于第 7 行的 a 将不再分配空间，而是采用原来的空间和上次的最终值，但对第 8 行的 b 却重新进行空间分配和初始化，所以它们的输出值不同。

### 3.5.4 extern 修饰的变量

全局变量的作用域是从定义处到当前文件结束，但可以使用修饰词 extern 扩展全局变量的作用域，即扩大它的范围。这表现为以下两个方面：

1）将全局变量的作用域扩展到定义它之前。

如果全局变量不在文件的开头定义，其作用范围只限于从定义处到文件结尾。如果在定义点之前的函数想引用该变量，则应该在引用之前用关键字 extern 对该变量做引用性说明，表示该变量是一个已经定义的全局变量。有了此说明，就可以从"说明"处起到文件结尾使用该全局变量。例如：

```
1   #include <iostream>
2   using namespace std;
3
4   extern int x, y;            //采用 extern 扩展 x 与 y 的作用域
```

```
 5
 6    int min(int a, int b)
 7    {
 8        return a<b?a:b;
 9    }
10
11    int main( )
12    {
13        cout << min(x,y);
14
15        return 0;
16    }
17
18    int   x=3, y=5;                    //定义全局变量
```

程序在第 18 行定义了两个全局变量，但想在前面使用，于是就在第 4 行采用 extern 扩展了它们的作用域。这样就满足了"先定义后使用"的原则，全局变量最好定义在文件的开头。

**注意**：采用 extern 对全局变量的声明不同于对全局变量的定义。变量定义时系统为变量分配内存空间，而变量声明仅仅表示该变量已经在其他地方定义过，系统不再分配空间，直接使用变量定义时分配的空间。因此，采用 extern 声明变量，应确保变量已经在其他地方定义过。

用 extern 声明全局变量时，类型名可以省略，如"extern int x, y;"可写成"extern x, y;"。

2）将全局变量或者函数的作用域扩展到其他文件。

一个 C++ 程序可以由多个源程序文件组成，有时要在一个文件中引用另一个文件中已定义的全局变量或函数，可采用 extern 扩展，见图 3-4。

```
// Ex3-a.cpp
#include <iostream>
using namespace std;
int  x=3, y=5;
extern int add( );
int main( )
{
    cout << add( ) << endl;
    return 0;
}
```

```
// Ex3-b.cpp
extern int x, y;
int add( )
{
    return x+y;
}
```

图 3-4  多文件情况下的全局变量作用域的扩展

上述程序由两个文件构成，在 Ex3-a.cpp 中定义了两个全局变量 x 与 y，要在 Ex3-b.cpp 中使用，可采用 extern 进行声明。同样，在 Ex3-b.cpp 中定义了一个 add 函数，要在 Ex3-a.cpp 中调用，也采用 extern 进行声明。

全局静态变量不能采用 extern 进行扩展作用域。例如，如果将 Ex3-a.cpp 中的"int x=3, y=5;"改为"static int  x=3, y=5;"，那么本程序将出现编译错误，因为这两个变量只能在 Ex3-a.cpp 中使用，而不能扩展到其他文件。

同样道理，采用 static 修饰的函数就称为内部函数，意味着该函数只能在当前文件中使用，而不能被其他文件中的函数调用。例如，如果将 Ex3-b.cpp 中定义的 add 函数修改为

static 函数,那么将不可被 Ex3-b.cpp 中的 main 函数调用。

**思考**:局部静态变量和全局静态变量的区别是什么?

## 3.6 默认参数

通常在函数调用时,实参与形参的个数相同,但 C++ 也允许定义具有默认实参的函数,这样在函数调用时,实参与形参的个数就可以不同。默认参数也称为缺省参数,如果在函数调用中省略了函数实参,将把参数的默认值赋给函数形参。默认值的设定通常是在函数原型中给出,例如:

```
void   showArea ( float   length = 20.0, float   width = 10.0) ;
```

由于函数原型中参数名是可选的,所以也可以这样定义函数原型:

```
void   showArea ( float   = 20.0, float   = 10.0) ;            //省略形参名
```

在上面的函数原型中,函数 showArea 有两个 float 型参数,第一参数的默认值是 20.0,第二参数的默认值是 10.0,下面是函数的定义:

```
void   showArea ( float   length, float   width)
{
    float   area = length * width ;
    cout << "The area is" << area << endl ;
}
```

在上例中,length 变量的默认值是 20.0,width 变量的默认值是 10.0。由于这两个参数都有默认值,可在函数调用中省略全部实参,例如:

```
showArea( ) ;
```

此时将把默认值赋给参数,即 length 的值是 20.0,width 的值是 10.0。如果按照如下形式调用函数:

```
showArea(12.0) ;
```

将把 12.0 赋给 length,而 width 取默认值 10.0。当然,如果进行如下形式的调用,参数的所有默认值都将被覆盖:

```
showArea(12.0, 5.5) ;
```

此时 length 的值将是 12.0,width 的值是 5.5。

**注意**:1)如果在程序中没有给出函数原型,那么默认值可以在定义函数时给出。例如,假设在程序中直接定义了 showArea 函数,那么它的形参默认值应在定义时给出:

```
void   showArea ( float   length = 20.0, float   width = 10.0)
{
    float   area = length * width ;
    cout << "The area is "<< area << endl ;
}
```

2)函数参数的默认值应该在函数名最早出现的地方给出,通常是在函数原型中,这是因为往往是先写函数的原型,然后再定义函数。

**【例 3-8】** 具有默认实参的函数。

```
1   #include  <iostream>
2   using namespace std;
3
4   void  displayStars ( int = 10, int = 1) ;        //函数原型，给出参数默认值
5
6   int  main( )
7   {
8       displayStars( ) ;
9       cout << endl ;
10
11      displayStars(5) ;
12      cout << endl ;
13
14      displayStars(7, 3) ;
15      cout << endl ;
16
17      return 0;
18  }
19
20      //显示一个由星号构成的矩形。函数参数 cols 的默认值是 10，rows 的默认值是 1
21  void  displayStars ( int  cols, int  rows)
22  {
23      for ( int  down = 0 ; down < rows ; down++ )
24      {
25          for ( int  across = 0 ; across < cols ; across++ )
26              cout << "*" ;
27          cout << endl ;
28      }
29  }
```

程序运行结果：

```
**********

*****

*******
*******
*******
```

对于参数的默认值要注意如下几点：

1）调用形式。以例 3-8 中的 displayStars 函数为例，下面的调用是非法的：

```
displayStars( , 3) ;
```

在函数调用中，第一个参数用默认值，而第二个参数用指定值，这是错误的。

2）如果函数的一个参数具有默认值，那么它右边的参数都要有默认值。如果 displayStars 函数的 cols 参数具有默认值，而右边的 rows 参数不具有默认值，那么这是错误的：

```
void  displayStars( int  cols=10, int  rows);        //错误！因为 rows 无默认值
```

3）形参不一定都要有默认值。如果将 displayStars 函数原型修改如下：

```
void  displayStars( int  cols, int  rows=0);        //只有右边的参数具有默认值
```

那么，下面的调用都是合法的：

```
displayStars(5) ;                                   //rows 具有默认值 0
displayStars(7, 3) ;                                //不使用默认值
```

4）参数的默认值必须是常量（包括字符、数值和字符串等），不能是变量。

## 3.7 引用做参数

C++ 不仅支持按值传递，还支持按引用传递。引用也称为别名，通过引用做参数，可以修改调用函数中的变量。

引用是一种非常特殊的类型，它不是定义一个新的变量，而是给一个已经定义过的变量重新取名。假设你的大名叫张三，小名（即别名）叫李四，那么张三和李四都是你的名字，可以说张三和李四都是你的引用。张三的任何变化（如长高 2cm）在李四身上都有反映。C++ 的引用变量，也简称为引用，它是另外一个变量的别名，对引用变量的任何修改都将影响该引用所代表的变量。

定义引用与定义一般变量类似，只须在变量名前加一个符号 &。例如：

```
int   x, &y=x;
y=200;                              //此时 x 和 y 代表同一个变量，值是 200
```

则 y 是 x 的引用，即一个变量同时有两个名字。

通过引用做函数参数，一个函数就可改变另外一个函数中的变量。例如，下面的函数将参数 refVar 定义为引用：

```
void  doubleNum ( int  & refVar)
{
    refVar *= 2 ;
}
```

在定义函数原型时，如果参数是引用，只要在类型之后加一个符号 & 即可。例如，下面是函数 doubleNum 的原型：

```
void  doubleNum ( int  & ) ;
```

【例 3-9】 函数 getNum 要求用户输入一个值，并存储在引用变量 userNum 中，userNum 是 main 定义的变量 value 的引用。

```
1    #include <iostream>
2    using namespace std;
3
4        //下面是 doubleNum 和 getNum 函数的原型，它们的参数都是一个引用
5    void doubleNum ( int & ) ;
6    void getNum ( int & ) ;
7
8    int  main( )
9    {
10       int  value ;
11
12       getNum ( value ) ;                    //在函数调用时没有符号 &
13       doubleNum ( value ) ;
14       cout << "乘以 2 以后的结果是:" << value << endl ;
15
16       return 0;
17   }
18
19       //函数参数是一个引用，从键盘上读一个值并存储到 userNum
20   void  getNum ( int  &userNum )
21   {
22       cout << "请输入一个数：" ;
23       cin >> userNum ;
24   }
25
26                                              //函数参数是一个引用，在函数内将该参数乘以 2
27   void  doubleNum ( int  &refVar )
```

```
28      {
29          refVar *= 2 ;
30      }
```

程序运行结果：

请输入一个数：10 **[Enter]**
乘以 2 以后的结果是：20

**注意**：在函数调用中没有符号引用 &。

如果一个函数具有多个引用参数，一定要在每个引用变量前加符号 &。例如，下面是一个具有四个引用参数的函数原型和定义：

```
void  addThree ( int  &, int  &, int  &, int  & ) ;               // 函数的原型
void  addThree ( int  &sum, int  &num1, int  &num2, int  &num3)   // 函数定义
{
    cout << "请输入三个整型值：" ;
    cin >> num1 >> num2 >> num3 ;
    sum = num1 + num2 + num3 ;
}
```

**注意**：引用是 C++ 提供的一个便利，但不要过多地采用引用作为函数参数，既然函数通过引用可以便利地修改变量，必将带来副作用：一旦无辜地修改，查找十分困难。

**思考 1**：如果某个函数 f 的形参是引用，那么主调函数 m 在调用 f 时，实参不是一个变量，而是一个值，可以吗？为什么？

**思考 2**：上述程序第 20 行的引用 userNum 与前面的引用 y 不同，你知道它们是如何初始化的？

## 3.8 函数重载

函数重载就是程序中定义多个函数，函数的名字相同，但参数的类型或个数不完全相同。有时要定义多个函数，它们执行的操作类似，但函数的参数个数或类型不完全相同。许多程序设计语言（如 C）都规定函数名不能重复，如将计算 int 型参数平方值的函数命名为 squareInt，而将参数为 double 型的函数命名为 squareDouble。C++ 的函数重载可以给多个函数取相同的名字，只要它们的参数列表不完全相同。

**【例 3-10】** 定义两个函数，其中一个 square 函数有一个 int 型参数，另一个有 double 型参数，它们执行的操作都是返回参数的平方值，唯一的区别是参数的类型不同。

```
1   #include <iostream>
2   using namespace std;
3
4   int square( int ) ;                              // 函数原型
5   double square( double ) ;                        // 函数原型
6
7   int main( )
8   {
9       int  userInt ;
10      double  userDouble  ;
11
12      cout.precision ( 3 ) ;
13      cout << "请输入一个整数和浮点数：" ;
14      cin >> userInt >> userDouble ;
15      cout << "它们的平方为：" ;
```

```
16          cout << square(userInt) <<" 和 " << square(userDouble ) << endl ;
17
18          return 0;
19
20      }
21
22          //定义重载函数 square,参数为 int,返回值是 int 参数的平方
23      int   square ( int   number )
24      {
25          return   number * number ;
26      }
27
28          //定义重载函数 square,参数为 double,返回值是 double 参数的平方
29      double   square ( double   number )
30      {
31          return   number * number ;
32      }
```

程序运行结果:

请输入一个整数和浮点数: 10    3.14 **[Enter]**
它们的平方为: 100 和 9.86

C++ 在进行函数调用时,不仅靠函数名识别函数,而且还要看参数列表。在上面程序中,当一个 int 型的值传给函数 square 时,将调用具有 int 型参数的函数 square。同样,当一个 double 型的变量传给函数时,将调用具有 double 型参数的函数。

**注意**:不能采用函数返回值的类型来区别函数的重载。例如,下面给出的两个重载函数是错误的:

```
int        square( int ) ;              // 不能依靠函数返回值的类型区别重载
double     square( int ) ;
```

函数重载便于编程。假设有一个函数要计算参数的和,第一个函数是计算两个整型参数的和,第二个函数是计算 3 个整型参数的和,最后一个是计算 4 个整型参数的和,下面给出了这些函数的原型:

```
int  sum ( int  num1, int  num2) ;
int  sum ( int  num1, int  num2, int  num3) ;
int  sum ( int  num1, int  num2, int  num3, int  num4) ;
```

由于上述函数参数的个数不同,因此它们是正确的函数重载。

**【例 3-11】** 定义两个 calcWeeklyPay 函数,计算员工的周薪,其中一个函数具有两个参数,而另一个函数只有一个参数。

```
1    #include <iostream>
2    using namespace std;
3
4        //下面给出了 3 个函数的原型
5    void     getChoice ( char  & ) ;
6    double   calcWeeklyPay ( int , double ) ;
7    double   calcWeeklyPay ( double ) ;
8
9    int  main( )
10   {
11       char   selection ;
12       int    worked ;
13       double  rate , yearly ;
14
```

```cpp
15      cout.precision ( 2 ) ;
16      cout.setf ( ios::fixed | ios::showpoint ) ;
17      cout << "请选择计算工资的方式 \n" ;
18      cout << "(H) 计算计时工资 \n" ;
19      cout << "(S) 计算员工的工资 \n" ;
20      getChoice( selection ) ;
21
22      switch( selection)
23      {
24          case    'H' :
25          case    'h' :
26              cout << "已经工作多少小时？" ;
27              cin >> worked ;
28              cout << "每小时的报酬是多少？" ;
29              cin >> rate ;
30              cout << "本周毛收入为: " ;
31              cout << calcWeeklyPay(worked, rate ) ;
32              break ;
33          case    'S' :
34          case    's' :
35              cout << "年薪为多少？" ;
36              cin >> yearly ;
37              cout << "本周毛收入为: " ;
38              cout << calcWeeklyPay(yearly) ;
39              break ;
40      }
41      cout << endl;
42
43      return 0;
44  }
45
46      //getChoice 函数的参数是一个 char 类型引用，要求用户输入字符 H、h 或 S、s
47  void  getChoice ( char &letter)
48  {
49      do {
50              cout << "请输入 H 或 S: " ;
51              cin >> letter ;
52      } while(letter!= 'H' && letter != 'h' &&letter!= 'S' && letter != 's') ;
53  }
54
55      //定义重载函数 calcWeeklyPay
56      //计算计时员工的周薪，采用工作时数 * 单位小时工资，返回周薪
57  double  calcWeeklyPay ( int  hours, double  payRate )
58  {
59      return  hours * payRate ;
60  }
61      //定义重载函数 calcWeeklyPay, 计算员工的周薪
62      //参数是该员工的年薪，返回值是年薪除以 52 的值
63  double  calcWeeklyPay ( double  annSalary )
64  {
65      return  annSalary / 52.0 ;
66  }
```

程序运行结果（第一次运行）：

请选择计算工资的方式
(H) 计算计时工资
(S) 计算员工的工资
请输入 H 或 S: h **[Enter]**
已经工作多少小时？35 **[Enter]**
每小时的报酬是多少？30.5 **[Enter]**
本周毛收入为: 1067.50

**程序运行结果（第二次运行）：**

```
请选择计算工资的方式
(H)  计算计时工资
(S)  计算员工的工资
请输入 H 或 S: S [Enter]
年薪为多少？36784.92 [Enter]
本周毛收入为: 707.40
```

**注意**：将员工的收入称为"毛收入"，是因为还没有计算个人所得税。纳税是每个公民的光荣义务。

## 3.9 函数模板

模板是实现代码重用的重要工具，它方便大规模的软件开发。

代码重用是面向对象程序设计很重要的一个目标，同时也是 C++ 重要的特性之一。求三个整型元素中最大值的程序能用于处理浮点数吗？可以用于处理字符串吗？如果为这三种类型各编写一个函数当然可以，但能编写一个不受类型限制的通用函数吗？如果能编写这种通用的函数，那么代码的可重用性必然提高，软件的开发效率也会上升。

C++ 提供的模板包括函数模板和类模板，本节将介绍函数模板，而类模板在 10.9 节介绍。

函数模板可以用来生成通用的函数，这些函数能够接受任意类型的参数，可返回任意类型的值，而不需要对所有可能的数据类型进行函数重载。当编译器遇到函数调用时，将根据实参的类型和函数模板一起产生特定的代码。函数模板的定义形式是：

```
template  < 类型参数表 >
返回值类型  函数名 ( 形式参数表 )
{
    //函数体
}
```

其中 <类型参数表> 称为通用数据类型（也称类属数据类型），它可以包含基本的数据类型，也可以包括后面要学习的对象类型。

**注意**：函数模板并不是一个真正意义上的函数，编译系统不会为其产生任何可执行代码，该定义仅仅描述了函数的长相。

### 3.9.1 从函数重载到函数模板

函数重载即函数名相同，参数一定不完全相同，并且这些函数执行的操作类似。采用函数重载，程序员要对每个函数分别写出相应的代码，即使实现的操作完全相同也不例外。例如，采用函数重载实现求平方的 square 函数：

```
int  square ( int  number )
{
    return  number * number ;
}

float  square ( float  number )
{
    return  number * number ;
}
```

上述两个函数之间的唯一区别是参数的类型和返回值类型不同。在此情况下，采用函数模板要比采用重载函数更为方便。函数模板只要求写一个定义即可处理不同的数据类型，而不需要对每一种数据类型都写一个单独的函数。采用函数模板实现 square：

```
template < class T >
T  square ( T  number )
{
    return  number * number ;
}
```

函数模板的定义采用 template 作为开始符，它是一个关键字，后面是一对尖括号，它包括了一个或多个在模板中要用到的数据类型。

类型参数表的开始符是 class，也可以是 typename，它们都是 C++ 的关键字，其后是参数名，它代表数据类型。例如，示例中的 T 就代表模板代码中的数据类型。Template 的下一行是函数模板代码的定义部分，类似于函数的定义。上述示例的开头部分定义如下：

```
T  square ( T  number )
```

T 是类型参数，也称为类属数据类型，后面的 square 是函数名，返回一个 T 类型的值，参数 number 属于 T 类型。在函数调用时，编译器对 square 调用进行检验，并采用合适的类型代替 T。例如，在下面的调用中将采用 int 替代 T：

```
int  y , x = 4 ;
y = square ( x ) ;
```

根据上面这行代码，编译器将自动产生如下函数：

```
int  square ( int  number )
{
    return  number * number ;
}
```

而下面的函数调用：

```
float  y , f = 6.2 ;
y = square ( f ) ;
```

将产生如下形式的代码：

```
float  square ( float  number )
{
    return  number * number ;
}
```

【例 3-12】 函数模板应用。

```
1    #include <iostream>
2    using namespace std;
3
4        // square 函数模板的定义
5    template < class T >
6    T  square ( T  number )
7    {
8        return  number * number ;
9    }
10
11   int  main( )
12   {
```

```
13        int   userInt ;
14        float  userFloat ;
15
16        cout.precision ( 5 ) ;
17        cout << "请输入一个整数和一个浮点数: " ;
18        cin >> userInt   >> userFloat  ;
19        cout << "它们的平方分别是: " ;
20        cout << square ( userInt ) << " 和 " << square ( userFloat ) << endl ;
21
22        return 0;
23    }
```

程序运行结果:

请输入一个整数和一个浮点数: 12    4.2 **[Enter]**
它们的平方分别是: 144  和   17.64

在例 3-12 中,main 函数对 square 进行了两次调用,每次调用的实参类型不相同,那么对这两次函数调用将产生不同的代码:第一次是产生一个 int 类型参数和 int 类型返回值的 square 函数;第二次是产生一个 float 类型参数和 float 类型返回值的 square 函数。

**注意:**

1) 函数模板仅仅是对函数长相的声明,其自身并不占用代码区中的内存。当编译器遇到函数调用时,将在内存的代码区创建一个函数。

2) 模板的定义必须出现在函数调用之前,这是因为在遇到对模板函数调用时,编译器必须知道模板的内容。模板通常放在程序的开头或者放在 ".h" 头文件中。

【例 3-13】 函数模板应用举例,通过引用做参数实现变量交换。

```
1     #include  <iostream>
2     using namespace std;
3
4     template < class T >
5     void  swaps ( T  &var1 , T  &var2 )
6     {
7         T   temp ;
8
9         temp = var1 ;    var1 = var2 ;     var2 = temp ;
10    }
11
12    int   main( )
13    {
14        char   firstChar , secondChar  ;
15        int    firstInt , secondInt   ;
16        float  firstFloat , secondFloat  ;
17
18        cout << "输入两个字符: " ;
19        cin >>  firstChar  >> secondChar  ;
20           // 交换两个字符变量的内容
21        swaps ( firstChar , secondChar ) ;
22        cout << firstChar <<" "<< secondChar  << endl ;
23
24        cout << "输入两个整数: " ;
25        cin >>  firstInt  >> secondInt ;
26           // 交换两个整型变量的内容
27        swaps ( firstInt , secondInt ) ;
28        cout << firstInt  <<" "<< secondInt  << endl ;
29
```

```
30          cout << "输入两个浮点数: " ;
31          cin >> firstFloat >> secondFloat ;
32              // 交换两个浮点类型变量的内容
33          swaps ( firstFloat , secondFloat ) ;
34          cout << firstFloat <<" " << secondFloat << endl ;
35
36          return 0;
37      }
```

程序运行结果：

```
输入两个字符: A   B [Enter]
B   A
输入两个整数: 5   10 [Enter]
10   5
输入两个浮点数: 1.2   9.6 [Enter]
9.6   1.2
```

总之，函数模板不是一个真正意义上的函数，它仅仅是一个函数模型。当编译器遇到函数调用时，通过检验参数的数据类型，依据模板生成代码，本质上是重载函数。

### 3.9.2 定义函数模板的方法

直接写一个函数模板比较麻烦，简单的方法是先定义一个函数，然后将该函数转换成模板，这比直接定义模板要容易。以例 3-13 中的 swaps 模板为例介绍转换过程。

1）定义一个普通的函数：

```
void swaps ( int &var1 , int &var2 )
{
    int  temp ;

    temp = var1 ;
    var1 = var2 ;
    var2 = temp ;
}
```

2）确保上述函数定义正确（这可通过程序编译、运行证明），然后将函数转换为模板。首先，在函数开头加上 template< class T >，然后将函数形参的类型和局部变量 temp 的类型 int 采用 T1 或 T2 替换，即完成了函数向模板的转换。

### 3.9.3 函数模板重载

C++ 不但支持函数重载，也支持函数模板重载。与函数重载类似，函数模板重载也是根据形式参数列表进行区分的。

【例 3-14】 函数模板重载举例。对 sum 函数提供了两个重载的函数模板，第一个模板具有两个参数，第二个模板具有三个参数。

```
1    #include <iostream>
2    using namespace std;
3
4    template < class T1, class T2 >          // 模板可以具有多种类型的参数
5    T1  sum ( T1  valueOne , T2  valueTwo )
6    {
7        return  valueOne + valueTwo ;
8    }
9
```

```
10    template  < class  T >
11    T  sum ( T  valueOne , T  valueTwo , T  valueThree )
12    {
13        return  valueOne + valueTwo + valueThree ;
14    }
15
16    int  main( )
17    {
18        float  num1 , num2 , num3 ;
19
20        cout << " 输入两个数: " ;
21        cin >> num1 >> num2 ;
22        cout << " 它们的和是: " << sum ( num1 , num2 ) << endl ;
23        cout << " 输入三个数: " ;
24        cin >> num1 >> num2 >> num3 ;
25        cout << " 它们的和是: " << sum ( num1 , num2 , num3 ) << endl ;
26
27        return 0;
28    }
```

程序运行结果:

输入两个数: 28.66    78  **[Enter]**
它们的和是: 106.66
输入三个数: 33    68.78    78  **[Enter]**
它们的和是: 179.78

重载函数模板还有其他方式。假设一个程序有一个普通的函数（非模板），同时还定义了一个模板，只要它们的参数列表不同，它们也能作为重载函数的形式共存。例如，将上述示例中的第一个模板修改成如下的形式，而第二个模板不改动。

```
1    float  sum ( float  valueOne , float  valueTwo )         //这是一个普通的函数
2    {
3        return  valueOne + valueTwo ;
4    }
5
6    template  < class  T >                                    //这是一个函数模板
7    T  sum ( T  valueOne , T  valueTwo , T  valueThree )
8    {
9        return  valueOne + valueTwo + valueThree ;
10   }
```

那么，这也属于模板重载，当程序执行时将根据实参进行区分。

**思考**: 如果将上述重载写成如下形式有错误吗？为什么？

```
1    float  sum ( float  valueOne , float  valueTwo )
2    {
3        return  valueOne + valueTwo ;
4    }
5
6    template  < class  T >
7    T  sum ( T  valueOne , T  valueTwo )
8    {
9        return  valueOne + valueTwo ;
10   }
```

## 3.10  内联函数

C++ 引入内联函数的目的是解决函数调用的效率问题。

函数是一种高级的抽象，通过它使得编程者只关心函数的功能和使用方法，而不必关心函数的具体实现；函数的引入可以减少程序的目标代码，实现程序代码和数据的共享。但是，频繁的函数调用也会降低效率，因为调用函数实际上是将程序执行顺序转移到函数所存在内存中的某个地址，将函数执行完毕后，再返回到以前的地方继续执行。这种转移操作要求在转移前要保护现场并记忆执行的地址，转回后先要恢复现场，并按原来保存地址继续执行。因此，函数调用要有一定的时间和空间方面的开销，影响程序的效率。特别是对于一些函数体代码不是很大，但又频繁被调用的函数来讲，解决其效率问题极为重要。引入内联函数实际上就是为了解决这一问题。

例如，从键盘上输入任意多个字母，判断每个字母是否为数字字符。

```
1   bool isDigit (char ch )
2   {
3       return ch>='0' && ch<='9' ? true:false;
4   }
5
6   int main( )
7   {
8       char ch;
9
10      while(cin.get(ch))
11          if(isDigit(ch))
12              cout<<ch<<" is a Digit.\n";
13          else
14              cout<<ch<<" is not a Digit.\n";
15
16      return 0;
17  }
```

上述程序中的 isDigit 函数代码很短，但却频繁调用，提高效率的方法之一是直接将函数代码嵌入到程序中，但这个方法的缺点是相同的代码被不同的地方调用，要重复书写；另外程序的可读性没有函数好。为了协调效率和可读性之间的矛盾，可采用内联函数，方法是在定义时，前面加上 inline 关键字。例如，上例中的函数可写成：

```
1   inline bool isDigit (char ch )
2   {
3       return  ch>='0' && ch<='9' ? true:false;
4   }
```

内联函数的调用机制与一般函数不同，在程序编译时，编译器将程序中出现的内联函数调用，采用其函数体进行替换。显然，这种做法不会产生转来转去的问题，但是由于在编译时将函数体中的代码嵌入到调用处，即将函数调用变为顺序执行，因此会增大目标程序代码量，但会降低时间开销，故内联函数是以增加目标代码为代价来换取时间的。

将函数前加上 inline 关键字，对编译器来说，只是一个建议，由编译器决定是否采纳。inline 仅用于功能简单、代码短小，且被重复调用的函数。

**注意**：1）在内联函数内不允许用循环语句、switch 语句和嵌套的 if 语句等。否则，将这样的函数定义为内联函数，系统也将它们作为一般函数处理，达不到优化的目的。

2）关键字 inline 可以同时用在函数定义和声明处。如果函数定义在调用之后，则必须在函数声明中就包括 inline，否则将作为一般函数处理。

## 3.11 函数的递归调用

递归是一种描述问题的方法，也称为递归算法。例如，计算阶乘的方法采用递归描述为：

$$n! = \begin{cases} 0 & n=0 \\ 1 & n=1 \\ n \times (n-1)! & n>1 \end{cases}$$

这里定义阶乘采用了自己定义自己的方法，即递归定义。

如果一个函数直接或间接地调用该函数就称为函数的递归调用。例如，函数 F 在自己的函数体中调用了 F，就称为直接递归；如果函数 F1 调用了函数 F2，而函数 F2 又调用了 F1，那么就称为间接递归。

函数递归应该有终止条件，例如在求 $n!$ 的描述中，$n=0$ 以及 $n=1$ 都是递归的终止条件，否则就是一个死递归，将导致计算机系统内存耗尽而瘫痪。

【例 3-15】利用递归求 $n!$。

```
1   #include <iostream>
2   using namespace std;
3
4   double fac(int n);
5
6   int main( )
7   {
8       int    n;
9       double  result;
10
11      cout << "请输入不小于0的整数:";
12      cin >> n ;
13      if( n >= 0 )
14      {
15          result = fac( n );
16          cout << n<<"! = " << result<<endl;
17      }
18      else
19          cout << n <<" < 0,请重新运行程序!\n";
20
21      return 0;
22  }
23
24  double fac(int n)         //利用递归求n!
25  {
26      double y;
27
28      if (0==n || 1==n)
29          y=1;
30      else
31          y = n * fac( n-1 );
32
33      return  y ;
34  }
```

程序运行结果：

请输入不小于 0 的整数 :4
4! = 24

程序的执行过程如图 3-5 所示，图中带圈的数字给出了执行的步骤。

1）从 fac(4) 开始执行，首次进行函数调用（第②步），遇到 y=4*fac(3)，产生新的调用。

2）以参数 n=3 执行第④步，当顺序执行到语句 y=3*fac(2) 时，再次调用函数。

3）重复以上步骤，直到 n=1 执行最后一个函数调用，即第 8 步，函数顺利结束，通过

return y 返回到上层，即第 7 步的 y=2*fac(1)，采用刚才的返回值取代 fac(1)，这样执行完第 13 步。

4）重复以上过程，直到返回到 main 函数为止。

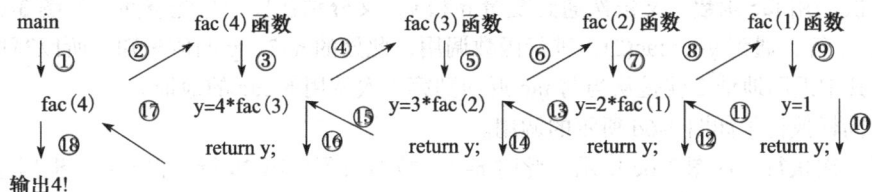

图 3-5　求 n! 的递归调用图

从上述过程可见，递归函数的执行分为"递推"和"回归"两个阶段。在递推的过程中，终止条件非常重要，它控制着"递推"过程何时结束，在本例中结束条件是 n=1。一旦达到终止条件，将从相反的方向进行"回归"。

依然以该例为基础，从栈内存空间分配的角度，讲解局部变量在递归过程中是如何处理的。理解该过程，便于读者掌握局部变量和递归程序的本质。

程序执行到第 15 行，遇到函数调用 result=fac(n)，此时在栈中为 main 的变量 n 分配空间，如图 3-6a 所示。

图 3-6　递归函数在递推过程和回归过程中栈变量的分配与释放

然后第 1 次调用函数 fac，依次遇到变量 n 和 y，分别在栈中分配空间，执行到第 31 行，遇到 y=n*fac(3)，进行函数调用，此处的 n=4，y 的值未知，所以写成了 y=? 的形式，状态如图 3-6b 所示，其中返回地址 1 就是从当前 fac 返回到 main 的地址。

第 2 次调用 fac 函数，又依次遇到变量 n 和 y，又分别在栈中分配空间，如图 3-6c 所示，执行到第 31 行，遇到 y=n*fac(2)，进行函数调用，此处的 n=3，y 的值未知，所以写成了 y=? 的形式，其中返回地址 2 就是从当前 fac 返回到第 1 次调用的 fac 的地址。

然后同样执行了如图 3-6d 所示的调用。

最后一次执行，如图 3-6e 所示，此时 n=1，故执行程序第 29 行，得 y=1，根据返回地址 4，返回到前一个 fac 调用处，此时函数进入"回归"状态，所以此时的 y 就是刚才的返回值 1，栈的状态如图 3-6e 所示。

在图 3-6f 中，根据返回地址 3，回到前一次的调用处，即回到 n=3 的状态，此时可以计算出 y 的值，此时的状态如图 3-6g 所示。

根据返回地址 2，回到 n=4 的状态，计算出 y 的值，如图 3-6h 所示。

根据返回地址 1，回到 main 函数的第 15 行，计算出 result 的值，如图 3-6i 所示。当 main 函数完毕后，释放栈顶的 n 和 result 变量，整个程序结束。

递归程序始终围绕"递推 -> 终止 -> 回归"的思想解决问题，有些问题采用其他方法很难解决，但用递归却很容易。

**注意**：这是第一个递归程序，希望你掌握它，其他递归都是同样道理。

【**例 3-16**】 汉诺塔问题。这来源于印度的一个古老传说。开天辟地的神梵天在一个庙里留下了三根金刚石的棒子，第一根上面套着 64 个圆的金片，最大的一个在最下面，其余一个比一个小，依次叠上去，庙里的众僧不倦地把它们一个一个地从这根棒搬到另一根棒上，规定可利用中间的一根棒作为中转，每次只能搬一个金片，而且大的不能放在小的上面。后来，这个传说就演变为汉诺塔游戏：有三根柱子 A、B、C。A 柱子上有若干盘子，把 A 上的所有盘子移到 C 柱子上，移动规则：

1）每次只能移动一个盘子。
2）移动的盘子必须放在其中一个柱子上。
3）在移动过程中大盘子不能放在小盘子上。

编写程序，输出移动盘子的步骤。

分析：采用递归的思路解决此问题。

1）如果 A 柱子上只有 1 个盘子，则直接输出"A -> C"。
2）如果 A 柱子上有 2 个盘子，则：
①把 A 柱子上的第 1 个盘子，移到 B 柱子。
②把第 2 个盘子从 A 柱子移动到 C 柱子上。
③把 B 柱子的盘子移到 C 柱子上。
3）根据上述思路，可以处理 A 柱子有 $n$ 个盘子的情况，只要把问题看成是移动上面的 $n-1$ 盘子和最下面的第 $n$ 个盘子的情况：
①想方设法将 A 柱子上面的 $n-1$ 个盘子移动到 B 柱子。
②直接将 A 柱子上的最后一个盘子移到 C 柱子。
③将前面移到 B 柱子上的 $n-1$ 个盘子，想方设法移到 C 柱子，就完成了任务。

这是一个典型的递归问题，递归的终止条件是只移动一个盘子，算法简单描述为：

1）将 A 柱子上的前 $n-1$ 个盘子，借助 C 柱子，移动到 B 柱子上。

2）把 A 柱子上的第 $n$ 个盘子直接移到 C 柱子上。

3）将 B 柱子上的 $n–1$ 个盘子，借助 A 柱子，移动到 C 柱子上。

其中步骤 1 和 3 需要递归，直至搬动一个盘子为止，而步骤 2 是一个直接输出。

```
1   #include <iostream>
2   using namespace std;
3
4   void hanoi(int, char, char, char);
5   void move(char, char);
6
7   int main( )
8   {
9       int number;
10
11      cout << "请输入盘子数: " ;
12      cin >> number ;
13      hanoi(number, 'A', 'B', 'C');
14
15      return 0;
16  }
17
18  void hanoi( int n, char pillar_A, char pillar_B, char pillar_C)
19  {
20      if ( 1==n )              //若A柱子上只有一个盘子，则直接输出
21          move(pillar_A, pillar_C);
22      else
23      {
24          hanoi( n-1, pillar_A, pillar_C, pillar_B);
25          move(pillar_A, pillar_C);
26          hanoi(n-1, pillar_B, pillar_A, pillar_C);
27      }
28  }
29
30  void move(char getPillar, char putPillar )
31  {
32      cout << getPillar <<" -> "<< putPillar<<"\n";
33  }
```

程序运行结果：

请输入盘子数：3 **[Enter]**
A -> C
A -> B
C -> B
A -> C
B -> A
B -> C
A -> C

**知识点**：若将 $n$ 个盘子从 A 柱子移到 C 柱子，那么要移动 $2^n-1$ 次。例如 $n=64$，要移动 18 446 744 073 709 551 615 次。如果一个僧侣一秒钟能正确地移动一次盘子，那么要用 584 942 417 355 年才能移完所有的盘子。下面采用数学归纳法证明要移动 $2^n-1$ 次的正确性。

1）当 $n=1$ 时，即 A 柱子上只有一个盘子时，只要移动一次即可，满足 $2^1-1=1$。

2）假设 $n=k$ 时公式成立，即 A 柱子上有 $k$ 个盘子时，要移动 $2^k-1$ 次。

3）那么，当 $n=k+1$ 时，即 A 柱子上有 $k+1$ 个盘子时，首先将 A 柱子上面的 $k$ 个盘子移到 B 柱子上，这需要移动 $2^k-1$ 次；然后将 A 柱子上还剩下的一个盘子直接移动到 C 柱子，需要移动 1 次；最后将 B 柱子上的 $k$ 个盘子移动到 C 柱子需要 $2^k-1$ 次，所以总的移动次数为：$2^k-1+1+2^k-1=2^{k+1}-1$，显然公式成立。

**注意**：采用递归解决问题。

1）必须有明确递归终止条件，否则将导致内存耗尽死机。

2）对于同一个问题在既可采用循环解决，又可采用递归解决时，采用循环的效率要高于递归，因为递归的过程实际上是函数调用的过程，这需要在栈中为局部变量分配空间、保存返回地址等，这需要大量的时间和空间开销。

3）递归算法的优点是简洁、易读，通常递归函数中没有循环语句，在执行的过程中通过递推和回归实现循环的功能。

**【例 3-17】** 采用递归方法求解例 2-12 的 Fibonacci 数列，数列的递推公式如下：

$$\text{Fib}(n) = \begin{cases} 0 & n=1 \\ 1 & n=2 \\ \text{Fib}(n-1)+\text{Fib}(n-2) & n>2 \end{cases}$$

编写一个程序，输出该数列的前 24 项，要求每行 6 个数。

```
1   #include  <iostream>
2   #include <iomanip>
3   using namespace std;
4
5   int fib(int n);
6   int countTimes=0;           //统计递归的次数
7
8   int  main( )
9   {
10      int i;
11
12      for(i=1; i<=24; i++)
13      {
14          cout << setw(10) << fib(i);
15          if( i%6 ==0 )
16              cout <<endl;
17      }
18      cout << "调用函数的总次数：" << countTimes << endl;
19
20      return 0;
21  }
22
23  int fib(int n)
24  {
25      countTimes++;
26
27      if(0==n || 1==n)
28          return 1;
29      else
30          return fib(n-1) + fib(n-2);
31  }
```

为了说明递归算法比循环开销大，专门在程序的第 6 行定义了 countTimes 全局变量，每次调用 fib 函数一次，就让该变量加 1（见程序的第 25 行），即该变量起计数器的作用，求出 Fibonacci 数列的前 24 项后，在第 18 行输出了该变量的值。猜猜是多少？392 808。为求这 24 个数，要调用 fib 函数 392 808 次。

## 3.12 函数的调试方法

如果一个程序由许多函数构成，在调试程序时，可采用"替代函数"法集中精力逐个调试。例如，下面的程序由 3 个函数构成：

```
1   void funOne( int y )
2   {
3       //这里省略了许多代码
4       cout << "In funOne" << endl;
5   }
6
7   int  funTwo( int x )
8   {
9       //这里省略了许多代码
10      cout << "In funTwo" << endl;
11      funOne(x);
12      return 100;
13  }
14
15  int main( )
16  {
17      funTwo(200);
18      return 0;
19  }
```

假设目前 funTwo 有十分难查的问题（非语法错误），首先要降低 funOne 对调试的影响，可以让 funOne 仅输出一条信息，代表它被执行过即可。同时，也尽可能地将 main 中的影响降低，这样可以集中测试要调试的函数。如果 funOne 原来有返回值，那么它的替代函数也应该返回一个测试值。当 funTwo 调试成功后，再用 funOne 函数本身继续测试。

上述方法就是调试函数的"隔离法"，读者在学习编程的同时，要注意积累一些调试方法。对于程序的调试，有时就是看你经验有多少，写过多少行代码。

## 3.13 编译预处理

编译预处理是在编译源程序之前，由编译器对源程序进行的一些简单处理。预处理指令都是以"#"开头，每条指令占一行，它们可以出现在程序中的任何位置，但一般写在程序的开始部分。

源程序进行预处理后，将生成一个临时文件，然后编译器再对这个临时文件进行编译生成目标文件、通过链接生成可执行文件。C++ 的编译预处理主要包括：宏定义、文件包含和条件编译。

### 3.13.1 宏定义

宏定义以 #define 开始，它分为不带参数和带参数两种：

**1. 不带参数的宏定义**

就是用一个宏名来代表一个字符串，一般格式为：

`#define 宏名 字符串`

宏名是合法的标识符。例如：

`#define  PI  3.14`

经过定义的宏名可应用在程序中，用指定的宏名 PI 来代表"3.14"这个字符串，在编译预处理时，将程序中出现的所有宏名 PI 都代换成"3.14"，替换的过程称为宏代换或宏展开。

宏代换只是宏名与字符串之间的简单替换，不做其他任何数据类型和合法性检查，也不分配内存空间。

**2. 带参数的宏定义**

带参数的宏类似函数，一般格式为：

```
#define 宏名(参数表) 字符串
```

其中宏名是一个标识符，参数表中可以有一个或多个参数，多个参数之间用逗号分隔。在替换时，首先进行参数代换，然后再将代换后的字符串进行宏代换。

例如，定义带参宏：

```
#define MUL(x,y)    (x)*(y)
```

程序中出现 MUL(x,y) 的地方，都将替换为 (x)*(y) 的形式。假设程序中有：

MUL(3+1,6+8)，会展开为 (3+1)*(6+8)。

如果将带参的宏定义为：

```
#define MUL(x,y)    x*y
```

则 MUL(3+1,6+8) 展开为 3+1*6+8，这显然不符合我们的意图。故使用带参的宏定义时要注意如下几点：

1）带参数的宏定义应写在一行上，如果要写在多行上时，应使用续行符（"\"）。例如：

```
#define LOVE "I Love \
China"
```

上述两行等价于：

```
#define LOVE "I Love China"
```

2）在写带参的宏定义时，宏名与左括号之间不能出现空格，否则空格右边的字符都作为替代字符串的一部分，这是很容易出错的一个地方。例如：

```
#define ADD    (x, y) x+y
```

这时将把宏名 ADD 认为是不带参的宏定义，它代表字符串"(x, y) x+y"。

**注意 1**：带参的宏与函数的区别。

1）函数调用是在程序运行时处理的，在栈中分配内存单元。而宏代换则是在编译前进行的，在代换时并不分配内存单元，不进行值的传递，也没有"返回值"的概念。

2）函数调用时，先计算出实参表达式的值，然后赋值给形参。而使用带参的宏只是进行简单的替换，并不做任何计算。

3）函数中的形参和实参都要有类型，且二者要一致，如果不一致，系统自动进行类型转换。而宏不存在类型，宏名没有类型，其参数也没有类型。

4）宏代换仅占用编译时间，因为是在编译前完成的，属编译预处理，而函数调用要占用运行时间。

**注意 2**：定义宏的建议。

1）宏名一般用大写字母表示，以便与变量名相区别。

2）宏名代表一个字符串，可以减少程序中的重复书写，且容易修改。例如，如果不定义 PI 代表 3.14，则在程序中要多处书写 3.14，容易写错。用宏名 PI 代替，书写简单且不易出错，并可增加程序的可读性。此外，一旦程序需要将 3.14 改为 3.1415926，只需要修改前面的宏定义即可，而不需要修改程序的其他地方。

3）#define 命令的有效范围为：从定义处开始到包含它的源文件结束，可以用 #undef 命令提前终止宏定义的作用域。

```
#define  PI  3.14
main( )
{
    …                PI的有效范围
}
#undef  PI
fun( )
{
    …
}
```

由于 #undef 的作用，使 PI 的作用范围在 #undef 行终止。

### 3.13.2 文件包含

文件包含用 #include 指令，预处理后将指令中指明的源文件嵌入到当前源文件指令位置处。格式为：

```
#include <文件名>    或    #include "文件名"
```

第一种格式是标准格式，预处理器直接到 C++ 系统目录 include 下搜索指名的文件。该格式一般用于嵌入 C++ 提供的系统头文件。

第二种格式即预编译器首先在工作目录中查找，如果找不到，再按标准方式进行查找。这种格式适用于包含用户自己定义的头文件。此外：

1）一条 #include 指令只能包含一个文件，若要包含多个文件须用多条指令。

2）被包含文件中还可以出现 #include 命令，即文件包含可以嵌套，但出现重复包含，将出现标识符重复定义错误。例如，头文件 a.h 包含了 b.h，而 f.cpp 既包含了 a.h 又包含了 b.h，那么在编译时，将出现该类错误。解决的方法是使用条件编译。

### 3.13.3 条件编译

条件编译允许只编译源程序中满足条件的程序段，使生成的目标程序较短，从而减少程序运行时的内存开销并提高程序的效率。利用条件编译还可在调试程序时增加一些调试语句，以达到跟踪的目的。条件编译命令分为如下两类。

**1. 根据宏名是否已经定义来确定是否编译某些程序段**

格式 1：

```
#ifdef   宏名
    程序段 1
[#else
    程序段 2]
#endif
```

上述格式中，方括号里的内容可根据需要选择。程序段可以由若干条预处理命令和语句组成。其功能为：如果宏名已被定义，则编译程序段 1，否则编译程序段 2。例如，在调试程序时，经常要输出调试信息，而调试完成后又不需要这些信息，这时可把输出调试信息的语句用条件编译命令括起来，格式为：

```
#ifdef  MYDEBUG
     cout << "This is a test\n";
#endif
```

在程序调试期间，增加如下命令行：

```
#define  MYDEBUG
```

调试完成后，删除该命令行，将源程序重新编译一次即可。这比直接在源程序中删除调试信息要方便。

除了这种 #ifdef 方法以外，还有 #ifndef 命令，其作用一样，但条件相反。

格式 2：

```
#ifndef  宏名
     程序段 1
[#else
     程序段 2]
#endif
```

**2. 根据表达式的值作为编译条件来确定是否要编译某些程序段**

格式：

```
#if  表达式
     程序段 1
[#else
     程序段 2]
#endif
```

其中 #if 后的表达式只能是一个常量表达式，其功能为：如果表达式的值不为零，则编译程序段 1，否则编译程序段 2。

【例 3-18】 从键盘上读入一行文本，对其中的小写字母加密。加密原则是：将每个字母向后移动两位，例如，'a' 变成 'c'，'x' 变成 'z'，'y' 变成 'a'，'z' 变成 'b'，其他字母不改变。

```
 1    #include  <iostream>
 2    #include  <iomanip>
 3    using namespace std;
 4
 5    #define  CHINA
 6    const int code=2;
 7
 8    char  cipher(int c);
 9    char  deCipher(int c);
10
11    int  main( )
12    {
13        char ch;
14
15        cout << "请输入一行字母并按回车键" << endl;
16        while(cin.get(ch) && ch !='\n' )
17        {
```

```
18        #ifdef   CHINA
19              cout<< cipher(ch);
20        #else
21              cout<< deCipher(ch);
22        #endif
23        }
24        cout << endl;
25
26        return 0;
27  }
28
29  char   cipher(int c)                         //加密函数
30  {
31        if( c >= 'a' && c <= 'z' )             //判断是否为小写字母
32        {
33              c=c+code;
34              if(c>'z')                        //处理溢出的情况
35                  c=c-26;
36        }
37
38        return (char)c;
39  }
40
41  char   deCipher(int c)                       //解密函数
42  {
43        if( c >= 'a' && c <= 'z' )             //判断是否为小写字母
44        {
45              c=c-code;
46              if(c<'a')                        //处理溢出的情况
47                  c=c+26;
48        }
49
50        return (char)c;
51  }
```

若在程序中写了 #define 指令（见程序第 5 行），那么将实现加密的功能，反之，如果将该行加上注释或去掉，那么将实现解密的功能。

程序运行结果（加密示例）：

请输入一行字母并按回车键
abc789xyz**[Enter]**
cde789zab

程序运行结果（解密示例）：

请输入一行字母并按回车键
abc123xyz**[Enter]**
yza123vwx

# 思考与练习

**一、填空题**

1. (　　) 是函数定义的一部分，包括函数名、返回值类型和形参列表。
2. 如果一个函数不返回任何值，关键字 (　　) 将作为其返回类型。

3. 传递给函数的值是（　　　）。
4. 保存函数实参拷贝的特殊变量是（　　　）。
5. 当实参的一个拷贝传给函数，称为（　　　）传递。
6. （　　　）消除了函数定义，且必须放在所有对其调用之前。
7. （　　　）变量在函数内声明，对函数外是不可访问的。
8. （　　　）不是函数定义，且必须放在所有对其调用之前。
9. （　　　）变量提供了一种简单的方法在函数间共享大量数据。
10. 除非你特意地初始化全局变量，否则它们自动初始化为（　　　）。
11. 如果函数的一个局部变量和全局变量同名，在函数内只有（　　　）是可见的。
12. （　　　）局部变量在函数调用间保持其值。
13. （　　　）语句使得函数结束。
14. （　　　）形参值在函数调用时，是在没有提供实参的情况下自动传递给形参。
15. 当作为形参时，（　　　）变量允许函数访问原来的实参。
16. 引用型变量的声明像常规变量，除了变量名前的（　　　）。
17. 两个或更多的函数可以有相同的函数名，只要它们的（　　　）不同。
18. 如果一个全局变量声明为（　　　），它的作用域可以超越它所定义的文件。

## 二、编程题

1. 组合函数 $C(n, k)$ 是在给定的 $n$ 个元素中，由不同 $k$ 个元素组成的子集个数。该函数可以用以下公式计算。要求编写求阶乘及组合的函数，在主函数中调用求组合的函数。

$$C(n, k) = \frac{n!}{k!(n-k)!}$$

2. 编写一个被调函数，用下面的公式求 $e^x$ 的近似值。在主函数中输入 $x$ 及精度 $10^{-9}$（要求最后一项小于 $10^{-9}$）求 $e^x$。

$$e^x = 1 + \frac{x}{1!} + \frac{x^2}{2!} + \frac{x^3}{3!} + \cdots + \frac{x^n}{n!}$$

3. 编写被调函数，求出 1 000 以内的素数，在主函数中调用函数输出 1 000 以内的素数，要求每行输出 5 个素数。

4. 一个数如果恰好等于它的因子之和，这个数就称为"完数"。例如，6 的因子为 1、2、3，而 6=1+2+3，因此 6 是"完数"，编写程序找出 1 000 之内的所有完数，并按下面格式输出其因子：6 its factors are：1 2 3

5. 编写两个函数，分别求两个整数的最大公约数和最小公倍数，要求分别采用递归和非递归算法实现。

6. 编写一个递归函数。将这个整数的每个位上的数字按相反的顺序输出。例如，输入 1234，输出 4321。

7. 编写一个程序，用递归方法求 $n$ 阶勒让德多项式的值，递归公式为：

$$p_n(x) = \begin{cases} 1 & (n=0) \\ x & (n=1) \\ ((2n-1)xp_{n-1}(x)-(n-1)p_{n-2}(x))/n & (n>1) \end{cases}$$

8. 输入一个十进制数，输出相应的二进制数。采用递归函数实现。

9. 编写一个函数输出以下图形。

```
        *   *   *   *
          *   *   *
              *
          *   *   *
        *   *   *   *
```

10. min 和 max 是两个常用的函数，min 有两个入口参数，它的返回值是两个参数中最小者；max 也有两个入口参数，它的返回值是两个参数中最大者。编写一个完整的程序，为它们写两个模板，验证这两个模板能处理各种原子类型数据，如 int、char 和 double 等。
11. 写一个求绝对值的函数模板，该模板具有一个入口参数，返回该参数的绝对值。例如，–99 的绝对值就是 99。
12. 写一个计算总和的函数模板，用户从键盘输入若干个整数，以 –1 作为结束标志，实现对用户输入的值进行求和，并返回求和结果。
13. 定义一个内联函数，求 3 个输入整数中的最小数。
14. 定义一个内联函数，判断一个字符是否为数字字符，即介于 '0' ~ '9'。

# 第4章 数　　组

C++ 不但支持前面所介绍的基本内置数据类型（包括整型、实型、字符型和布尔型），还支持用户自己所构造的数据类型，以满足不同应用的需要。构造数据类型是由基本数据类型和构造类型，按一定原则组合而成，亦称导出类型，主要包括数组、指针、结构体、类等。

本章只介绍数组类型。数组是由单一类型的数据元素组成的有序集合，每个元素采用数组名和下标来表示。数组可分为一维数组和多维数组，由于字符数组比较特殊，我们将在本章的最后单独介绍其特性。

## 4.1　一维数组

我们前面所学习的变量在某个时刻只能保存一个值，数组可以用来存储一组类型相同的值，并且值保存在连续的内存单元中，这便于程序的快速存取。

### 4.1.1　一维数组的定义和应用

一维数组的定义格式：

<类型说明符>　<数组名>[<常量表达式>];

例如：

int days[7];

表示数组名是 days，数组中有 7 个元素。需要注意的是：

1）对数组名的命名规则要遵循标识符的命名规则。

2）数组名后是用方括号括起来的常量表达式，不能用圆括号，如 int days(10)。

3）常量表达式代表了数组中元素的个数，亦称数组长度。例如，上例中 days 数组有 7 个元素，days[0]、days[1]、…、days[6]，下标从 0 到 6，没有 days[7]。如果你在程序中使用了越界的元素，就埋下了出错的祸根。

4）上述定义中的 int 表示 days 数组中的每个元素都是 int 类型。

5）常量表达式中不能出现变量，例如：

```
const int numDays = 5 ;                         // 常量
#define COUNT    5                              // 常量
int     workDay[ numDays ];
double  pay[ COUNT ];
int     student[100];
```

上述定义的三个数组均是合法的，但如下是非法的，因为方括号中是变量：

```
int numDays = 5 ;                               // 变量
int workDay[ numDays ];
```

6）数组中的元素是连续存储的，如 days 数组存储见图 4-1，由于没有对元素赋值，所以它们的值不确定，采用"?"表示。

```
                    7个int类型的连续空间
┌─────┬─────┬─────┬─────┬─────┬─────┬─────┐
│  ?  │  ?  │  ?  │  ?  │  ?  │  ?  │  ?  │
└─────┴─────┴─────┴─────┴─────┴─────┴─────┘
 days[0] days[1] days[2] days[3] days[4] days[5] days[6]
```

图 4-1 数组在内存中连续存储

数组元素在内存中是从低地址开始顺序排列的，各个元素的存储单元大小相同，元素间没有空隙，如果知道第一个元素的地址，那么可以计算出任意一个元素的地址。

数组占据空间的大小取决于元素的类型和元素的个数，这可通过如下公式计算：

```
sizeof(a[0])*元素个数
```

其中 sizeof(a[0]) 是获得单个元素的大小，上述数组占据的空间大小为 28 个字节。

### 4.1.2 引用一维数组元素

数组的每个元素都有一个唯一的下标，通过下标可访问元素，例如：

```
days[0] = 10;
```

将把 10 赋值给 days[0]。如果把该数组声明为全局的，那么这个数组的所有元素都会默认为 0，而局部定义的数组元素值不确定。

**思考**：数组的大小与数组元素的下标是两个不同的概念，容易混淆，你能搞清楚吗？如下出现什么错误？

```
int          readings[-1] ;
float        measurements[4.5];
int          size ;
cin >> size ;
char         name[size] ;
```

### 4.1.3 数组无越界检查

C++ 对于数组元素越界不做限制。C++ 流行的原因之一是它允许程序员自由使用内存，如 C++ 没有数组越界检查。执行一个越界程序可能会导致无辜的内存区域被覆盖，从而死机。例如，如下程序段就存在越界问题：

```
short values[3];
for ( int count = 0; count < 5; count++)
    values[count] = 200;
```

数组 values 可以存储 3 个短整型元素，然而在循环中却将 200 写到了下标为 3 和 4 的元素空间中，这就有可能将其他变量的值改写了，从而导致程序出错。

**注意**：C++ 是一个灵活性很强的语言，给程序员高度自由的同时，也要求程序员具有高度的责任感，否则系统崩溃的后果自负。

### 4.1.4 数组初始化

同其他变量一样，可以在定义数组的同时对元素赋初值，这称为对数组的初始化。数组的初始化方法有以下几种：

1）在定义数组时对数组元素赋初值，例如：

```
int days[7]={0, 1, 2, 3, 4, 5, 6};
```

经过上面的定义和初始化之后，days[0]=0、days[1]=1、…、days[6]=6。但要注意的是，初始化列表中值的个数不能超过数组中的元素个数。

2）上面是对全部元素初始化，也可以给一部分元素赋初值，例如：

```
int days[7]={0, 1, 2, 3};
```

days 数组有 7 个元素，但花括号内仅提供 4 个初值，这表示只给前面 4 个元素赋初值，后 3 个元素值为 0。如果对数组中的全部元素赋值 0，可写成：

```
int days[7]={0, 0, 0, 0, 0, 0, 0};
```

或

```
int days[7]={0};
```

但 C++ 不允许跳过一部分元素而对其他元素初始化。例如，下面的语句就是非法的：

```
int days[7] = {0, 1, 2, 3, , 5, 6};
```

3）在给全部数组元素赋初值时，可以不指定数组长度，例如：

```
int days[ ]={0, 1, 2, 3, 4};
```

括号中列举了 5 个值，因此 C++ 编译器将数组 days 的元素个数指定为 5。如果省略定义的大小，那么必须给出初始化列表，否则 C++ 不知道数组的大小，例如：

```
int days[ ]={        };                    // 错误
```

4）如果定义数组时将存储类别指定为全局或静态，则系统自动将所有数组元素的初值置为 0；如果存储类别定义为局部动态，则数组元素的初值不确定。

**【例 4-1】** 利用一维数组求 Fibonacci 数列的前 24 项，以及它们的和。

分析：由于 Fibonacci 数列的前两项都是 1，可以将它们保存在一个一维数组中，利用该数列后一项是前两项之和的特点，采用循环求出其余的 22 项。

```
1   #include <iostream>
2   #include <iomanip>
3   using namespace std;
4
5   int  main( )
6   {
7
8       int i, fib[24]={1, 1}, sum;
9
10      sum=fib[0]+fib[1];
11      for (i=2; i<24; i++)
12      {
13          fib[i] = fib[i-2] + fib[i-1];              //计算下一项
14          sum+=fib[i];                               //累加求和
15      }
16
17      for (i=0; i<24; i++)
18      {
19          cout << setw(10) << fib[i];
20          if ((i+1)%6==0)
21              cout << endl;
22      }
23
24      cout << setw(10) << "sum = " << sum << endl;
25
```

```
26        return 0;
27  }
```

程序运行结果：

```
       1          1          2          3          5          8
      13         21         34         55         89        144
     233        377        610        987       1597       2584
    4181       6765      10946      17711      28657      46368
sum = 121392
```

## 4.2 多维数组

具有两个或两个以上下标的数组称为多维数组。在多维数组中比较常用的是二维数组。一维数组对应数学中的向量，而二维数组对应矩阵或一个二维表。二维数组的横向为行，纵向为列，我们往往将二维数组的第一个下标称为行下标，第二个下标称为列下标。本节重点介绍二维数组。

### 4.2.1 二维数组的定义

二维数组的定义与一维数组类似，其语法格式为：

<数据类型>  <数组名>[<常量表达式1>][<常量表达式2>];

定义一个二维数组需要两个维：第一个维表示行数，第二个维表示列数。例如，定义一个3行4列的二维数组：

```
int matrix[3][4];                    //定义了一个二维整型数组matrix
```

可以将二维数组matrix看成由3个连续一维数组matrix[0]、matrix[1]和matrix[2]构成，而matrix[0]、matrix[1]和matrix[2]又分别是由4个元素组成的一维数组，它们的结构如图4-2所示。

| matrix | matrix [0]: | matrix [0][0] | matrix [0][1] | matrix [0][2] | matrix [0][3] |
| --- | --- | --- | --- | --- | --- |
| | matrix [1]: | matrix [1][0] | matrix [1][1] | matrix [1][2] | matrix [1][3] |
| | matrix [2]: | matrix [2][0] | matrix [2][1] | matrix [2][2] | matrix [2][3] |

图 4-2  二维数组结构

matrix数组中的12个元素都是整型变量，它们在内存中也是按图4-2的顺序存放，即按先行后列的顺序排列。例如，matrix[0][0]是第1个元素，matrix[0][3]是第4个元素，matrix[1][0]是第5个元素，matrix[2][3]是第12个元素。

C++对数组的维数没有限制。例如，定义一个三维数组volume的方法与二维数组类似：

```
int volume[2][3][4];
```

### 4.2.2 二维数组的初始化

二维数组的初始化与一维数组的初始化类似，常用的初始化方法包括：

1）按行对二维数组初始化，例如：

```
int matrix[3][4] = {{1, 2, 3, 4},{5, 6, 7, 8},{9, 10, 11, 12}};
```

这种赋初值的方法很直观,即把第 1 个花括号内的数赋值给第 1 行的变量,第 2 个花括号内的数赋值给第 2 行的变量,依此类推。这种方法清晰,建议采用。

2)将所有数据写在一个花括号内,按数组元素排列的顺序赋初值,例如:

```
int matrix[3][4]={1, 2, 3, 4, 5, 6, 7, 8, 9, 10, 11, 12};
```

这种方法效果上与第 1 种方法相同。缺点是容易遗漏数据,也不易检查,建议不要采用。

3)对部分元素赋初值,例如:

```
int matrix[3][4] = {{1},{5, 6},{9, 10, 11}};
```

这是一种对部分元素赋初值的方法,赋值后数组各元素为:

| | | | |
|---|---|---|---|
| 第1行: | 1 | 0 | 0 | 0 |
| 第2行: | 5 | 6 | 0 | 0 |
| 第3行: | 9 | 10 | 11 | 0 |

4)根据给定的初始化数据,自动确定数组的行数,例如:

```
int matrix[ ][4]={1, 2, 3, 4, 5, 6, 7, 8, 9, 10};
```

编译系统根据数据总数,对 matrix 分配空间,由于有 10 个数据,每行 4 个,故为 3 行,数组内容为:

| | | | |
|---|---|---|---|
| 第1行: | 1 | 2 | 3 | 4 |
| 第2行: | 5 | 6 | 7 | 8 |
| 第3行: | 9 | 10 | 0 | 0 |

这种部分赋值的方法不清晰,容易混淆。如下定义比较好:

```
int matrix[ ][4]={{1, 2, 3}, {5, 6, 7, 8}, {9, 10}};
```

**注意**:在定义数组时可省略行数,但不能省略列数,如下定义是错误的:

```
int matrix[3][ ]={1, 2, 3, 4, 5, 6, 7, 8, 9, 10};
```

因为二维数组在内存中是按行连续存储的,编译器无法确定上述数组中一行有多少个元素。

与一维数组类似的是,若二维数组是静态的或全局的,系统则自动将数组的各元素初始化为 0。

### 4.2.3 引用二维数组元素

引用二维数组元素的形式为:

数组名 [<下标 1>][<下标 2>]

其中下标必须是整型表达式,如引用 matrix[1][2+1]、matrix[i][2*j+1](i、j 为整型变量)均是合法的。

使用数组元素就像使用简单变量一样,它可以出现在表达式中,也可以被赋值,例如:

```
matrix[0][0] = matrix[1][2] + matrix[2][3] ;
```

使用数组元素时,下标值应该在已定义的范围内,不能超出范围,例如:

```
int matrix[3][4] = {0};              // 数组的 12 个元素全部初始化为 0
matrix[3][4] = 5;                    // 下标溢出指定范围
```

matrix 为 3 行 4 列的数组，其行下标的范围是 0~2，列下标的范围是 0~3。而 matrix[3][4] 超出了数组下标的范围。

**注意**：请读者区分定义数组和引用元素，例如：

```
int matrix[3][4];                    // 定义一个 3 行 4 列的二维数组
matrix[3][4]=5;                      // 使用 matrix 数组中行下标为 3、列下标为 4 的元素
```

即在程序不同的地方出现同样的 matrix[3][4]，它们的含义可能不一样。

此外，初学者易错的另外一个地方是将数组整体赋值，例如：

```
int matrix_A[3][4] = {0}, matrix_B[3][4];     // 定义了两个大小相同的数组
```

如果要将 matrix_A 中的值赋给 matrix_B，这样写是错误的：

```
matrix_B = matrix_A;                 // 错误，数组不能整体赋值
```

必须用循环语句逐个赋值：

```
for(int i=0; i<3; i++)
    for(int j=0; j<4; j++)
        matrix_B[i][j] = matrix_A[i][j];
```

## 4.3 数组做函数参数

一般的变量可以作为函数参数，数组也可以作为函数参数，它包括数组元素做函数参数和数组名做函数参数两种形式。

### 4.3.1 数组元素做函数参数

无论是一维数组元素还是多维数组元素，它们做函数参数与普通变量做函数参数一样，都属于单向传值调用。

【**例 4-2**】 采用函数输出一个一维数组的内容。

```
1   #include <iostream>
2   #include <iomanip>
3   using namespace std;
4
5   void showValue(int num);             // 函数原型
6
7   int main( )
8   {
9       int set[ ] = {2, 8, 15, 29, 45, 38, 35, 90};
10
11      for (int i = 0; i < 8; i++)
12          showValue(set[i]);
13      cout << endl;
14
15      return 0;
16  }
17
18  void showValue(int num)
19  {
```

```
20        cout << setw(5) << num;
21    }
```

程序运行结果:

```
2    8    15    29    45    38    35    90
```

程序第 12 行每次调用 showValue 时，将数组元素 set[i] 作为参数传递给第 18 行的形参变量 num，这属于一种单向的传值关系。函数 showValue 输出 num 的值，并不对数组元素 set[i] 进行操作。

### 4.3.2 数组名做函数参数

数组名除了表示数组的名称外，还代表了数组在内存中的首地址。数组名做实参的传递方式称为地址传递，其属于单向传址调用。当采用数组名做实参和形参时，将实参数组的首地址传递给形参数组，这时形参数组与实参数组将共享空间。当函数之间需要传递多个数据时，采用这种传递方式可以节省内存空间，同时也提高了程序的效率。

【例 4-3】修改例 4-2，将 set 数组的值翻倍，并输出其内容。

```
1    #include <iostream>
2    #include <iomanip>
3    using namespace std;
4
5    void showValue( int nums[ ], int count );          // 函数原型
6    void doubleValue( int nums[ ], int count );        // 函数原型
7
8    int  main( )
9    {
10       int set[ ] = {2, 8, 15, 29, 45, 38, 35, 90};
11
12       doubleValue(set, 8);                            // 将数组的内容乘以 2
13       showValue(set,8);                               // 输出数组的内容
14
15       return 0;
16   }
17
18   void showValue(int nums[ ], int count)
19   {
20       for (int index = 0; index < count; index++)
21           cout << setw(5) << nums[index];
22       cout << endl;
23   }
24
25   void doubleValue(int nums[ ], int count)
26   {
27       for (int index = 0; index < count; index++)
28           nums[index] *= 2;
29   }
```

程序运行结果:

```
4    16    30    58    90    76    70    180
```

程序第 5 行给出了函数 showValue 的原型，第 18 行给出了函数头。其中形参 nums 后面加上一个空的方括号，表示该参数是数组类型，而不是单一的值类型。

为了增加程序的通用性，我们对函数增加了一个参数 count，它代表数组元素的个数。

**思考**：为什么对第 5 行和第 18 行的 nums 声明没有指定数组的大小？其实 nums 并不是一个真正的数组，它是一个特殊的变量，即第 5 章将介绍的指针。这个变量可以接收数组的地址，这样做可以提高程序的效率。假设在每次函数调用时都要传递 10 000 个元素的数组，如果 C++ 不这样设计，那么每次调用就要申请 10 000 个元素的空间，这将消耗大量的 CPU 时间和内存空间，开销非常大。因此，当今的许多程序设计语言，如 C、C++、C#、Java 等，都是传递数组的起始地址。

在第 12、13 行的函数调用中，不带括号和下标的数组名 set 表示数组的首地址。当函数调用时，将 set 代表的数组地址复制到形参 nums 变量中，nums 作为 set 的别名，它们代表了同一块内存单元。图 4-3 说明了数组 set 和参数 nums 的关系，如 nums[0] 与 set[0] 是同一个内存空间。

| set[0] | set[1] |  | set[2] |  | ⋯ |  |  |  |  |
|---|---|---|---|---|---|---|---|---|---|
| 2 | 8 |  | 15 | 29 |  | 45 | 38 | 35 | 90 |
| nums[0] | nums[1] |  | nums[2] |  | ⋯ |  |  |  |  |

图 4-3  数组名做参数形参与实参的对应关系

此外，我们从第 12 行的函数调用结果可以看出，当数组名做参数时，任何对形参的改变都会影响到实参。数组的形参类似于引用变量，它使得函数可以直接访问实参。

**知识点**：数组名做函数参数，类似于引用变量。只要把数组名作为参数传递给函数，那么函数就有了修改数组数据的能力。

## 4.4  常用算法举例

数组是一种表示和存储数据的重要方法，利用数组可以实现排序、查找等运算。下面通过一些程序实例来讲解这些方法。

查找算法就是在一个大的数据集合中对某个数据进行定位。我们介绍两种针对数组的查找算法：线性查找和二分查找，每种算法都有其优点和缺点，首先介绍线性查找。

**【例 4-4】** 线性查找。在长度为 $n$ 的一维数组中查找值为 value 的元素，即从数组的第一个元素开始，逐个与被查值 value 比较。若找到，返回数组元素的下标，否则返回 –1。

```
1    #include  <iostream>
2    using namespace std;
3
4    const int arrSize=5;        //数组大小
5    int searchList(int list[ ], int numElems, int value);
6
7    int  main( )
8    {
9        int tests[arrSize] = {43, 87, 89, 453, 238};
10       int result;             //查找结果
11       int x=453;              //待查找的值
12
13       result = searchList(tests, arrSize, x);
14       if ( -1 == result )
15           cout << "没有找到:"<< x<< endl;
16       else
17           cout <<x<< " 是数组的第 "<<(result + 1)<<"个元素" << endl;
18
```

```
19        return 0;
20    }
21
22    int searchList(int list[ ], int numElems, int value)
23    {
24        for(int  i=0; i < numElems; i++ )
25            if( value == list[i] )
26                return i;
27
28        return -1;
29    }
```

程序运行结果：

453 是数组的第 4 个元素

该方法的策略是：如果查找失败返回 –1，因为 –1 不是一个有效的数组下标。线性查找的优点是简单，不需要数组按照一定顺序来排列。然而该方法的缺点是性能比较低，如果数组包含 30 000 个元素，要查找的元素刚好在数组的最后一个位置，那么算法就要对前面的 29 999 个元素进行比较，需要对数组访问 30 000 次。在通常情况下，查找第一个元素和查找最后一个元素的概率均等，因此，对一个有 $N$ 个元素的数组，线性查找一般要比较 $N/2$ 次，显然这种方法不适合对大数组进行查找。

【例 4-5】 冒泡排序（按从小到大的顺序对数组元素排序），使较小的数像气泡一样浮到数组的顶部，而较大的数下沉到数组的底部。

分析：冒泡法的思想是将相邻两个数比较，将小的调换到前面。若有 $n$ 个数，那么要排序 $n–1$ 趟。以数组 a= ｛9，7，5，2，6｝为例，图 4-4 给出这 5 个数的冒泡排序过程。

图 4-4a 给出了算法执行的第 1 趟排序，其中第 1 次比较 9 和 7（如图中的双向箭头所示），显然 9>7，满足交换条件，进行对调；第 2 次比较 9 和 5，对调；第 3 次比较 9 和 2，对调；然后比较 9 和 6，对调。如此比较进行了 4 次对调，得到 7-5-2-6-9 的顺序。我们看到，经第 1 趟比较及交换后，将最大的数 9 移到了最底部。图 4-4b 进行第 2 趟比较，对前 4 个数按上面的方法进行比较。经过 3 次比较和对调，将次大的数 7 移动到倒数第 2 个位置。依此类推，5 个数要经过 4 趟比较及交换，才完成整个排序过程。

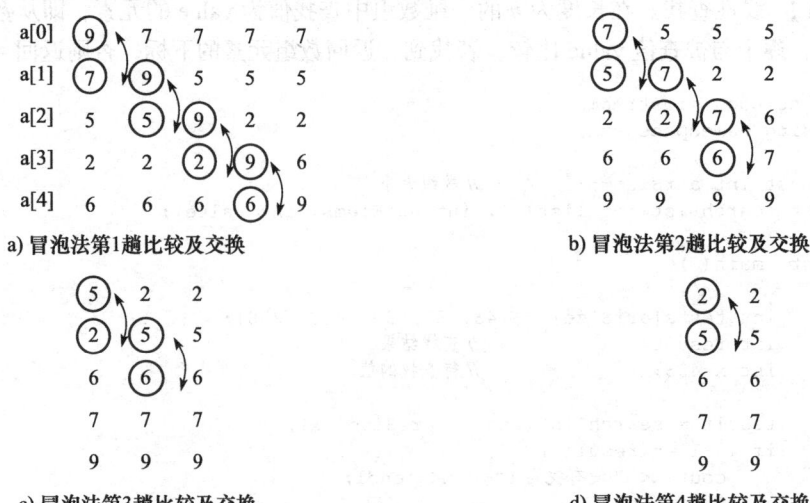

图 4-4 冒泡排序示例

总结上述排序过程：对于 5 个数，共进行了 4 趟操作。其中在第 1 趟比较了 4 次，在第 2 趟比较了 3 次，最后一趟比较了 1 次。如果有 $n$ 个数，则要进行 $n-1$ 趟比较。其中在第 1 趟要进行 $n-1$ 次比较，在第 $i$ 趟要比较 $n-i$ 次。

下面的 C++ 代码将冒泡排序算法采用函数来实现，其中参数 a 是待排序的数组，n 表示数组中元素的个数。

```
1    #include <iostream>
2    #include <iomanip>
3    #include <ctime>                            //包含了与时间有关的库函数
4    using namespace std;
5
6    const int arrSize=8;
7    void getArray(int a[ ], int n);             //产生数组
8    void bubbleSort(int a[ ], int n);           //冒泡排序
9    void showArray(int a[ ], int n);            //输出数组元素
10
11   int  main( )
12   {
13       int values[arrSize];
14
15       getArray(values,arrSize);               //产生数组
16       cout << "排序前:\n";
17       showArray(values,arrSize);              //输出数组
18       bubbleSort(values, arrSize );           //冒泡排序
19       cout << "排序后:\n";
20       showArray(values, arrSize );            //输出数组
21
22       return 0;
23   }
24
25   void getArray(int a[ ], int n)
26   {
27       srand(time(0));                         //根据系统时间设置随机数种子
28       for(int i=0; i<n; i++)
29           a[i]=rand()%100;                    //产生 n 个 100 以内的随机数
30   }
31
32   void bubbleSort(int a[ ], int n)            //冒泡排序算法
33   {
34       int i, j, t;
35
36       for(i=0; i<n-1; i++)                    //循环 n-1 趟
37           for(j=0; j<n-1-i; j++)              //每趟比较 n-1-i 次
38               if(a[j]>a[j+1])                 //如果满足条件，则交换
39               {
40                   t=a[j];
41                   a[j]=a[j+1];
42                   a[j+1]=t;
43               }
44   }
45
46   void showArray(int a[ ], int n)             //输出数组的元素
47   {
48       for(int i=0; i<n; i++)
49           cout << setw(5)<< a[i];
50       cout<<endl;
51   }
```

程序运行结果（某一次）：

```
排序前：
   19    82    72    21    56    50    44    18
排序后：
   18    19    21    44    50    56    72    82
```

程序的第 6 行定义了数组的大小 arrSize；第 25 ~ 30 行的 getArray 函数采用随机数的方式产生数组元素，免得读者输入大量的数据。其中 srand(time(0)) 是根据系统时间设置随机数种子，time(0) 即获得当前的系统时间，作为随机数的种子，由于时间不可能重复，那么每当程序执行到此行，可保证每次产生的随机数不同。srand 是系统函数，需要包含 cstdlib，原型为：

```
void srand( unsigned seed);
```

程序第 32 ~ 44 行是冒泡排序函数，一旦满足 a[j]>a[j+1] 就交换元素内的值。

**注意**：本例给出的产生随机数的方法非常有用。例如，如果认为大于 50 的是电平信号 1，而小于 50 的是信号 0，那么采用该方法可以模拟电子信号。这种模拟方法十分有用，希望读者慢慢品味与使用。

【例 4-6】 选择排序（以升序为例）。冒泡法排序交换数组元素过于频繁，一种改进的排序算法是选择排序。

分析：我们仍以上例数组 a = {9, 7, 5, 2, 6} 中的 5 个数为例分析。在第 1 趟扫描中，将 a[0] 到 a[4] 中最小数的下标 minIndex 找到，如果 minIndex!=0，则将 a[0] 与 a[minIndex] 中的数交换；在第 2 趟扫描中，将 a[1] 到 a[4] 中最小数的下标 minIndex 找到，若 minIndex!=1，则将 a[1] 与 a[minIndex] 中的数交换；依此类推，5 个数需要 4 次扫描。下面看看选择排序是如何执行的：

| 9 | 7 | 5 | 2 | 6 |
|---|---|---|---|---|
| a[0] | a[1] | a[2] | a[3] | a[4] |

第 1 趟：从 a[0] 开始扫描整个数组，找出最小值元素的位置是 3。然后将 a[0] 与 a[3] 的值交换，交换后的数组如下：

| 2 | 7 | 5 | 9 | 6 |
|---|---|---|---|---|
| a[0] | a[1] | a[2] | a[3] | a[4] |

第 2 趟：由于 a[0] 已经保存了数组中的最小值，因此 a[0] 不再参与扫描。这时，算法从 a[1] 开始扫描。在此趟中，a[2] 将与 a[1] 交换，交换后的数组如下：

| 2 | 5 | 7 | 9 | 6 |
|---|---|---|---|---|
| a[0] | a[1] | a[2] | a[3] | a[4] |

第 3 趟：从 a[2] 开始扫描，发现 a[4] 是最小值，然后将 a[4] 与 a[2] 交换。

| 2 | 5 | 6 | 9 | 7 |
|---|---|---|---|---|
| a[0] | a[1] | a[2] | a[3] | a[4] |

第 4 趟：此时只有两个元素没有排序，从 a[3] 开始扫描，发现 a[4] 是最小值，将 a[3] 与 a[4] 进行交换。交换后的数组如下：

| 2 | 5 | 6 | 7 | 9 |
|---|---|---|---|---|
| a[0] | a[1] | a[2] | a[3] | a[4] |

下面给出选择排序算法的函数，该函数有两个参数，a 是待排序数组，n 是元素个数。

```
1    void selectionSort(int a[ ], int n)
2    {
3        int i, j, t, minIndex;
```

```
 4
 5          for(i=0; i<n-1; i++)
 6          {
 7              minIndex=i;
 8              for(j=i+1; j<n; j++)
 9                  if(a[j]<a[minIndex])
10                      minIndex=j;
11              if( minIndex != i )
12              {
13                  t=a[minIndex];
14                  a[minIndex]=a[i];
15                  a[i]=t;
16              }
17          }
18      }
```

由于程序的其他地方类似于例 4-5，在此不再给出。

**思考**：在上述函数中，若删掉第 11 行的判断，程序是否正确？而保留该行有什么优点？

【**例 4-7**】 插入排序（以升序为例）。

**分析**：假设数组 a 有 $N$ 个元素。如果数组中只有 1 个元素，即 a[0]，那么数组显然有序。在第 $i$ 次循环中，设数组满足 a[0] ≤ a[1] ≤ … ≤ a[$i$–1]，现在要求将 a[$i$] 插入该序列，并使数组仍然保持有序。首先将 a[$i$] 赋值 x，然后将 x 依次与 a[0], a[1], …, a[$i$–1] 进行比较，直到发现某个 $j$（0 ≤ $j$ ≤ $i$–1），满足 a[$j$]>x，则把 a[$j$], a[$j$+1], …, a[$i$–1] 依次右移一个位置，然后将 x 赋值给 a[$j$] 即可。

下面给出插入排序函数代码。该函数有两个参数，a 是待排序数组，n 是元素个数。

```
void insertSort(int a[ ], int n)                    //插入排序
{
    int i, j, k, x;

    for(i=1; i<n; i++)
    {
        x=a[i];
        for( j=0; j<i && x >= a[j]; j++)            //找待插入数的位置
            ;
        for( k=i; k>j; k--)                         //将比 x 大的元素依次右移
            a[k] = a[k-1];
        a[j] = x;
    }
}
```

【**例 4-8**】 利用筛选法求 1~100 之间的素数。

公元前 3 世纪的希腊天文学家、数学家和地理学家 Eratosthenes 提出了一种找 2 ~ $N$ 之间的所有素数（即质数）的算法。该算法首先将 2 ~ $N$ 之间的所有数都列出来，假设 $N$ 是 20：

2  3  4  5  6  7  8  9  10  11  12  13  14  15  16  17  18  19  20

然后确定第一个素数，显然 2 是素数，然后从 3 开始删除所有是 2 的倍数的那些数，结果如下：

2  3  ~~4~~  5  ~~6~~  7  ~~8~~  9  ~~10~~  11  ~~12~~  13  ~~14~~  15  ~~16~~  17  ~~18~~  19  ~~20~~

在删除以后的数列中，再确定下一个素数：除 2 以外，第一个没有被删除的数即是素数，显然是 3。然后再在余下的数列中删除那些是 3 的倍数的数，如此操作下去，最后保留下的数如下，它们都是素数。

2　3　~~4~~　5　~~6~~　7　~~8~~　~~9~~　~~10~~　11　~~12~~　13　~~14~~　~~15~~　~~16~~　17　~~18~~　19　~~20~~

采用 Eratosthenes 算法求 1~100 之间的素数。我们用一个一维数组 a 存放 2，3，4，…，100；从 a[0] 开始，将其后是 a[0] 倍数的元素值置为 0，其他依此类推。最后，数组 a 中不为 0 的元素均为素数。要求每行输出 10 个素数。

```
1    #include  <iostream>
2    #include  <iomanip>
3    using namespace std;
4
5    const int arrSize=100;
6    void prime(int a[ ],int n);
7
8    int  main( )
9    {
10       int a[arrSize], i, count;
11
12       for(i=0; i<arrSize; i++)
13           a[i]=i+1;
14
15       prime(a, arrSize);                         //求素数
16
17       cout << "1~100 之间的素数为 :" << endl ;
18       for(i=1, count=0; i<arrSize; i++)          //输出素数
19       {
20           if(a[i]!=0)
21           {
22               cout << setw(5) << a[i];
23               count++;
24               if( count % 10==0 )                //输出 10 个数后换行
25                   cout << endl ;
26           }
27       }
28       cout << endl ;
29
30       return 0;
31   }
32
33   void prime(int a[ ],int n)
34   {
35       int i, j;
36
37       for(i=1; i<n; i++)
38           for(j=i+1; j<n; j++)
39               if( a[i]!=0 && a[j]!=0 && a[j] % a[i] == 0 )
40                   a[j]=0;
41   }
```

程序运行结果：

```
1~100 之间的素数为：
  2    3    5    7   11   13   17   19   23   29
 31   37   41   43   47   53   59   61   67   71
 73   79   83   89   97
```

【例 4-9】 二分查找，也称为折半查找。在长度为 *n* 的一维数组中查找值为 value 的元素。折半查找的前提是数组的元素已经排序（假定是非递减排序）。算法思想为：将 value 与数组的中间项进行比较，若被查元素 value 等于数组中间项的值，则查找成功，结束查找；若被查元素 value 小于数组中间项的值，则取中间项以前的部分，并以相同的方法进行查找；若

被查元素 value 大于数组中间项的值，则取中间项以后的部分，以相同的方法进行查找。如果 value 在数组中，则返回其下标；如果 value 不在数组中，则返回 –1。二分查找的高效在于每次循环会缩小一半的搜索范围。

```
1    #include <iostream>
2    #include <iomanip>
3    #include <ctime>
4    using namespace std;
5
6    const int arrSize=10;
7    int binarySearch(int a[ ], int numElems, int value);
8    void getArray(int a[ ], int n);              //产生数组
9    void selectionSort(int a[ ], int n);         //选择排序
10   oid showArray(int a[ ], int n);              //输出数组元素
11
12   int  main( )
13   {
14       int a[arrSize], p, x;
15
16       getArray( a, arrSize );
17
18       cout << "排序前: ";
19       showArray( a, arrSize );
20
21       selectionSort( a, arrSize );             //选择排序
22       cout << "排序后: ";
23       showArray( a, arrSize );
24
25       cout << "请输入要查找的数: ";
26       cin >> x;
27       p=binarySearch(a, sizeof(a)/sizeof(a[0]), x);
28       if(p>=0)
29           cout << "已找到，下标为:" << p << endl;
30       else
31           cout << "无此数" << x << endl;
32
33       return 0;
34   }
35
36   void getArray(int a[ ], int n)
37   {
38       srand(time(0));                          //根据系统时间设置随机数种子
39       for(int i=0; i<n; i++)
40           a[i]=rand()%100;                     //产生了 n 个 100 以内的随机数
41   }
42
43   void showArray(int a[ ], int n)              //输出数组的元素
44   {
45       for(int i=0; i<n; i++)
46           cout << setw(5)<< a[i];
47       cout<<endl;
48   }
49
50   void selectionSort(int a[ ], int n)          //选择排序
51   {
52       int i, j, t, minIndex;
53
54       for(i=0; i<n-1; i++)
55       {
56           minIndex=i;
```

```
57              for(j=i+1; j<n; j++)
58                  if(a[j]<a[minIndex])
59                      minIndex=j;
60              if( minIndex != i )
61              {
62                  t=a[minIndex];
63                  a[minIndex]=a[i];
64                  a[i]=t;
65              }
66          }
67      }
68
69      //二分查找函数,在 a 数组中查找 value,numElems 是元素个数
70      int binarySearch(int a[ ], int numElems, int value)
71      {
72          int low=0, mid, hight=numElems-1;
73
74          while (low<=hight)
75          {
76              mid=(low+hight)/2;
77              if( value == a[mid] )                   //查找成功
78                  return mid;
79              else if( value < a[mid] )               //value 位于数组的前一半
80                  hight=mid-1;
81              else
82                  low=mid+1;                          //value 位于数组的后一半
83          }
84
85          return -1;
86      }
```

程序运行结果:

```
排序前:      8     38    29    92    87    96    35    87    2    18
排序后:      2      8    18    29    35    38    87    87   92    96
请输入要查找的数: 87
已找到,下标为 :7
```

程序的第 27 行调用了二分查找函数,格式如下:

```
p = binarySearch(a, sizeof(a)/sizeof(a[0]), x);
```

其中 sizeof(a) 是通过运算符 sizeof 获得数组 a 的大小,以本例为例,数组 a 有 10 个元素,每个元素占 4 个字节,那么 sizeof(a) 将是 40 个字节;sizeof(a[0]) 是获得 a[0] 元素的大小;sizeof(a)/sizeof(a[0]) 就是数组 a 中元素的个数,它实际上就是第 6 行定义的 arrSize。但我们想通过本例介绍如何获得数组元素的个数。

**注意**:二分查找要求数组必须有序,否则只能采用例 4-4 介绍的线性查找。二分查找法的效率非常高,如对一个有 50 000 个元素的数组进行二分查找,最多比较 16 次,因为 $2^{16}$ 等于 65 536,已经大于 50 000。

**【例 4-10】** 求两个集合的交集。代数中两个集合的交集是一个新的集合,这个集合包含了这两个集合的公共元素。例如,有集合 A 和 B:

$$A = \{1, 2, 3, 4, 5, 6, 7, 8, 9, 10\}$$
$$B = \{2, 4, 8, 12, 14, 20, 25, 28, 30, 32\}$$

A 和 B 的交集 A ∩ B={2,4,8}。要求用户输入两个集合的元素,然后计算并输出这两个集合中的公共元素。

```
1   #include  <iostream>
2   using namespace std;
3
4   void getArrays(int [ ], int [ ]);
5   int getinterSetion(int [ ], int [ ], int [ ]);
6   void display(int [ ], int);
7
8   int main(   )
9   {
10      int set1[10],                       //集合1
11          set2[10],                       //集合2
12          interSetion[10],                //交集
13          numIntValues;                   //交集中元素个数
14
15      getArrays(set1, set2);
16      numIntValues = getinterSetion(set1, set2, interSetion);
17      display(interSetion, numIntValues);
18
19      return 0;
20  }
21
22  void getArrays(int first[ ], int second[ ])//输入两个集合
23  {
24      int i;
25
26      cout << "请输入第 1 个集合的元素 :\n";
27      for ( i = 0; i < 10; i++)
28          cin >> first[i];
29
30      cout << "请输入第 2 个集合的元素 :\n";
31      for (i = 0; i < 10; i++)
32          cin >> second[i];
33  }
34
35      //求两个集合的交集
36  int getinterSetion(int first[ ], int second[ ], int interSet[ ])
37  {
38      int  count = 0;
39
40      for (int i = 0; i < 10; i++)
41          for(int j = 0; j < 10; j++)
42              if (first[i] == second[j])
43              {
44                  interSet[count] = first[i];
45                  count++;
46              }
47
48      return count;           // count 既是 interSet 的下标，又是交集中的元素个数
49  }
50
51  void display(int interSet[ ], int num)
52  {
53      if (0 == num)
54          cout << "交集为空 \n";
55      else
56      {
57          cout << "交集为 :";
58          for (int i = 0; i < num; i++)
59              cout << interSet[i] << " ";
60          cout << endl;
```

```
61         }
62  }
```

程序运行结果：

```
请输入第 1 个集合的元素：
3 6 9 13 16 19 23 33 43 99 [Enter]
请输入第 2 个集合的元素：
8 9 33 22 11 77 99 66 56 89 [Enter]
交集为：9 33 99
```

可能读者会对程序第 4 行的以下语句感到奇怪：

```
void getArrays(int [ ], int [ ]);
```

为什么函数的括号中省略了变量名？因为该行是函数的原型说明，即使给出变量名，它的有效范围也是这个括号，写与不写等价，但给出后会比较清楚。

【例 4-11】 将一个 $3 \times 4$ 二维数组 set1 转置为一个 $4 \times 3$ 的二维数组 set2，例如：

$$\text{set1} = \begin{bmatrix} 1 & 2 & 3 & 4 \\ 5 & 6 & 7 & 8 \\ 9 & 0 & 1 & 2 \end{bmatrix} \quad \text{set2} = \begin{bmatrix} 1 & 5 & 9 \\ 2 & 6 & 0 \\ 3 & 7 & 1 \\ 4 & 8 & 2 \end{bmatrix}$$

然后将 set1 与 set2 相乘得到一个 $3 \times 3$ 的矩阵 set3，并输出。

```
1   #include <iostream>
2   #include <iomanip>
3   using namespace std;
4
5   void transpose(int a[ ][4], int b[ ][3]);
6   void display(int [], int);
7   void multiply(int a[ ][4], int b[ ][3], int c[ ][3]);
8
9   int main( )
10  {
11      int set1[3][4]={{1, 2, 3,4}, {5, 6,7,8}, {9,0,1,2}};
12      int set2[4][3],set3[3][3], i, j;
13
14      cout << "矩阵转置前:\n";
15      for (i=0; i<3; i++)             //输出二维数组
16      {
17          for (j=0; j<4; j++)
18              cout << setw(5) << set1[i][j];
19          cout << endl;
20      }
21
22      transpose(set1, set2);          //调用转置函数
23
24      cout << "矩阵转置后:\n";
25      for (i=0; i<4; i++)
26      {
27          for(j=0; j<3; j++)
28              cout << setw(5) << set2[i][j];
29          cout << endl;
30      }
31
32      cout << "矩阵相乘所得:\n";
33      multiply(set1,set2,set3);       //矩阵相乘
34
35      for (i=0; i<3; i++)
```

```
36          {
37              for(j=0; j<3; j++)
38                  cout << setw(5) << set3[i][j];
39              cout << endl;
40          }
41
42      return 0;
43  }
44
45  void transpose(int a[ ][4], int b[ ][3])
46  {
47      int i, j;
48
49      for (i=0; i<3; i++)
50          for (j=0; j<4; j++)
51              b[j][i]=a[i][j];
52  }
53
54  void multiply(int a[ ][4], int b[ ][3], int c[ ][3])
55  {
56      int i, j, k;
57
58      for (i=0; i<3; i++)
59          for (j=0; j<3; j++)
60          {
61              c[i][j]=0;
62              for( k=0 ; k < 4; k++)
63                  c[i][j] += a[i][k] * b[k][j];
64          }
65  }
```

程序运行结果：

```
矩阵转置前:
    1    2    3    4
    5    6    7    8
    9    0    1    2
矩阵转置后:
    1    5    9
    2    6    0
    3    7    1
    4    8    2
矩阵相乘所得:
   30   70   20
   70  174   68
   20   68   86
```

程序的第 22 行进行了函数调用 transpose(set1, set2)，二维数组名 set1 和 set2 做实参，将传递给第 45 行的函数：

```
void transpose(int a[ ][4], int b[ ][3])
```

在第 45 行，对形参数组定义时可以指定每一维的大小，例如可写成：

```
void transpose(int a[3][4], int b[4][3])
```

也可以省略第一维的大小，我们采用的就是这种方法。但不能省略第二维，例如：

```
void transpose(int a[ ][ ], int b[ ][ ])
```

这种写法是非法的。因为从实参传递来的是数组的首地址（见 5.4 节），C、C++ 的数组都是按行存放的，并不区分行和列，如果在形参中不说明列数，则编译系统无法确定数组的行、列数。也不能只指定第一维而省略第二维。例如，以下是错误的写法：

```
void transpose(int a[3][ ], int b[4][ ])
```

**注意**：有些初学者往往将程序第 22 行的函数调用错误地写成：

```
transpose(set1[3][4], set2[4][3]);
```

切记，这是非法的写法。

**思考**：1）本程序令人遗憾之处是有三个地方都是输出矩阵：第 15～20 行、第 25～30 行和第 35～40 行，这三处代码十分相似，如何消除重复？请见 5.3.3 节的通用矩阵输出法。

2）如何将一个 3×3 二维数组转置？可以这样实现：

```
1   void transpose(int a[ ][3])
2   {
3       int i, j,t;
4
5       for (i=0; i<3; i++)
6           for (j=0; j<i; j++)
7           {
8               t=a[j][i];
9               a[j][i]=a[i][j];
10              a[i][j]=t;
11          }
12  }
```

该函数的转置思想是：将 a 数组的左下三角和右上三角内的元素交换。

## 4.5 字符数组与字符串

C++ 提供了前面所讲的字符型常量、字符型变量和字符串常量，但没有提供字符串变量类型。因此，字符串变量不能直接定义和使用，必须通过定义字符型数组或字符型指针来间接实现。

如果数组中的每个元素均为一个字符就称为字符数组，字符数组也分为一维数组和多维数组。前面介绍的数组定义及初始化同样适用于字符数组，但字符数组又有其独特的处理方式，所以我们单独采用一节来分析字符数组。

### 4.5.1 字符数组的定义

字符数组与其他数组定义的格式相同。例如：

```
char    str1[10];           //定义一个一维字符数组 str1
char    str2[3][10];        //定义一个二维字符数组 str2
```

str1 数组包含 10 个数组元素，分别是 str1[0]、str1[1]、…、str1[9]。每个元素都是字符型变量，而 str2 是一个 3×10 的二维数组。

对于 0～255 之内的整数，C++ 将字符型数据与整型数据等同处理，即它们之间是通用的，但两者又是有区别的，例如：

```
char    str[10];
int     array[10];
```

str 的内存空间是 10 个字节，而 array 数组的内存空间是 40 个字节，因为每个 int 类型的变量占 4 个字节。

### 4.5.2 字符数组的初始化

对字符数组初始化，例如：

```
char  name[10]={'s', 't', 'a', 'r', ' ', 'C', 'h', 'i', 'n','a'};
```

将把括号中的 10 个字符常量分别赋给 name[0] ~ name[9] 中的 10 个字符变量。

如果花括号内提供的字符个数大于数组长度，将按语法错误处理。如果初值个数小于数组长度，则把这些字符赋给数组中前面那些元素，其余的数组元素由系统自动赋值为空字符（即 '\0'，ASCII 码值为 0）。如：

```
char  name[10]={'s', 't', 'a', 'r'};
```

name[0]~name[3] 的值依次为 's'、't'、'a' 和 'r'，其余的 6 个数组元素均为 '\0'。

| name | 's' | 't' | 'a' | 'r' | '\0' | '\0' | '\0' | '\0' | '\0' | '\0' |

如果在定义数组时省略了数组长度，系统自动根据初值的个数确定数组的大小，例如：

```
char  name[ ]={'s', 't', 'a', 'r'};
```

数组 name 的长度自动为 4。

定义和初始化二维字符数组与前面类似，例如：

```
char  names[3][6]={ {'P', 'e', 't', 'e', 'r'},  {'J', 'o', 'e','s'},{'T', 'o', 'm'}};
```

该二维数组在内存中的存储如图 4-5 所示。

| names[0] | 'P' | 'e' | 't' | 'e' | 'r' | '\0' |
| names[1] | 'J' | 'o' | 'e' | 's' | '\0' | '\0' |
| names[2] | 'T' | 'o' | 'm' | '\0' | '\0' | '\0' |

图 4-5　二维数组的存储结构

### 4.5.3 字符串

C++ 继承了 C 语言用字符数组处理字符串的方式，例如：

```
char name[10]={"Tom"};
```

数组 name 的前 3 个元素为 'T'、'o'、'm'，从第 4 个元素开始全部为 '\0'。这些 '\0' 是由系统自动加上的，C++ 规定以字符 '\0' 作为字符串的结束标志。

将字符串存储在字符数组中的初始化方法有三种：

```
char name[10]={"Tom"};
```

也可以省略花括号，即如下形式：

```
char name[10]= "Tom";
```

前两种方法都等价于：

```
char name[10]={'T','o','m','\0'};
```

前两种方法更符合我们的习惯。系统依靠检查 '\0' 来判定字符串是否结束，而不是根据数组的长度来决定。例如上述数组 name 的长度即元素个数为 10，但存储于该数组中的字符串 "Tom" 的长度是 3。一般地，若用字符数组存放字符串，则数组的长度应至少比字符串的长度大 1，以用于存储字符串的结束标志 '\0'。字符串有其独特的个性，我们要区别字符数组和字符串。

**注意**：字符数组并不要求它的最后一个字符一定为 '\0'，例如：

```
char name[10]={'T','o','m','&','P','e','t','e','r','!'};
```

此时 name 是字符数组，不能把它当作字符串处理，因为它的尾部没有 '\0'。

**思考**：下面的 name 是字符串吗？

```
char name[ ]={'T','o','m'};
```

### 4.5.4 字符数组的输入和输出

字符数组的输入和输出有两种方式：按数组元素单个处理和按字符串整体处理。

1）按单个字符输入和输出，例如：

```
char   name[10];
for(int i=0; i<10; i++)                        //一次输入一个字符
    cin >> name[i];
for(i=0; i<10; i++)                            //一次输出一个字符
    cout << name[i];
```

需要说明的是：当 cin 遇到空格、跳格、换行符时，将略过而不读取。如果要从输入流中读取这些特殊符号，可采用 cin 的成员函数 get()。

```
for( i=0; i<10; i++)                           //一次输入一个字符
    cin.get( name[i] );
```

2）将字符串作为一个整体输入和输出，例如：

```
char   name[10];
cin >> name ;                                  //从键盘输入字符串给 name
```

通过输入流对象 cin 读取所输入的第一个非空白字符串，其他的字符留在输入缓冲区中。例如，如果用户输入：

        ␣ ␣ ␣ ␣ ␣ ␣ book ␣ ␣ ␣ ␣ ␣ comuter **[Enter]**

将把 book 这四个字符送给 name，并自动追加串结束标志 '\0'。注意，␣ 表示空格。

通过 cin 只能读取一个不包含空白字符的字符串。如果想读取包含空白字符的串，可以通过成员函数 getline 从输入流中读取，见 1.11.6 节。

采用 cout 可以一次性地输出一个字符串，例如：

```
char name[10]={'T','o','m','\0','P','e','t','e','r','\0'};
cout << name ;                                 //输出结果是 Tom
```

将把第一个 '\0' 前的字符作为一个串整体输出，后面的将不理会。

**注意**：1）这种整体输出要求字符数组必须以 '\0' 作为结束标记，否则是错误的。一种常见的错误是：

```
char name[9]={'T','o','m','&','P','e','t','e','r'};
cout << name;
```

输出结果可能是 "Tom&Peter 烫烫烫烫烫烫烫烫 "。原因是：cout 从 name[0] 后面寻找第一个 '\0'，直到找到为止，并把 '\0' 前的所有字符都输出。

2）另外一个常见的错误是将其他数组以字符串的形式输出或输入，例如：

```
int qty[4] = {2, 7, 9, 8};
cout << qty << endl;              // 错误：整型数组只能按元素逐个输出
cin >> qty ;                      // 错误：整型数组只能按元素逐个输入
```

切记：只有字符串才可以进行整体输入和输出，其他数组都必须采用循环按元素逐个输入或输出。

## 4.6 处理字符和字符串

C++ 的字符串处理函数具有强大的串处理功能，在使用时需要包含头文件 cstring。而字符处理函数（实际上是宏）有 9 个，主要用来判断字符，使用前需要包含头文件 cctype。下面介绍一些常用的字符和字符串处理函数的功能和用法。

### 4.6.1 处理字符的宏

宏具有函数的作用，C++ 提供了一些操作字符的宏。例如，isupper(ch) 判断参数 ch 是否为大写字母，如果是返回 true，否则返回 false。例如：

```
char  letter='a';
if( isupper(letter) )
    cout << letter << " is an upper case";
else
    cout << letter << " is not an upper case";
```

因为变量 letter 中存放的是小写字母 'a'，所以 isupper 返回 false。表 4-1 列出了几种字符测试的宏。

表 4-1 处理字符的宏

| 宏  名 | 功能描述 |
| --- | --- |
| isalpha(ch) | 如果参数 ch 是字母，返回 true；否则返回 false |
| isalnum(ch) | 如果参数 ch 是字母或数字，返回 true；否则返回 false |
| isdigit(ch) | 如果参数 ch 是 '0'~'9' 的数字字母，返回 true；否则返回 false |
| islower(ch) | 如果参数 ch 是小写字母，返回 true；否则返回 false |
| isprint(ch) | 如果参数 ch 是可打印字符（包括空格），返回 true；否则返回 false |
| ispunct(ch) | 如果参数 ch 是标点符号，返回 true；否则返回 false |
| isupper(ch) | 如果参数 ch 是大写字母，返回 true；否则返回 false |
| isspace(ch) | 如果参数 ch 是空白字符，返回 true；否则返回 false。其中空白字符包括空格、竖向跳格符 '\v'、换行符 '\n'、跳格符 '\t' |
| tolower(ch) | 如果参数 ch 是字母，则返回其对应的小写字母，否则原样输出，但 ch 的原值并未发生变化 |
| toupper(ch) | 如果参数 ch 是字母，则返回其对应的大写字母，否则原样输出，但 ch 的原值并未发生变化 |

【例 4-12】 假设一个学号由 4 个字符和 4 个数字构成，从键盘输入一个学号，测试并输出它是否合法。

```
1    #include  <iostream>
2    #include  <cctype>
```

```
3    using namespace std;
4
5    bool testNum(char [ ]);
6
7    int main( )
8    {
9        char studentID[10];
10
11       cout << "按 ABCD1234 的形式输入一个学号：";
12       cin.getline(studentID, 9);
13
14       if (testNum(studentID))
15           cout << "合法！ ";
16       else
17           cout << "非法:" << studentID << endl;
18
19       return  0;
20   }
21
22   bool testNum(char sID[ ])
23   {
24       int count;
25
26       //测试前 4 个是否为字母
27       for ( count = 0; count < 4; count++)
28           if (!isalpha(sID[count]))
29               return false;
30
31       //测试后 4 个是否为数字
32       for (count = 4; count < 8; count++)
33           if (!isdigit(sID[count]))
34               return false;
35
36       return true;
37   }
```

程序运行结果：

按 ABCD1234 的形式输入一个学号：Comp0081[**Enter**]
合法！

**思考**：程序第 12 行 cin.getline(studentID,9) 中，为什么是 9 而不是 8？

### 4.6.2 处理 C 风格字符串的函数

由于 C++ 是从 C 发展出来的，它基本上保留了 C 的全部功能，下面介绍一些常用的字符串处理函数的功能及使用方法。

（1）求字符串长度函数

函数原型：int strlen(const char str[ ] ) ;

函数的实参可以是字符数组名，也可以是一个字符串常量。其功能是求字符串的长度，即字符串中 '\0' 之前的字符个数，例如：

```
char s1[ ]="I love China!";
cout << strlen(s1);                              //输出 13
```

函数形参前面的 const 表示不能修改参数 str，这是合情合理的，试想，你要计算 str 串的长度，为什么要修改它的内容呢？系统加上它，是为了避免程序员误修改。后面的函数类似，不再重复。

**思考**：如果 name 数组如下，输出什么？

```
char name[10]={'T','o','m','\0','P','e','t','e','r','\0'};
cout << strlen(name) << sizeof(name) << endl;
```

（2）字符串复制函数之一

函数原型：char * strcpy (char s1[ ], const char s2[ ]);

将字符串 s2 复制到字符数组 s1 中，修改的是 s1，函数返回 s1[0] 的地址，例如：

```
char src[80]={ "I am a student."}, char dst[80];
strcpy(dst, src);                      //将 src 的内容复制给 dst
```

其功能是将 src 中的字符串复制到 dst 中，二者的内容一样。说明如下：

1）字符数组 s1 的长度必须大于等于字符串 s2 的长度。

2）复制时连同字符串后面的 '\0' 一起复制到字符数组 s1 中。

3）对字符串只能用 strcpy 函数复制，不能用赋值语句直接赋值，如下是错误的操作：

```
dst = src ;
```

4）strcpy 无边界检查功能，如果 s1 数组较小，不够容纳 s2 字符串，执行该函数后，将会使 s1 溢出，可能会破坏其他变量。

（3）字符串复制函数之二

函数原型：char * strncpy(char s1[ ], const char s2 [ ], int len);

将字符串 s2 的前 len 个字符复制到字符数组 s1 的前 len 个空间中。如果 s2 的长度小于 len，则把字符串 s2 全部复制到 s1 中，例如：

```
char src[80]={ "I am a student."},dst[80];
strncpy(dst, src,10);                  //将 src 的前 10 个字符复制给 dst
dst[10]='\0';                          //给 dst 加字符串结束标记
cout << dst << endl;                   //输出：I am a stu
```

（4）字符串连接函数

函数原型：char * strcat (char s1[ ], const char s2[ ]);

将字符串 s2 连接到 s1 串的尾部，修改的是 s1，函数返回 s1[0] 的地址，例如：

```
char s1[20]= "You", s2[20]= " & Me";
strcat(s1, s2);
```

则 s1 字符串为 "You & Me"，而 s2 没有变化。

**注意**：如果 s1 的空间比较小，不能够容纳两个字符串，执行该函数将会使 s1 溢出。

（5）字符串比较函数之一

函数原型：int strcmp (const char s1[ ], const char s2[ ]);

函数的功能是比较两个字符串的大小，即按从左到右的顺序逐个比较对应字符的 ASCII 码值。若 s1 大于 s2，返回整数 1；若 s1 小于 s2，返回整数 -1；若 s1 等于 s2，返回整数 0。例如：

```
char s1[10]="You", s2[20]="Me";
cout<<strcmp(s1,s2)<<endl;             //输出结果为 1
cout<<strcmp(s2,s1)<<endl;             //输出结果为 -1
cout<<strcmp(s1,"You")<<endl;          //输出结果为 0
```

（6）字符串比较函数之二

函数原型：int strncmp(const char s1[ ], const char s2[ ], int len);

比较两个字符串中的前 len 个字符。若字符串 s1 或字符串 s2 的长度小于 len，该函数的功能与 strcmp( ) 相同。当两个字符串的长度均大于 len 时，len 为最多要比较的字符个数，例如：

```
char s1[10]="China", s2[20]="Chinese";
cout<<strncmp(s1,s2,5)<<endl;                  //输出结果为 -1
```

因为两个字符串的前 4 个字符相同，第 5 个字符 'a'<'e'，所以输出 -1。

（7）大写字母变成小写字母函数

函数原型：char * strlwr(char s[ ]);

将字符数组 s 中的所有大写字母都变成小写字母，其他字母保持不变，例如：

```
char s[20]="You & Me & 789";
cout << strlwr(s)<< endl;                       //输出 you & me & 789
```

**注意**：数组 s 中的字母已经被修改了，函数返回的是 s[0] 元素的地址。

（8）小写字母变成大写字母函数

函数原型：char * strupr(char s[ ]);

将字符数组中的所有小写字母都变成大写字母，其他字母保持不变。

**思考**：strlwr 和 strupr 函数的形参前为什么没有 const？

（9）查找子串的函数

函数原型：char * strstr(const char s1[ ], const char s2 [ ]);

如果字符串 s1 包含要查找的子串 s2，则返回 s2 在 s1 中第一次出现的位置（地址），否则返回 NULL，例如：

```
char str[80]="I love China & you !", substr[ ]="in";
cout<<strstr(str,substr)<<endl;                 //输出结果为 ina & you !
```

strstr(str,substr) 函数返回的是"in"字符串在 str 中首次出现的位置，cout 输出从该位置开始的字符串。

（10）字符串转换为整数的函数

函数原型：int atoi(const char str[ ]);

将字符串 str 转换成一个整数值。如果成功则返回相应的数值，失败则返回 0。例如：

```
char s1[80]="789123",
s2[80]="789X123",
s3[80]="X123";
int i=atoi(s1), j=atoi(s2), k=atoi(s3);
```

则 i、j、k 的值分别为 789123、789 和 0。

该函数仅仅处理整数，使用前要包含头文件 cstdlib。与该函数类似的还有 atof 和 atol，它们分别处理浮点数和长整数。

（11）整数转换为字符串的函数

函数原型：char *itoa(int value, char str[ ], int radix);

将整数 value 转换为与其等价的字符串，其中 value 代表要转化的数值，str 存储转换后的字符串，radix 代表转换时采用的进制，如 10 表示按十进制转换。函数返回值类型是 char *，它代表了 str[0] 单元的内存地址。例如：

```
int n = 123;
char s1[20], s2[20];
itoa(n, s1, 3);                //s1 中存储的是三进制表示的串 "11120"
itoa(n, s2, 10);               //s2 中存储的是十进制表示的串 "123"
```

需要说明的是，有些编译器不支持 itoa 函数，程序员必须自己写。

我们仅介绍了一些常用的字符串处理库函数，读者可按自己的需要查阅库函数大全。上述 11 个函数都比较简单，我们也可以不采用它们，而完全自己写相应的函数。

### 4.6.3 自定义字符串处理函数

我们可以根据需要，自己编写处理字符串的函数，下面通过举例说明。

【例 4-13】 如果你对库函数 strstr 不理解，我们自己编写一个查找子串的函数。

函数原型：int myStrFind(const char s1[ ], const char s2 [ ]);

功能要求：如果串 s1 包含要查找的子串 s2，则返回 s2 在 s1 中第一次出现的下标，否则返回 –1。

```
1     #include <iostream>
2     using namespace std;
3
4     int  myStrFind(const char s1[ ],const char s2[ ]);
5
6     int main( )
7     {
8         char str[ ]="I love China", substr[ ]="in";
9         int x;
10
11        x = myStrFind(str,substr);
12        if( -1 == x )
13            cout<< substr << " 不在 " << str << " 出现" << endl;
14        else
15            cout << " 位置是: "<< x << endl;
16
17        return  0;
18    }
19
20    int  myStrFind(const char s1[ ],const char s2[ ])
21    {
22        int i, j, k;
23
24        for(i=0;i<=strlen(s1)-strlen(s2);i++)
25        {
26          for(k=i,j=0;(s1[k]==s2[j])&&(s2[j]!='\0');k++,j++)
27              ;
28          if(s2[j]=='\0')
29              return i;
30        }
31
32        return  -1;
33    }
```

程序运行结果：

位置是：9

程序的第 26 ~ 27 行完成了内部匹配查找子串，遇到 s2 串的结束标记 '\0' 就意味着查找成功，并返回子串在长串中的位置（下标）。读者可以将 myStrFind 函数作为一个库函数调用。

**【例 4-14】** 统计子串 substr 在长串 str 中出现的次数。

对 myStrFind 略加修改，即可改成统计子串 substr 在长串 str 中出现的次数。

```
1   int countTimes(char str[ ], char substr[ ])
2   {
3       int i, j, k, n=0;                        //n 用于统计子串在主串中出现的次数
4
5       for(i=0; str[i]!='\0'; i++)
6       {
7           for(j=i, k=0; str[j]!='\0' && substr[k]==str[j]; j++, k++)
8               ;
9           if(substr[k]=='\0')
10              n++;                             //出现一次计数器加 1
11      }
12
13      return n;
14  }
```

该程序与例 4-13 类似，其主函数不再给出。

**【例 4-15】** 输入一行字符，统计其中的单词个数，单词之间用空格隔开。

**分析**：顺序扫描数组，若当前字符是非空格，且其前一个字符是空格，则单词数加 1。

```
1   #include <iostream>
2   using namespace std;
3
4   int countWords(char str[ ]);
5
6   int main( )
7   {
8       char str[100];
9
10      cout << "请输入一行字符，我帮你统计单词的个数：";
11      cin.getline(str,100);
12      cout << countWords(str) << "个单词！" << endl;
13
14      return  0;
15  }
16
17  int countWords(char str[ ])
18  {
19      int i, num=0;
20      char ch=' ';                             //存放前一字符
21
22      for (i=num=0; str[i]!='\0'; i++ )
23      {
24          if ( ch==' ' && str[i]!=' ')
25              num++;                           //单词数加 1
26          ch=str[i];
27      }
28
29      return num;
30  }
```

程序运行结果：

请输入一行字符，我帮你统计单词的个数：I am a student**[Enter]**
4 个单词！

程序第 11 行从键盘读取一行字符；第 24 行判断 ch 中存储的前一个字符是否为空格并

且当前字符 str[i] 是否为非空格,如果满足这两个条件,则单词数加 1;第 26 行将当前字符 str[i] 送给了变量 ch,作为下一次的前一个字符。

## 思考与练习

1. 写一个程序,要求用户输入 10 个数据到数组中,然后将数组中的最大值和最小值显示出来,同时显示其下标。
2. 编写一个函数,用数组形参来接收字符串。这个函数将字符串中所有单词的第一个字母转化为大写,如果字母已经是大写则保留。让用户输入一个字符串,然后将字符串作为参数传递给一个子函数,最后将变换后的最终结果显示在屏幕上。
3. 为一个公司编写一个程序,用于处理该公司的 6 个部门在某年 4 个季度的销售数据。数据保存在一个二维数组中。程序将输出每个季度的以下信息:
   1) 对整个部门的销售数据在屏幕上列表显示;
   2) 每个部门与上季度比较是增长还是下降;
   3) 公司的销售总量;
   4) 公司的整个数据与上季度比较,是增长还是减少;
   5) 每个部门在本季度的平均销售情况;
   6) 给出每个季度中销售情况最好的部门。
   
   编写函数实现以上统计数据的计算。注意:销售数据不能为负数。
4. 编写程序,让用户输入一个账号,检验该账号是否出现在下面的列表中。如果属于下面列表中的账号,则输出合法信息,否则输出非法信息。采用线性查找方法实现该程序。

   ```
   5658845  4520125  7895122  8777541  8451277  1302850  8080152  4562555  5552012
   5050552  7825877  1250255  1005231  6545231  3852085  7576651  7881200  4581002
   ```

5. 采用二分查找的方法实现第 4 题所述程序。先用选择法将数组进行排序,然后采用二分查找算法检验输入账号的合法性。
6. 寻找二维数组中的鞍点,即该位置上的元素是所在行上最大的元素,同时是所在列上最小的元素。一个二维数组也可能没有鞍点。
7. 编写一个函数求一个 4×4 二维数组中周边元素的和。
8. 编写一个函数求二维数组的两条对角线元素之和。在主函数中调用该函数求一个二维数组的两条对角线元素之和。
9. 编写一个程序,判定一个字符串是否为另一个字符串的子串,若是,返回子串在主串中的位置。要求不使用 strstr 函数,自己编写一个子函数实现。
10. 有两个一维数组 a 和 b (元素个数不超过 100 个) 中的元素已按升序排列,编写一个函数将这两个数组中的元素合并到另外一个数组 c 中,其中元素仍然按升序排列。

# 第 5 章 指 针

指针是 C++ 中非常重要的一种数据类型，其应用方式灵活多变，通过指针可以对各种类型的数据进行快速操作。有些数据结构通过指针可以很容易地实现，而用其他方法却比较复杂。指针是 C 和 C++ 中十分重要的一个角色，但同时指针也是最容易令人困惑并导致程序出错的原因之一，我们将在本章学习指针的概念及指针在程序设计中的应用。

## 5.1 指针的概念

C++ 编译系统在编译时会为不同类型的数据元素分配大小不同的内存空间，如对 int 和 double 类型的变量分别分配 4 个字节和 8 个字节的内存空间。计算机内存单元是以字节为存储单位，每个字节的存储单元都有一个唯一的编号称为地址。变量的地址是指该变量所占存储区域的第一个字节的地址。在 C 和 C++ 中，地址也称为指针，数据是存放在内存单元中的内容。

计算机系统就是通过存放数据的第一个内存单元的地址对数据进行访问的。存放某个数据的第一个单元的地址称为该数据的首地址。假设有如下两个变量：

```
int     num=123;
char    ch='A';
```

图 5-1 描述了这些变量在内存中的存储和它们的地址。

在图 5-1 中，变量 num 的地址是 1000，其内存中的值是 123，占据了连续 4 个字节的内存空间。变量 ch 的地址是 1004，仅占 1 个字节，其值是 'A' 的 ASCII 码 65。

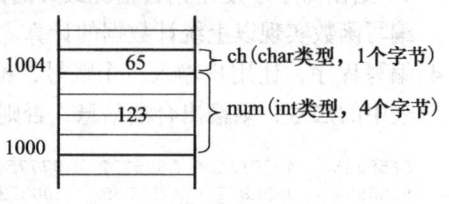

图 5-1 变量的存储与分配

**注意**：上述地址 1000 是假设的，通过图 5-1 可以看出变量的地址、内存空间和值这三个要素之间的区别与联系。此外，内存的每个字节有唯一的地址。一个变量的地址是分配给这个变量的首字节地址，如 num 变量有 4 个字节的单元，那么每个单元都有一个地址，但 C 和 C++ 规定，num 的地址就是第一个字节的地址。

通过地址 1000 就能找到变量 num 在内存中的内存单元，从而对变量 num 进行访问。地址 1000 就称为变量 num 的指针。

## 5.2 指针变量

存放指针或者说地址的变量就是指针变量。指针变量是一种特殊的变量，一般变量的内存单元中存放的是数据，而指针变量的内存单元中存放的是地址。

### 5.2.1 定义指针变量

指针变量如同其他变量一样，要遵循先定义后使用的原则。定义格式为：

```
<类型说明符>    * <指针变量名>;
```

例如：

```
Int *pInt ;              // pInt 为指向 int 类型变量的指针变量
Char *pChar ;            // pChar 为指向 char 类型变量的指针变量
```

1）一个指针变量只能指向同一类型的变量，如整型指针变量 pInt 只能指向整型变量。

2）C++ 规定，有效数据的指针不指向内存的 0 号单元。如果指针变量值为 0（即 NULL），表示空指针，不指向任何变量。

3）不要把地址值与整型数值相混淆。例如，地址 1000 与整数 1000 是两个不同的概念，这就像门牌号 20 与货币 20 元一样，完全是两个不同的概念。

指针是一种特殊的数据类型，无论是何种类型的指针都占 4 个字节的内存空间，因为指针是地址，每个地址都一样大，例如：

```
Int *pInt ;
Char *pChar ;
Double *pDouble ;
Float *pFloat ;
cout << sizeof(pInt)<<"\t"<< sizeof(pChar)<<"\t"
     << sizeof(pDouble)<< "\t"<< sizeof(pFloat);
```

则输出的全是 4，因为每个指针变量都是 4 个字节大小。

## 5.2.2 运算符 & 和 *

& 和 * 是指针操作中常用的两个运算符。

### 1. &（取内存变量地址的运算符）

当该运算符放在变量名前时，就构成了一个表达式，其结果是该变量的地址，例如：

```
char  *pChar, ch='A';    // pChar 为指向 char 类型变量的指针
pChar = &ch ;            // 将变量 ch 的地址值赋给指针变量 pChar
```

此时这两个变量在内存中的分布状况如图 5-2 所示。

图 5-2 假设变量 ch 的地址是 2000，其值是 'A'；同时假设变量 pChar 的地址是 1000，它的内存空间中存放的是变量 ch 的地址 2000。记住：指针变量只能存放一种值，即地址。

如果一个指针变量存放了某个对象的地址，则称这个指针变量就指向了该对象。在上例中，pChar 指针就指向了 ch 变量。

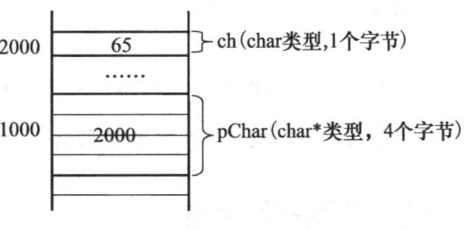

图 5-2 指针变量与其指向的变量

在 C++ 程序设计中，只有明确了指针的指向才有意义，否则是十分危险的指针。

### 2. *（通过指针间接访问所指变量的运算符）

符号 * 也称为间接引用运算符。当符号 * 作用于指针变量时，就构成了指针表达式，其运算结果为该指针所指的变量，例如：

```
char  *pChar, ch1='A', ch2 ;
pChar = &ch1;
ch2 = *pChar;            // 将 pChar 指向的变量 ch1 的值取出，赋给变量 ch2
                         // 此时 *pChar 放在赋值号的右边，做右值，代表一个值
*pChar = 'B' ;           // 将 'B' 赋给指针变量 pChar 所指向的变量 ch1
                         // 此时 *pChar 放在赋值号的左边，做左值，代表变量 ch1
```

直接使用变量名来访问变量称为直接访问，例如，ch1='A'，直接引用变量 ch1。

通过指针来访问它所指向的变量称为间接访问。在上例中，已知 pChar 指向 ch1，然后执行 *pChar='B'，实际上是将 'B' 赋给变量 ch1。C++ 在内部是先取得变量 pChar 的值，它是变量 ch1 的地址，然后通过该地址访问 ch1。记住如下规则：

如果有：

```
char   *pChar, ch='A';
pChar = &ch ;
```

则 *pChar 等价于 ch，而 pChar 等价于 &ch。

指针变量可以初始化，例如：

```
char   ch='A', *pChar = &ch ;
```

表示采用字符变量 ch 的地址初始化 pChar 指针。

任何类型的指针都可以赋 0 值（NULL），称为空指针，表示当前指针不指向任何一个内存空间，而不是指向内存地址为 0 的存储单元，例如：

```
pChar = NULL ;
```

**注意**：在 C++ 中 " * " 的含义随其所作用的对象及其位置的不同而不同，到目前为止，学习过该符号的三种含义：

```
int num=16,*pInt=&num;    // 符号 * 用于变量定义前, 表示 pInt 是指针变量
*pInt =123;               // 符号 * 表示间接引用 pInt 所指向的变量 num
num *= 123;               // 符号 * 表示乘法运算
```

**思考**：假设有如下程序段：

```
int x = 20 ,*ptr=&x;
*ptr = 100;
cout << x << "\t" << *ptr << endl;
cout << x << "\t" << &x << "\t"<< ptr << "\t"<< &ptr << endl;
```

并且输出结果如下：

```
100      100
100      0012FF7C    0012FF7C    0012FF78
```

为什么？提示：C++ 中地址的标准显示形式是十六进制。

### 5.2.3  引用指针变量

指针变量经常被大家称为指针，它用来存放另外一个变量的内存地址（但要对指针和指针变量进行区别，在不同的场合，"指针"可用来代表"地址"或存放地址的"指针变量"）。通过指针可以对相关变量中的数据进行操作，表现为：

1）可以访问那些通过正常渠道不允许访问的变量的内存空间。
2）可以方便地处理字符串和数组。
3）程序运行期间，在内存中创建新的变量和任意大小的数组。

这些特性在 5.6 节讲述。此外，要注意赋值的兼容性，只有同类型的指针变量才能相互赋值。例如，如下程序段交换两个指针的指向。

```
1    int  x = 30 , y = 90;
```

```
2    int    *p1=&x , *p2 = &y, *t;
3
4    cout << *p1 << "\t" << *p2 << endl;
5    t = p1;
6    p1 = p2;
7    p2 = t;
8    cout << *p1 << "\t" << *p2 << endl;
9    cout << x << "\t" << y << endl;
```

输出结果：

```
30      90
90      30
30      90
```

程序段第 2 行，初始化指针 p1 和 p2 使它们分别指向 x 和 y。第 5～7 行交换它们的指向，此时 p1 和 p2 分别指向 y 和 x，如图 5-3 所示。

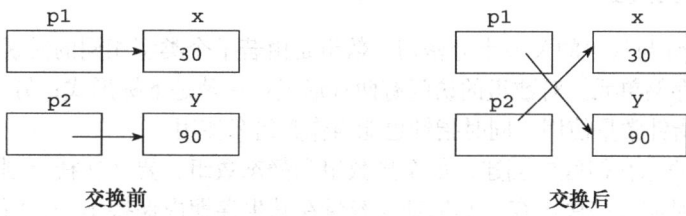

图 5-3  交换指针的指向

如果修改上述程序段，改成如下形式：

```
1    int    x = 30 , y = 90;
2    int    *p1 = &x , *p2 = &y, t;
3
4    cout << *p1 << "\t" << *p2 << endl;
5    t = *p1;
6    *p1 = *p2;
7    *p2 = t;
8    cout << *p1 << "\t" << *p2 << endl;
9    cout << x << "\t" << y << endl;
```

输出结果：

```
30      90
90      30
90      30
```

程序段第 2 行让指针 p1 和 p2 分别指向 x 和 y，在第 5～7 行通过间接访问方式，交换了它们所指向的内容，指针的指向虽然没有变，但它们所指元素中的内容发生了变化。通过偷梁换柱，达到了"狸猫换太子"的目的，如图 5-4 所示。

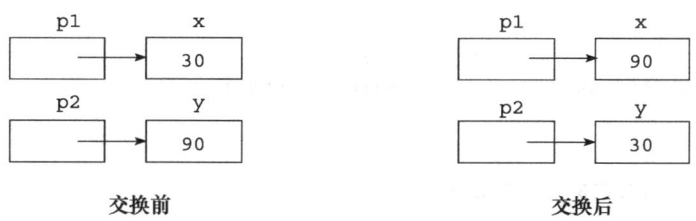

图 5-4  交换指针所指的变量中的值

**思考**：如果将上述程序段中的第 6 行改写为如下形式，还知道结果吗？

```
6    p1 = p2;              // 去掉两边的星号
```

必须谨慎使用指针，使用不当会出现灾难性的后果。例如，局部指针变量在定义时是不赋初值 NULL 的，这样的指针变量中有一个随机数，即指针指向一个无意义的地址，或指向一个非常重要的数据的地址。如果不小心对所指的内存进行了处理，那么将是灾难性的。同样对指针变量任意赋一个内存地址的结果都可能是灾难性的，例如：

```
int *p1 = (int *)2000;
```

指针变量 p1 指向内存编号为 2000 的空间，但却不知道该空间中存放的是什么，这在程序中是非常危险的。只能赋给指针一个与其基本类型相同的变量的地址。

## 5.3 指针与数组

在 C++ 中指针与数组的关系十分密切。数组是由若干个类型相同的元素组成，在内存中占据一片连续的存储单元。对数组的访问有两种形式：一种是下标形式；另一种是指针形式。数组名可以作为指针常量使用，同时指针也能当作数组名使用。

数组要么在静态存储区中创建，如全局数组和静态数组，要么在栈上创建，如一般的局部数组。数组名对应着一块内存，其地址与容量在其生存期内保持不变，而数组的内容可以改变。指针可以指向任意类型的内存块，它的特征是"可变"。指针比数组灵活，但也更容易出错。

### 5.3.1 指向数组元素的指针

C++ 中的数组名实际上代表了该数组的开始地址，这就意味着数组名是一个指针常量。假设有如下定义：

```
int  a[10];
```

则 a 数组在内存中存放如图 5-5 所示。

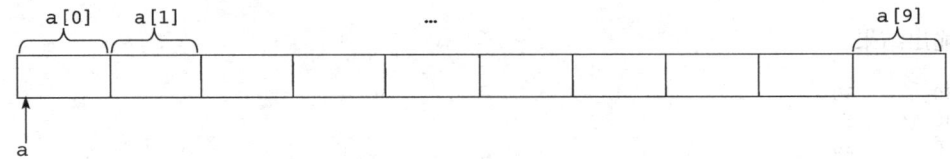

图 5-5  数组名与指针

a 数组的 10 个元素在内存中连续存放，数组名 a 的值是该存储区的首地址，即 a[0] 元素的地址，它是一个地址常量，其类型是 int *，例如：

```
int  a[10], *p;
p = &a[0];                  // 等价于 p=a;
cout << p << "\t" << a << "\t" << &a[0] << endl;
```

输出结果：

```
0012FF58    0012FF58    0012FF58
```

地址的标准输出格式是十六进制，上述程序段输出了 3 个地址值。

p 是 a[0] 元素的起始地址,即 p 与 &a[0] 等价,同时由于 a 与 &a[0] 等价,针对本例可以得出:p、a 与 &a[0] 三者等价。

假定 a[0] 元素的地址是 1000,由于每个整型元素占 4 个字节,则 a[1] 的地址值是 1004,其他元素依此类推。

**注意**:数组名是常量,仅仅代表指向首元素的指针,不能让它指向其他任何地址。

**思考**:下面的程序段涉及指针与数组,会出现什么错误?

```
1    char str[ ] = "hello";
2    str[0] = 'X';                  // 数组的内容可变,此处没有错
3    cout << str << endl;
4    char *p = "world";             // p 指向一个字符串常量
5    p[0] = 'W';                    // 编译器查不出该错误
6    cout << p << endl;
```

一旦运行上述程序将出错,因为字符串常量的内容是不可以被修改的。从语法上看,p[0]='W' 是正确的,但该语句企图修改字符串常量的内容,而导致运行错误。

### 5.3.2 指针的运算

指向数组元素的指针可进行一定的加、减和比较运算。

#### 1. 指针 ± 整数值

如果 p 是指向数组元素 a[i] 的指针,n 是正整数,p+n 是指向 a[i] 后面第 n 个元素的指针;p−n 是指向 a[i] 前面第 n 个元素的指针。p±n 的实际值是 "p 的值 ±n×size",size 是单个数组元素的字节数。若 p 指向一个 int 型数组,则 size 等于 4;若 p 是 char 型指针,则 size 等于 1;若 p 是 double 型指针,则 size 等于 8,依此类推,例如:

```
int  a[10], *p1, *p2;
p1 = &a[2];
p2 = p1 + 3;
```

则 a 数组及 p1、p2 指针在内存中布局如图 5-6 所示。

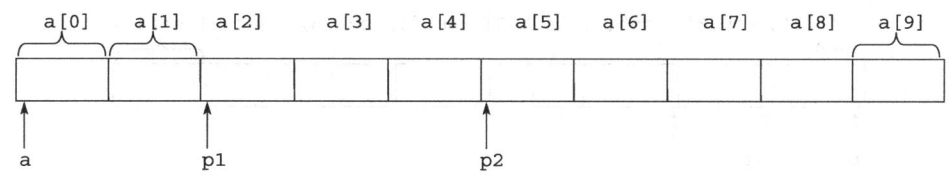

图 5-6 指针加上一个整数

"指针 ± 整数值"的一个变形是 ++ 和 -- 运算符用于指针。例如,p1++ 或 ++p1 等价于 p1=p1+1,实际上是将指针 p1 向高地址移动一个元素。但 "++" 此类的表达式容易出错,例如:

```
int  m = *p1++ , n = *++p2;
```

由于后置 "++" 的优先级高于 "*",所以表达式 m=*p1++ 等价于 m=*(p1++),即 m 取值为 *p1,然后 p1 加 1 指向下一个元素。

表达式 n=*++p2 是让 p2 加 1 指向下一个元素,然后 n 取 *p2 为值。

【例 5-1】 通过指针使一个数组逆序存放。

```
1    #include <iostream>
2    #include <iomanip>
3    using namespace std;
4
5    int  main( )
6    {
7        int   set[ ] = {10, 20, 30, 40, 50, 60, 70, 80};
8        int   *p1,*p2, t, i, length ;
9
10       length = sizeof(set)/sizeof(set[0]);    // 获得元素的个数
11       p1 = set;                                // 指向 set[0] 元素
12       p2= set + length -1;                     // 指向最后一个元素
13
14       for(  i=0; i< length / 2; i++)
15       {
16           t=*p1;  *p1=*p2;   *p2=t;            // 交换 p1 和 p2 所指内容
17           p1++;                                 // p1 向前移动
18           --p2;                                 // p2 后退
19       }
20
21       for( i = 0; i < length; i++)
22           cout << set[i] << "\t";
23       cout << endl;
24
25       return 0;
26   }
```

程序运行结果：

80      70      60      50      40      30      20      10

通过指针可以改变对数组元素的访问方式，假设有如下定义：

int set[8] = {10, 20, 30, 40, 50, 60, 70, 80}, *p = set ;

在学习指针之前，通过下标访问某个元素一般采用 set[i] 的形式，编译器内部实际上将其处理成 *(set+i)，set+i 是指向 set[i] 元素的指针，如图 5-7 所示。如果在程序中书写 p[i]，也会将其处理成 *(p+i)。如果想访问数组中的第 i 个元素，可写成 *(p+i) 或 p[i]。

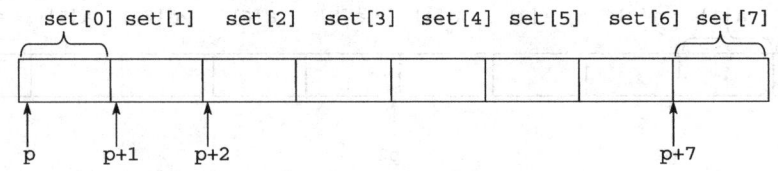

图 5-7  指针加上一个整数

注意 p 和 set 的数据类型都是 int * 型。但它们所不同的是：p 是指针变量，而数组名 set 是指针常量，不能改变其值，所以 p++ 合法，set++ 非法。

**思考**：有如下程序段，输出结果是什么？

int set[ ] = {10, 20, 30, 40, 50, 60, 70, 80,90,100}, *p = &set[3];
cout << p[0] << set[0] << *(p+3) << *(set+3) ;

### 2. 指针相减

如果有两个同类型的指针，且指向与它们类型相同的同一个数组，则这两个指针可以相减，其结果为它们所指向地址之间相差数据元素的个数，例如：

```
int *p1 ,*p2 , n , a[ ]={2,4,6,8,10};
p1 = &a[1];
p2 = &a[4];
n = p2 - p1 ;              // n 的值为 3
n = p1 - p2 ;              // n 的值为 -3
```

假设 a 数组的起始地址是 1000，则 p2 的值是 1016，p1 的值是 1004。指针相减是二者相差的元素个数，计算如下：

```
元素个数 = (p2 地址值 - p1 地址值) / sizeof ( a[0] )
```

**注意**：两个指针相加没有意义。如果有：

```
int a[ ]={2,4,6,8,10}, *p1 = &a[0],*p2 = &a[4], *p3;
```

让 p3 指向数组中间的一个元素，应写成 p3=p1+(p2–p1)/2，而不要写成 p3=(p1+p2)/2。

**3. 指针比较**

C++ 的关系运算符也可以比较指针的值，指向同一个数组的两个指针可进行的比较有：==、!=、<、<=、> 和 >=。比较运算实际上是直接比较两个地址值，运算结果为 true 或 false。对于 "=="运算符，如果结果为 true，则表示这两个指针指向同一个变量，否则代表指向不同的变量。

例如，改写例 5-1，采用指针比较作为循环条件，只需要将原来程序的第 14 行：

```
for( i=0; i<  length / 2; i++)
```

改写如下即可：

```
for(  ; p1 < p2 ;  )
```

**知识点**：如果有 "char a[10], *pa = a;"，则 a[0]、*a、*pa、pa[0] 是同一的；a[2]、*(a+2)、*(pa+2)、pa[2] 是同一的；a+i 和 pa+i 都指向 a[i]；但 a = a + i 非法，而 pa = pa+i 合法。

## 5.3.3 二维数组与指针

假设有如下数组定义，则数组的逻辑存储结构如图 5-8 所示。

```
int a[3][4]
```

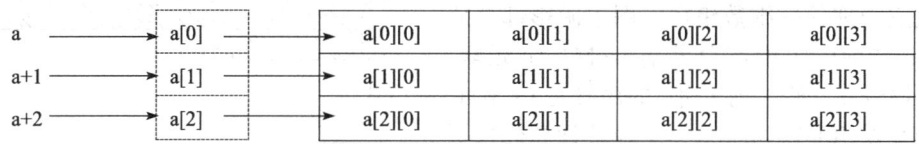

图 5-8 二维数组的逻辑结构

可以这样理解二维数组，每一行是一个含有 4 个整型元素的一维数组。该一维数组是一个 "大元素"，分别是 a[0]、a[1] 和 a[2]，二维数组是由这些 "大元素"构成的一维数组，就是说二维数组是一维数组的一维数组。二维数组名 a 是指向这些 "大元素"的指针。a 指向 a[0]，a+1 指向 a[1]，a+2 指向 a[2]。

另一方面，a[0] 又是第一个大元素的名字，即第一个一维数组的名字，所以 a[0] 是指向元素 a[0][0] 的指针。依此类推，a[1] 是指向元素 a[1][0] 的指针，a[2] 是指向元素 a[2][0] 的指针。同时，也可以推出另外一点，a[0]+1 是指向元素 a[0][1] 的指针。

注意，图 5-8 的虚线框代表这是一个逻辑上存在，但实际上不存在的数组。

**1. 行指针和元素指针**

a 是指向一行元素的指针，即指向 a[0] 这一行，该行由 a[0][0]、…、a[0][3] 四个元素构成，a+1 是指向下一行元素的指针。那么，a+i 是指向第 i 行的行指针；而 a[i] 是指向第 i 行（从第 0 行开始）一维数组起始元素的指针，即指向元素 a[i][0]，其类型是 int *。

5.3.2 节讲过，*(a+i) 等价于 a[i]，这一点在二维数组中仍然成立。那么二维数组中的 a[i] 是指向元素 a[i][0] 的指针，其类型是 int *。

**注意**：在二维数组中，a 和 a+1 都是指向一行元素的指针，称为行指针。而 *a、*(a+1) 分别等价于 a[0] 和 a[1]，是分别指向 a[0][0] 和 a[1][0] 元素的指针，称为元素指针。

**2. 二维数组元素 a[i][j] 的表示**

既然 a[i] 是指向元素 a[i][0] 的指针，其值是 &a[i][0]；a[i]+j 是指向元素 a[i][j] 的指针，其值是 &a[i][j]，那么元素 a[i][j] 的地址可表示为：&a[i][j]、a[i]+j 和 *(a+i)+j。既然如此，那么其元素可以顺理成章地表示为：a[i][j]、*(a[i]+j)、*(*(a+i)+j) 和 (*(a+i))[j]。

二维数组在内存中是按行连续存放的，因此可以通过元素指针逐个扫描二维数组全体元素。例如，输出一个 2×3 二维数组的每个元素地址和元素值：

```
int a[2][3]={10, 20, 30, 40, 50, 60}, *p ;
for( p = a[0]; p < a[0] + 6; p++ )
    cout << setw(5) << p << setw(5) << *p << endl;
```

输出结果：

```
0012FF68    10
0012FF6C    20
0012FF70    30
0012FF74    40
0012FF78    50
0012FF7C    60
```

从元素的地址可以发现，这 6 个元素的存放与一维数组一样，都是连续存放的。由此，可以得出一个推论：已知一个 N×M 的二维数组 a[N][M]，如何计算 a[i][j] 存放在物理一维数组的第几个位置呢？如图 5-9 所示，二维数组按行存放成物理的一维数组后，图中阴影部分放在 a[i][j] 之前。阴影部分共有 i×M+j 个元素。由于从序号 0 开始，则 a[i][j] 的序号是 i×M+j，其地址是 &a[0][0]+i×M+j，从地址计算公式可以看出，元素 a[i][j] 的地址只与二维数组的首地址、i、j 和列数 M 有关，而与行数 N 无关，所以当使用二维数组名做函数参数时，形参的书写形式为 int b[ ][M]（或 int(*b)[M]），行数可以省略，但列数 M 不可以省略。

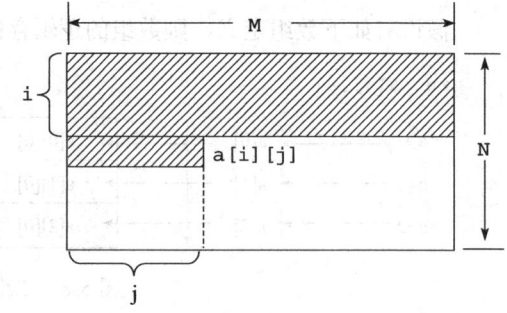

图 5-9 二维数组元素 a[i][j] 的存放位置

**3. 行指针变量**

针对一维数组，如果有如下定义：

```
int b[10], *pb = b ;
```

则 pb 与 b、*pb 与 *b、pb+1 与 b+1、*(pb+1) 与 *(b+1) 分别等价。二维数组与行指针变量具

有等价性，例如：

```
int a[3][4], (*p)[4];
```

其中 p 是行指针，其类型是 int(*)[4]，可以对 p 赋值：

```
p = a;
```

则相互等价的有：

1）p 与 a 都是 a[0] 这个大元素的地址。
2）*p 与 *a 都是 a[0]，代表了 a[0][0] 这个小元素的地址。
3）p+1 与 a+1 都是 a[1] 这个大元素的地址。
4）*(p+1) 与 *(a+1) 都是 a[1]，代表了 a[1][0] 元素的地址。

同样可以赋值 p=a+2，此时 p 指向数组 a 的第 2 行（从第 0 行开始）。另外要注意，数组名 a 是指针常量，而 p 是指针变量。

经过如上分析，若有 p=a，则通过 p 可以用 4 种方法访问 a 数组元素 a[i][j]，分别是 p[i][j]、*(p[i]+j)、*(*(p+i)+j) 和 (*(p+i))[j]。同理可以有三种方法得到 a[i][j] 的地址，它们是 &p[i][j]、p[i]+j 和 *(p+i)+j。

【例 5-2】 输出二维数组的地址。

```
1    #include <iostream>
2    using namespace std;
3
4    int main( )
5    {
6        int a[3][4]={{1,2,3,4},{5,6,7,8},{9,10,11,12} };
7
8        cout << a <<"\t"<< a[0] <<"\t"<< *(a+0) <<"\t"<< &a   << endl;
9        cout << a+1 <<"\t"<< a[1] <<"\t"<< *(a+1) <<"\t"<< &a[1]  << endl;
10       cout << a[1]+2 <<"\t"<< *(a+1)+2 <<"\t"<< &a[1][2] <<"\t"<< endl;
11
12       return 0;
13   }
```

输出结果（很可能与你的计算机运行结果不一样）：

```
0012FF50    0012FF50    0012FF50    0012FF50
0012FF60    0012FF60    0012FF60    0012FF60
0012FF68    0012FF68    0012FF68
```

**思考**：上述程序的第 8 行，*a、a 和 &a，它们的含义不一样，但结果一样，为什么？含义不同，即 *a 是 a[0][0] 的地址，a 是 a[0] 大元素的地址，&a 是整个数组 a 的地址。但输出值相同的原因：无论一个元素包括多少个字节，其地址都是首元素的地址。

【例 5-3】 通过行指针变量访问二维数组元素。

```
1    #include <iostream>
2    #include <iomanip>
3    using namespace std;
4
5    int main( )
6    {
7        int a[3][3], (*p)[3];
8        int sum=0, i, j;
9
10       srand(time(0));
```

```
11      p=a;
12      for(i=0; i<3; i++)
13      {
14          for(j=0; j<3; j++)
15          {
16              *(p[i]+j)= rand ( )%20;          // 采用随机数对元素赋值
17              cout << setw(5)<< p[i][j];
18          }
19          cout << endl;
20      }
21
22      for(i=0; i<3; i++)
23          sum += *(*(p+i)+i) + *(*(p+i)+(2-i)) ;
24
25      cout <<"两条对角线元素和: " << sum << endl;
26
27      return 0;
28  }
```

程序运行结果:

```
   15    0   12
   18   14   13
    0    0    3
两条对角线元素和: 63
```

程序第 11 行 "p=a", 让行指针 p 指向数组 a 的第一行, 第 16 行的 *(p[i]+j) 相当于 p[i][j], 同样第 23 行的 *(*(p+i)+i) 即 p[i][i], 代表正对角线上的元素, *(*(p+i)+(2-i)) 即 p[i][2-i], 代表反对角线上的元素。

【例 5-4】 利用指针特性, 编写一个通用的二维数组输出函数。

```
1   #include  <iostream>
2   #include  <iomanip>
3   using namespace std;
4
5   void print(int *p, int row, int col);
6
7   int  main( )
8   {
9       int a[3][4]={1, 2, 3, 4, 5, 6, 7, 8, 9, 10, 11, 12};
10
11      print(a[0], 3, 4);                        // 调用通用二维数组输出函数
12
13      return 0;
14  }
15
16  // 通用二维数组输出函数, p是指向首元素的指针, row和col分别代表行数和列数
17  void print(int *p, int row, int col)
18  {
19      int i;
20
21      for(i=0; i<row*col; i++, p++)
22      {
23          if(i%col==0)
24              cout << endl;
25          cout << setw(4)<< *p;
26      }
27      cout << endl;
28  }
```

注意程序第 11 行，通过参数传递将元素指针 a[0] 赋给第 17 行的指针变量 p，p 即指向物理一维数组的第 0 个元素，即程序中的 a[0][0]；print 函数第 2 个和第 3 个参数表示二维数组的行数和列数。

## 5.4 指针与函数

构造类型的指针属于一种数据类型，它与其他类型一样，与函数有着十分密切的关系。这主要表现为：指针变量做函数参数、函数返回一个指针变量，以及指向函数的指针等。

首先分析 C++ 提供的参数传递方式。C++ 中函数参数的传递方式有两种：

1）传值调用，即按单向传递参数值，即函数调用时将实参的值赋给相应的形参，然后形参和实参就无关了。

2）传引用，即函数调用时将实参变量和形参变量互为别名，函数对形参的修改，直接影响实参，已在 3.7 节介绍了引用变量做函数参数。

另外一种在函数中可以修改相应实参的方法，是通过指针传递（实际上仍是传递指针的值，属于传值调用，有些作者将指针传递单独列为一种参数传递方式）。传递引用比指针更容易操作，但有些任务，尤其是当处理字符串时，采用指针做参数仍然是最好的。C++ 有许多库函数使用指针做参数，所以，仍然要掌握该内容。下面将基本类型的变量做参数、引用做参数和指针做参数三种方式做一个对比分析。

### 5.4.1 基本类型的变量做函数形参

【例 5-5】 交换变量 x 与 y 的值。采用基本类型的变量做函数形参。

```
1    #include <iostream>
2    using namespace std;
3
4    void swap(int a, int b);
5
6    int  main( )
7    {
8        int  x=10, y=20;
9
10       cout << x << "\t" << y << endl;
11       swap(x, y);
12       cout << x << "\t" << y << endl;
13
14       return 0;
15   }
16
17   void swap(int a, int b)
18   {
19       int t;
20
21       t = a ;   a = b ;   b = t ;
22   }
```

程序运行结果：

```
10    20
10    20
```

从程序运行结果可知，并没有达到交换变量值的目的。

第 11 行 swap( ) 函数的实参 x 和 y 是 main 函数中定义的局部变量。当执行函数调用时，依次将实参 x 和 y 的值赋给第 17 行的形参 a 和 b（相当于有 int x=a，int y=b），此时内存变量如图 5-10a 所示，箭头表示值传递的方向。

在 swap( ) 函数内部，执行完第 21 行，局部变量 a 和 b 的值进行了交换，如图 5-10b 所示。但该函数执行完毕，返回到 main 中，系统将自动撤消 swap( ) 函数中的局部变量 a、b 和 t。返回主函数后，主函数的局部变量 x 和 y 仍然保持原值。

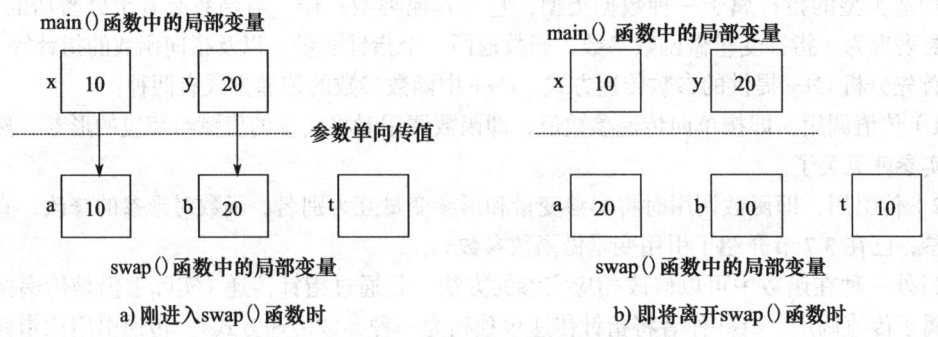

图 5-10 函数调用时基本类型变量做参数

### 5.4.2 引用做函数形参

【例 5-6】 交换变量 x 与 y 的值。采用引用做函数形参。

```
1    #include  <iostream>
2    using namespace std;
3    
4    void swap(int &a, int &b);
5    
6    int  main( )
7    {
8        int  x=10, y=20;
9    
10       cout << x << "\t" << y << endl;
11       swap(x, y);
12       cout << x << "\t" << y << endl;
13   
14       return 0;
15   }
16   
17   void swap(int &a, int &b)
18   {
19       int t;
20   
21       t = a ;
22       a = b ;
23       b = t ;
24   }
```

程序运行结果：

```
10    20
20    10
```

从程序运行结果可知，交换了变量的值。第 11 行 swap( ) 函数的实参 x 和 y 是 main 函数中定义的局部变量。当执行函数调用时，由于是按引用传递，x 和 y 将分别与第 17 行的形参

a 和 b 共用一个内存空间，此时内存变量如图 5-11a 所示。

执行完第 21~23 行，将 swap( ) 函数中的变量 a 和 b 值进行了交换，如图 5-11b 所示，实际上也是将 main 中的 x 和 y 进行了交换。该函数执行完毕，返回到 main 中，系统将自动撤消 swap( ) 函数中的两个名字 a 和 b 及局部变量 t 的空间。

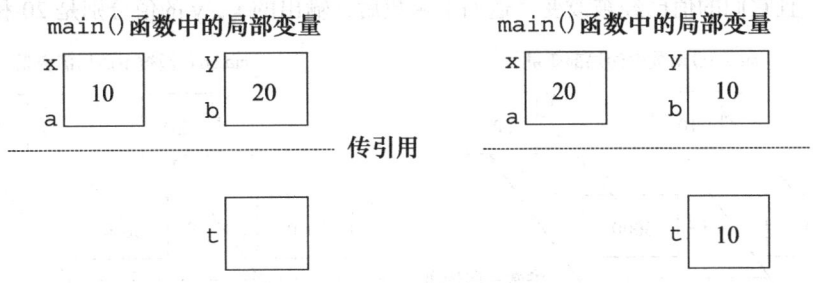

图 5-11  函数调用时基本类型参数的传递

### 5.4.3  指针变量做函数形参

【例 5-7】 交换变量 x 与 y 的值。采用指针变量做函数形参。

```
1    #include <iostream>
2    using namespace std;
3
4    void swap(int *px, int *py);
5
6     int   main( )
7     {
8         int   x=10, y=20, *p1, *p2;
9
10        p1=&x;
11        p2=&y;
12        cout << x << "\t" << y << endl;
13
14        swap(p1, p2);
15        cout << x << "\t" << y << endl;
16
17        return 0;
18    }
19
20    void swap(int  *px, int  *py)
21    {
22        int   t;
23
24        t=*px ;
25        *px=*py ;
26        *py= t;
27    }
```

程序运行结果：

10     20
20     10

main 函数中 p1 和 p2 是局部指针变量；函数 swap( ) 的形参 px 和 py 是该函数的局部指针变量。当执行函数调用时，依次将第 14 行实参 p1 和 p2 的值赋给第 20 行形参 px 和 py，相当于做赋值操作"int *px=p1; int *py=p2;",假定主函数中 x 和 y 变量的地址分别是 2000、3000,则刚进入函数 swap( ) 时的内存状况如图 5-12a 所示,此时 p1 和 px 指向变量 x,p2 和 py 指向 y。

swap 函数中,第 24 ~ 26 行通过指针 px、py 间接访问主函数中的 x、y 变量,交换 x、y 的值。当 swap( ) 函数执行结束时,撤消指针变量 px、py 以及变量 t,但主函数中的 x、y 变量依然存在,且它们的值已经被改变。返回主函数后,输出的 x、y 的值分别是 20 和 10。

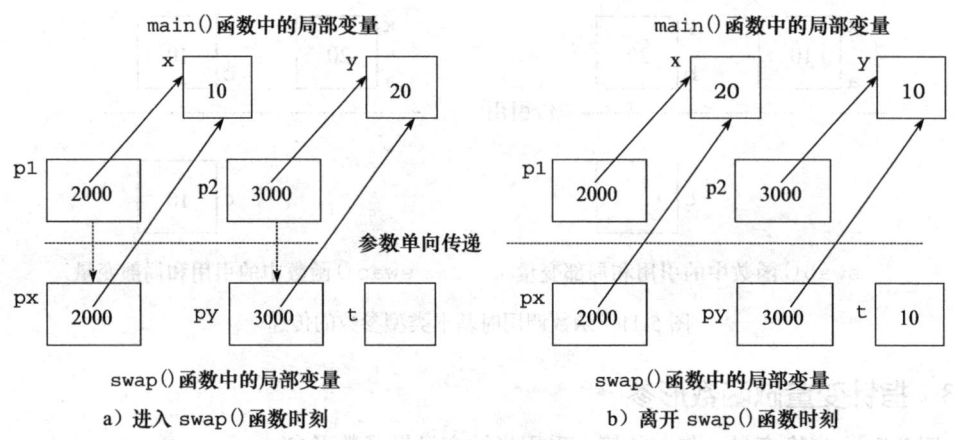

图 5-12  指针变量做参数

通过图 5-12 可以看出,指针做函数参数是单向传递参数值。严格地讲,C++ 中参数传递只有两种:按值传递和按引用传递,没有按指针传递,有些教材和工具书都将指针传递作为第三种参数传递形式,本质上是错误的。

指针做函数参数的另外一个形式是采用数组名作为函数的参数,使被调用函数可以操纵整个数组的数据。

【例 5-8】 将数组中从第 i 个开始的 n 个元素,反序存放在原数组中。

可以采用数组名做形参,也可以采用指针做形参。先分析采用数组名做形参。

```
1    #include  <iostream>
2    #include  <iomanip>
3    using namespace std;
4
5    void reverseArray(int x[],int start, int count);
6
7    int  main( )
8    {
9        int i,a[10]={0,1,2,3,4,5,6,7,8,9};;
10
11       reverseArray(a,2,6);
12       for(i=0;i<10;i++)
13          cout << setw(5) << a[i] ;
14       cout << endl;
15
16       return 0;
17   }
18
19   // 从 start 开始的 n 个元素,逆序存放
20   void reverseArray(int x[],int start, int count)
21   {
22       int t, i, j;
23
```

```
24          for(i=start,j=start+count-1;i<j;i++,j--)
25          {
26              t=x[i];
27              x[i]=x[j];
28              x[j]=t;
29          }
30      }
```

程序运行结果：

0　1　7　6　5　4　3　2　8　9

程序将数组中的 a[2]~a[7] 元素逆序存放在原数组中。第 11 行采用数组名 a 做函数实参，第 20 行采用数组名 x[ ] 作为形参。数组名 x 实际上是一个指针，所以它的括号内不写数组的大小，它完全等价于 *x 指针做形参。可以采用指针将上述 reverseArray 函数改写为如下形式：

```
void reverseArray(int *x, int start, int count)
{
    int   t, *pStart, *pEnd;

    pStart = x+start;                          // 指向要逆序的第一个元素
    pEnd = x+start+count-1;                    // 指向要逆序的最后一个元素
    for( ; pStart < pEnd; pStart++, pEnd--)
    {
        t=*pStart;
        *pStart=*pEnd;
        *pEnd=t;
    }
}
```

**注意**：该函数中的形参 x 是一个指针，它完全等价于 x[] 这种形式。如果在函数中执行 x++ 操作，这是合法的，不要与一般的函数名自加相混淆。分析下面问题，知道为什么吗？

```
char str[ ] = "hello world";
char *ps   = str;
cout << sizeof(str) << endl;              // 输出 12
cout << sizeof(ps) << endl;               // 输出 4
```

下面的函数参数看起来像个数组，但实际上不是数组，而是一个指针：

```
void fun(char str[100])
{
    cout<< sizeof(str) << endl;           // 输出 4 而不是 100
}
```

### 5.4.4　返回指针的函数

函数可以返回一个指针，但必须保证指针指向的对象肯定是存在的。

C++ 不是一个对称的程序设计语言。例如整型变量可以作为函数的参数，也可以返回一个整型值，这是对称的；但数组也可以作为函数的参数，但函数却不能返回一个数组。这是因为设计与实现一个对称性的语言比较困难，并且使编译器十分复杂与庞大。C++ 为了支持高效性，规定函数不能返回所有类型的数据，如果实在需要，则返回一个指针。本节所讲的内容就属于这种情况。

【例 5-9】 有 3 个学生，每人有 4 门功课，输入一个学号（0 ~ 2），输出相应的成绩。

```
1    #include <iostream>
```

```
2    #include <iomanip>
3    using namespace std;
4
5    float *search(float (*p)[4], int n);
6
7    int  main( )
8    {
9        float  score[ ][4]={{60,70,80,90}, {67,78,89,98}, {78,88,89,98} };
10       float  *p;
11       int    i,m;
12
13       cout << "输入学号(0~2之间): ";
14       cin >> m ;
15       p=search(score,m);
16       for(i=0;i<4;i++)
17           cout << setw(5) << *(p+i);
18
19       return 0;
20   }
21
22   float *search( float (*p)[4], int n)
23   {
24       return *(p+n);
25   }
```

程序运行结果:

输入学号(0~2之间): 1 **[Enter]**
67   78   89   98

注意程序的第 22 行,函数名 search 前面的 float* 表明函数返回一个 float 类型的指针,假设 n 的值是 1,那么该函数将返回 p[1]。由于行指针 p 与第 9 行的 score 数组名都指向同一个空间,那么 p[1] 实际上就是数组 score[1][0] 元素的地址。

**注意**: 当定义返回指针的函数时,有些错误将难以发现。请分析如下函数存在的错误。

```
1    #include <iostream>
2    using namespace std;
3
4    char *getName( )
5    {
6        char  name[81];
7
8        cout << "Enter your name:";
9        cin.getline(name,81);
10       cout << name << endl;
11
12       return  name;
13   }
14
15   int  main( )
16   {
17       cout<< getName( ) <<endl;
18
19       return 0;
20   }
```

错误所在及原因: 由于第 6 行的 name 是局部变量,当函数结束时,系统将释放其空间,所以第 17 行不能使用 getName 函数返回的地址。

## 5.4.5 指向函数的指针

前面讲述了数组名是一个指针常量，实际上函数名也是一个指针常量，它指向该函数代码的首地址。一个函数被编译连接后生成一段二进制代码，该段代码的首地址，称为函数的入口地址。通过函数名可以调用函数。实际上当调用一个函数时，就是根据函数名找到函数代码的首地址，从而执行这段代码。可以定义一种指针变量，专门用于存放函数的入口地址，这种变量被称为指向函数的指针变量，简称函数指针，语法格式为：

```
<函数类型> (*<函数指针变量名>)(<参数表>);
```

例如：

```
int  (*funP)(int, int);
```

定义一个函数指针变量 funP，它可以指向具有两个整型参数，且返回值为整型的函数。初学者很容易将该定义与下述形式的定义混淆：

```
int  *funP(int, int);
```

这是函数原型，其中 funP 是函数名，函数具有两个整型参数，返回值为整型指针。

当把函数的地址赋给与函数具有相同类型的函数指针变量后，函数指针就可以与函数名一样，出现在函数名可以出现的任何地方，例如：

```
int max( int x, int y)       // 定义函数 max
{
    return  x>y?x:y;
}
funP=max ;                   // 将函数 max 的入口地址赋给指针变量 funP，funP 和 max 都指向函数入口
```

则可以采用下列任何一种语句调用函数 max。

```
k = max(10,20);              // 用函数名调用函数 max
k = (*funP)(10,20);          // 用指向函数的指针调用函数 max
k = funP(10,20);             // 用指向函数的指针调用函数 max
```

【例 5-10】 采用函数名做参数，通过一个公用接口调用不同的函数。

```
1    #include  <iostream>
2    using namespace std;
3
4    int max(int, int) ;
5    int min(int, int) ;
6    int add(int, int) ;
7    int process(int, int, int (*)(int, int)) ; // 函数原型说明
8
9    int  main( )
10   {
11       int a, b ;
12
13       cout << "输入两个整数: " << endl ;
14       cin >> a >> b ;
15
16       cout << "最大值: "<< process(a, b, max) << endl ;
17       cout << "最小值: "<<  process(a, b, min) << endl ;
18       cout << "它们的和: "<<  process(a, b, add) << endl ;
19
20       return 0;
21   }
```

```
22
23    int process(int x, int y, int (*fun)(int, int))    // 函数定义
24    {
25        return fun(x, y) ;
26    }
27
28    int max(int x, int y)
29    {
30        return( x>y ? x :y ) ;
31    }
32
33    int min(int x, int y)
34    {
35        return( x<y ? x :y ) ;
36    }
37
38    int add(int x, int y)
39    {
40        return( x + y ) ;
41    }
```

程序运行结果：

```
输入两个整数：10 20  [Enter]
最大值：20
最小值：10
它们的和：30
```

第 16 ~ 18 行分别调用了 process 函数，传递了 3 个不同的函数入口地址。在第 25 行，利用函数指针 fun 调用函数，虽然调用格式上一样，但由于 main 函数三次调用 process 函数传递给 fun 的函数指针不同，所以第 25 行三次调用了三个不同的函数。采用函数指针增加了函数调用的灵活性。

注意：

1）函数指针指向程序代码区，一般数据变量的指针指向数据区。

2）函数指针不能进行 ++、--、+、- 等运算。

## 5.5 指针数组与指向指针的指针

### 5.5.1 指针数组

如果数组元素都是由同类型的指针变量构成，那么这个数组就是指针数组。指针数组与一般数组的定义格式类似，例如：

```
int *pInt[5];
```

表示定义一个整型指针数组 pInt[5]，它有 5 个元素 pInt[0]、pInt [1]、…、pInt [4]，每个元素都是整型指针变量，其类型为 int * 型。类似的定义格式如下：

```
double  *pDouble[5];    // 定义一个具有 5 个 double 型指针变量的指针数组
char    *pChar[10];     // 定义一个 char 型指针数组，它有 10 个指针变量
```

【例 5-11】 利用指针输出部分数组元素的内容。

```
1    #include  <iostream>
2    #include  <iomanip>
```

```
3    using namespace std;
4
5    int  main( )
6    {
7        int a[6], *p[3], i;
8
9        for(i=0;i<6;++i)
10            a[i]=i*3;
11       for(i=0;i<3;++i)
12           p[i]=&a[i*2];
13       for(i=0;i<3;++i)
14           cout << setw(5) << *(p[i]+1);
15       cout << endl;
16
17       return 0;
18   }
```

此例有两个数组，一个 int 型数组 a[6]，另一个是 int * 型数组 p[3]。注意，第 11-12 行将指针数组 p 指向相关的数组元素。指针数组 p 与数组 a 的指向关系如图 5-13 所示。

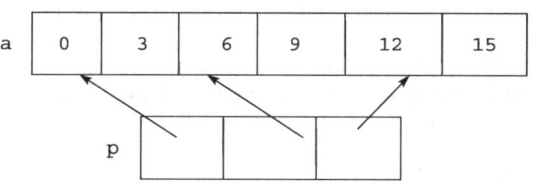

图 5-13　指针数组中各指针元素的指向

第 14 行输出各指针所指向的下一个单元的内容，例如，*(p[0]+1) 代表了 p[0] 指针所指向元素后面的一个元素，即图中的 a[1]，其他依此类推。程序运行结果为：

```
3    9    15
```

指针数组一般用于处理二维数组，使用指针处理多个字符串比用二维字符数组处理字符串更加方便。现有定义：

```
char *color[ ]={"Yello", "Blue", "Red", "Green", "Orange"};
```

color 是一个指针数组，根据括号中的字符串初值个数可知，共有 5 个指针，分别指向 5 个字符串常量，其内存指向的逻辑关系如图 5-14 所示。

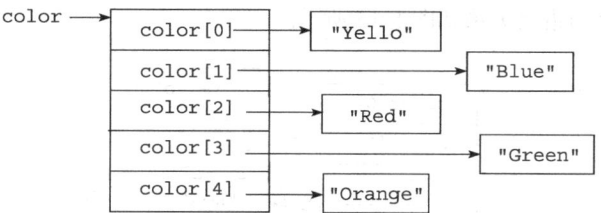

图 5-14　字符型指针数组元素的意义

【例 5-12】按字典序将上述 5 个字符串升序排列，并输出排序后的结果。此程序采用选择法排序，通过交换指针的指向实现排序。

```
1    #include <iostream>
2    #include <iomanip>
3    using namespace std;
```

```
4
5    void sort(char  *color[ ], int  n);
6    void output(char  *color[ ], int  n);
7
8    int  main( )
9    {
10       char  *color[ ]={"Yello", "Blue", "Red", "Green", "Orange"};
11
12       sort( color, 5);                        // 调用函数排序 sort
13       output( color, 5);                      // 调用输出函数 output
14
15       return 0;
16   }
17
18   void sort(char *color[ ], int n)            // 排序函数
19   {
20       char  *ptr;
21       int  i, j, k;
22
23       for(i=0; i<n-1; i++)
24       {
25           k=i;
26           for(j=i+1; j<n; j++)
27               if( strcmp(color[k], color[j])>0 )
28                   k=j;
29
30           if(k!=i)
31           {                                   // 下面 3 行交换指针的指向
32               ptr=color[i];
33               color[i]=color[k];
34               color[k]=ptr;
35           }
36       }
37   }
38
39   void output(char *color[ ], int n)          // 输出函数
40   {
41       int i;
42
43       for(i=0; i<n; i++)
44           cout << setw(10) << color[i];
45       cout << endl;
46   }
```

排序后，各指针的指向关系如图 5-15 所示。

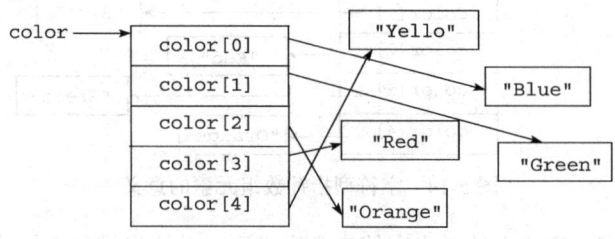

图 5-15　字符型指针数组元素的意义

程序输出为：

```
Blue      Green     Orange      Red      Yello
```

## 5.5.2 main 函数的参数

C++ 程序的 main( ) 函数是由操作系统调用的，它可以调用其他函数，但不能被其他函数调用。在前面所讲程序的 main( ) 函数都没有参数，实际上，main( ) 函数中可以有两个参数，一个是整型变量，另一个是指向字符型的指针数组。它们在 main( ) 函数头部声明的格式为：

```
int main(int argc, char *argv[ ])
```

整型参数 argc 表示命令行中字符串的个数，指针数组 argv[ ] 指向命令行中的各个字符串。这两个参数可以用其他任何合法的标识符命名，但习惯用 argc 和 argv 表示。

【例 5-13】 通过命令行参数计算输入数据的和。

```
1    #include <iostream>
2    using namespace std;
3    
4    int  main(int argc, char *argv[ ])
5    {
6        int sum, i;
7    
8        cout << "Command name:" << argv[0] << endl;
9        for(sum=0, i=1; i<argc; i++)
10           sum += atoi(argv[i]);
11       cout << "Sum is:" << sum << endl;
12   
13       return 0;
14   }
```

假设上述源程序文件名是 Ex5-13.cpp，存放在 F:\temp\Debug 目录下，编译连接后产生可执行程序 Ex5-13.exe。进入 F:\temp\Debug 目录，执行该程序。操作系统在调用 Ex5-13.exe 时，可以给主函数 main 传递必要的参数，假设键入命令行如下，那么运行结果为：

```
F:\temp\Debug > Ex5-13    12345    67890   34567  [Enter]
Command name: Ex5-13
Sum is:114802
```

<Enter> 键前面的部分称为命令行，操作系统分析该命令行，实际上就是分析字符串 "Ex5-13   12345   67890   34567"，通过空白字符将其分解成 4 个子串。它们是 "Ex5-13"、"12345"、"67890" 和 "34567"，其中第一个子串是命令，即可执行文件。操作系统将这些信息传递给 main 函数。main 的 argc 参数是子串的个数（本例为 4），参数 argv 是指针数组，各元素的指向如图 5-16 所示。

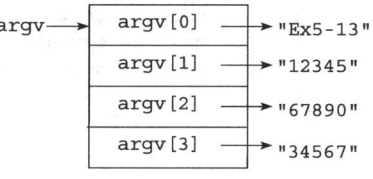

图 5-16  main 函数参数的含义

程序中的 atoi 函数是将数字字符串转换为一个数值，例如，atoi("123") 将返回整数 123。该程序实现了计算 "Ex5-13" 后的所有整数和的功能。

思考：针对图 5-16，思考如下程序段的输出结果：

```
cout << ++ * ++ * ++ argv << endl;
cout << ++ * ++ * argv << endl;
```

## 5.5.3 指向指针的指针

指针变量也是变量，它有自己的存储地址，可以用另外一个指针变量存放该地址。如果指针变量中存放的是另一个指针的地址就称该指针变量为指向指针的指针变量。指向指针的指针变量也称为二级指针，其声明的语法格式为：

```
<类型> **<变量名>;
```

其中 ** 后面的变量就是指向指针的指针变量，例如：

```
int x=89, *p = &x, **pp;
p = &x ;
pp = &p ;
```

假设变量 x 的地址是 1000，变量 p 的地址是 2000，pp 的地址是 3000，则 x、p 和 pp 三者之间的关系如图 5-17a 所示。为了表示方便，往往表达为 5-17b 的形式。

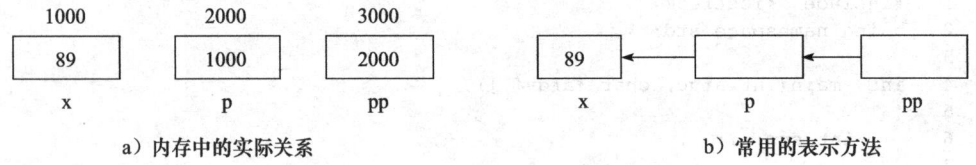

图 5-17　指针指向关系的表示

指针变量 p 是一级指针，它指向 x。指针变量 pp 是二级指针，它指向 p。通过 p 和 pp 都可以访问 x。*pp 表示它所指向变量 p 的值，即 x 的地址；**pp 表示它所指向的变量 p 所指向的变量的值，即 x 的值。

**思考**：下面程序具有综合性，输出结果是"50　20　10　30　40"，分析原因。

```
1   #include <iostream>
2   #include <iomanip>
3   using namespace std;
4
5   int  main( )
6   {
7       int  a[ ]={10, 20, 30, 40, 50};
8       int *p[ ]={a, a+1, a+2, a+3, a+4};
9       int **pp=p;
10
11      cout << setw(5) << *p[4];
12      cout << setw(5) << **(p+1);
13      cout << setw(5) << **pp++;
14      cout << setw(5) << *++pp;
15      cout << setw(5) << *++*pp << endl;
16
17      return 0;
18  }
```

### 5.5.4　再次讨论 main 函数的参数

main 函数中的参数 argv：

```
int  main(int argc, char *argv[ ])
```

还可以写成如下的形式：

```
int  main(int argc, char **argv)
```

参数 argv 实际上是一个指向指针的指针，而不是一个指针数组。类似于例 5-8 中的参数形式：

```
void reverseArray(int x[ ],int start, int count)
```

完全等价于：

```
void reverseArray(int *x,int start, int count)
```

所以，main 函数的 argv 参数不是一个真正的数组，而是一个二级指针。

**知识点**：下面给出的指针容易混淆，能分清楚吗？

```
int   x, *p=&x, **pp=&p;
int   a[10], *p=a;
int   a[3][4], (*p)[4]=a;
int   *p(), (*pf)(int,int);
```

如果有困难，请阅读本章最后的总结部分。

## 5.6 内存的动态分配和释放

C++ 提供的 new 与 delete 操作符可以实现内存的动态分配与释放。假设一个程序定义了一个指针变量：

```
int  *iptr ;
```

下面的语句分配一个整型变量的空间，并将 iptr 指向这个空间。注意，新分配的这个空间没有名字，必须通过指针 iptr 访问它：

```
iptr = new  int ;
```

在上述语句中，new 操作符的后面是待分配空间的数据类型。一旦上述语句执行完毕，将把新分配内存空间的首地址赋给 iptr。下面是将整数 25 送给 iptr 所指向的空间中：

```
*iptr = 25 ;
```

采用 new 操作符还可以一边分配内存空间，一边对新空间赋值。例如，下面的语句将 30 赋值给新分配的空间：

```
iptr = new  int(30) ;
```

通过指针变量可以完成的其他操作还有：

```
cout << *iptr ;           // 输出 iptr 指向空间中的内容
cin >> *iptr,             // 从键盘读一个值送到 iptr 指向空间中
total += *iptr ;          // 使用 iptr 指向空间中的值
```

下面语句采用 new 操作符，动态创建一个具有 100 个整型元素的数组：

```
int  *a ;
a = new int [ 100 ] ;
```

一旦创建数组结束，就可以采用数组的形式访问各个元素：

```
for ( int  count = 0 ; count < 100 ; count++ )
    a [count] = 1 ;
```

如果在分配空间时，出现了内存不足的情况，例如要分配 100 000 个整型元素的空间，而内存的剩余空间中，没有 400 000 个字节的连续空间（一个整型变量占 4 个字节的连续空间，由于数组中元素都是连续的，那么 100 000 元素就要 400 000 个字节的连续空间），那

么此时就会出现动态分配空间失败，new 操作符将返回 0 或 NULL（0 和 NULL 是一回事，NULL 是一个定义在 iostream 中的常量 0）。因此，在内存的动态分配中要检验 new 操作符的返回值，判断 new 操作是否失败，例如：

```
a = new int [100] ;
if ( NULL == a )                      // 检验空间分配是否失败
{
    cout << "分配内存空间失败 ！\n" ;
    exit ( 0 ) ;
}
```

上面的 if 语句是判断 a 是否指向 0 号地址（也可以说，a 的值是否为 0），如果为 NULL，那么就表明该次内存空间分配失败，将在屏幕上显示一个出错信息，然后结束程序。

**注意：**

1）exit 函数定义在 cstdlib 中，它的功能是结束整个程序的运行。

2）包含地址 0 的指针，称为空指针。0 号地址代表不可访问的地址。许多计算机操作系统将所需要的数据存储在内存的低端（即低地址端）。当在使用 new 操作符时，要测试 new 的返回值是否为 NULL。

当动态分配的内存使用结束以后，要释放该空间，以便以后使用。在 C++ 中，与 new 操作符相对应的是 delete 操作符，它释放 new 分配的空间。下面的语句是释放 a 指向的单个元素（即一个整型元素）的空间：

```
delete  a ;
```

如果 a 指向一个 new 分配的数组空间，那么要释放整个数组必须采用如下形式：

```
delete  [ ] a ;                       // 释放 a 指向的一片连续的空间
```

**注意：**

1）采用 delete 操作符所释放的内存空间，必须是前面采用 new 操作符分配的空间。如果采用 delete 操作符释放其他空间，那么将出现不可预料的错误。总之，new 和 delete 是操作符，并且是相互配合使用的。

2）对于一个已分配内存的指针，只能用 delete 释放一次，并且 delete 后面的指针必须是由 new 分配内存空间的首地址。

【例 5-14】 new 和 delete 操作符的应用。要求用户输入每天的销售量，并把这些数据存储在动态分配的数组中，然后计算它们的总和与平均值。

```
1    #include  <iostream>
2    #include  <cstdlib>
3    using namespace std;
4
5    int  main( )
6    {
7        float  *sales, total = 0, average ;
8        int  numDays , count ;
9
10       cout << "希望处理几天的销售量 ？" ;
11       cin >> numDays ;
12       sales = new float [numDays] ;     // 分配内存空间
13       if ( sales == NULL )              // 出错检测
14       {
15           cout <<" 分配内存空间失败 !\n" ;
```

```
16              exit ( 0 ) ;
17          }
18
19      cout << "请输入如下的销售量 \n" ;
20      for ( count = 0 ; count < numDays ; count++ )
21      {
22          cout << "第 " <<(count + 1) << " 天：" ;
23          cin >> sales [count] ;
24      }
25
26      for ( count = 0 ; count < numDays ; count++ ) // 计算总的销售量
27          total += sales [count] ;
28      average = total / numDays ;              // 计算销售量的平均值
29
30          // 显示结果
31      cout.precision ( 2 ) ;
32      cout.setf ( ios::fixed | ios::showpoint ) ;
33      cout << "\n总的销售量： " << total << endl ;
34      cout << " 平均销售量： " << average << endl ;
35
36      delete [ ] sales ;                       // 释放空间
37
38      return 0;
39  }
```

**程序运行结果：**

希望处理几天的销售量 ？5 **[Enter]**
请输入如下的销售量
第 1 天：200 **[Enter]**
第 2 天：210 **[Enter]**
第 3 天：220 **[Enter]**
第 4 天：190 **[Enter]**
第 5 天：240 **[Enter]**
总的销售量：1060.00
平均销售量：212.00

**注意**：如果函数的参数是一个指针，不要用该指针去申请动态内存，例如：

```
1   #include  <iostream>
2   #include  <cstring>
3   using namespace std;
4
5   void  getMemory(char *p, int num)
6   {
7       p = new char[num];
8   }
9
10  void  test( )
11  {
12      char  *str = NULL;
13
14      getMemory(str, 100);          // 执行该函数后，str 仍然为 NULL，并没有获得内存空间
15      strcpy(str, "hello");         // 将一个字符串复制给 NULL 指针，是错误且危险的
16  }
17
18  int  main(int argc, char *argv[ ])
19  {
20      test();
```

```
21        return 0;
22    }
```

上述程序并不能正确地执行，应该释放第 7 行 p 指针申请的空间，否则导致内存泄漏。

**思考**：如何修改程序，从而能够在第 14 行的函数调用结束后为 str 获得在 getMemory 中申请的内存空间？

## 5.7  void 和 const 修饰指针变量

### 5.7.1  void 修饰指针

void 修饰指针变量代表一种不确定类型的指针，这种指针可以指向任何类型的变量，将这种指针简称为 void 指针。声明 void 指针的语法格式为：

```
void  *<指针变量名>;
```

在使用 void 指针时，只有通过强制类型转换才能使 void 指针指向变量。在没有进行转换前 void 指针不能进行指针的算术运算。void 类型的指针比较特殊，在用法上要注意如下两点：

1）任何类型的指针都可以直接赋值给它，无需进行强制类型转换：

```
void *p1;
int  *p2;
p1 = p2;
```

2）不能对 void 指针进行算术操作，下列操作是非法的：

```
void * p;
p++;
p += 1;
```

进行算术操作的指针必须是确定类型的指针，而 void 类型是不确定的。

【**例 5-15**】 交换两个数的通用程序，可交换整数、字符或同等类型且个数相等的数组。

```
1     #include  <iostream>
2     #include  <iomanip>
3     using namespace std;
4
5     void swap(void *p1,void *p2,int elemNumber);
6
7     int  main( )
8     {
9         double   x=99.9,y=88.8;
10        int   i;
11
12        cout<<" 交换前 :x="<<x<<"   y="<<y<<endl;
13        swap(&x,&y,sizeof(double));
14        cout<<" 交换后 :x="<<x<<"   y="<<y<<endl;
15
16        int a[ ]={1,2,3,4,5}, b[ ]={31,32,33,34,35};     // 定义两个数组
17
18        cout<<" 交换前 :\na=";
19        for(i=0;i<sizeof(a)/sizeof(*a); i++)
20            cout<< setw(5)<<a[i];
21        cout<<"\nb=";
22        for(i=0;i<sizeof(b)/sizeof(*b); i++)
```

```
23              cout<< setw(5)<<b[i];
24          cout<<endl;
25
26          swap(a,b, sizeof(a));            // 交换数组内容
27
28          cout<<" 交换后 \na=";
29          for(i=0;i<sizeof(a)/sizeof(*a); i++)
30              cout<< setw(5)<<a[i];
31          cout<<"\nb=";
32          for(i=0;i<sizeof(b)/sizeof(*b); i++)
33              cout<< setw(5)<<b[i];
34          cout<<endl;
35
36          return 0;
37      }
38
39      void swap(void *p1,void *p2,int elemNumber)
40      {
41          char *first=(char *)p1,*second=(char *)p2, temp;
42
43          for(int k=0;k<elemNumber;k++)   // 以字节为单位交换内容
44          {
45              temp=first[k];
46              first[k]=second[k];
47              second[k]=temp;
48          }
49      }
```

分析：程序第 39~49 行，采用逐个字符交换的方式，交换 p1 和 p2 指针所指的内容，交换的字节数是 elemNumber。第 13 行交换两个 double 变量的值，第 26 行交换两个元素个数相等的、整型数组中的值。

程序运行结果：

```
交换前 :x=99.9   y=88.8
交换后 :x=88.8   y=99.9
交换前：
a=     1    2    3    4    5
b=    31   32   33   34   35
交换后
a=    31   32   33   34   35
b=     1    2    3    4    5
```

### 5.7.2  const 修饰指针

const 修饰指针表现为如下三种情况。

1）由 const 定义的指针常量，语法格式为：

const  <类型>  *<指针变量名>;

可以改变指针所指的空间，但不可以通过指针改变现在所指的内容，例如：

```
int i=6;
const int *p1=&i;                    // 定义一个指向 const 变量的指针 p1
const int m=30;                      // 定义一个 const 变量 m
const int *p2=&m;                    // 定义一个指向 const 变量的指针 p2
*p1=16;                              // 错误，不能通过指针 p1 修改 p1 所指向的变量 i 的值
p1=&m;                               // 正确，将 p1 指向另外一个变量 m
```

2）通过 const 定义常量指针，语法格式为：

< 类型 >  * const < 指针变量名 >;

这是常量指针，通过这种指针可以改变指针所指向空间中的内容，但不能改变指针的指向，例如：

```
char stringA[10]="abcd",stringB[10]="xyz";
char *const sp=stringA;       // 定义 const 型指针 sp,并指向 stringA
sp=stringB;                    // 错误，不能改变其指向
*(sp+1)='t';                   // 修改 sp 所指向数组的第 2 个元素的值
cout<<"stringA="<<sp<<endl;    // 输出修改后的 stringA 数组的值
```

3）指向 const 变量的指针变量，语法格式为：

const < 类型 >  *const < 指针变量名 >;

即不可以通过这种指针变量修改所指的内容，也不可以改变指针的指向，例如：

```
int  i=100, j=200;
const int * const p=&i;    // 初始化时确定 p 的指向，在后面的程序中不能改变它
                           // 的指向，并且通过 p 不能修改 i 的值
i=20;                      // 正确
*p=0;                      // 错误，通过 p 不能改变其所指向的元素中的值
p=&j;                      // 错误，不能改变 p 的指向
```

## 5.8　对容易混淆概念的总结

指针是 C++ 中比较难理解的概念，为帮助读者理解，特总结如下：

1. int *p;

p 是一个指向整型量的一般指针。该整型量可以是简单的整型变量，也可以是一维整型数组或二维整型数组中的一个元素，例如：

```
int  i, a[10], b[3][4], *p;
p=&i;              // p 指向简单整型变量
p=&a[3];           // p 指向一维整型数组中的一个元素
p=&b[2][3];        // p 指向二维整型数组中的一个元素
p=a;
p++;               // 正确
a++;               // 错误
++*p               // 将 p 指向的变量值加 1
```

2. int (*p)[M];

p 是一个指向含有 M 个元素的一维数组的指针，也称为行指针。可以指向每行含有 M 个元素的二维数组的一行，例如：

```
int  a[3][4], (*p)[4];
p=a;
p++;               // p 指向数组 a 的下一行，即 a[1]，a[1] 是一个"虚"地址
```

这说明 p 和 a 的类型都是 int (*) [M]。

3. int * p[M];

由指针构成的数组，也称为指针数组，该数组有 M 个元素，每个元素都是整型指针。

4. int **p;

指向整型指针的指针。该指针的类型是 int **，例如：

```
int   *a[10], **p;
p=a;
p++;                    // p指向a数组的下一个元素，即指向a[1], a[1]是具有内存空间的一个指针
```

5. `int (*p)(int,int);`

p是一个指向函数的指针，也称为函数指针，从后面的括号可知，该指针只能指向参数是两个整型值并且返回值为整型的函数。

指针数组、行指针均是方括号，只有指向函数的指针后面是圆括号。

6. `int *fun( ){    }`

fun是返回值为整型指针的函数，即返回值类型为 int *。类推，如果有函数定义 int **f(){ }，则表示函数的返回值类型为指向整型指针的指针。

7. NULL 指针

C 和 C++ 都将 NULL 定义为 0，通常用来初始化一个指针变量，例如：

```
int   m=0;              // 用整数0初始化整型变量m
int   *p=NULL;          // 采用NULL初始化指针变量p
```

尽管 NULL 的值与 0 相同，但两者意义不同。假设指针变量的名字为 p，它与 0 比较的标准 if 语句如下：

```
if (p == NULL)          // p与NULL显式比较，强调p是指针变量
if (p != NULL)
```

但不要写成如下两种形式，虽然没有语法和执行上的错误，但它们影响程序的可读性：

```
if (p == 0)
if (p != 0)
```

或者如下的编码形式，都不好：

```
if (p)
if (!p)
```

8. 野指针

"野指针"即指向"垃圾"内存的指针，其产生的原因主要有两种：

1）指针变量没有被初始化。任何指针变量刚被创建时不会自动成为 NULL 指针，它的默认值是随机的，胡乱指向一个内存空间。所以，指针变量在创建的同时应当初始化，要么将指针设置为 NULL，要么让它指向一个合法的内存。例如正确的初始化方法：

```
char *p = NULL;
char *str = new char[100];
```

2）指针 p 被 delete 后，没有置为 NULL，让人误以为 p 是个合法的指针。例如：

```
int *p = new int(100);
cout << p << endl ;    // 输出p的值，是刚才分配空间的首地址
delete [ ]p;           // 释放p指向的空间
cout << p << endl ;    // 仍然是刚才分配空间的首地址，但此空间不能用，因为已释放
```

此时 p 是一个野指针，有些书上称为"悬空的指针"。人们一般不会错用 NULL 指针，因为用 if 语句很容易判断。但是"野指针"很危险，if 语句对它不起作用。为了避免此问题，应该在指针释放之后，增加一个赋值语句：p=NULL，这样就可避免产生野指针。

### 9. 指针与引用的区别

1）在创建引用时，必须对它进行初始化，而指针则可以在任何时候赋值。

2）不能有 NULL 引用，引用必须与合法的存储单元关联，而指针可以是 NULL 指针。

3）一旦对引用进行了初始化，就不能改变引用关系，而指针则可以随时改变所指的对象。

引用可以做的事情，指针都能做，但要用适当的工具做"适当"的事情。也许，这就是所谓的"编程境界"。

## 思考与练习

### 一、基本概念题

1. 下面程序的输出结果是什么？

```
1    #include <iostream>
2    using namespace std;
3
4    int  main( )
5    {
6        int x=50,y=60,z=70;
7        int *ptr;
8
9        cout<<x<<" "<<y<<" "<<z<<endl;
10       ptr=&x;
11       *ptr *=10;
12       ptr=&y;
13       *ptr *=5;
14       ptr=&z;
15       *ptr *=2;
16       cout<<x<<" "<<y<<" "<<z<<endl;
17
18       return 0;
19   }
```

2. 使用指针符号代替下标符号重写以下循环：

```
for(int x=0;x<100;x++)
    cout<<array[x]<<endl;
```

3. 设 ptr 是指向一个整型变量的指针，地址是 12000。在当前系统里一个整数占 4 个字节，在执行完下面语句后，ptr 的地址是多少？

```
ptr+=10;
```

4. 令 p 是一个指针变量，下面的语句是否有效？如果无效，请说明为什么。

```
1) p++;
2) --p;
3) p/=2;
4) p*=4;
5) p+=x;
```

5. 下面的定义是否有效？如果无效，请说明为什么。

```
1) int ivar, *iptr=&ivar;
2) int ivar,*iptr=&ivar;
```

```
3) float fvar;     int *iptr=&fvar;
4) int nums[50],*iptr=nums;
5) int *iptr=&ivar, ivar;
```

6. 设 ip 是一个整型指针，编写语句能够动态地分配一个整型变量，并把它的地址存放到 ip 中。

7. 令 ip 是一个整型指针，编写语句能够动态地分配一个含有 500 个整数的数组，并把它的地址存放到 ip 中。

二、编程题（采用指针完成编程）

1. 编写一个单词转换函数，该函数具有一个 char* 参数。函数的功能：将参数代表的字符串中的每个单词的第一个字母转换为大写字母，并显示转换后的字符串。例如，假设函数参数的字符串如下：

   ```
   There are 100 students in the room.
   ```

   那么采用函数转换以后，该字符串为：

   ```
   There Are 100 Students In The Room.
   ```

2. 编写一个函数模拟动态分配数组的内存空间。函数具有一个整型参数，它代表待分配的一个整型数组的元素个数。函数应当完成必要的出错检测（例如，参数为 0 或负数），如果内存空间充足，那么就分配需要的空间，并返回指向该空间的指针，否则返回一个空指针。

3. 编写一个程序求一组整数的中值。如果这组数的个数为奇数，那么中值就是排序后的中间那个数；如果这组数的个数为偶数，那么中值就是排序后的中间两个数的平均值（也是这组数的平均值）。编写一个函数接受如下两个参数：

   1）整型数组；

   2）代表该数组元素个数的一个整数。

   该函数应当返回数组的中值。

4. 编写一个程序求一组正整数的模。在统计学中，模代表一组值中出现最频繁的数，编写一个函数接受如下两个参数：

   1）整型数组；

   2）代表该数组元素个数的一个整数。

   该函数应当返回这组数的模，即返回该数组中出现最频繁的那个数。如果数组中没有模，即没有最频繁的数，那么就返回 –1。

5. 在主函数中首先输入一个整数到变量 n 中，然后输入 n 个整数到数组中，调用函数 exchange( )，完成将数组中的最小值与第 0 个元素对调，将数组中的最大值与最后一个元素对调，在主函数中调用函数 print( ) 输出调换前和调换后的数组。要求被调函数 exchange( ) 和 print( ) 的参数均为：①数组名；②数组元素的个数。

6. 在主函数中输入 10 个整数到数组中，调用函数 move( ) 完成将数组元素循环移动 k 位（要求函数参数为：①数组名；②数组元素个数；③循环移动的位数 k）。当 k>0 时，实现循环右移；当 k<0 时，实现循环左移。循环右移一位的意义是：将数组全体元素向右移动一个元素的位置，原数组最后一个元素移动到数组最前面，即第 0 个元素位置。提示：当 k<0 时，可转换成等价的循环右移。调用函数 print( ) 输出移动前和移动后的全体数组元素。

7. 在主函数中输入一个字符串到字符数组 str1 中，调用函数将 str1 中的下标为奇数的字符取出，构成一个新的字符串放入字符数组 str2 中（要求被调函数参数为 str1 和 str2），在主函数中输出结果字符串 str2。

8. 编写一个函数 palin( ) 用来检查一个字符串是否是正向拼写与反向拼写都一样的"回文"（palindromia）。如"MADAM"是一个回文。若忽略大小写字母的区别、忽略空格及标点符号等，则像"Madam, I'm Adam"之类的短语也可视为回文。编程要求：①在主函数中输入字符串；②将字符串首指针作为函数参数传递到函数 palin( ) 中，当字符串是回文时，要求函数 palin( ) 返回 true，否则返回 false；③若是回文，在主函数中输出"yes"。若不是回文，在主函数中输出"no"。
9. 输入一个字符串存入字符数组 s，串内有数字字符和非数字字符，例如：

```
abc2345  345rrf678  jfkld945
```

编程将其中连续的数字作为一个整数，依次存放到另一个整型数组 b 中。例如，对于上面的输入，将 2345 存放到 b[0]、345 放入 b[1]、678 放入 b[2]、945 放入 b[3]，同时统计出字符串中的整数个数，本例为 4。最后输出得到的结果。要求：1）在主函数中完成输入/输出工作。2）定义一个函数 selectnum，完成从字符串中提取整数的工作，并将提取的整数个数作为返回值。要求其参数是：① 字符指针，指向上述字符数组 s；② 整型指针，指向上述整型数组 b，该整型数组用于存放从字符串中提取的多个整数。
10. 有 n 个人围成一圈，顺序排号，顺序号是 1、2、3、…、n。从第 1 个人开始报号，凡报到 m 的人退出圈子，问最后留下的人是第几号。要求在主函数输入 n 和 m，将数组 a 以及 n、m 作为参数传递给函数 count( )，在该函数中依次输出退出圈子的人的序号，最后输出的就是留下者的序号。

# 第 6 章 结构体与链表

前面所讲的数据类型基本上都是 C++ 提供的基本数据类型,在程序中可直接定义这些类型的变量。有时需要将一个对象的相关属性组成一个整体,以便引用。例如,一个学生的学号、姓名和成绩等数据项都与学生相关,编程时要整体使用,如果将这些信息用彼此独立的变量或数组来描述,将难以反映它们之间的关系。因此,需要将它们组成一个整体来描述,本章介绍的结构体类型可解决这个问题。

## 6.1 抽象数据类型

抽象数据类型(Abstract Data Type,ADT)是由程序员自己创建的数据类型,ADT 有它们自己的取值范围和可以执行的操作。ADT 是计算机科学中很重要的一个概念,同时也是面向对象程序设计的一个核心。本章介绍的结构体属于 C++ 创建抽象数据类型的机制之一。

C++ 除了可以通过结构体创建 ADT 以外,还提供了比结构体更好的类,但限于目前的教学需求,还是先讲解结构体,以及通过结构体变量构成的链表。计算机专业的后继课程如"数据结构""操作系统"等还采用结构体来描述算法和程序。类的讲解从第 8 章开始,采用了大量的篇幅给予重点介绍。

ADT 是仅仅包含对象共同特点的一种定义。例如,平时说的"狗"就是一个抽象类型,它定义这类动物的通用类型。这个术语仅强调狗的一般特性,并没有强调某种狗的详细特征。在现实中,每种狗都有自己的特征,如可以分为小狗和大狗、温顺的狗和凶猛的狗等。在现实生活中,所见到的狗是具体的,属于"狗"类型的一个变量。

ADT 是由程序员创建的数据类型,程序员决定这种数据类型可以接收什么样的值,可以进行什么样的操作。本章将学习如何把基本类型的变量组合成抽象数据类型的结构体。

## 6.2 结构体的定义及应用

结构体类型属于用户自定义类型,与指针类型有类似之处,必须先定义数据类型,然后再定义该种类型的变量。

### 6.2.1 定义结构体类型

定义结构体类型的格式为:

```
struct   <结构体类型名>
{
    <成员列表>;
};
```

其中,struct 是定义结构体类型的关键字。<结构体类型名>是用户自己命名的标识符。花括号内的部分称为结构体的定义部分,它由若干成员列表组成,一般形式为:

```
<类型名>    <成员变量名>;
```

成员变量名的命名规则与变量名的命名规则相同，定义变量的形式也一样。成员变量的类型既可以是基本数据类型（即系统预定义的类型），也可以是已定义过的某种数据类型（如数组、结构体等）。

例如，定义一个日期类型 date。

```
struct date                    // 定义日期结构体类型
{
    int     year;              // 出生年份
    int     month;             // 出生月份
    int     day;               // 出生日期
};
```

不要忘记结构体定义末尾的分号，它是类型定义的结束标记。在此基础上，再定义一个学生信息结构体类型，包括学号、姓名、性别、出生日期和 3 门功课的成绩。

```
struct student
{
    int     ID;
    char    name[20];
    char    gender;
    date    birthday;          // 定义 date 类型的成员变量 birthday
    double  score[3];
};
```

花括号内是该结构体中的各个成员，如上例中的 ID、name 等都是成员。date 和 student 都是用户自己定义的数据类型，它与系统提供的预定义数据类型具有同等的地位和作用。

在 student 类型中，成员 birthday 的类型是前面定义过的 date 类型，这说明任何数据类型的成员都可以出现在结构体中。

### 6.2.2 定义结构体类型的变量

结构体类型定义之后并不为其分配内存，也无法存储数据，只有在程序中定义了结构体类型变量之后才能存储数据。结构体类型变量也称为结构体变量。

类比一下，术语"狗"相当于结构体类型，日常生活中见到的某条"狗"相当于一个结构体变量。术语"狗"不占用现实空间，而见到的那条"狗"要占用空间。

定义结构体类型变量有如下 3 种方式。

**1. 先定义结构体类型再定义结构体变量**

对已定义的结构体类型 struct student，可以来定义结构体变量，例如：

```
student    John, Merry;
```

定义了 John 和 Merry 两个结构体变量，其结构如图 6-1 所示。

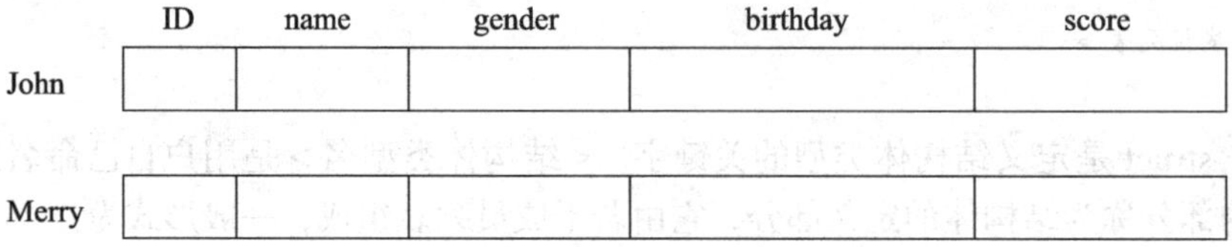

| | ID | name | gender | birthday | score |
|---|---|---|---|---|---|
| John | | | | | |
| | | | | | |
| Merry | | | | | |

图 6-1　student 类型变量的存储结构

在定义了结构体变量后，系统会为它分配内存单元，以存放数据成员的值。例如，John 变量将占据 4+20+1+4×3+8×3=61 个字节。

**注意**：一些 C++ 编译器不一定按照如上的计算公式分配空间。例如，VC++ 编译器是对每个成员分配 4 的整数倍空间，这样上述变量将占据 64 个字节的空间。此时，gender 成员也占 4 个字节，但仅用第一个字节，后面的 3 个字节未用。

**2. 在定义结构体类型的同时定义结构体变量**

一般形式为：

```
struct <结构体类型名>
{
    <成员列表>
}<变量名列表>;
```

例如：

```
struct  student
{
    int    ID;
    char   name[20];
    char   gender;
    date   birthday;
    double score[3];
}John, Merry;
```

这与第 1 种方法相同，即定义了 student 类型的两个变量 John 和 Merry。

**3. 使用无名结构体类型定义结构体变量**

所谓无名结构体类型是指省略 <结构体类型名> 的结构体类型。如果在程序中不使用结构体类型名，可以采用无名结构体类型。一般形式为：

```
struct
{
    <成员列表>
}<变量名列表>;
```

即不出现结构体类型名，例如：

```
struct     // 此结构体没有类型名
{
    int    ID;
    char   name[20];
    char   gender;
    date   birthday;
    double score[3];
}John, Merry;
```

这种方法没有定义结构体类型名，则程序的其他地方无法再定义这种类型的变量。建议使用第 1 种方法先定义结构体类型，然后根据需要再定义结构体变量。在实际编程中，往往将结构体类型的定义集中放在一个头文件中，然后采用 include 指令包含该文件，这样便于程序的维护和使用。

在定义结构体变量时，也可以指定其存储类型，例如：

```
static student John;
auto student Merry;
```

### 6.2.3 初始化结构体类型的变量

结构体变量初始化就是在定义结构体变量的同时给结构体变量赋值。初始化方法有两种：一种是用花括号"{}"括起来的值对结构体变量初始化；另外一种是用同类型的结构体变量初始化另外一个结构体变量。例如：

```
(1) student John = {801,"Joe",'f',{1990,6,16},{88,99,80}};
(2) student Merry = John;
```

语句（1）表示：John 的成员 ID 初始化为 801，成员 name 初始化为 "Joe"，成员 gender 初始化为 'f'，成员 birthday 中的 year、month 和 day 三个子成员分别初始化为 1990、6 和 16。成员 score 是数组，其三个元素 score[0]、score[1] 和 score[2] 分别初始化为 88、99 和 80。此时，John 结构体变量如图 6-2 所示。

|  | ID | name | gender | birthday | | | score | | |
|---|---|---|---|---|---|---|---|---|---|
|  |  |  |  | year | month | day |  |  |  |
| John | 801 | Joe | 'f' | 1990 | 6 | 16 | 88 | 99 | 80 |

图 6-2 John 结构体变量的存储结构

语句（2）是用同类型的变量 John 对 Merry 初始化，这种方式是将变量 John 复制到 Merry 中。

初始化时，在花括号中列出的值的类型及顺序必须与该结构体类型定义中所说明的结构体成员一一对应，例如：

```
student John = {"801","Joe",'f',{1990,6,16},{88,99,80}};
```

则编译出错，因为 John 的成员 ID 是整型，而赋的初值是字符串。

### 6.2.4 结构体类型变量及其成员的引用

在定义结构体变量后，可以引用这个变量，引用变量表现为如下两种方式。

**1. 引用结构体变量的成员**

引用结构体变量成员的方法为：

`<结构体变量名>.<成员变量名>`

例如，John.ID 表示 John 变量中的 ID 成员，可以对结构体变量的成员赋值：

`John.ID=901;`

上面的符号"."称为成员运算符，也称为点运算符。点运算符的作用是引用结构体变量中的某个成员。点运算符的优先级与下标运算符的优先级相同，是所有运算符优先级最高的。上面的赋值语句的作用是将整数 901 赋给 John 变量中的成员 ID。

结构体变量的成员和普通变量一样，可以进行各种其类型允许的运算，例如：

```
John.ID++;
John.Gender = Merry.Gender;
```

**2. 整体引用结构体变量**

在 C++ 中，可以对同类型的结构体变量进行整体赋值，这种赋值等同于各个成员的依次

赋值,但不能对其进行直接输入或输出运算,例如:

```
student John = {801,"Joe",'f',{1990,6,16},{88,99,80}};   // 初始化 John
student Merry;
Merry = John;       // 对结构体变量整体赋值
```

上述这一条赋值语句等同于如下 9 条语句:

```
Merry.ID = John.ID;                                  // ID 为 int 变量,直接赋值
strcpy(Merry.name, John.name);                       // name 是串,采用函数拷贝
Merry.gender = John.gender;                          // gender 是字符,直接赋值
Merry.birthday.year = John.birthday.year;            // year 是 int 变量,直接赋值
Merry.birthday.month = John.birthday.month;          // month 是 int 变量,直接赋值
Merry.birthday.day = John.birthday.day;              // day 是 int 变量,直接赋值
Merry.score[0]=John.score[0];                        // score 数组是 double 类型直接赋值
Merry.score[1]=John.score[1];
Merry.score[2]=John.score[2];
```

上述方法孰简单孰复杂,一目了然。

在引用结构体变量及其成员时,要注意以下几点:

1)不能将结构体变量作为一个整体进行输入或输出,例如:

```
cout << John;                    // 错误,不能将结构体变量整体输出
cin >> Merry;                    // 错误,不能将结构体变量整体输入
```

2)结构体变量可以用作函数的参数。当函数的形参与实参为结构体变量时,这种方式属于按值传递,即形参的变化不影响实参。

(3)函数可以返回一个结构体变量,如同一般的 int 变量。

【例 6-1】 在 main 函数中输入一个学生的学号、姓名、性别、出生日期和 3 门课程的成绩,在另一函数 print 中输出这个学生的信息,要求采用结构体变量作为函数参数。

```
1    #include  <iostream>
2    #include  <iomanip>
3    using namespace std;
4
5    struct date                              // 定义日期结构体类型
6    {
7        int    year;
8        int    month;
9        int    day;
10   };
11
12   struct student                           // 定义学生结构体类型
13   {
14       int     ID;
15       char    name[20];
16       char    gender;
17       date    birthday;
18       double  score[3];
19   };
20
21   void print( student);
22
23   int  main( )
24   {
25       student   John;                      // 定义一个结构体变量
26
27       cout <<" 请输入如下学生信息 " << endl;
28       cout <<" 学号    姓名    性别    出生年   月   日   三门课程的成绩 \n";
```

```
29      cin >> John.ID;
30      cin >> John.name;
31      cin >> John.gender;
32      cin >> John.birthday.year >> John.birthday.month >> John.birthday.day;
33      cin >> John.score[0] >> John.score[1] >> John.score[2];
34      print(John);            // 调用函数完成输出
35
36      return 0;
37  }
38
39  void print( student s)      // 输出参数 s 的各个成员的值
40  {
41      cout <<" 学号： " << setw(5) << s.ID << endl;
42      cout <<" 姓名： " << setw(5) << s.name << endl;
43      cout <<" 性别： " << setw(5) << s.gender << endl;
44      cout <<" 生日： " << setw(5) << s.birthday.year << setw(5)
45           << s.birthday.month << setw(5) << s.birthday.day <<endl;
45      cout <<" 成绩： " << setw(5) << s.score[0] << setw(5)
46           << s.score[1]   << setw(5) << s.score[2] << endl;
47  }
```

程序运行结果：

```
请输入如下学生信息
学号    姓名    性别    出生年   月  日   三门课程的成绩
890    anna    f       1994    6   25    88  99  100[Enter]
学号：   890
姓名：   anna
性别：   f
生日：   1994    6   25
成绩：   88   99  100
```

在上述程序中，struct student 被定义在函数的外面，即外部类型。这样同一个源文件中的各个函数都可以用它来定义变量。main 函数中的 John 和 print 函数中的形参 s 都是 student 类型变量。在调用 print 函数时，以 John 为实参向形参 s "按值传递"。使用结构体变量作为函数参数的效率比较低，因为系统要完成从实参到形参的复制，为了避免这一点，可以采用指向结构体变量的指针或引用作为函数参数，以提高程序的运行效率。下面首先看如何定义指向结构体变量的指针，例如：

```
student *ps;            // ps 是一个指向结构体变量的指针
student John;           // John 是一个结构体变量
```

并且如下赋值：

```
ps = &John;
```

则此时 *ps 就是 John。如果要访问 John 的成员 name，有如下方法：

```
(1) John.name          // John 是一个结构体变量，采用点的方式访问成员
(2) ps->name           // ps 是一个指向结构体变量的指针，采用箭头的方式访问成员
(3) (*ps).name         // ps 是指向结构体变量的指针，也可采用 (1) 的形式访问成员
```

由于运算符 "." 的优先级比指针运算符 * 的优先级高，所以方法（3）中不能省略括号。

将例 6-1 改为传指针的形式，只要修改第 21 行、第 34 行以及第 39～47 行即可，为了叙述方便，仍然保留原行号。

```
21      void print( student* );     // 形参为指针类型
34      print(&John);               // 实参为地址
```

```
39    void print( student *ps)
40    {
41        cout <<"学号: " << setw(5) << ps->ID << endl;
42        cout <<"姓名: " << setw(5) << ps->name << endl;
43        cout <<"性别: " << setw(5) << ps->gender << endl;
44        cout <<"生日: " << setw(5) << ps->birthday.year << setw(5)
45            << ps->birthday.month << setw(5) << ps->birthday.day <<endl;
45        cout <<"成绩: " << setw(5) << ps->score[0] << setw(5)
46            << ps->score[1] << setw(5) << ps->score[2] << endl;
47    }
```

从 print 函数可以看出，如果要访问一个指针所指向的结构体成员，应采用"->"的形式，例如 ps->ID。当然，也可以采用指针的间接引用符访问成员，如 (*ps).ID，完全等价于 ps->ID。

**思考：**

1）完善例 6-1 的另外一个形式是采用传引用的方式，应该如何修改？

2）为什么上例第 44 行中"ps->birthday.year"中有"."运算符，而不是"->"运算符？

### 6.2.5 结构体数组与指针

如果数组的数据类型是结构体类型，那么此数组就是结构体数组。结构体数组的使用与普通数组的使用一样，也是通过下标访问数组元素，不同之处是每个数组元素都是一个结构体类型的变量，它们都分别包括各个成员项。

**1. 定义结构体数组和初始化**

定义结构体数组的方法与定义结构体变量的方法类似，模仿结构体变量的定义，只要在每一种方法的基础上增加数组维数的说明即可。采用前面定义的 student 类型为例：

```
student stud[4];
```

定义一个数组 stud，数组共有 4 个元素，每个元素都是 student 类型。

在定义结构体数组的同时，也可以对结构体数组进行初始化，其方法与数组的初始化方法类似。将每个元素的成员值用花括号括起来，再将数组的全部元素值用一对花括号括起来，例如：

```
student stud[4] = {
    {801, "Joe",    'F', {1990, 6, 16}, {88, 99, 80}},
    {802, "Smith", 'F', {1991, 6, 1},  {68, 79, 87}},
    {805, "Merry", 'M', {1992, 3, 23}, {78, 89, 79}},
    {808, "Anna",  'M', {1993, 7, 6},  {98, 69, 68}}
};
```

此时，该数组在内存中的存储结构如图 6-3 所示。

|  | ID | name | gender | birthday | | | score | | |
|---|---|---|---|---|---|---|---|---|---|
|  |  |  |  | year | month | day |  |  |  |
| stud[0] | 801 | Joe | 'F' | 1990 | 6 | 16 | 88 | 99 | 80 |
| stud[1] | 802 | Smith | 'F' | 1991 | 6 | 1 | 68 | 79 | 87 |
| stud[2] | 805 | Merry | 'M' | 1992 | 3 | 23 | 78 | 89 | 79 |
| stud[3] | 808 | Anna | 'M' | 1993 | 7 | 6 | 98 | 69 | 68 |

图 6-3 结构体数组的存储结构

**2. 应用结构体数组**

应用结构体数组是通过下标来实现。对于结构体数组，需要用下标引用结构体成员。例如输出上例 stud 数组中 4 个人的姓名：

```
for(int i=0; i<4; i++)
    cout << stud[i].name;
```

与其他类型的数组类似，指针除了可以指向单个变量外，还可以指向数组中的元素。下面定义一个指针：

```
student *ps;
ps = stud;                                      // ps 指向 stud[0] 元素
ps++;                                           // ps 指向下一个元素，即 stud[1]
```

【例 6-2】 假设一个班级有 5 个学生，从键盘输入 5 个学生的学号、姓名、性别、出生日期和三门功课的成绩，编程输出个人平均分小于全班总均分的那些学生的信息。

```
1   #include <iostream>
2   #include <iomanip>
3   using namespace std;
4
5   struct date                                 // 定义日期结构体类型
6   {
7       int year, month, day;
8   };
9   struct student                              // 定义学生结构体类型
10  {
11      int     ID;
12      char    name[20];
13      char    gender;
14      date    birthday;
15      double  score[3];
16  };
17
18  void input( student*, int);                 // 输入学生的信息
19  double average( student *, int n);          // 求个人的平均分
20  void print( student*,int);                  // 输出学生的信息
21  const int studentNumber=5;                  // 学生个数
22
23  int main( )
24  {
25      student stud[5];
26
27      input(stud,studentNumber);              // 输入信息
28      print(stud,studentNumber);              // 输出信息
29
30      return 0;
31  }
32
33  void input( student *ps, int n)             // 输入函数
34  {
35      cout <<" 请输入如下学生信息 " << endl;
36      cout <<" 学号   姓名   性别   出生年月日   三门课程的成绩 \n";
37      for(int i=0;i<n; i++)
38      {
39          cin >> ps->ID;
40          cin >> ps->name;
41          cin >> ps->gender;
42          cin >> ps->birthday.year >> ps->birthday.month >> ps->birthday.day;
43          cin >> ps->score[0] >> ps->score[1] >> ps->score[2];
44          ps++;                               // 指向下一个结构体元素
45      }
46  }
47
```

```
48    void print( student *ps, int n)            // 输出函数
49    {
50        student *pStart;
51        double   averAll, averOne;
52
53        averAll=average(ps,n);                  // 获得全班的总均分
54        cout << " 总均分: "<< averAll <<endl;
55
56        for(pStart=ps;pStart<ps+n;pStart++)
57        {
58            // 获得当前个人的平均分
59            averOne = (pStart->score[0]+pStart->score[1]+pStart->score[2])/3;
60            if( averOne < averAll )             // 若个人平均分小于全班总均分,则输出信息
61            {
62                cout <<"\n个人均分:"<< averOne<<endl;
63                cout <<"学号: " << setw(5) << pStart->ID;
64                cout <<"  姓名: " << setw(5) << pStart->name;
65                cout <<"  性别: " << setw(3) << pStart->gender;
66                cout <<"  生日: " << setw(5) << pStart->birthday.year
67                     << setw(4) << pStart->birthday.month
68                     << setw(4) << pStart->birthday.day;
69                cout <<"  成绩: " << setw(4) << pStart->score[0]
70                     << setw(4) << pStart->score[1]
71                     << setw(4) << pStart->score[2] << endl;
72            }
73        }
74    }
75
76    double average( student stud[], int n)      // 求总均分
77    {
78        double aver=0;
79
80        for(int i=0; i<n; i++)
81            for(int j=0;j<3;j++)
82                aver += stud[i].score[j];
83        aver /= n*3;
84
85        return  aver;
86    }
```

程序运行结果:

```
请输入如下学生信息
学号    姓名    性别    出生年    月    日    三门课程的成绩
801     Joe     F       1990      8     16    88   99  100[Enter]
803     Smith   F       1991      6     1     66   88   89[Enter]
804     Merry   M       1992      4     23    88   99   97[Enter]
806     Anna    M       1993      12    1     77   66   88[Enter]
808     Rabi    F       1992      9     19    77   88   99[Enter]
总均分: 87.2667

个人均分:81
学号:   803   姓名: Smith   性别:   F   生日:  1991   6   1   成绩:   66  88  89

个人均分:77
学号:   806   姓名: Anna    性别:   M   生日:  1993   12  1   成绩:   77  66  88
```

这个程序综合了前面所讲的参数传递、指针、结构体数组以及对结构体变量的操作,请读者体会它的用法。

## 6.3 用 typedef 定义类型

C++ 提供的 typedef 可以给已存在的数据类型起一个别名。其语法格式为:

```
typedef <类型名1>  <类型名2>;
```

其中，<类型名1>可以是 C++ 中的标准类型名，也可以是用户自定义的类型名。<类型名2>是<类型名1>的别名，即用户新给出的命名。然后在程序中可以用别名定义变量或对象，如同使用标准类型一样，例如：

```
typedef int WorkDay;
```

WorkDay 就成了 int 的替代名，后面就可以使用 WorkDay 定义 int 变量，例如：

```
WorkDay day;
```

采用如下几步定义新类型：

1）按定义变量的方法写出变量的定义。例如：

```
char a[100] ;
```

2）将变量名换成新类型名，如将 a 换成 NAME。

```
char NAME[100] ;
```

3）在左边加上 typedef，定义完毕。

```
typedef char NAME[100];
```

如果在程序中出现了如下形式的应用：

```
NAME  Joe;
```

则完全等价于：

```
char Joe[100];
```

即上述 Joe 是一个具有 100 个元素的一维数组。

利用 typedef 只是给某种数据类型创建一个替代名。在 typedef 中不能定义任何变量，也不分配任何内存空间，例如：

```
typedef int DAY day;              // 错误：不能用 typedef 定义类型和变量
```

试图创建一个替代名 DAY，并且定义一个 int 变量 day，这是错误的。

typedef 也称为存储类修饰符。这是因为 typedef 与 auto、register、static 和 extern 存储类在语法上出现在声明语句的同一位置。这 5 个关键字是互斥的，即不能同时出现在同一个定义语句中。

## 6.4 单向链表

链表是一种非常重要的数据结构，其应用十分广泛，在本书仅仅介绍单向链表及其应用，其余部分在后继课程"数据结构"中讲解。

### 6.4.1 链表的概念

C++ 可以用数组来处理一组数据类型相同的元素，但不允许动态定义数组的大小，即在使用数组之前必须确定数组的大小。而在实际应用中，用户使用数组之前往往无法确定数组的大小，只能将数组定义成足够大，这样数组中有些空间可能不用，从而造成内存空间的浪费。

链表是一种常见的数据组织形式，它采用动态分配内存的形式实现。需要时可以用 new 分配内存空间，不需要时用 delete 将已分配的空间释放，不会造成内存空间的浪费。

链表中的元素称为结点（node），它由数据域和指针域构成，其结构如图 6-4 所示。

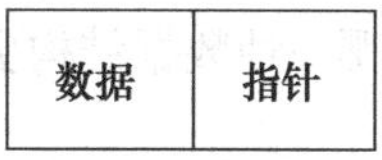

图 6-4　结点的存储结构

每个结点内部的空间是连续的，但一个结点与另一个结点在整个内存空间中不一定连续，可通过指针建立结点之间的关联。下面仍以学生结构体为例来说明链表结点的类型：

```
struct student
{
    int     ID;
    char    name[20];
    char    gender;             数据部分
    date    birthday;
    double  score[3];
    student *next;              指针部分
}
```

单向链表可分为不带头结点的单向链表和带头结点的单向链表，如图 6-5 所示。

在链表结构中，有一个指针 head 指向链表的第一个结点，称为头指针。每一个结点中有一个指向下一结点的指针，最后一个结点中指向下一结点的 next 指针值为 NULL，表示链表到此结束。

如果链表中第一个结点就存放了数据元素的信息，这样的链表就是不带头结点的单向链表。如果在链表中增加一个头结点，头结点不含有数据元素的信息，这样的链表就是带头结点的单向链表。头结点的加入可以使单向链表的操作变得简单，同时本课程的后继课程"数据结构"也是以带头结点的链表讲解，为了保持知识的"兼容性"，将讲解带头结点的单向链表。对于某些问题的算法，使用链表结构，较之使用数组更有优势。以例 6-2 为例，假如在数组结构中，学生数据是按学号顺序排列，现在欲添加一个学生数据，要求添加数据后的数组仍然按学号顺序排列，若这个学生的学号正好是已有学号的中间值，那么就要在数组中插入数据，将数组后半部分的数据依次向后挪动，这费时费力。使用链表结构就不需要挪动数据，而直接将待插入的结点链接入链表即可。

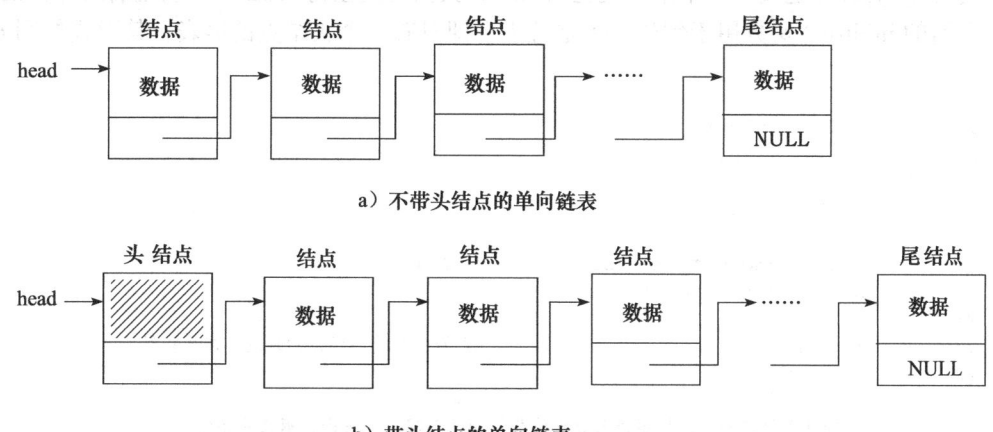

图 6-5　带头结点和不带头结点的单向链表

使用链表结构也有一些不足之处，如耗费多余的指针空间以构成链表；另外，有些问题若使用链表结构，对算法不利。在解决实际问题时，要靠长期编程积累起来的经验来决定使用哪一种数据结构更有利。

### 6.4.2 带头结点的单向链表常用算法

在带头结点的单向链表中，有一个指针 head 指向链表中第一个结点，该结点称为头结点，该指针称为头指针。整个链表的逻辑表示如图 6-5b 所示，head 指针指向的结点为头结点。头结点的数据域可以不存储任何信息，也可以存储链表的长度等之类的附加信息，头结点的指针域存储指向第一个结点的指针（即第一个元素结点的内存地址）。如果链表为空表，则头指针的指针域为空，如图 6-6 所示。

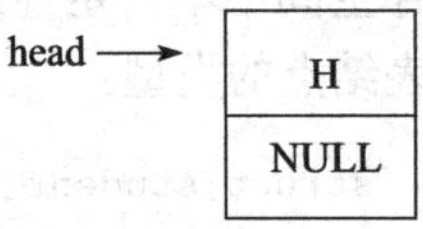

图 6-6 带头结点的空链表

下面通过程序举例给出带头结点的单向链表常用算法。为了便于读者理解，在程序代码中穿插了讲解，读者可按照代码行号，依次输入该程序，运行和验证。

【例 6-3】 带头结点的链表的常用算法。

```
1    #include <iostream>
2    #include <iomanip>
3    using namespace std;
4
5    #define  LEN  sizeof(NODE)
6
7        // 链表的存储结构
8    typedef struct node
9    {
10        int  data;                  // 为简单起见，只有一个数据项
11        node *next;                 // 指向下一结点的指针
12   } NODE;
13
14       // 下面是相关函数的原型
15   NODE *delete_one_node( NODE *head, int num );
16   void  free_list( NODE *head ) ;
17   NODE *insert(NODE *head,  NODE *s) ;
18   NODE *create_sort( );
```

首先用 typedef 定义了一个结点类型 NODE，其指针类型为 NODE*。它是后续操作的基础。下面的 initlist( ) 函数用于创建一个空链表，即只有一个头结点的链表，其形式如图 6-6 所示。

```
19       // 创建一个空链表
20   NODE *initlist( )
21   {
22       NODE  *head;
23
24       head = (NODE *) malloc(sizeof(NODE));
25       head->next = NULL;
26
27       return head;                 // 返回指向头结点的地址，即头指针
28   }
29
30       // 创建无序链表，即按照输入数据的先后顺序创建一个链表，返回头指针
31   NODE *create( )
32   {
```

```cpp
33          NODE  *p1, *p2, *head;           // p1 指向新结点，p2 指向已连入的尾结点
34          int a;
35
36          cout << "Creating a list...\n";
37          p2 = head = initlist( );
38
39          cout << "Please input a number(if(-1) stop): ";
40          cin >> a;                        // 输入第 1 个数据
41          while( a != -1 )                 // 循环输入数据，建立链表
42          {
43              p1 = (NODE *) malloc(sizeof(NODE));
44              p1->data = a;
45              p2->next = p1;
46              p2 = p1;
47              cout << "Please input a number(if(-1) stop): ";
48              cin >> a;                    // 输入下一个数据
49          }
50          p2->next=NULL;
51
52          return(head);                    // 返回创建链表的头指针
53      }
54
55      // 输出链表各结点值，也称为对链表的遍历
56      void print( NODE *head )
57      {
58          NODE *p;
59
60          p=head->next;                    // 让 p 指向第一个数据结点
61          if(p!=NULL)
62          {
63              cout << "Output list: ";
64              while( p!=NULL )
65              {
66                  cout << setw(5) << p->data;
67                  p=p->next;
68              }
69              cout << "\n";
70          }
71      }
72
73      // 在链表中查询结点数据值为 x 的结点，并返回指向该结点的指针
74      NODE * search( NODE *head, int x )
75      {
76          NODE *p;
77
78          p=head->next;
79          while( p!=NULL )
80          {
81              if(p->data == x)
82                  return p;                // 若找到，则返回该结点指针
83              p = p->next;
84          }
85
86          return NULL;                     // 若找不到，则返回空指针
87      }
88
```

删除一个结点的过程可以采用如图 6-7 所示方式。假设要删除链表中值为 2 的结点，为

了在链表中实现结点 1、2 和 3 之间指向关系的变化，仅需修改结点 1 中的指针域即可。

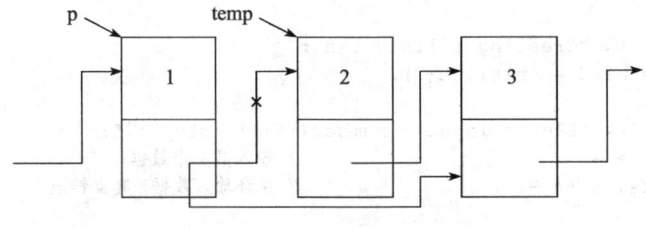

图 6-7 删除结点过程

假设 p 是指向结点 1 的指针，则修改指针的语句为：

```
temp=p->next;
p->next=temp->next;
free(temp);
```

由此可见，在已知链表中，仅需修改指针而不需要移动元素即可实现结点的删除操作。具体代码如下：

```
89      // 删除链表中值为 num 的结点，返回值：链表的头指针
90      NODE *  delete_one_node( NODE *head, int num )
91      {
92          NODE *p, *temp;
93
94          p=head;
95          while(p->next !=NULL &&  p->next->data != num)    // 找数据为 num 的结点
96              p=p->next;
97          temp=p->next;                                      // temp 指向待删除的结点
98          if(p->next!=NULL)
99          {
100             p->next=temp->next;
101             free(temp);                                    // 释放被删除结点的空间
102             cout << "Delete successfully";
103         }
104         else
105             cout << "Not found!";
106
107         return  head;
108     }
109
110     // 释放整个链表
111     void free_list( NODE *head )
112     {
113         NODE *p;
114
115         while(head)                                         // 从链表头开始，逐一释放所有结点
116         {
117             p=head;
118             head=head->next;
119             free(p);
120         }
121     }
122
```

假设要在链表的两个数据元素 1 和 3 之间插入一个数据元素 x，指针 s 指向该结点，并已知 p 为指向结点 1 的指针。如图 6-8 所示。

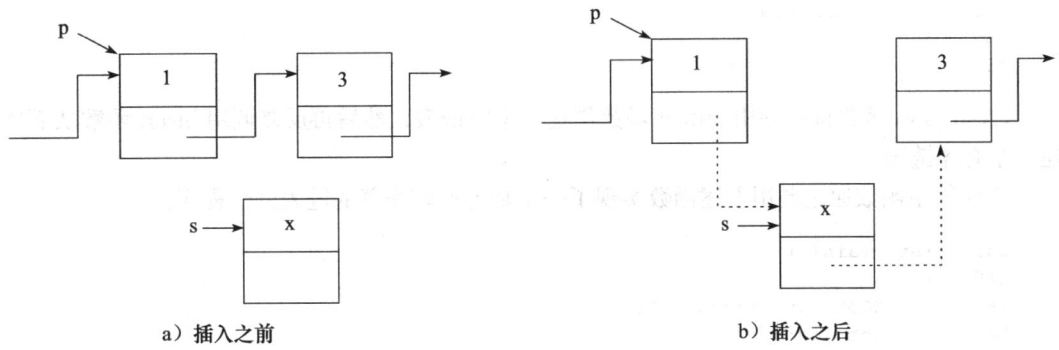

a）插入之前　　　　　　　　　　　　　b）插入之后

图 6-8　插入结点时指针的变化

根据插入操作的语义，首先令 x 结点中的指针域指向元素为 3 的结点，然后让元素为 1 的结点的指针域指向元素为 x 的结点，从而实现三个元素 1、3 和 x 之间指向关系的变化。插入后的链表如图 6-8b 所示。假设 s 为指向结点 x 的指针，则上述操作可描述为：

```
s->next=p->next;
p->next=s;
```

具体实现函数如下：

```
123
124         // 插入结点，将 s 指向的结点插入链表，结果链表保持有序
125     NODE * insert(NODE *head, NODE *s)                    // head:头指针，s:要插入的结点
126     {
127         NODE *p;
128         p=head;
129         while(p->next!=NULL && p->next->data < s->data)   // 寻找待插入位置
130             p=p->next;
131         s->next=p->next;        // 让 s 指针所指结点中的 next，指向 p 的 next 所指向的结点
132         p->next=s;              // 让 p 的 next 指向 s 所指的结点
133
134         return head;
135     }
136
137         // 创建有序链表。返回值为链表的头指针
138     NODE  *create_sort( )
139     {
140         NODE  *p, *head=NULL;
141         int a;
142
143         cout << "Create an increasing list...\n";
144         head = initlist( );
145         cout << "Please input a number(if(-1) exit): ";
146         cin >> a;
147         while( a!=-1 )
148         {
149             p = (NODE *) malloc(sizeof(NODE)) ;
150             p->data = a;
151             insert(head, p);
152             cout << "Please input a number(if(-1) exit): ";
153             cin >> a;
154         }
155
```

```
156             return(head);
157         }
158
```

create_sort 函数首先调用 initlist 函数创建一个空链表，然后再反复调用 insert 函数从而创建一个有序链表。

下面的主函数通过调用上述函数实现了一个功能比较完善的链表操作程序。

```
159     int  main( )
160     {
161         NODE *st, *head=NULL;
162         int  num;
163         char c;
164
165         cout << "\n\t Create a list:\n";
166         head=initlist( );          // 建立一条无序链表
167         while(1)                    // 根据输入调用各函数，实现链表的删除、插入、输入、查找等功能
168         {
169             cout <<"\n\tD: Delete   I: Insert   P: Print   S: Search   E: Exit\n";
170             cin >> c;        // c=getch( );         // 请读者测试getch()函数与cin的区别
171             switch(toupper(c))
172             {
173                 case 'I':
174                     st=(NODE *)malloc(LEN);
175                     cout << "Please input a number to be inserted: ";
176                     cin >> st->data;
177                     insert(head, st);             // 插入一个结点
178                     break;
179                 case 'D':
180                     cout << "Please input a number to be deleted: ";
181                     cin >> num;
182                     delete_one_node(head, num);   // 删除一个结点
183                     break;
184                 case 'S':
185                     cout << "Please input a  number to be searched: ";
186                     cin >> num;
187                     if(search(head, num)!=NULL)   // 查找一个结点
188                         cout << "It is in the list.\n";
189                     else
190                         cout << "It is not in the list.\n";
191                     break;
192                 case 'P':
193                     print(head);
194                     break;
195                 case 'E':
196                     free_list(head);              // 释放有序链表空间
197                     return 0;
198             }
199         }
200     }
```

需要说明的是，在 main 函数中，并没有调用创建无序链表的 create 函数，也没有调用创建有序链表的 create_sort 函数，如果需要可以将其添加到 main 函数的主菜单中，给出它们的目的是让读者理解上述各函数之间的关系。

本章练习中第 4～7 题，读者均可在该程序的基础上进行完善，只要增减相应的函数即可。

## 思考与练习

1. 假设每个学生信息包括学号、姓名和三门课程的考试分数。从键盘输入 10 个学生的数据，采用结构体数组进行数据的存储，程序实现如下功能：
   1）输出三门课的平均成绩。
   2）输出三门功课分数分别最高的学生的信息。
   3）按总分对这 10 个学生从高到低排序，并输出排序结果。
   4）输出平均分高于 80 分的学生的信息。
2. 为全班同学建立一个通讯录（用结构体数组实现），包括学号、姓名、家庭住址、电话号码、手机号码及 E-mail 地址。完成数据的输入和输出。
3. 定义描述复数的结构体类型变量，并实现复数之间的加减运算和输入输出。
   以下程序均采用例 6-3 给出的 NODE 类型编写。
4. 编写函数 reverse( ) 逆转链表，即整理链表各结点的指向，将原链表头变成新链表尾，将原链表尾变成新链表头。函数原型为：

   ```
   void reverse(NODE *head ) ;
   ```

5. 编写函数 sort( ) 将链表中的结点值按照结点数据域值 data 进行非递减排序。函数原型为：

   ```
   void sort(NODE *head ) ;
   ```

6. 编写函数 merge( ) 将两个非递减序链表合并成一个新的非递减序链表，合并后两个原链表将不存在。函数原型均为：

   ```
   NODE * merge(NODE *headA,  NODE * headB) ;
   ```

   函数返回值为合并后的新链表头指针。

7. 编写函数 isSubset( ) 用于判断链表 L1 中的每个数据元素是否都在链表 L2 中出现过，若是，则返回真，否则返回假。函数原型均为：

   ```
   bool  isSubset (NODE *L1,  NODE *L2) ;
   ```

# 第 7 章 文件操作

C++ 的文件操作是通过面向对象的 I/O 流类库实现的。流是文件操作的核心。本章首先介绍文件的概念，然后介绍输入和输出，最后介绍流类库的说明和使用。

本章是初学者难以理解和掌握的内容，因此作者用了大量的篇幅介绍文件的概念和应用，希望读者通过上机实验掌握本章的知识。

## 7.1 文件的基本概念

前面编写的许多程序每次运行都需要重新输入数据，这是因为数据存储在 RAM（即内存）中，一旦程序停止或关机，数据就丢失了，因此必须想方设法保存数据。数据可以保存在文件中，文件是数据的集合，它通常存储在计算机的磁盘上。一旦数据保存在文件中，即使之后程序停止运行，数据仍然存储在那里，便于以后使用。

### 7.1.1 文件命名的原则

每种操作系统都有自己的文件命名原则，像 Windows XP、Windows 7 等操作系统允许长文件名，只要不超过 255 个字符均可，如 Hongkong1997、salesReport 和 studentsRegistration 等都可以作为文件名。另一些操作系统，如 MS-DOS，只允许短文件名，文件名不超过 8 个字符，其中扩展名不超过 3 个字符。操作系统规定：任何一个文件都必须有一个名字来标识自己。

文件名和扩展名之间通过点隔开。通常，文件名标识文件的目的，扩展名标识文件的类型。例如，payroll.cpp 的含义是：文件名 payroll 表示该文件是一个存储工资数据的文件，扩展名 cpp 表示该文件是一个 C++ 源程序。当然，也有人给出这样一个文件名如 abc.txt，就很难猜出该文件的目的，因为通过 abc 猜不出文件的含义，通过扩展名可知道该文件是一个文本文件。

**注意**：对文件命名也要遵循"见名知义"的原则，不可随意命名。

### 7.1.2 使用文件的基本过程

在程序中使用文件时，大体上分为三步：
1）打开文件。如果文件不存在，打开意味着建立一个文件。
2）将数据写到文件中，或者从文件中读取数据，又或者又读又写。
3）当文件操作结束时关闭文件。

当程序处理数据时，数据位于随机访问的存储器中，即通常所说的内存变量中。写文件时，是将内存中的数据按照一定的原则写到文件中；读文件时，是将文件中的数据读到内存变量中。要修改文件中的数据必须通过内存，上述三步是操作文件的基础。

### 7.1.3 文件流类型

程序中要使用 cin 和 cout，必须包含 iostream 头文件。同样，C++ 程序要处理文件，也要包含一些头文件，常用的是 fstream，它包含许多文件操作的声明，采用 include 包含该文件：

```
#include <fstream>
```

对文件的 I/O 操作（即读/写文件），必须定义文件流对象。此处称为"流"对象是因为可以将文件想象为信息流。文件流对象和 cin/cout 对象的使用方式相似，通过 cin 对象，可以从键盘上读取数据，然后存储到变量中；通过 cout 对象，可以将变量中的数据显示到屏幕上。同样，可以将数据送到文件流对象中，即将数据写到文件中；也可以通过文件流对象从文件中读取数据。

fstream 提供三种流对象类型：ofstream、ifstream 和 fstream。在 C++ 程序处理文件之前必须定义流对象，它与磁盘中的文件相关，即通过流对象操作文件。

下面三个语句分别定义了 ofstream、ifstream 和 fstream 对象：

```
ofstream outputFile ;
ifstream inputFile ;
fstream dataFile ;
```

上述语句定义了 outputFile、inputFile 和 dataFile 三个对象。outputFile 对象属于 ofstream 类型，通过此对象可以将数据写到与 outputFile 对象关联的文件中。inputFile 对象属于 ifstream 类型，通过此对象可以从与 inputFile 对象关联的文件中读取数据。dataFile 对象属于 fstream 类型，通过此对象可以读/写与 dataFile 对象关联的文件。为了便于读者理解，表 7-1 对这三种文件流类型给予了解释。

表 7-1 文件流类型

| 流 类 型 | 含 义 |
| --- | --- |
| ofstream | 输出文件流类型。通过这种类型的流对象可以创建文件，并将数据写到文件中。这种类型的流对象只能将数据写到文件中，而不能进行读操作 |
| ifstream | 输入文件流类型。通过这种类型的流对象可以打开一个文件，且只能进行读操作，如果文件不存在，将失败 |
| fstream | 文件流类型。通过这种类型的流对象可以创建文件，将数据从文件读入到内存变量中，也可以将内存变量中的数据写到文件中 |

## 7.2 打开文件和关闭文件

操作系统是采用文件名和存储路径来标识一个文件的，在 C++ 程序中是通过文件流对象来标识一个文件。当文件打开以后，流对象就与文件名相关联。

### 7.2.1 打开文件

可以通过流对象的函数成员 open 打开文件。假设 inputFile 是一个 ifstream 类型的对象，它的定义如下：

```
ifstream inputFile ;
```

下面采用 inputFile 对象的 open 函数打开一个名为 customer.dat 的文件：

```
inputFile.open( "customer.dat" );
```

open 函数的参数是一个文件名，它将 customer.dat 文件和 inputFile 流对象相关联，以后对 inputFile 对象的操作，实际上都是操作文件 customer.dat。此外，由于 ifstream 类型的对象只能完成从文件中读取数据的操作，这就意味着通过 inputFile 流对象，只能从 customer.dat 文件中读取数据。

打开文件时，也可以指定绝对路径。例如打开 C 盘 custom 文件夹（即目录）中 invtry.dat 文件，可以表示为：

```
outputFile.open("c:\\custom\\invtry.dat" );
```

上述语句将 outputFile 对象与 c:\custom\invtry.dat 文件相关联。

**注意**：上述语句的文件路径中出现了两个反斜线，这是因为反斜线是一种特殊的字符，在字符串中，两个反斜线表示一个反斜线。

在 open 函数中，也可以采用字符数组做参数。下面程序段定义了一个 ifstream 对象和一个名为 fileName 的字符数组。通过 strcpy 函数将字符串 "myfile.dat" 复制到数组中，然后将数组传递给 open 函数：

```
ifstream   inputFile ;
char       fileName[20] ;
strcpy( fileName; "myfile.dat" );
inputFile.open( fileName );
```

当使用 fstream 对象时，open 函数还需要一个文件打开模式的参数。假设 dataFile 是一个 fstream 类对象，以下语句打开当前工作目录下的 infor.dat 文件：

```
dataFile.open("infor.dat", ios::out );
```

上述函数的第二个参数是 ios::out，这个标志告诉 C++ 编译器以输出模式打开文件。

**注意**：Visual Studio 2010（Express，学习版）是一个免费的 C++ 开发环境，工作目录是在创建工程文件时由系统自动创建或者程序员指定的一个目录，该目录下往往包含一个 vcxproj 文件以及编写的 cpp 文件等。

## 7.2.2 文件的打开模式

fstream 类的 open 函数必须有两个参数，其中第二个参数是文件的访问模式。对于 ifstream 和 ofstream 流对象，都有默认模式，可以不指定第二个参数。表 7-2 对 ifstream 和 ofstream 类的操作模式给出了描述。

表 7-2  ifstream 和 ofstream 类的默认操作模式

| 文 件 类 型 | 默认操作模式 |
| --- | --- |
| ofstream | 打开的文件只能用于输出（即数据可以写到文件中，但不能从文件中读数据）。如果文件不存在，将创建一个文件；如果文件存在，将刷新文件 |
| ifstream | 打开的文件只能用于输入（可以从文件首部顺序读取数据，但不能向文件写数据），如果文件不存在，打开失败，不能对文件进行写操作 |

ifstream 类对象只能用于从文件中读取数据，ofstream 类对象只能用于向文件写数据。然而通过第二个可选参数，可以改变部分对文件的操作方式，例如：

```
Output.open("values.dat", ios:: binary);
```

ios::binary 模式表明：以二进制文件方式打开文件。如果省略了这个模式，将以文本模式打开。表 7-3 给出了这些可选参数的含义。

表 7-3 模式的含义

| 模 式 | 含 义 |
|---|---|
| ios::app | 追加模式。如果文件已经存在，保留原内容，在尾部追加新内容。在默认情况下，如果文件不存在，将创建一个新文件 |
| ios::ate | 如果文件已经存在，将直接转到文件的尾部 |
| ios::binary | 二进制模式。以二进制格式进行数据读/写 |
| ios::in | 输入模式。从文件中读取数据，如果文件不存在，打开文件失败 |
| ios::out | 输出模式，向文件写数据。如果文件已经存在，文件的内容将被刷新，如果文件不存在，将新建文件 |
| ios::trunc | 如果文件已存在，文件的内容将被刷新。该模式是 ios::out 的默认模式 |

表 7-3 中的模式可以通过"|"符号连接使用。假设 dataFile 是一个 fstream 对象，那么下面的语句：

```
dataFile.open("infor.dat", ios::in | ios::out );
```

将以输入和输出模式打开 infor.dat 文件。这意味着可以向文件中写数据，也可以从文件中读数据。

**注意**：如果仅使用 ios::out 模式，在文件存在的情况下，文件的内容将被刷新；然而，当 ios::out 和 ios::in 模式一起使用时，文件的内容将被保留，如果文件不存在，将出现打开文件失败的情况。

下面的语句是打开 infor.dat 文件，并且只能向文件的尾部写数据。

```
dataFile.open("infor.dat", ios::out | ios::app);
```

**注意**：新版本 C++ 标准已经取消 ios::noreplace。

**思考**：dataFile.open("infor.dat", ios::in|ios::out|ios::trunc) 是什么意思？按照输入和输出模式打开文件，如果文件已存在，就将文件内容刷新；如果文件不存在，就新建一个文件。

## 7.2.3 定义流对象时打开文件

除了可以采用 open 函数打开文件以外，还可以在定义流对象时打开文件，例如：

```
fstream   dataFile("names.dat", ios::in | ios::out );
```

上述语句定义了一个 fstream 类对象 dataFile，同时以读写模式打开 names.dat 文件。

## 7.2.4 测试文件打开是否失败

open 函数打开文件有时会失败。例如在下面的语句中，如果 infor.dat 文件不存在，那么 open 函数将失败：

```
dataFile.open("infor.dat" , ios::in);
```

上述语句使用了 ios::in 模式，如果文件不存在，那么 open 函数将失败。测试文件打开是否失败的方法有两种。一种方法是通过"!"操作符测试 open 函数是否失败。下面的程序段测试打开 custom.dat 文件的情况，如果文件不存在，将显示一个出错信息，同时结束程序的运行：

```
dataFile.open("custom.dat", ios::in);
if( !dataFile )
{
    cout << "文件打开失败 \n" ;
```

```
    exit( 0 );
}
```

另一种测试文件打开是否失败的方法是采用 fail 函数，例如：

```
dataFile.open("custom.dat", ios::in);
if(dataFile.fail( ))
{
  cout << "文件打开失败 \n" ;
  exit( 0 );
}
```

当打开文件失败时，fail 函数成员将返回 true。

当进行文件操作时，必须采用上述介绍的方法进行测试，以确保打开文件成功。如果不能打开文件，就应当通知用户，并采取适当的方法进行处理。例如，下面的程序段在打开 customer.dat 文件时，如果打开失败，将给出一些必要的提示信息。

```
file.open("customer.dat", ios::in);
if(file.fail( ))
{
  cout << " 打开 customer.dat 文件失败 \n" ;
  cout << "文件可能不存在 \n" ;
}
```

### 7.2.5 关闭文件

与打开文件相反的操作是关闭文件。尽管在程序结束时，系统会自动关闭打开的文件，但是通过函数关闭文件是一个良好的程序设计习惯，主要有如下两个原因：

1）许多操作系统在将数据写到文件之前，都是将数据存储在称为文件缓冲区的内存空间中，该空间比较小，只能保存有限的数据。当缓冲区满时，系统才将数据写到文件中。通过这种缓冲方式，可以提高系统的性能。关闭文件操作可以将缓冲区中还未来得及写到文件中的数据及时地保存到文件中，从而避免不必要的数据丢失。

2）一些操作系统支持同时打开的文件数目有限，如果程序已经不使用文件了，还继续将文件打开，那么将浪费操作系统的资源。

C++ 关闭文件是通过流对象调用一个无参的 close 函数成员来实现，例如：

```
dataFile.close( );
```

## 7.3 采用流操作符读写文件

### 7.3.1 采用"<<"操作符写文件

前面已经学习了如何通过流插入操作符"<<"和 cout 对象将数据写到屏幕上。此外，流插入操作符"<<"还可以将数据写到文件中。假设 outputFile 是一个文件输出流对象，下面的语句采用"<<"操作符将一个字符串写到文件中：

```
outputFile << "I love C++ programming" ;
```

上述语句将字符串 "I love C++programming" 写到与 outputFile 对象相关联的文件中。从表面上看，该语句与 cout 语句类似，除了采用流对象名 outputFile 代替 cout，其他地方都一样。下面的语句将一个字符串常量和一个变量的内容写到文件中：

```
outputFile << "Price: "<< price ;
```

将数据写到与流对象关联的文件中，类似于采用 cout 写到屏幕上。例 7-1 采用 "<<" 操作符将几行字符串写到文件中。

**【例 7-1】** 采用 "<<" 操作符写字符串到文件中。

```
1    #include <iostream>
2    #include <fstream>
3    using namespace std;
4
5    int  main( )
6    {
7       fstream  dataFile ;
8
9       dataFile.open("demofile.txt", ios::out );
10      if( !dataFile )
11      {
12         cout << "打开文件失败!" << endl ;
13         exit( 0 );
14      }
15      cout << "打开文件成功！\n" ;
16
17      cout << "下面向文件写数据！\n" ;
18      dataFile << "Confucius\n" ;
19      dataFile << "Mo-tse\n" ;
20      dataFile << "Einstein\n" ;
21      dataFile << "Shakespeare\n" ;
22      dataFile.close( );
23      cout << "写文件结束！\n" ;
24
25      return 0;
26   }
```

程序运行结果：

```
打开文件成功！
下面向文件写数据！
写文件结束！
```

如果采用某编辑器（如记事本或 edit 等）打开 demofile.txt 文件，可以发现 '\n' 和其他字符一样，也写到了文件中，文件中字符的内容和顺序与程序写操作的顺序完全一致。文件的最后一个字符是文件结束标记，当关闭文件时，系统会自动在文件的尾部加上该字符，以标识文件的结束。不同的操作系统，文件结束标记也不相同，但总是一个不可显示字符。

**注意**：程序第 9 行，在 C++ 新标准下，文件打开模式 ios::out 不能省略。

**【例 7-2】** 修改例 7-1，进一步描述文件的特性。首先，打开文件，向文件中写数据并关闭文件；然后，采用追加模式（即 ios::app）再次打开文件，此时文件的原有内容保持不变，所有的后续操作都追加到文件的尾部；最后，程序向文件中写了两个字符串并关闭文件。

```
1    #include <iostream>
2    #include <fstream>
3    using namespace std;
4
5    int  main( )
6    {
7       fstream  dataFile ;
8
9       dataFile.open("demofile.txt", ios::out );
```

```
10      dataFile << "Confucius\n" ;
11      dataFile << "Mo-tse\n" ;
12      dataFile.close( );                                      // 关闭文件
13
14      dataFile.open("demofile.txt", ios::app);                // 以追加模式打开文件
15      dataFile << "Einstein\n" ;                              // 追加数据
16      dataFile << "Shakespeare\n" ;
17      dataFile.close( );
18
19      return 0;
20  }
```

demofile.txt 文件的内容：

```
Confucius
Mo-tse
Einstein
Shakespeare
```

**注意**：如果在第二次操作中采用 ios::out 模式，而不采用 ios::app 模式，那么文件的内容将被刷新。如果出现了这种情况，那么文件的内容将是 Einstein 和 Shakespeare。

## 7.3.2 格式化输出在写文件中的应用

第 1 章讲述了 cout 格式化输出数据的方法，例如 setprecision 函数成员可以用来设置浮点数的精度，同样这些函数成员也适用于写文件操作。

【例 7-3】 格式化输出在文件中的应用。

```
1   #include <iostream>
2   #include <fstream>
3   using namespace std;
4
5   int main( )
6   {
7       fstream  dataFile ;
8       float  num= 123.456f ;
9
10      dataFile.open("numfile.txt", ios::out );
11      if( !dataFile )
12      {
13          cout << "打开文件失败！" << endl ;
14          exit( 0 );
15      }
16      dataFile << num << endl ;
17      dataFile.precision(5);                  //功能等同于: dataFile << Setprecision(5)
18      dataFile << num << endl ;
19      dataFile.precision(4);
20      dataFile << num << endl ;
21      dataFile.precision(3);
22      dataFile << num << endl ;
23      dataFile.close( );
24
25      system("pause");
26      return 0;
27  }
```

numfile.txt 文件的内容：

```
123.456
```

```
123.46
123.5
124
```

对文件的格式化输出方法，与 cout 对屏幕的格式化输出方法完全相同，从操作系统的角度讲，屏幕也是文件。

setprecision 流操作符可以用来设置精度的位数，如将精度设置为 2：

```
dataFile << setprecision( 2 );
```

可以看出格式化输出函数成员和流操作符在文件中的用法，如 setw 流操作符与在标准输出流 cout 中的用法完全相同。

【例 7-4】 setw 流操作符在文件格式化输出中的应用。

```
1    #include   <iostream>
2    #include   <fstream>
3    #include   <iomanip>
4    using namespace std;
5
6    int   main( )
7    {
8        fstream   outFile("numbers.txt", ios::out );
9        int    nums[3][3] = { 1234, 3, 567, 34, 8, 6789, 124, 2345, 89 } ;
10
11       for( int   row = 0 ; row < 3 ; row++ )         // 向文件输出三行
12       {
13           for( int   col = 0 ; col < 3 ; col++ )
14               outFile << setw(10) << nums[row][col] ;
15           outFile << endl ;
16       }
17       outFile.close( );
18
19       return 0;
20   }
```

numbers.txt 文件的内容：

```
      1234         3       567
        34         8      6789
       124      2345        89
```

## 7.3.3　采用">>"操作符从文件读数据

"＞＞"操作符不仅可以读取键盘输入的数据，而且还可以读取文件中的数据。假设 inFile 是一个文件流对象，下面的语句采用"＞＞"操作符将文件中的数据读到变量 name 中：

```
inFile >> name ;
```

前面的例 7-2 已经创建了 demofile.txt 文件，它的内容如下：

```
Confucius
Mo-tse
Einstein
Shakespeare
```

【例 7-5】 采用"＞＞"操作符从文件中读取数据，并将数据存储在变量中。

```
1    #include   <iostream>
```

```
2       #include  <fstream>
3       using namespace std;
4
5       int  main( )
6       {
7           fstream dataFile;
8           char name [81];
9
10          dataFile.open("demofile.txt", ios::in);
11          if ( !dataFile)
12          {
13              cout << "File open error!" << endl;
14              exit(0);
15          }
16          for(int count = 0; count < 4; count++)
17          {
18              dataFile >> name;
19              cout << name << endl;
20          }
21          dataFile.close( );
22
23          return 0;
24      }
```

程序运行结果：

Confucius    Mo-tse    Einstein    Shakespeare

上述程序采用顺序的方式从文件中读取数据。当打开文件时，流对象的"读指针"位于文件第一个字节的位置。因此，首次读操作是在第一个字节的地方读取数据，随着数据的读取，"读指针"会自动向后移动。

通过">>"操作符从文件中读取数据时，是通过空白字符（空格、跳格、换行）区分数据的。在例7-5中，采用如下语句从文件中读取一行（由于文件中每一行仅有一个字符串，通过">>"操作符一次读取一个非空白字符串）：

dataFile >> name ;

">>"操作符将读取换行符（'\n'）前面的所有字符，因此，"Confucius"是第一个从文件中读出的字符串。在读取"Confucius"之后，顺序移动"读指针"，因此下一个读语句提取的是字符串"Mo-tse"。依此方式，顺序读取文件中的四个字符串。

### 7.3.4　检测文件结束

例7-5采用下面的循环语句，从demofile.txt读取四个字符串：

```
16          for(int count = 0; count < 4; count++)
17          {
18              dataFile >> name;
19              cout << name << endl;
20          }
```

由于文件中有四个字符串，所以循环了四次。但在许多情况下，我们并不知道有多少数据存储在文件中。在此情况下，可以通过函数成员eof( )检测"读指针"是否已经到达文件的尾部。如果"读指针"已经到达了文件的尾部,再次进行读取,那么 eof 函数将返回一个非零值(即 true)。该函数通常用在 if 语句中,例如:

```
if( inFile.eof( ))
    inFile.close( );
```

或用在循环语句中:

```
while( ! inFile.eof( ))
    inFile >> var ;
```

【例 7-6】 修改例 7-5,采用循环语句从文件中读取数据,直到文件结束为止。

```
1    #include <iostream>
2    #include <fstream>
3    using namespace std;
4
5    int  main( )
6    {
7        fstream dataFile;
8        char name [81];
9
10       dataFile.open("demofile.txt", ios::in);
11       if( ! dataFile )
12       {
13           cout << "打开文件失败!" << endl ;
14           exit( 0 );
15       }
16       cout << "文件打开成功!\n" ;
17       cout << "现在从文件中读取数据!\n\n" ;
18       while( ! dataFile.eof( ) )                  // 测试是否达到文件尾
19       {
20           dataFile >> name ;
21           if(dataFile.fail( ))                    // 若上步的读操作失败,则结束循环
22               break;
23           cout << name << "    " ;
24       }
25       dataFile.close( );
26       cout << "\n结束运行。\n" ;
27
28       return 0;
29   }
```

程序运行结果:

```
文件打开成功!
现在从文件中读取数据!
Confucius    Mo-tse    Einstein    Shakespeare
结束运行。
```

**注意**:"文件尾"的含义不是"读指针"位于文件的最后一个数据位置,而是位于最后一个数据的后面。当没有数据可供读取时,若再读一次数据,fail 函数将返回 true。

## 7.4 流对象做参数

文件流对象可以传递给函数,但必须通过引用的方式进行传递,例如下面的 openFileIn 函数采用了 fstream 类型的引用做参数:

```
1    bool  openFileIn( fstream  &file , char  name[ ])    // 流类型的引用做参数
2    {
3        bool  status ;
4
5        file.open(name, ios::in);
6        if(file.fail( ))
7            status = false ;
8        else
9            status = true ;
10
11       return  status ;
12   }
```

随着读/写操作的进行，流对象的内部状态不断发生变化，为了保持其内部状态的一致性，应向函数传递引用，见上述代码的第 1 行。例 7-7 是在例 7-6 的基础上修改而成，主要是在函数参数上进行了改动。

【例 7-7】 采用流对象做参数显示文件的内容。

```
1    #include  <iostream>
2    #include  <fstream>
3    using namespace std;
4
5        // 下面是两个函数原型
6    bool  openFileIn( fstream  &, char[ ] );
7    void  showContents( fstream  & );
8
9    int  main( )
10   {
11       fstream  dataFile ;
12
13       if( !openFileIn(dataFile,"demofile.txt"))
14       {
15           cout << "打开文件失败!" << endl ;
16           exit( 0 );
17       }
18       cout << "文件打开成功！\n" ;
19       cout << "现在从文件中读取数据!\n" ;
20       showContents(dataFile );
21       dataFile.close( );
22       cout << "\n结束运行。\n" ;
23
24       return 0;
25   }
26
27       // 打开文件进行输入。如果成功，返回 true，失败返回 false
28   bool  openFileIn( fstream  &file, char  name[ ] )
29   {
30       file.open(name, ios::in);
31       return  file.fail( ) ? false : true;
32   }
33
34       // 通过循环从文件中读取数据，并显示在屏幕上
35   void  showContents( fstream  &file )
36   {
37       char  name[81] ;
38
39       while( !file.eof( ))
40       {
41           file >> name ;
42           if(file.fail( ))
```

```
43                      break;
44              cout << name << "    " ;
45          }
46  }
```

程序运行结果：

```
文件打开成功！
现在从文件中读取数据！
Confucius    Mo-tse    Einstein    Shakespeare
结束运行。
```

## 7.5 出错检测

流对象有一组状态位，用来指明流的当前状态，见表 7-4。

**表 7-4 文件流对象的状态位**

| 状 态 位 | 含 义 |
|---|---|
| ios::eofbit | 当遇到了输入流的尾部时，将设置该位 |
| ios::failbit | 当操作失败时，将设置该位 |
| ios::hardfail | 当出现不可恢复错误时，将设置该位 |
| ios::badbit | 当出现无效操作时，将设置该位 |
| ios::goodbit | 当上述所有标记都未设置时，将设置该位，表明流对象处于正常状态 |

这些状态位可以采用表 7-5 中的函数成员进行检测。我们在前面已经学习了 eof( ) 和 fail( ) 函数，表 7-5 中的 clear( ) 函数可以用来清除状态位。

**表 7-5 测试状态位的几个函数**

| 函 数 | 含 义 |
|---|---|
| eof( ) | 如果设置了 eofbit 状态位，该函数将返回 true，否则返回 false |
| fail( ) | 如果设置了 failbit 或 hardfail 状态位，该函数将返回 true，否则返回 false |
| bad( ) | 如果设置了 badbit 状态位，该函数将返回 true，否则返回 false |
| good( ) | 如果设置了 goodbit 状态位，该函数将返回 true，否则返回 false |
| clear( ) | 当无参调用该函数时，将清除上面的所有状态位，也可以通过参数指明要清除的状态位 |

例 7-8 的 showState 函数采用一个引用做参数，通过 eof( )、fail( )、bad( ) 和 good( ) 等函数成员的返回值，显示流对象的当前状态。它首先创建一个文件 stuff.dat，将整数 10 写到文件中，并关闭文件。然后以只读方式打开文件，并读取一个整数，由于该文件中只有一个数，因此在第二次读取时将出现错误。

【例 7-8】 测试文件的状态位。

```
1   #include <iostream>
2   #include <fstream>
3   using namespace std;
4
5   void showState( fstream & );
6
7   int main( )
8   {
9       int num= 10 ;
10      fstream testFile("stuff.dat", ios::out );
```

```
11
12      if( testFile.fail( ))
13      {
14          cout << "打开文件失败！\n" ;
15          exit( 0 );
16      }
17
18      cout << "向文件中写数据！\n" ;
19      testFile << num ;                        // 通过 testFile 向文件写一个整数
20      showState( testFile );
21      testFile.close( );                       // 关闭文件
22
23      testFile.open("stuff.dat", ios::in);     // 打开文件读
24      if( testFile.fail( ))
25      {
26          cout << "打开文件失败！\n" ;
27          exit( 0 );
28      }
29
30      cout << "从文件中读一个整数！\n" ;
31      testFile >> num ;                        // 从文件中读一个整数
32      showState( testFile );
33
34      cout << "再读一个整数！\n" ;
35      testFile >> num ;                        // 将出现出错标记
36      showState( testFile );
37      testFile.close( );                       // 关闭文件
38
39      return 0;
40  }
41
42  void showState( fstream &file )
43  {
44      cout << "当前文件的状态位如下：\n" ;
45      cout <<"   eof bit: "<< file.eof( ) << "    " ;
46      cout <<"  fail bit: "<< file.fail( ) << "    " ;
47      cout <<"   bad bit: "<< file.bad( ) << "    " ;
48      cout <<"  good bit: "<< file.good( ) << endl ;
49
50      file.clear( );                           // 清除出错标记位
51  }
```

程序运行结果：

```
向文件中写数据！
当前文件的状态位如下：
eof bit: 0    fail bit: 0    bad bit: 0    good bit: 1
从文件中读一个整数！
当前文件的状态位如下：
eof bit: 1    fail bit: 0    bad bit: 0    good bit: 0
再读一个整数！
当前文件的状态位如下：
eof bit: 1    fail bit: 1    bad bit: 0    good bit: 0
```

由于 stuff.dat 文件中只有一个整数，因此在第二次读取失败后将 ios::failbit 标记设置为 1，代表操作失败。

## 7.6　采用函数成员读写文件

流对象不但可以采用流操作符 >> 和 << 操作文件，而且还可以采用函数成员操作文件。

## 7.6.1 采用 ">>" 操作符读文件的缺陷

如果将文件中的空白字符看作数据之间的分界符,那么采用 ">>" 操作符进行读取时,就会略过空白字符。在下面的例 7-9 中,所出现的问题就是由于 ">>" 操作符略过空白字符引起的。

【例 7-9】 采用 ">>" 操作符进行读取字符要注意的操作。

```
1    #include  <iostream>
2    #include  <fstream>
3    using namespace std;
4
5    int  main( )
6    {
7        fstream    readFile ;
8        char       input[81] ;
9
10       readFile.open("mytext.txt", ios::in );
11       if(readFile.fail( ))
12       {
13           cout << "打开文件失败!" << endl ;
14           exit( 0 );
15       }
16       while( !readFile.eof( ))
17       {
18           readFile >> input ;
19           if(readFile.fail( ))
20               break;
21           cout << input ;
22       }
23       readFile.close( );
24
25       return 0;
26    }
```

若 mytext.txt 文件不存在,在当前工作目录下,采用记事本创建一个,假设内容如下:

11    22
33
44

程序运行结果:

11223344

从运行结果可以看出,">>" 操作符每次从文件中读取一个整数,略过空白字符(空格和换行符),所以输出的各个数之间无空格。

**注意**: 在上述程序中,打开文件的模式如下:

```
10       readFile.open("mytext.txt", ios::in );
```

若 mytext.txt 文件不存在,那么打开文件将失败,即第 11 行的 fail 函数返回 true。若使用低版本 C++,如 VC 6.0,在失败的同时,将创建一个 0 字节大小的文件,从理论讲,这是错误的,建议读者选用新标准的 C++ 上机实验。

## 7.6.2 采用函数 getline 读文件

流对象的函数成员 getline 一次读取一行,包含空白字符,下面是调用该函数的格式:

```
readFile.getline( str, 81,'\n');
```

上述语句中的三个参数含义如下：
- str：一个字符数组名，或是一个指向内存空间的字符指针。从文件中读取的数据将存储在该空间中。
- 81：从文件中能读取的最大字符个数加 1。在这个示例中，从文件中最多能读取 80 个字符。
- '\n'：界符。如果在读满最大字符个数之前，遇到了界符，那么将停止读取。（这个参数是默认的，如果省略，将把 '\n' 看作界符。）

因此，上述语句是通过流对象 readFile，从文件中读取一行字符。如果读满了 80 个字符或者遇到了 '\n' 符号，都将停止读取，最后将读取的字符存储在数组 str 中。

【例 7-10】 采用 getline 函数成员从文件中一次读取一行。

```
1    #include  <iostream>
2    #include  <fstream>
3    using namespace std;
4
5    int  main( )
6    {
7        fstream   readFile ;
8        char      input[81] ;
9
10       readFile.open("mytext.txt", ios::in );
11       if(readFile.fail( ))
12       {
13           cout << "打开文件失败！" << endl ;
14           exit( 0 );
15       }
16       while( ! readFile.eof( ))
17       {
18              readFile.getline(input,81);   // 采用 '\n' 作为分界符
19              if(readFile.fail( ))
20                 break;
21              cout << input << endl ;
22       }
23       readFile.close( );
24
25       return 0;
26   }
```

程序运行结果：

```
11    22
33
44
```

程序的输出结果说明了 getline 函数能够读取包括空格在内的分界符。在上述程序中，省略了 getline 函数的第三个参数，按照默认原则，它的值就是 '\n'。有时，想指定一个特殊的分界符，例如，假设有一个文件 nameAndAddr.txt，包含了姓名和地址，存储形式为：

Zhang San, Bei Jing, China 100866$Li Si, Nan Jing, Jiangsu, China 210016$

把上述文件看作由两个记录构成，每个记录包含一个人的信息。同时，文件中的每个记录都由两个部分构成，第一个部分是姓名，第二个部分是地址和邮编。每个记录都用 '$' 符号结尾。在此情况下，可以采用 '$' 作为分界符，此时对文件的读取策略如下：

```
while( !readFile.eof( ))
```

```
        readFile.getline(input, 81, '$');      // 采用 '$' 作为分界符
        if(readFile.fail( ))
            break;
        cout << input << endl ;
}
```

**注意**：当采用可显示字符（如 '$'）作为数据项之间的分界符时，必须确保该字符不会出现在数据项中。如果上述文件中包含了货币数，那么这个分界符就不能使用，必须选择其他符号。

### 7.6.3 采用函数 get 读文件

另一个常用的函数成员是 get，它从文件中一次读取一个字符：

```
inFile.get(ch);
```

其中 ch 是一个字符变量，从文件中读取的字符存储在 ch 变量中。例 7-11 演示了该函数的应用，它首先要求用户输入文件名，然后采用 open 函数打开该文件，通过循环一次读取一个字符。

【**例 7-11**】 采用 get 函数成员从文件中逐个读取字符。

```
1   #include <iostream>
2   #include <fstream>
3   using namespace std;
4
5   int  main( )
6   {
7       char ch , fileName[51] ;
8       fstream  file ;
9
10      cout << "请输入文件名：" ;
11      cin >> fileName ;
12      file.open(fileName, ios::in );
13      if( ! file )
14      {
15          cout << fileName <<" 打开文件失败！\n" ;
16          exit( 0 );
17      }
18      while( !file.eof( ))
19      {
20          file.get(ch);                      // 读取一个字符
21          if(file.fail( ))
22              break;
23          cout << ch ;
24      }
25      file.close();
26
27      return 0;
28  }
```

程序运行结果：

```
请输入文件名：mytext.txt[Enter]
11    22
33
44
```

假设输入的文件名是 mytext.txt，那么将按原样显示文件的内容。get 函数能读取任何一个字符，包含空白字符，因此文件中的任何字符都将按原样显示。

### 7.6.4 采用函数 put 写文件

与 get 相对应的函数成员是 put，它向文件写字符，下面是其用法：

```
outFile.put(ch);
```

在上述语句中，假设 ch 是一个字符变量，那么将 ch 的内容写到与流对象 outFile 相关联的文件中，例 7-12 演示了该函数的应用。

【例 7-12】 get 与 put 函数成员的应用。

```
1    #include  <iostream>
2    #include  <fstream>
3    using namespace std;
4
5    int  main( )
6    {
7        char    ch ;
8        fstream   dataFile("sentence.txt", ios::out );
9
10       cout << "请输入任意多行字符，按！结束！\n" ;
11       while( cin.get(ch) )
12       {
13           if(ch == '!' )              // '!'是输入结束标记符号，不存储到文件中
14               break ;
15           dataFile.put(ch);
16       }
17       dataFile.close( );
18
19       return 0;
20   }
```

程序运行结果：

```
请输入任意多行字符，按 ！结束！
This is a
test.![Enter]
```

如果采用文本编辑器打开文件 sentence.txt，可以发现其内容如下：

```
This is a
test.
```

这说明 put 函数可以写任何一个字符，包含空白字符。

**思考**：上述程序的循环 while(cin.get(ch)) 中，cin.get(ch) 的返回值是 cin 对象本身，知道这样设计有什么优点吗？答案是可以处理 Ctrl+Z 所表示的文本文件结束符 EOF。

## 7.7 多文件操作

常常需要同时操作多个文件，这是因为在现实应用中，不同种类的数据常常分类存放在不同的文件中，例如工资系统就要由如下两个文件构成：

emp.dat 雇员基本信息文件，包含姓名、地址、电话号码、雇员编号和雇佣时间。

pay.dat 雇员明细文件，包含雇员号、正常工作单位时间内的工资、加班工作单位时间内的工资、已经工作的小时数。

当支付工资时，需要同时操作上述两个文件。C++ 打开多文件是通过定义多个文件流对象实现的。例如，如果需要从两个文件中读取数据，那么要定义两个流对象：

```
ifstream  file1 , file2 ;
```

有时，也可能要打开一个输入文件，同时再打开一个输出文件。例 7-13 要求用户输入文件名，打开文件并读取数据，将每个字符转换为大写字符，然后写到另一个输出文件 out.txt 中。这种类型的程序可以看作一个过滤器，过滤器从一个文件中读取数据，按照某种方式转换后再写到另一个文件中。

【例 7-13】 将一个文件中的字母转换为大写字母后写到另外一个文件中。

```
1    #include  <iostream>
2    #include  <fstream>
3    using namespace std;
4
5    int  main( )
6    {
7        ifstream   inFile ;                    // 输入文件流对象
8        ofstream   outFile("out.txt");         // 输出文件流对象
9        char  fileName[81], ch, ch2 ;
10
11       cout << "请输入文件名:" ;
12       cin >> fileName;
13       inFile.open(fileName );
14       if(inFile.fail( ))
15       {
16           cout << "不能打开文件: " << fileName << endl ;
17           exit( 0 );
18       }
19
20       while( !inFile.eof( ))                 // 测试文件是否结束
21       {
22           inFile.get(ch);                    // 从 inFile 再次读取一个字符
23           if ( inFile.fail( ))
24             break;
25           ch2 = toupper(ch);                 // 转换为大写字母
26           outFile.put(ch2);                  // 写到第二个文件中
27       }
28
29       inFile.close( );
30       outFile.close( );
31       cout << "文件转换结束！\n" ;
32
33       return 0;
34   }
```

若采用例 7-12 的 sentence.txt 文件作为输入，那么程序的运行结果为：

请输入文件名: sentence.txt[**Enter**]
文件转换结束！

out.txt 文件的内容：

```
THIS IS A
TEST.
```

## 7.8 二进制文件

二进制文件中的数据是非格式化的，按照在内存中的存储形式存储，不是按照 ASCII 纯文本的形式存储。

### 7.8.1 二进制文件的操作

迄今为止所讲的文件都是文本文件，这意味着数据是按纯文本格式存储在文件中。假设有一个整数 123，当采用 "<<" 操作符将它存储到文件以后，也将转换为文本的方式，即 '1' '2' 和 '3'，例如：

```
ofstream   file("num.dat");
int   x = 123 ;
file << x ;
```

最后一个语句是将 x 的内容写到文件中，它的存储形式是三个字符，即 '1' '2' 和 '3'。

数据可以按纯文本形式存储在文件中，也可以按在内存中的表示方式（即二进制形式）存储在文件中。创建二进制文件的第一步是以二进制方式打开文件，即采用 ios::binary 模式，下面就是常用的形式：

```
file.open("stuff.dat", ios::out | ios::binary);
```

上述语句将 ios::out 和 ios::binary 模式通过 "|" 连接，这将以"输出"和"二进制"模式打开文件。

**注意**：在默认情况下，文件是以文本模式打开。

创建二进制文件的第二步是采用 write 函数成员写数据。这个函数特别适合一次写一个数据块（如数组、结构体或对象），例如将一个整型数组中的 10 个元素写到文件中：

```
file.write(( char *)buffer, sizeof( buffer ));
```

函数 write 的第一个参数是内存区的开始地址，本例中的 buffer 是一个数组名，表示将 buffer 指针指向的内存中的数据写到文件中。

**注意**：write 函数要求第一个参数是 char * 指针，因此上述语句做了类型转换。

write 函数的第二参数是以字节为单位的数据项大小。由于 buffer 是具有 10 个整型元素的数组，因此 sizeof（buffer）的值是 40。上述语句的含义是将 buffer 指针所指内存中的 40 个字节，按照二进制方式一次性地写到 file 对象关联的文件中。

read 函数可以从文件中按二进制方式读入数据。假设 buffer 是具有 10 个整型元素的数组，那么下面的语句是从文件中读取 40 个字节的数据，并存储到数组 buffer 中：

```
file.read(( char *)buffer, sizeof( buffer ));
```

read 函数和 write 函数的参数含义相同，在此不再叙述。

【例 7-14】 二进制操作文件简单示例。

```
1    #include   <iostream>
2    #include   <fstream>
3    using namespace std;
4
5    int   main( )
6    {
7              // 以二进制模式打开 "bfile.dat" 文件
```

```
 8          fstream  file("bfile.dat", ios::out | ios::binary);
 9          int  buffer[10] = {1, 2, 3, 4, 5, 6, 7, 8, 9, 10} ;
10
11          cout << "首先向文件中写数据 ...\n" ;
12          file.write(( char*)buffer, sizeof( buffer ));
13          file.close( );
14          cout << "写数据成功！\n" ;
15          file.open("bfile.dat", ios::in);         // 再次打开文件
16          if( file.fail( ))
17          {
18              cout<<"打开文件失败!" ;
19              exit( 0 );
20          }
21          cout << "打开文件读取数据！\n" ;
22          file.read(( char*)buffer, sizeof( buffer ));
23          for( int  count = 0 ; count < 10 ; count++ )
24              cout << buffer[count] << "  " ;
25          file.close( );
26
27          return 0;
28      }
```

程序运行结果：

```
首先向文件中写数据 ...
写数据成功！
打开文件读取数据！
1  2  3  4  5  6  7  8  9  10
```

**注意**：如果通过 Windows 查看文件 bfile.dat 的属性，将发现文件大小为 40 个字节。这是因为文件中有 10 个元素，每个元素占 4 个字节，所以文件大小为 40 个字节。

**思考**：如果将上例改成用文本文件存储数据，该文件的大小有多大？（理解这一点，有助于掌握文本文件和二进制文件的区别。）请修改上述程序，试一试。

## 7.8.2　读写结构体记录

结构体数据可以采用定长块存储到文件中，并且必须以二进制方式读写文件。

结构体是一种有效组织单个数据项的方式，它把若干个孤立的数据项构成一个数据块。例如，关于一个同学的描述，可以采用姓名（name）、年龄（age）、地址（address）、电话（phone）和 Email 等数据项描述，把这些数据项组织起来构成一个记录。下面的定义创建了一个关于学生通讯录的结构体：

```
struct  Info
{
    char    name[21] ;
    int     age ;
    char    address[51] ;
    char    phone[14] ;
    char    email[51] ;
};
```

结构体除了提供组织数据的结构以外，还是一种将数据打包、构成一个完整单元的方法。假如定义了一个如下的结构体变量：

```
Info   person ;
```

一旦将所有的单个数据项成员都赋值，那么就可以采用 write 函数将该变量一次性地写入

文件:

```
file.write(( char *)&person, sizeof(person));
```

第一个参数是 person 变量的地址,由于 write 函数要求第一个参数是 char* 指针,因此进行了类型强制转换。第二个参数是通过 sizeof 运算符获得 person 变量的字节数。

采用 read 函数一次读取一个记录(即定长块)。它的参数含义与前面介绍的含义相同,在此不再给出,例 7-15 给出了结构体的文件读写方法。

**注意**:结构体可以是不同数据类型的混合体,必须采用二进制方式操作文件。

【例 7-15】 基于结构体的文件读写操作。

```
1   #include <iostream>
2   #include <fstream>
3   using namespace std;
4
5   struct Info
6   {
7       char    name[21] ;
8       int     age ;
9       char    address[51] ;
10      char    phone[14] ;
11      char    email[51] ;
12  } ;
13
14  int main( )
15  {
16      fstream people("people.dat", ios::out | ios::binary);
17      Info person ;
18      char again ;
19
20      if(people.fail( ))
21      {
22          cout << "打开文件people.dat 出错!\n" ;
23          exit( 0 );
24      }
25
26      do
27      {
28          cout << "请输入下面的数据:\n" ;
29
30          cout << "姓名:" ;
31          cin.getline(person.name, 21);
32          cout << "年龄:" ;
33          cin >> person.age ;
34          cin.ignore( );                           // 略过换行符
35          cout << "联系地址:" ;
36          cin.getline(person.address, 51);
37          cout << "联系电话:" ;
38          cin.getline(person.phone, 14);
39          cout << "E-mail:" ;
40          cin.getline(person.email, 51);
41          people .write(( char *)&person, sizeof(person));
42
43          cout << "还要再输入一个同学的数据吗?" ;
44          cin >> again ;
45          cin.ignore( );
```

```
46            } while( toupper( again ) == 'Y' );
47            people.close( );                              // 关闭文件
48
49            // 下面是再次打开文件进行读取数据
50            cout << "\n\n*** 下面显示所有人的数据 ***\n" ;
51            people.open("people.dat", ios::in | ios::binary);
52            if(people.fail( ))
53            {
54                cout << "打开文件 people.dat 出错！\n" ;
55                exit( 0 );
56            }
57
58            while( !people.eof( ))
59            {
60                people.read(( char *)&person, sizeof(person));
61                if(people.fail( ))
62                    break;
63                cout << "姓名： " << person.name << endl ;
64                cout << "年龄： " << person.age << endl ;
65                cout << "地址： " << person.address << endl ;
66                cout << "电话： " << person.phone << endl ;
67                cout << "E-mail: " << person.email << endl ;
68                cout << "\n按任意键，显示下一个人的记录！\n" ;
69                cin.get(again);
70            }
71            cout << "显示完毕！\n" ;
72            people.close( );
73
74            return 0;
75        }
```

程序运行结果：

请输入下面的信息：
姓名： 张三 **[Enter]**
年龄： 21**[Enter]**
联系地址： 北京市复兴门 2888 号 **[Enter]**
联系电话： 010-12345678**[Enter]**
E-mail： zhangsan@yahoo.com**[Enter]**
还要再输入一个同学的信息吗 ？ y**[Enter]**
请输入下面的信息：
姓名： 李四 **[Enter]**
年龄： 23**[Enter]**
联系地址： 南京中华门 99 号 **[Enter]**
联系电话： 025-87654321**[Enter]**
E-mail： lisi@sohu.com**[Enter]**
还要再输入一个同学的信息吗 ？ n**[Enter]**

*** 下面显示所有人的信息 ***
姓名： 张三
年龄： 21
地址： 北京市复兴门 2888 号
电话： 010-12345678
E-mail： zhangsan@yahoo.com
按任意键，显示下一个人的记录！**[Enter]**
姓名： 李四
年龄： 23
地址： 南京中华门 99 号
电话： 025-87654321

```
E-mail: lisi@sohu.com
```

按任意键，显示下一个人的记录！**[Enter]**
显示完毕！

**注意**：张三和李四的个人信息都是作者假设的，如有雷同，纯属巧合。

## 7.9 随机访问文件

随机访问意味着不需要顺序访问文件中的数据，可以根据需要进行访问。

### 7.9.1 顺序访问文件的缺陷

前面所举的示例都是按顺序访问方式进行的，当打开文件时，读/写"指针"就在文件的开头（如果采用 ios::app 模式，"写指针"在文件的尾部）。如果打开的文件用于输出，那么将把数据一个接一个地写到文件中。如果打开的文件用于输入，将在文件的开头读取数据。随着读/写操作的进行，流对象的读/写指针自动顺序前进。

顺序访问文件的缺陷是为了从文件中读取特定位置上的数据，必须先读取前面的所有数据。例如，为了读取文件中第 100 个字节上的数据，必须先读取前面的 99 个字节。

尽管在许多情况下，顺序文件很有用，但它却降低了程序的速度，如果文件很大，这种方式将浪费很多时间。在 C++ 中，可以采用随机访问文件弥补此缺陷。在随机访问方式下，程序可以立即定位到指定的位置，而不需要先读取前面的数据。

顺序访问文件和随机访问文件就像磁带和 CD，当听 CD 上的音乐时，不需要先听完前面的音乐，只需要跳到指定的位置即可听自己想听的音乐。

### 7.9.2 定位函数 seekp 和 seekg

文件流对象有两个用于完成读/写指针定位的函数成员：seekp 和 seekg。seekp 函数用于输出文件（"p" 代表英文的 put，即"写"），而 seekg 函数用于输入文件（"g" 代表英文的 get，即"读"）。换句话讲，seekp 用于将数据写入文件，seekg 用于从文件读取数据。下面是 seekp 函数的使用示例：

```
file.seekp(20L, ios::beg);
```

函数的第一个参数是一个长整数，代表文件中的偏移量，即希望移动的字节数，在上述示例中采用 20L（L 代表长整型）表示。执行此语句将把写指针移动到 20 号字节的位置上（在文件中，开始位置是 0，20 号字节的位置就是第 21 个字节的位置）。

函数的第二个参数是模式，代表从哪个地方开始计算偏移量。ios::beg 意味着从文件头开始计算偏移量。此外，还可以从文件尾或者从文件的当前位置计算偏移量。表 7-6 列出了这三种随机访问模式的含义。

表 7-6　三种随机访问模式的含义

| 模　　式 | 含　　义 |
| --- | --- |
| ios::beg | 从文件头开始计算偏移量 |
| ios::end | 从文件尾开始计算偏移量 |
| ios::cur | 从当前位置开始计算偏移量 |

表 7-7 给出了 seekp 和 seekg 各种模式的应用示例。

表 7-7 访问模式应用举例

| 示例语句 | 含 义 |
| --- | --- |
| file.seekp(32L, ios::beg); | 相对于文件头，将写指针向文件尾移动 32 个字节 |
| file.seekp(-10L, ios::end); | 相对于文件尾，将写指针向文件头移动 10 个字节 |
| file.seekp(120L, ios::cur); | 从当前位置开始，将写指针向文件尾移动 120 个字节 |
| file.seekg(2L, ios::beg); | 相对于文件头，将读指针向文件尾移动 2 个字节 |
| File.seekg(-100L,ios::end); | 相对于文件尾，将读指针向文件头移动 100 个字节 |
| file.seekg(40L, ios::cur); | 从当前位置开始，将读指针向文件尾移动 40 个字节 |
| file.seekg(0L, ios::end); | 将读指针设置在文件尾 |

上述部分示例中采用了负数，负偏移量导致文件中的读/写指针向后移动，而正偏移量导致文件中的读/写指针向前移动。

**注意**："向前"代表从文件头到文件尾的方向，"向后"是其反方向。

假设文件 digit.txt 包含的数据如下：

1234567890

【例 7-16】 采用 seekg 函数，在文件中跳转到不同的位置读取 digit.txt 文件中的字符。

```
1   #include <iostream>
2   #include <fstream>
3   using namespace std;
4
5   int main( )
6   {
7       char ch ;
8       fstream file("digit.txt", ios::in);
9
10      if( file.fail( ))
11      {
12          cout << "打开文件 digit.txt 出错！\n" ;
13          exit( 0 );
14      }
15
16      file.seekg (1L, ios::beg);
17      file.get(ch);
18      cout << ch << '\t';
19      file.seekg (-3L, ios::end);
20      file.get(ch);
21      cout << ch << '\t';
22      file.seekg (1L, ios::cur);
23      file.get(ch);
24      cout << ch << endl;
25      file.close( );
26
27      return 0;
28  }
```

程序运行结果：

2        8        0

例 7-17 采用 seekg 函数进行位置指针定位，然后显示由例 7-15 创建的 people.dat 文件中的数据。它首先显示 1 号记录，然后再显示 0 号记录。

该程序除了 main 函数以外，还有两个重要的函数。第一个是 byteNum，它接收一个记录号为参数，返回值是该记录相对文件头的偏移量。第二个函数是 showRec，它的参数是一个 Info 结构体变量，显示该变量中的数据项。

【例 7-17】 采用文件读写指针访问结构体数据构成的二进制文件。

```cpp
 1    #include  <iostream>
 2    #include  <fstream>
 3    using namespace std;
 4
 5    struct  Info                          // 定义一个结构体
 6    {
 7        char    name[21] ;
 8        int     age ;
 9        char    address[51] ;
10        char    phone[14] ;
11        char    email[51] ;
12    } ;
13
14    long  byteNum( int );                 // 函数原型
15    void  showRec(Info);                  // 函数原型
16
17    int  main( )
18    {
19        fstream   people( "people.dat", ios::in | ios::binary );
20        Info    person ;
21
22        if(people.fail( ))
23        {
24            cout << "打开文件people.dat 出错！\n" ;
25            exit( 0 );
26        }
27        cout << "下面是 1 号记录:\n" ;
28        people.seekg( byteNum( 1 ), ios::beg);
29        people.read(( char *)&person, sizeof(person));
30        showRec(person);
31        cout << "\n下面是 0 号记录:\n" ;
32        people.seekg(byteNum(0), ios::beg);
33        people.read(( char *)&person, sizeof(person));
34        showRec(person);
35        people.close( );
36
37        return 0;
38    }
39
40        // byteNum 函数，返回记录号在文件中的偏移量
41    long  byteNum( int  recNum )
42    {
43        return   sizeof(Info) * recNum ;
44    }
45
46        // showRec 函数，显示参数结构体变量中的各个项
47    void  showRec(Info  person)
48    {
49        cout << "姓名： " << person.name << endl ;
50        cout << "年龄: " << person.age << endl ;
51        cout << "地址： " << person.address << endl ;
52        cout << "电话: " << person.phone << endl ;
53        cout << "E-mail: " << person.email << endl ;
54    }
```

程序运行结果：

```
下面是 1 号记录：
姓名：  李四
年龄： 23
地址：  南京中华门 99 号
电话： 025-87654321
E-mail: lisi@sohu.com
下面是 0 号记录：
姓名：  张三
年龄： 21
地址：  北京市复兴门 2888 号
电话： 010-12345678
E-mail: zhangsan@yahoo.com
```

### 7.9.3 返回位置函数 tellp 和 tellg

流对象还有两个用于随机访问文件的函数成员：tellp 和 tellg，它们的功能是返回文件当前的读/写位置，该位置是一个 long 类型的整数。tellp 返回写位置，tellg 返回读位置。假设 pos 是一个 long 类型的变量，那么下面就是它们的用法：

```
pos = outFile.tellp( );    // 获得当前写指针的位置
pos = inFile.tellg( );     // 获得当前读指针的位置
```

例 7-18 演示了 tellg 函数的应用，它同样采用 digit.txt 文件（例 7-16 使用过的文件）进行测试，该文件包含的内容是 1234567890。

【例 7-18】 获取文件中数据的相对偏移量。

```
1    #include <iostream>
2    #include <fstream>
3    using namespace std;
4
5    int  main( )
6    {
7        fstream    file("digit.txt", ios::in);
8        long       offset ;
9        char       ch, again ;
10
11       if( file.fail( ))
12       {
13           cout << "打开文件 people.dat 出错！\n" ;
14           exit( 0 );
15       }
16
17       do
18       {
19           cout << "当前位置：" << file.tellg( ) << endl ;
20           cout << "请输入一个相对于文件头的偏移量：" ;
21           cin >> offset ;
22           file.seekg(offset, ios::beg);
23           file.get(ch);
24           cout << "当前的字符为：" << ch << endl ;
25           cout << "继续吗 (Y/N)？  " ;
26           cin >> again ;
27       } while( toupper( again ) == 'Y' );
28       file.close( );
29
30       return 0;
31   }
```

程序运行结果:

```
当前位置: 0
请输入一个相对于文件头的偏移量 : 2[Enter]
当前的字符为 : 3
继续吗 (Y/N)?   y[Enter]
当前位置 :3
请输入一个相对于文件头的偏移量 : 6[Enter]
当前的字符为 : 7
继续吗 (Y/N)?   n[Enter]
```

**注意**: 每当从文件中读取一个字符以后, 如执行第 23 行的 file.get(ch), 文件的读位置指针将自动向文件尾移动一个字节。

**思考**: 上述程序运行时, 若输入了一个较大的偏移量, 例如 1000, 知道会出现什么后果吗?如何修改程序?(提示: 解决这种错误的方法是在第 23 行的后面增加 file.clear(), 清除上次错误造成的混乱状态。)

## 7.10 输入/输出二进制文件综合举例

有时需要对文件同时进行输入和输出, 例如, 要在某文件中查找一个记录, 然后在原位置修改它的数据项, 这就需要采用读操作将记录从文件读到内存, 在内存中按要求修改以后, 采用写操作用新记录替换原来的记录。

同时执行输入和输出操作可以采用 fstream 对象实现, 用 "|" 操作符将 ios::in 和 ios::out 连接起来, 例如, 在定义 file 对象时指明它具有输入和输出的能力:

```
fstream file("data.dat", ios::in | ios::out )
```

同样在 open 函数中也可以指明:

```
file.open("data.dat", ios::in | ios::out );
```

如果是读写二进制文件, 那么就要在打开模式中再加上 ios::binary, 例如:

```
file.open("data.dat", ios::in | ios::out | ios::binary);
```

当采用 ios::in 和 ios::out 模式打开文件时, 文件的内容将被保留, 读/写位置初始化在文件头。如果文件不存在, 将创建一个 0 字节的新文件。

**【例 7-19】** 综合应用。以读写模式打开二进制文件, 显示内容, 并允许用户修改指定的记录。

```
1    #include  <iostream>
2    #include  <fstream>
3    #include  <iomanip>
4    using namespace std;
5
6    struct   Info         // 定义一个结构体
7    {
8        char    name[21] ;
9        int     age ;
10       char    address[51] ;
11       char    phone[14] ;
12       char    email[51] ;
13   } ;
```

```
14
15    void    createFile(fstream & );         // 创建文件
16    void    editFile(fstream & );           // 修改文件
17    void    showFile(fstream & );           // 显示文件
18
19    int  main( )
20    {
21        int     choice;
22        fstream  people("Info.dat",ios::out|ios::in|ios::binary|ios::trunc);
23
24        if( people.fail( ) )
25        {
26            cout << "打开文件出错！\n" ;
27            exit( 0 );
28        }
29
30        while( true )
31        {
32            cout<<"\n\t 1.Create    2.Show    3.Edit    4.Exit\n";
33            cin>>choice;
34            switch( choice )
35            {
36                case 1:
37                    createFile(people );
38                    break;
39                case 2:
40                    showFile(people );
41                    break;
42                case 3:
43                    editFile(people );
44                    break;
45                case 4:
46                    people.close();
47                    exit( 0);
48            }
49        }
50
51        return 0;
52    }
53
54    // 下面的 createFile 函数采用 5 个空记录设置文件
55    void createFile( fstream & file )
56    {
57        Info   record={"",0,"","",""};
58
59        file.clear( );                      // 清除各标记
60        file.seekp( 0L,ios::beg);           // 将文件写指针移动到文件头
61
62            // 向文件中写 5 个空记录
63        for(int count = 0; count < 5; count++ )
64        {
65            cout << "写记录：" << count << endl;
66            file.write((char *)&record, sizeof(record));
67        }
68        file.flush( );                      //刷新缓冲区，将内存中还没有写到文件中的数据强制写到文件
69    }
70
71    // showFile 函数可以显示文件的内容
72    void showFile(fstream & file )
73    {
```

```cpp
74          Info    person={"",0,"","",""};
75
76          file.clear( );                                              // 清除各标记
77          file.seekg( 0L,ios::beg);
78
79          cout << setw(10)<< "姓名 " << setw(10)<<"年龄 " << setw(20)<< " 地址 "
80               << setw(10)<< " 电话 " << setw(20)<< "E-mail "<< endl ;
81          while( !file.eof( ))
82          {
83              file.read(( char *)&person, sizeof(person));            // 读取一个数据块
84              if(file.fail( ))
85                  break;
86              cout <<  setw(10)<<person.name;
87              cout <<  setw(10)<< person.age ;
88              cout <<  setw(20)<<  person.address;
89              cout <<  setw(10)<< person.phone ;
90              cout <<  setw(20)<< person.email << endl ;
91          }
92      }
93
94      // 下面的函数通过调整写指针，可以修改任意一个记录
95      void  editFile(fstream  & file )
96      {
97          Info  person ;
98          long  recNum ;
99
100         file.clear( );           // 将文件的各个标志位重新置位
101         cout << "你想修改哪个人 (0 - 4) ？ ";
102         cin >> recNum ;
103         cin.ignore( );     // 略过后面的换行符
104         file.seekg(recNum * sizeof(person), ios::beg);              // 调整读指针
105         file.read(( char *)&person, sizeof(person));                // 读出数据
106
107         // 显示原来数据
108         cout << setw(10)<< "姓名 " << setw(10)<<"年龄 " << setw(10)<< " 地址 "
109              << setw(10)<< " 电话 " << setw(10)<< "E-mail "<< endl ;
110         cout <<  setw(10)<<person.name;
111         cout <<  setw(10)<< person.age ;
112         cout <<  setw(20)<<  person.address;
113         cout <<  setw(10)<< person.phone ;
114         cout <<  setw(20)<< person.email << endl ;
115
116         // 输入新数据
117         cout << " 请输入下面的新信息：\n" ;
118         cout << "姓名： " ;
119         cin.getline(person.name, 21);
120         cout << "年龄：" ;
121         cin >> person.age ;
122         cin.ignore( );     // 略过换行符
123
124         cout << "联系地址：" ;
125         cin.getline(person.address, 51);
126         cout << "联系电话：" ;
127         cin.getline(person.phone, 14);
128         cout << "E-mail: " ;
129         cin.getline(person.email, 51);
130
131         file.seekp( recNum * sizeof(person), ios::beg);              // 调整写指针
132         file.write(( char *)&person, sizeof(person));                // 重新写记录
133         file.flush( );
134     }
```

程序运行结果：

```
1.Create    2.Show    3.Edit    4.Exit
1[Enter]
写记录：0
写记录：1
写记录：2
写记录：3
写记录：4

1.Create    2.Show    3.Edit    4.Exit
2[Enter]
姓名：          年 龄：0           地址：
电话：          E-mail:
姓名：          年 龄：0           地址：
电话：          E-mail:
姓名：          年 龄：0           地址：
电话：          E-mail:
姓名：          年 龄：0           地址：
电话：          E-mail:
姓名：          年 龄：0           地址：
电话：          E-mail:

1.Create    2.Show    3.Edit    4.Exit
3[Enter]
想修改哪个人 (0 - 4) ? 1
姓名：          年 龄：0           地址：
电话：          E-mail:

请输入下面的新信息：
姓名： 张三 [Enter]
年龄：21[Enter]
联系地址：南京市中华门 123 号 [Enter]
联系电话：02512345678[Enter]
E-mail: zhangsan@163.com[Enter]

1.Create    2.Show    3.Edit    4.Exit
2[Enter]
姓名：          年 龄：0           地址：
电话：          E-mail:
姓名：张三      年 龄：21          地址：南京市中华门 123 号
电话：02512345678        E-mail: zhangsan@163.com
姓名：          年 龄：0           地址：
电话：          E-mail:
姓名：          年 龄：0           地址：
电话：          E-mail:
姓名：          年 龄：0           地址：
电话：          E-mail:

1.Create    2.Show    3.Edit    4.Exit
4[Enter]
```

## 思考与练习

**注意**：下面各程序如果需要一个文件，就先采用编辑器（如记事本）创建一个文本文件。

1. 编写一个程序，要求用户输入文件名，在屏幕上显示文件的前 10 行。如果文件少于 10 行，那么就显示整个文件，同时在屏幕上给出一个已经显示了整个文件的提示信息。
2. 编写一个程序，要求用户输入文件名，在屏幕上显示文件的内容。如果一屏显示不全，那么显示 24 行后暂停一下，等待用户按任意键以后继续显示后面的 24 行。
3. 编写一个程序，要求用户输入文件名，在屏幕上显示文件的最后 10 行。如果文件少于 10 行，那么就显示整个文件，同时在屏幕上给出一个已经显示了整个文件的提示信息。
4. 假设已经做完了第 2 题：编写一个程序，要求用户输入文件名，在屏幕上显示文件的内容。在显示时，每行前面都要带上一个行号和一个冒号。行号是从 1 开始。例如：

```
1: This a test
2:for you.
3: 2013-5-31
```

如果文件的内容一屏显示不全，那么显示 24 行后要暂停一下，等待用户按任意键以后继续显示后面的 24 行。
5. 编写一个程序，要求用户输入文件名和要查找的字符串。程序在文件中查找指定的字符串，如果在某行中找到了该串，那么就把该行在屏幕上显示出来。最后，给出字符串在文件中出现的次数。
6. 编写一个程序，要求用户输入两个文件名。第一个文件用于输入，第二个文件用于输出。并假设第一个文件中包含的句子都以点"."结束。程序从第一个文件中读取字符，把每个句子的所有字母（除句子的第一个字母外）都变成小写字母，然后写到第二个文件中。
7. 编写一个文件加密程序。将第一个文件中的内容按照一定的方法，对每个字符加密后存储到第二个文件中。尽管加密技术很多，但是可以采用一种简单的加密方法，如将每个字母的 ASCII 码加 2。
8. 编写一个文件解密程序。将第 7 题中的加密文件解密，然后写到另一个文件中。
9. 编写同学通讯录程序。编写一个程序，将下面的同学信息存储到文件中：
   name：具有 21 个空间的字符数组；
   age：一个整型变量；
   address：具有 51 个空间的字符数组；
   phone：具有 14 个空间的字符数组；
   email：具有 51 个空间的字符数组。
   该程序有一个菜单，便于用户完成如下操作：
   1）向文件中增加记录。
   2）显示文件中的所有记录。
   3）修改任意一个记录。
   4）按照姓名查找一个同学的记录。
   5）删除某个同学的记录。
   输入有效性检验：输入的年龄不能为负，也不能大于 200。
10. 同学通讯录统计。编写一个程序读取第 9 题中创建的同学通讯录文件，该程序必须完成如下几个功能：
    1）统计文件中同学的个数。
    2）计算同学的平均年龄。

# 第 8 章　类的基础部分

　　类是进行面向对象程序设计的基础，它把数据和函数封装在一起，构成一个基本的单元。本章主要讲述类的声明和实现，以及它的应用——如何创建抽象数组类型。

## 8.1　面向过程程序设计与面向对象程序设计的区别

　　面向过程程序设计是软件开发的一种方法，程序员将精力主要集中在写过程（或函数）上，而在面向对象的程序设计中，程序员将精力集中在设计类上。

　　在目前的系统开发中，一般来讲有两种程序设计方法：面向过程的程序设计和面向对象的程序设计（Object-Oriented Programming，OOP）。在前面章节讲述的主要是过程化的程序设计。

　　在面向过程的程序设计中，通常将数据存储在一组变量或结构体中，同时再写一套操作数据的函数，这些数据和函数是分开的。例如，处理一个矩形的程序可能需要如表 8-1 所示的变量和函数。

表 8-1　处理一个矩形的程序可能需要的变量和函数

| 变　　量 | 含　　义 | 函　数　名 | 功　　能 |
| --- | --- | --- | --- |
| float width; | 矩形的宽 | setData( ) | 设置 width 和 length 的值 |
| float length; | 矩形的长 | calculateArea( ) | 计算矩形的面积 |
| float area ; | 矩形的面积 | getWidth( ) | 显示矩形的宽 |
|  |  | getLength( ) | 显示矩形的长 |
|  |  | getArea( ) | 显示矩形的面积 |

　　程序员采用过程化的程序设计方法，精力将主要集中在函数设计上。

### 8.1.1　面向过程程序设计的缺陷

　　在程序设计中，最重要的部分应该是数据和组织数据的方式，而过程化的设计方法使程序员将精力集中在函数设计上，这将出现如下问题：

　　1）出现大量的全局变量。在一个大型的系统中，常常需要许多全局变量来存储数据，便于函数访问这些关键信息。凡事有利必有弊，全局变量在方便程序员的同时，也会使程序员不小心破坏一些关键数据。

　　2）程序复杂。即使将一个程序高度模块化（即分解为许多函数），但一个程序员能理解的函数数量是有限的。一个普通的系统通常由几千个相互交织的函数构成，如果一个程序员不具备将一个工程分解为若干个函数的能力，那么他很难理解程序。

　　3）对程序难以进行修改和扩充。当一个程序达到一定程度时，就很难去修改它的代码。如何修改而不影响程序的其他部分？因为函数之间总有一些微妙的依赖关系，当程序员改动一个函数时，它可能还不知道已经影响了其他函数，这将防不胜防。

### 8.1.2　面向对象程序设计的基本思想

　　正如面向过程的程序设计将精力集中在函数设计上，面向对象的程序设计将精力集中在对象上，对象封装了数据和操作数据的若干个函数。

变量代表计算机内存中的一块存储区，程序需要使用变量存储原子数据类型的数据，如 int、float 和 double 等类型数据。程序员通过定义结构体创建自己的抽象数据类型，结构体像一个复合变量，它代表内存中的一块存储区，由若干个元素构成。本章要学习的类和结构体相似。通常，类不仅有数据成员，而且还有函数成员。数据成员和函数成员封装在一起构成一个独立的单元，将由数据和函数构成的一个实体称为对象。

图 8-1 给出了一个矩形对象的表示，它封装了本节提到的数据和函数。

在面向对象的程序设计中，这些变量和函数构成了矩形对象的成员，它们封装在一起构成了一个独立的单元。当要完成某些操作时，如计算矩形的面积，可向矩形对象传递一个信息，告诉它调用 calculateArea 函数。由于 calculateArea 是矩形对象的一个函数成员，与 width、length 变量同属于一个对象，函数可立即访问这些变量。

**注意**：按照 OOP 的术语，数据成员称为对象的属性，函数成员称为对象的方法。

对象不仅具有相关的数据和函数，而且还具有限制程序的其他部分访问其数据成员的能力，这就是数据隐藏。数据隐藏是面向对象程序设计中很重要的一个特性，它不仅可以防止对象的关键数据被意外地破坏，而且还向外部对象隐藏复杂的算法。其中的公有成员构成了对象的外部接口，图 8-2 描述了这个特性。

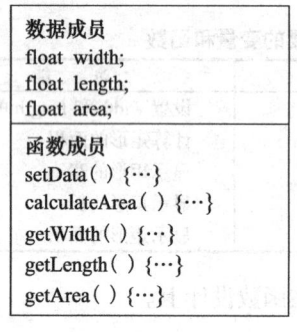

图 8-1 对象的构成

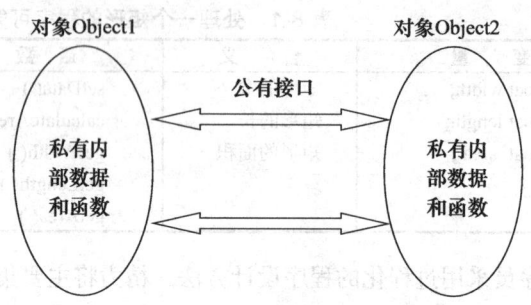

图 8-2 数据隐藏

在现实生活中，汽车就是面向对象的一个示例。它对外由一些简单的接口构成：开关、方向盘、刹车踏板和调速操纵杆等。如果要驾驶汽车，只要学会操作这些接口即可。例如，想让汽车向左转，只要向左转动方向盘即可，至于车轮是如何转动的不需要知道，同时这个功能对外也是透明的。汽车具有简单的用户接口，这对司机来讲是一件好事，因为这将减少因偶尔的操作不当而损坏汽车。

**注意**："透明"是一个专业术语，实际上是看不到对象的内部，与日常的"透明"概念相反。

在软件开发中采用 OOP 技术，程序员所创造的对象功能很强，但外部接口简单，这不但保证了对象的数据安全，而且还易于被别人使用。例如 cin 和 cout 对象就是由其他程序员写的，无须关心其内部是如何实现的，只要会正确地使用它们即可。

对象由程序员定义的抽象数据类型创建。通常，程序员可创建两种类型的对象：一般目的的对象和面向某特定应用的对象。一般目的的对象通常具有如下几个目的：

1）用于改进或提高 C++ 固有的内嵌数据类型。

2）弥补 C++ 当前没有的数据类型。例如，设计一种对象可以处理当前的货币和日期，而这两种类型在目前的标准 C++ 中是没有的。

3）完成普通任务所需要的功能。例如，实现输入有效性检验或图形用户界面的输出。

面向特定应用的对象是为某些特殊应用所创建的，用于处理特殊的信息。例如，某书店的一个系统是基于面向对象技术设计的，专门处理他们的日常交易。尽管这些对象在书店日常处理中很有用，但不通用。例如，学校就不能使用该软件来管理学生成绩。

## 8.2 类的基本概念

类是 C++ 中创建对象的基础，它与结构体相似，是程序员所定义的一种由变量和函数构成的抽象数据类型，定义类的一般形式为：

```
class  类名
{
    变量和函数的声明；
    ...
} ;
```

**注意**：下面创建的矩形类还不能使用，目前仅仅是讲述如何创建类。

与结构体变量的使用类似，首先要定义类型，然后才能定义对象。类的定义是告诉编译器类的构成，下面是对矩形类的简单定义：

```
class  Rectangle
{
    float   width ;
    float   length ;
    float   area ;
} ;   //注意：大括号后面有一个分号
```

上面定义的类具有三个数据成员：width、length 和 area。当然，类中不仅有变量，而且还可以有操作数据成员的函数，现增加几个函数成员，见表 8-2。

表 8-2 增加几个函数成员

| 函 数 名 | 功 能 |
| --- | --- |
| void setData( float , float ) ; | 设置矩形的 width 和 length 变量 |
| void calculateArea() ; | 计算矩形的面积，并把结果存储在数据成员 area 中 |
| float getWidth() ; | 返回存储在数据成员 width 中的值 |
| float getLength() ; | 返回存储在数据成员 length 中的值 |
| float getArea() ; | 返回存储在数据成员 area 中的值 |

我们还没有对上面所描述的函数成员给出定义，仅仅是把它们的原型写在类中：

```
class   Rectangle
{
    float   width ;
    float   length:
    float   area ;
    void    setData( float , float ) ;
    void    calculateArea( ) ;
    float   getWidth( ) ;
    float   getLength( ) ;
    float   getArea( ) ;
} ;
```

在默认情况下，类中的成员（包括数据和函数）都是私有的（private），类外的程序不能访问类中的私有成员。结构体中的成员在默认情况下都是公有的，在结构体外部可以访问这些成员。因此，上述定义的 Rectangle 类中的所有成员都是私有的，类外的程序语句不能访问这些成员。

**注意**：如果类外的程序语句要访问类中的私有成员，那么将会出现编译错误。在后面，将学习外部的函数如何通过特殊的权限访问类的私有成员。

C++ 提供了修饰成员的三个关键字：private（私有）、public（公有）和 protected（保护）。为了使类外的语句能够访问类中的成员，必须将这些成员声明为公有，下面给出示例：

```
class  Rectangle
{
private:                              // 通常数据成员都是私有的
    float  width ;
    float  length ;
    float  area ;
public:                               // 通常函数成员都是公有的
    void  setData( float , float ) ;
    void  calculateArea( ) ;
    float  getWidth( ) ;
    float  getLength( ) ;
    float  getArea( ) ;
} ;
```

关键字 private 和 public 是访问修饰符。在上述声明中，变量 width、length 和 area 都是私有的，这意味着它们只能被函数成员访问，而函数成员都是公有的，这说明在类的外部可以调用它们。

**注意**：在默认情况下，成员访问修饰符是 private，若将上例中的 private 去掉，效果等同。但采用 private 关键字显示指明私有成员将使读者一目了然。

私有成员可以定义在公有成员之前，也可以定义在公有成员之后，例如：

```
class  Rectangle
{
public:                               // 先定义公有成员
    void  setData( float , float ) ;
    void  calculateArea( ) ;
    float  getWidth( ) ;
    float  getLength( ) ;
    float  getArea( ) ;
private:                              // 再定义私有成员
    float  width ;
    float  length ;
    float  area ;
} ;
```

私有成员和公有成员也可以交叉定义，例如：

```
class  Rectangle
{
private:
    float  width ;
public:
    void  setData( float , float ) ;
    void  calculateArea( ) ;
    float  getWidth( ) ;
    float  getLength( ) ;
```

```
    float   getArea( ) ;
private:
    float   length ;
    float   area ;
} ;
```

尽管在定义 C++ 类的时候，可以随心所欲地排列成员，但最好还是将同一种访问修饰符所修饰的成员放在一起，例如：

```
class   class-name
{
public:                        // 定义公有成员
    // 定义成员
private:                       // 定义私有成员
    // 定义成员
} ;
```

**注意**：上述声明中的黑体字是关键字。

## 8.3 定义函数成员

前面定义的 Rectangle 类有 5 个函数成员原型：setData、calculateArea、getArea、getWidth 和 getLength，下面在类的外部对这 5 个函数给出定义：

```
void  Reetangle::setData( float  w,  float  l )
{
    width = w ;
    length = l ;
}
void  Rectangle::calculateArea( )
{
    area = width * length ;
}
float  Rectangle::getWidth( )
{
    return  width ;
}
float  Rectangle::getLength( )
{
    return  length ;
}
float  Rectangle::getArea( )
{
    return  area ;
}
```

在上面 5 个函数的定义中，有一个共同现象：每个函数名的前面都有"Rectangle::"，其中 Rectangle 是类名，"::"是作用域分辨符，用于指明函数属于的类。总结上面 5 个函数成员的定义，得出在类的外部定义函数成员的一般形式为：

```
<返回值类型>   <类名>::<函数名>( 形式参数表 )
{
    // 代码
}
```

**注意**：类名和作用域分辨符必须与函数放在一起，在返回值类型的后面。例如，下面的形式是错误的。

```
Rectangle :: float  getArea( )
```

## 8.4 定义对象

对象也称为类的实例（instantiation），它们也是变量，必须在类定义之后才能定义对象。与结构体变量的定义类似，在对象定义以后，它们将在内存中占据空间。对象的定义语句和一般变量的定义语句相似，下面定义了一个 Rectangle 类型的 box 对象：

```
Rectangle  box ;
```

box 对象属于 Rectangle 类的一个实例，也是变量。

### 8.4.1 访问对象的成员

访问对象的成员与访问结构体变量的成员类似，都采用点操作符。例如，下面语句调用 box 对象的函数成员 calculateArea( )。

```
box.calculateArea( ) ;
```

下面的几个语句也是调用 box 对象的函数成员：

```
box.setData(10.0, 12.5) ;           // 设置 box 对象的 width 和 length 数据成员
box.calculateArea( ) ;              // 计算 box 对象的面积
cout << Box.GetWidth( ) ;           // 显示 box 对象的 width
cout << Box.GetLength( ) ;          // 显示 box 对象的 length
cout << Box.GetArea( ) ;            // 显示 box 对象的 area
```

**注意**：函数成员在访问数据成员时，不需要加点操作符。例如，在 calculateArea 函数内部访问 width、length 和 area 数据成员，前面都没有加点操作符，这是因为这些变量属于当前对象的数据成员。

```
void  Rectangle::calculateArea( )
{
    area = width * length ;         // 在函数内部访问数据成员时，前面无点操作符
}
```

### 8.4.2 指向对象的指针

指针不但可以指向原子类型变量，也可以指向结构体变量和字符串，同时指针也可以指向一个对象，例如下面定义一个指向 Rectangle 类对象的指针 boxPtr：

```
Rectangle   *boxPtr ;
```

假设 box 是 Rectangle 类的一个对象，采用下列的语句让 boxPtr 指向该对象：

```
boxPtr = &box ;
```

同样也可以采用 boxPtr 指针调用对象的函数成员，与指针变量访问结构体成员的形式相同，也是采用 "->" 的形式，例如，下面语句调用 setData( ) 函数：

```
boxPtr->setData(15, 12) ;
```

【例 8-1】 演示 Rectangle 类的应用。

```
1    #include  <iostream>
2    using namespace std;
```

```cpp
3
4    class  Rectangle
5    {
6    public:
7        void  setData( float , float ) ;
8        void  calculateArea( ) ;
9        float  getWidth( ) ;
10       float  getLength( ) ;
11       float  getArea( ) ;
12   private:
13       float  width ;
14       float  length ;
15       float  area ;
16   } ;
17
18       // setData 函数，将参数 w 复制给成员 width，将 l 复制给成员 length
19   void  Rectangle::setData( float  w, float  l )
20   {
21       width = w ;
22       length = l ;
23   }
24       // calculateArea 函数，计算 Rectangle 对象的面积，并把结果存储在 area 中
25   void  Rectangle::calculateArea( )
26   {
27       area = width * length ;
28   }
29       // getWidth 函数成员，返回存储在私有成员 width 中的值
30   float  Rectangle::getWidth( )
31   {
32       return  width ;
33   }
34       // getLength 函数成员，返回存储在私有成员 length 中的值
35   float  Rectangle::getLength( )
36   {
37       return  length ;
38   }
39       // getArea 函数成员，返回存储在私有成员 area 中的值
40   float  Rectangle::getArea( )
41   {
42       return  area ;
43   }
44
45       // 主函数
46   int  main( )
47   {
48       Rectangle  box ;
49       float  wide , boxLong ;
50
51       cout<< "计算矩形的面积 \n" ;
52       cout << "输入矩形的长 :" ;
53       cin >> boxLong ;
54       cout << "输入矩形的宽 :" ;
55       cin >> wide ;
56
57       box.setData(wide , boxLong) ;
58       box.calculateArea( ) ;
59       cout << "矩形数据如下 \n" ;
60       cout << "长: "<< box.getLength( ) << "  ,  " ;
61       cout << "宽: "<< box.getWidth( ) << "  ,  " ;
62       cout << "面积: "<< box.getArea( ) << endl ;
63
```

```
64        return 0;
65    }
```

程序运行结果:

```
计算矩形的面积
输入矩形的长: 40 [Enter]
输入矩形的宽: 15 [Enter]
矩形数据如下
长: 40   , 宽: 15   , 面积: 600
```

### 8.4.3 引入私有成员的原因

在前面一节讲述了 Rectangle 类中的数据成员和函数成员,读者可能会问:为什么要引入私有数据成员?为什么要定义许多简单的设置数据成员和获得数据成员的函数?如果将这些数据成员定义为公有的,那么这些函数成员还需要吗?

正如在本章前面所说,对象具有仅供内部使用的变量和函数,它们的本意是不让对象的外部语句使用,以避免对象的数据偶然被破坏,或者因使用不当带来一些副作用。当对象的成员声明为私有时,外部的应用程序要修改数据成员,必须通过公有函数成员。同样,应用程序要检索私有数据成员中的值,唯一的办法也是通过公有函数成员。这样公有函数成员变成了对象的外部接口,它们虽然也是成员,但它们可以被外部应用程序访问。

在 Rectangle 类中,数据成员 length、width 和 area 都可以看成是关键数据。把这些变量声明为私有的,同时还定义一组与此相关的公有函数成员,通过这些函数可以修改变量中的值,或者从变量中检索值。

总之,在 OOP 程序设计中,对象保护重要的数据不被破坏是一件很重要的事情,它是通过将关键数据声明为私有成员,同时提供访问这些数据的公共接口实现的。

## 8.5 类的多文件组织

在例 8-1 中,类的定义、类函数成员的实现以及应用程序都存放在一个文件中。在 C++ 程序设计中,一个习惯做法是将这三个部分分别存放在独自的文件中,通常以下列方式组织程序:

1)将类的定义存储在头文件中。包含类定义的头文件称为类的声明文件,通常该文件的文件名和类名相同,扩展名为 .h。例如将 Rectangle 类的定义存放在 Rectangle.h 文件中。

2)将函数成员的定义存放在一个 .cpp 文件中,通常这个文件称为类的实现文件,文件名和类名相同,扩展名为 .cpp。例如,Rectangle 类的函数成员存放在 Rectangle.cpp 文件中。

3)应用程序通过 #include 包含头文件。通过创建工程,将类的实现文件和主程序进行联编,从而生成一个完整的程序。

例 8-2 是在例 8-1 的基础修改而成的,它采用多文件组织技术。

在 Rectangle.h 文件中,#ifndef 首先检验常量 RECTANGLE_H 是否已经存在,如果该常量不存在,那么就立即定义该常量,并定义 Rectangle 类。反之,如果该常量存在,那么 #ifndef 和 #endif 之间的代码将被忽略。

【例 8-2】 采用多文件组织程序。

**Rectangle.h 文件的内容:**

```
1    #ifndef  RECTANGLE_H
```

```
2    #define   RECTANGLE_H
3    class   Rectangle                        // Rectangle 类的定义
4    {
5    public:
6        void  setData( float , float ) ;
7        void  calculateArea( ) ;
8        float  getWidth( ) ;
9        float  getLength( ) ;
10       float  getArea( ) ;
11   private:
12       float  width ;
13       float  length ;
14       float  area ;
15   } ;
16   #endif
```

**Rectangle.cpp 文件的内容：**

```
1    #include  <iostream>
2    using namespace std;
3    #include "Rectangle.h"                   // 包含 Rectangle 类的定义
4
5        // setData 函数将参数的值 w 复制给成员 width，将 l 复制给成员 length
6    void  Rectangle::setData( float  w, float  l )
7    {
8        width = w ;
9        length = l ;
10   }
11       // 计算 Rectangle 对象的面积，并把结果存储在私有成员 area 中
12   void  Rectangle::calculateArea( )
13   {
14       area = width * length ;
15   }
16       // getWidth 函数成员，返回存储在私有成员 width 中的值
17   float  Rectangle::getWidth( )
18   {
19       return  width ;
20   }
21       // getLength 函数成员，返回存储在私有成员 length 中的值
22   float  Rectangle::getLength( )
23   {
24       return  length ;
25   }
26       // getArea 函数成员，返回存储在私有成员 area 中的值
27   float  Rectangle::getArea( )
28   {
29       return  area ;
30   }
```

**主程序 pr8-2.cpp 文件的内容：**

```
1    #include  <iostream>
2    using namespace std;
3    #include "Rectangle.h"                   // 包含 Rectangle 类的定义
4
5    int  main( )
6    {
7        Rectangle  box ;
8        float  wide , boxLong ;
9
10       cout<< " 计算矩形的面积 \n" ;
```

```
11          cout << "输入矩形的长 :" ;
12          cin >> boxLong ;
13          cout << "输入矩形的宽:" ;
14          cin >> wide ;
15
16          box.setData(wide , boxLong) ;
17          box.calculateArea( ) ;
18
19           cout << "\n 矩形数据如下 \n" ;
20          cout << "宽: "<< box.getWidth( ) << " , " ;
21          cout << "长: "<< box.getLength( ) << " , " ;
22          cout << "面积:"<< box.getArea( ) << endl ;
23
24          return 0;
25      }
```

**注意**：Rectangle.h 文件中的 #ifndef 称为包含哨兵，实现条件编译，防止头文件被包含多次；宏 RECTANGLE_H 可以随意定义，此处采用了文件名的大写表示。

表 8-3 总结了例 8-2 中几个文件的含义。

表 8-3　多文件组织中各文件的作用

| 文件 | 作用 |
| --- | --- |
| Rectangle.h | 该文件包含 Rectangle 类的定义，在 Rectangle.cpp 和 pr8-2.cpp 文件中必须通过 #include 包含该文件 |
| Rectangle.cpp | 该文件包含函数成员的定义，在编译时生成一个 Rectangle.obj 文件 |
| pr8-2.cpp | 该文件包含主函数，在编译时生成一个 pr8-2.obj 文件，通过联编，将 pr8-2.obj 和 Rectangle.obj 生成一个可执行文件 |

## 8.6　私有函数成员的作用

有时，类中可以包含一些专门用于内部处理的函数成员，它们在类的外部不能使用，在此情况下，应将这些函数成员定义为私有的。私有函数成员可以被同一个类中的其他函数调用。

可以将 Rectangle 类中的 calculateArea 函数定义为私有的，每当执行 setData 函数时，就直接调用该函数计算矩形的面积，修改后的类定义如下：

```
// Rectangle2.h 文件的内容
class  Rectangle
{
public:
    void   setData( float , float ) ;
    float  getWidth( ) ;
    float  getLength( ) ;
    float  getArea( ) ;
private:
    float  width, length, area ;
    void   calculateArea( ) ;             //注意：该函数目前是私有的
} ;
```

修改后的 setData 函数如下所示：

```
// setData 函数成员
void  Rectangle::setData( float  w , float  l )
{
    width = w ;
```

```
        length = l ;
        calculateArea( ) ;              // 调用函数成员
}
```

**注意**：Rectangle 类中的其他函数成员没有修改，在此不再给出。

在 setData 函数中，自动调用 calculateArea 函数重新计算矩形的面积。由于该函数是私有的，在类的外部就不能显式地调用该函数，例 8-3 演示了这个特性。

【**例 8-3**】 私有函数的应用。

```
1    #include   <iostream>
2    using namespace std;
3    #include "rectang2.h"              // Rectangle 类的定义在此文件中
4
5    int   main( )
6    {
7        Rectangle   box ;
8        float   wide , boxLong ;
9
10       cout<< "计算矩形的面积 \n" ;
11       cout << "输入矩形的宽：" ;
12       cin >> wide ;
13       cout << "输入矩形的长：" ;
14       cin >> boxLong ;
15       box.setData(wide,boxLong);    //setData 调用 calculateArea 计算矩形面积
16       cout << "\n 矩形数据如下 \n" ;
17       cout << "宽："<< box.getWidth( ) << " , " ;
18       cout << "长："<< box.getLength( ) << " , " ;
19       cout << "面积:"<< box.getArea( ) << endl ;
20
21       return 0;
22   }
```

## 8.7 内联函数

所谓内联函数就是那些完整地定义在类内部的函数成员。若函数成员的代码比较少，并且没有循环语句和 switch 语句，那么把它的定义写在类体中，此时该函数就是内联函数成员。

例如，在 Rectangle 类中，除了 setData 函数以外，每个函数都只有一条语句，如 getWidth、getLength 和 getArea 都是内联函数。setData 函数并没有给出代码，不一定是内联函数，但此时还有"挽救"的方法，见例 8-4。

【**例 8-4**】 内联函数的应用。

**rectang8.h 文件的内容**：

```
1           // Rectangle 类的定义
2    #ifndef   RECTANGLE_H
3    #define   RECTANGLE_H
4    class  Rectangle       // Rectangle 类的定义
5    {
6    public:
7        void   setData( float , float ) ;              // 函数原型
8        float  getWidth( ) { return  width ; }         // 内联函数成员
9        float  getLength( ) { return  length ; }       // 内联函数成员
10       float  getArea( ) { return  area ; }           // 内联函数成员
11   private:
12       float  width, length, area ;
13       void  calculateArea( ) {  area = width * length ; }
14   } ;
```

```
15
16      inline void   Rectangle::setData( float   w, float   l )// 该函数是内联函数
17      {
18          width = w ;
19          length = l ;
20      }
21  #endif
```

**注意**：内联函数的定义必须放在头文件中，因为内联发生在编译时，编译器仅仅是展开函数，并没有调用它。不能将类的定义和内联函数的定义放在不同的文件中。例如，在上述示例中，将 Rectangle 的定义和 setData 函数的定义都放在 rectang8.h 文件中。

**主程序 pr8-4.cpp 文件的内容：**

```
1   #include  <iostream>
2   using namespace std;
3   #include  "rectang8.h"                        // 包含 Rectangle 类的定义
4
5   int  main( )
6   {
7       Rectangle  box ;
8       float   wide , boxLong ;
9
10      cout<< "计算矩形的面积 \n" ;
11      cout << "输入矩形的宽: " ;
12      cin >> wide ;
13      cout << "输入矩形的长: " ;
14      cin >> boxLong ;
15      box.setData(wide , boxLong) ;
16      cout << "\n 矩形数据如下 \n" ;
17      cout << "宽: "<< box.getWidth( ) << " , " ;
18      cout << "长: "<< box.getLength( ) << " , " ;
19      cout << "面积:"<< box.getArea( ) << endl ;
20
21      return 0;
22  }
```

程序的运行结果同例 8-1，在此不再给出。函数的调用是在"幕后"完成的，看不到系统是如何实现的。实际上，在函数调用中涉及许多内容，诸如程序的返回点（即地址）、函数的参数和函数中定义的自动变量等，都存储在一块称为栈的内存区中。所有这些开销，都是为函数调用准备的。但是，这些开销不但需要耗费空间，而且要耗费 CPU 的时间，尽管每一步操作需要的时间比较短，但如果多次调用函数，如在一个循环中调用函数，那么这些开销累加起来就十分可观。

编译器对内联函数的编译与对普通函数的编译不尽相同。在可执行代码中，对内联函数的调用不是常规意义上的调用。编译器采用内联函数的代码替换对它的调用，因此从这个意义上讲，内联函数的代码应当少。尽管这有可能增加可执行程序的长度，但从另一个角度讲，由于减少额外开销（形—实参数传递和局部变量定义等），从而提高了性能。

## 8.8 构造函数和析构函数

构造函数是一个函数成员，当定义类对象时，自动调用该函数对数据成员进行初始化。析构函数也是一个函数成员，当对象终止时将自动调用该函数进行"善后"处理。

## 8.8.1 构造函数

从构造函数的定义可以看出,首先它是一个函数成员,其次它的名字与类名相同。当在内存中创建对象时,或者说进行实例化时,将自动调用该函数。构造函数的功能是完成对象的初始化。为了讲述构造函数是如何工作的,看例 8-5 中的 Demo 类。

【例 8-5】 构造函数的功能。

```
1    #include  <iostream>
2    using namespace std;
3
4    class  Demo
5    {
6    public:
7        Demo( )                        // 构造函数
8        {
9            cout << "目前在构造函数中!"<<endl ;
10       }
11   } ;
12
13   int  main( )
14   {
15       Demo  demoObj ;                // 定义一个对象 demoObj
16       cout << "主函数运行结束! \n" ;
17
18       return 0;
19   }
```

程序运行结果:

目前在构造函数中!
主函数运行结束!

上述的 Demo 类仅有一个函数成员 Demo,这个函数就是构造函数。当创建类对象时,自动调用构造函数 Demo。

从例 8-5 看到,构造函数与常规函数成员不同:构造函数没有返回值的类型,前面也不能加 void 修饰。这是因为构造函数不能显式调用,也不能有返回值。构造函数的首部具有如下形式:

< 类名 >:: < 类名 >( 形式参数列表 )

在例 8-5 中,程序第 15 行定义 demoObj 对象时,将自动调用构造函数。由于对象的定义是在 main 函数的 cout 语句执行之前,因此,构造函数首先显示信息。

**注意**:如果构造函数没有参数,就把这种构造函数称为默认构造函数。构造函数可以有参数,也可以没有参数;可以有默认参数,可以是内联函数,也可以被重载。

构造函数除了对一般数据成员初始化外,另一个主要功能是对特殊的数据成员——指针动态地分配空间,例 8-6 演示了构造函数的这个作用。InvoiceItem 类保存了每样商品的信息,对商品的描述存放在动态分配的数组 desc 中,商品的库存量存储在 storage 数据成员中。构造函数对 desc 指针分配了 51 个字节的空间。

**注意**:下面这个类仅演示了对数据成员分配空间,当对象不再使用时,并没有释放空间。在下一节将增加释放内存空间的功能,当对象生存期结束时,释放由构造函数分配的内存空间。

**【例 8-6】** 构造函数完成的空间分配。

```
1    #include  <iostream>
2    using namespace std;
3
4    class   InvoiceItem
5    {
6    public:
7            // 下面几个都是内联函数
8        InvoiceItem( )
9        {
10           desc = new  char [51] ;
11           cout << "构造函数被调用！\n";
12       }
13       void  setInformation( char  *dscr ,  int  un )
14       {
15           strcpy(desc, dscr) ;
16           storage = un ;
17       }
18       char   *getDescription( )
19       {
20           return  desc ;
21       }
22       int  getstorage( )
23       {
24           return  storage ;
25       }
26
27   private:
28       char  *desc ;
29       int    storage ;
30   } ;
31
32   int  main( )
33   {
34       InvoiceItem stock ;
35
36       stock.setInformation("鼠标", 20) ;
37       cout << "商品信息: "<< stock.getDescription( ) << endl ;
38       cout << "库存量: "<< stock.getstorage( ) << endl ;
39
40       return 0;
41   }
```

程序运行结果：

商品信息：鼠标
库存量：20

在 main 函数中定义了一个对象 stock，该对象将占据 8 个字节的空间，其中 storage 和 desc 成员各占 4 个字节的空间，desc 用来存储地址，并且这 8 个字节的空间是由系统自动分配的，不需要人为分配。当在构造函数中，通过 new 运算符对 desc 成员分配 51 个字节的空间以后，stock 对象的构成如图 8-3 所示。

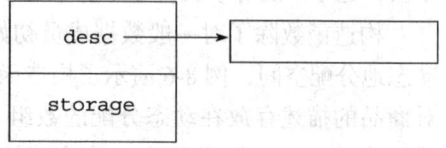

图 8-3  stock 对象的构成

如果在程序中定义一个 InvoiceItem 类的指针：

```
InvoiceItem  *ptr ;
```

那么该指针可以指向一个动态分配的 InvoiceItem 类对象：

```
ptr = new   InvoiceItem ;                    // 自动调用构造函数初始化对象
```
当通过 new 操作符在内存中创建 InvoiceItem 对象时，将自动调用构造函数。

**思考**：指向对象的指针 ptr 占据几个字节？答：仍然是 4 个字节，指针在 C++ 中总是占据 4 个字节的空间，与类型无关，具体见 5.2.1 节。

### 8.8.2 析构函数

析构函数的名字与类名相同，前面带有波浪线"~"，当对象终止时，系统自动调用析构函数。当创建对象时，调用构造函数进行初始化；当对象生存期结束时，自动调用析构函数进行善后处理。例如，析构函数中经常使用的操作是动态释放空间。

在例 8-6 中，InvoiceItem 有一个构造函数，它为 desc 成员分配了 51 个字节的内存空间，但是当对象终止时，并没有释放该空间。

例 8-7 修改了该类，增加了释放内存空间的析构函数，将此析构函数定义为内联函数，当然也可以定义为非内联形式。为了说明构造函数和析构函数的调用过程，在构造函数和析构函数中增加了输出语句。

【**例 8-7**】演示如何释放在构造函数中申请的空间。

```
1    #include  <iostream>
2    using namespace std;
3
4    class  InvoiceItem
5    {
6    public:
7       InvoiceItem( )                      // 构造函数
8       {
9          desc = new  char[51] ;
10         cout << "调用构造函数 \n" ;
11      }
12      ~InvoiceItem( )                     // 析构函数
13      {
14         delete  [ ] desc ;               // 释放内存空间
15         cout << "调用析构函数 \n" ;
16      }
17      void  setInformation( char  *dscr ,  int  un )
18      {
19         strcpy(desc, dscr) ;
20         storage = un ;
21      }
22      char  *getDescription( ){  return  desc ;  }
23      int  getstorage( ) {  return  storage ;  }
24
25   private:
26      char  *desc ;
27      int   storage ;
28   } ;
29
30   int  main( )
31   {
32      InvoiceItem  stock ;
33
34      stock.setInformation(" 鼠标 ", 20) ;
35      cout << " 商品信息: "<< stock.getDescription( ) << endl ;
36      cout << " 库存量: "<< stock.getstorage( ) << endl ;
37
```

```
38        return 0;
39    }
```

程序运行结果：

```
调用构造函数
商品信息：鼠标
库存量：20
调用析构函数
```

从例 8-7 的运行结果可以看出，当程序遇到 main 函数中的最后一个大括号时，stock 对象的生存期要结束，此时调用析构函数，释放 stock 对象的 desc 成员指向的内存空间，所以程序输出结果的最后一行是析构函数的输出结果。

假设 ptr 是一个指向对象的指针，它指向一个动态分配的对象，采用 delete 语句将释放该指针指向的空间。

```
InvoiceItem *ptr ;
ptr = new InvoiceItem ;
delete ptr ;
```

当执行 delete 语句时，将自动调用析构函数，对 ptr 指向的对象进行善后处理。

**注意**：对于析构函数，要注意以下几点：

1）析构函数没有返回值类型，也没有返回值。
2）析构函数一定无参。
3）一个类只能有一个析构函数。

### 8.8.3　带参构造函数

前面的举例都是无参的构造函数，但实际应用中常常需要将某些数据传递给构造函数，实现对象的初始化。例如，下面的 Sale 类是一个关于销售的类，用来计算零售总额。

**sale.h 文件的内容：**

```
1    #ifndef  SALE_H
2    #define  SALE_H
3    class  Sale                                    // Sale 类的定义
4    {
5    public:
6       Sale( float  rate )                         // 带参构造函数
7       {
8           taxRate = rate ;
9       }
10      void  calculateSale( float  cost ){ total = cost +(cost * taxRate ); }
11      float  getTotal( ) { return  total ;  }
12   private:
13      float  taxRate ;
14      float  total ;
15   } ;
16   #endif
```

在 calculateSale 函数中，使用数据成员 taxRate 计算销售总额。构造函数的参数是销售税率，传递给 taxRate 数据成员。构造函数是在创建对象时自动调用的，实参作为对象声明中的一部分将传递给形参，例如：

```
Sale  cashier( 0.06f ) ;
```

上述语句定义 Sale 类的一个对象 cashier，当调用构造函数时，把 0.06f 传递给形参 rate，构造函数将参数的内容赋值给数据成员 taxRate，具体见例 8-8。

【例 8-8】 带参构造函数。

```
1    #include  <iostream>
2    using namespace std;
3    #include  "sale.h"
4
5    int  main( )
6    {
7        Sale  cashier( 0.06f ) ;              // 6% 税率
8        float  amount ;
9
10       cout.precision( 2 ) ;
11       cout.setf( ios::fixed | ios::showpoint ) ;
12       cout << "请输入销售额: " ;
13       cin >> amount ;
14       cashier.calculateSale( amount ) ;
15       cout << "销售总额是 RMB" ;
16       cout << cashier.getTotal( ) << endl ;
17
18       return 0;
19   }
```

程序运行结果：

```
请输入销售额: 1000 [Enter]
销售总额是 RMB1060.00
```

构造函数与其他函数一样，也可以有默认参数。在函数调用时，如果没有提供足够多的实参，将自动把默认值传递给形参，如果将上述 Sale 类的构造函数修改如下：

```
Sale( float  rate = 0.05f )                    // 具有默认形参值的构造函数
{
    taxRate = rate ;
}
```

那么该构造函数就具有默认的形参值。若在定义 Sale 类对象时没有提供实参，将把默认值 0.05f 传递给形参，例 8-9 给出了该类的应用。

【例 8-9】 具有默认参数的构造函数。

**sale2.h 文件的内容：**

```
1    #ifndef   SALE2_H
2    #define   SALE2_H
3    class  Sale
4    {
5    public:
6        Sale( float  rate = 0.05f )               // 具有默认形参值的构造函数
7        {
8            taxRate = rate ;
9        }
10       void  calculateSale( float  cost){ total=cost +(cost * taxRate ); }
11       float  getTotal( ) { return total ; }
12   private:
13       float  taxRate ;
14       float  total ;
15   } ;
16   #endif
```

**主程序 pr8-9.cpp 文件的内容：**

```
1    #include <iostream>
2    using namespace std;
3    #include "sale2.h"
4
5    int  main( )
6    {
7        Sale  cashier1 ;                            // 采用默认形参值 0.05f
8        Sale  cashier2(0.06f ) ;                    // 采用指定形参值 0.06f
9        float  amount ;
10
11       cout.precision( 2 ) ;
12       cout.setf( ios::fixed | ios::showpoint ) ;
13       cout << "请输入销售额: " ;
14       cin >> amount ;
15       cashier1.calculateSale( amount ) ;
16       cashier2.calculateSale( amount ) ;
17       cout << "采用 0.05 的税率计算销售总额是 RMB" ;
18       cout << cashier1.getTotal( ) << endl ;
19       cout << "采用 0.06 的税率计算销售总额是 RMB" ;
20       cout << cashier2.getTotal( ) << endl ;
21
22       return 0;
23   }
```

**程序运行结果：**

```
请输入销售额: 1000 [Enter]
采用 0.05 的税率计算销售总额是 RMB1050.00
采用 0.06 的税率计算销售总额是 RMB1060.00
```

要注意的是，没有参数的构造函数属于默认构造函数；如果构造函数的所有参数都具有默认值，那么在进行函数调用时不需要进行显式的参数传递，在此情况下，也属于默认构造函数。

### 8.8.4 构造函数应用举例——输入有效的对象

在本章前面讲过，OOP 应用形式之一是设计一种通用目的的对象，以适用于多种情况。例如，某程序要显示一个菜单，允许用户在选择项 A、B、C 和 D 中选择，程序就应当检验用户输入的字符，只接受上述 4 个字符之一，换句话讲就是如何完成有效性检验。可以设计一个类处理这种类型的输入，然后将其应用到其他程序中。

设计这种通用程序的关键是如何定义一个类。下面设计一个 CharRange 类，这种类型的对象允许用户输入一个字符，然后检验该字符是否位于指定范围（如 'A'~'D'）。当用户输入的字符超出指定范围时，该对象将显示一个出错信息，并等待用户重新输入一个字符，该类定义如下：

**Chrange.h 文件的内容：**

```
1    #ifndef  CHARRANGE_H
2    #define  CHARRANGE_H
3    class  CharRange
4    {
5    public:
6        CharRange( char , char , const  char * ) ;
7        char  getChar( ) ;
```

```
8    private:
9        char    *errMsg ;        // 出错信息
10       char    input ;          // 用户输入值
11       char    lower ;          // 有效字符的低界
12       char    upper ;          // 有效字符的高界
13   } ;
14   #endif
```

CharRange 类的实现文件 chrange.cpp 定义如下：

```
1    //chrange.cpp 文件的内容
2    #include  <iostream>
3    using namespace std;
4    #include  "chrange.h"
5
6    CharRange::CharRange( char  low , char  high , const  char  *str)
7    {
8        lower = toupper( low ) ;
9        upper = toupper( high ) ;
10       errMsg = new  char [ strlen( str) + 1] ;
11       strcpy( errMsg , str ) ;
12   }
13
14   char  CharRange::getChar( )
15   {
16       cin.get(input) ;
17       cin.ignore( ) ;
18       input = toupper( input ) ;
19       while( input < lower || input > upper )
20       {
21           cout << errMsg ;
22           cin.get(input) ;
23           cin.ignore( ) ;
24           input = toupper( input ) ;
25       }
26
27       return  input ;
28   }
```

下面分析类的函数成员，首先是构造函数，它确定了有效字符的范围。库函数 toupper 将参数 low 和 high 转换为大写字母，并存储在私有数据成员 lower 和 upper 中。lower 和 upper 分别代表有效字母的低界和高界。定义一个 CharRange 类对象如下：

```
CharRange  input( 'A' , 'D' ) ;
```

上述语句定义一个 CharRange 类的对象 input，该对象接受字母的范围是 'A' ~ 'D'。如果用户输入的字母超出了这个范围，那么将在屏幕上显示一个出错信息，并提示用户重新输入字母，该有效性检验实际上由函数成员 getChar 负责。

从 getChar 函数的代码知道，其内部有一个 while 循环，除非用户输入的字母位于指定的 lower 和 upper 之间，否则将无法跳出该循环。当用户输入的字母超出指定范围时，将在屏幕上显示一个出错信息，提示用户继续输入。

【例 8-10】 检验 CharRange 类的应用。

```
1    #include  <iostream>
2    using namespace std;
3    #include  "chrange.h"
4
```

```cpp
5      const  char  *Msg = "请输入 J, K, L, M 或 N:" ;          // 出错信息
6
7    int  main(  )
8    {
9           // 创建一个 input 对象，输入的字母范围是 'J' 到 'N'
10          CharRange  input( 'J' , 'N' , Msg ) ;
11
12          cout << "请输入 J, K, L, M 或 N,若输入 N 将终止程序的运行 .\n" ;
13          while(input.getChar( ) != 'N')
14              ;
15
16          return 0;
17   }
```

程序运行结果：

请输入 J, K, L, M 或 N,若输入 N 将终止程序的运行 .
j **[Enter]**
p **[Enter]**
请输入 J, K, L, M 或 N:  k **[Enter]**
K **[Enter]**
n **[Enter]**

首先输入字母 j，程序接受了该字母，因为它是一个有效的字母，然后输入字母 p，由于它不是 J~N 之间的字母，所以给出了出错提示信息，最后输入 n 结束程序。

### 8.8.5  重载构造函数

在第 3 章学习过外部函数重载，即定义两个或多个函数，它们的名字相同，但参数的类型或个数不全相同。同样，类的函数成员也可以重载，既然构造函数属于函数成员，也可以被重载。例如，某类中有三个构造函数，其中一个构造函数具有一个 int 型参数，第二个构造函数具有一个 float 型参数，第三个构造函数具有两个 int 型参数，那么这就是重载。一个类可以定义多个构造函数，只要构造函数的形参列表不全相同，编译器就可以区别它们，下面的 InvoiceItem 类就具有两个构造函数。

**InvoiceItem.h** 文件的内容：

```cpp
1    #ifndef  INVOICEITEM_H
2    #define  INVOICEITEM_H
3
4    class  InvoiceItem                         // 定义 InvoiceItem 类
5    {
6    public:
7        InvoiceItem( int  size = 51)           // 第一个构造函数具有一个 int 型参数
8        {
9            desc = new  char [ size] ;
10       }
11       InvoiceItem( char  *d )                 // 第二个构造函数具有一个 char* 型参数
12       {
13           desc = new  char [ strlen(d)+1] ;
14           strcpy(desc, d) ;
15       }
16       ~InvoiceItem(  )                        // 析构函数
17       {
18           delete[ ] desc ;
19       }
20       void  setInformation( char *d, int  u)
21       {
```

```
22              strcpy(desc, d) ;
23              storage = u ;
24          }
25      void    setstorage( int   u) { storage = u ; }
26      char    *getDescription( ){ return  desc ; }
27      int     getstorage( )    { return storage ; }
28  private:
29      char    *desc ;
30      int     storage ;
31
32  } ;
33  #endif
```

第一个构造函数具有一个 int 类型的形参，该参数指定了对 desc 指针分配内存空间的大小，参数默认值是 51。第二个构造函数具有一个 char * 类型的参数 d，在函数中采用 strlen 库函数获得 d 的长度，并分配一个足够容纳字符串和 '\0' 的内存空间，然后采用 strcpy 函数将 d 指向的字符串复制到新分配的空间中，例 8-11 给出了该类的应用。

【例 8-11】 重载构造出数应用举例。

```
1   #include  <iostream>
2   using namespace std;
3   #include  "InvoiceItem.h"
4
5   int  main( )
6   {
7       InvoiceItem  item1("鼠标") ;          // 调用第二个构造函数
8       InvoiceItem  item2 ;                  // 调用第一个构造函数
9
10      item1.setstorage(1000) ;
11      item2.setInformation( "电脑" , 200 ) ;
12      cout << "商品: "<< item1.getDescription( ) << ", " ;
13      cout << "库存量: "<< item1.getstorage( ) << endl ;
14      cout << "商品: "<< item2.getDescription( ) << ", " ;
15      cout << "库存量: "<< item2.getstorage( ) << endl ;
16
17      return 0;
18  }
```

程序运行结果：

商品：鼠标，库存量：1000
商品：电脑，库存量：200

**注意**：C++ 规定构造函数与类同名，故构造函数只能有一个名字。如果想用几种不同的方法创建对象，只能重载构造函数。这也是 C++ 引入重载机制的一个重要原因。

### 8.8.6　默认构造函数的表现形式

默认构造函数表现为如下三种形式：

1）如果类中没有定义构造函数，系统将提供一个无参的构造函数，该构造函数属于默认构造函数，该构造函数不实现任何功能，将这个构造函数称为系统默认的构造函数。如果用户自定义了一个构造函数，不管这个构造函数是有参的还是无参的，那么系统将不再生成一个默认构造函数。

2）如果类中定义有无参的构造函数，那么该构造函数属于默认的构造函数。

3）如果类中定义有带参的构造函数，并且所有形参均具有默认值，那么该构造函数也属于默认构造函数。

**注意**：一个类只能有一个默认构造函数。

在定义对象时，如果没有对构造函数指定参数，那么编译器将自动调用默认构造函数，因此一个类只能有一个默认构造函数。反之，如果类中有多个默认构造函数，那么编译器将不知道应该调用哪一个默认构造函数。

读者在编程时，容易将默认构造函数的第一种形式和第三种形式混淆。如果首先定义一个无参的构造函数，然后又定义一个带参的构造函数，并且每个参数都有默认值，那么编译时将会出错，见下例：

```
class InvoiceItem
{
public:
    InvoiceItem( )                      // 默认构造函数
    { /* 代码略 */ }
    InvoiceItem( int size = 51)         // 有默认值的构造函数
    { /* 代码略 */ }
    InvoiceItem( char *d )              // 带参构造函数
    { /* 代码略 */ }
    // 其他成员略
};
```

在上述类的定义中，第一个构造函数没有参数，第二个构造函数的参数具有默认值。如果定义对象时，没有指定参数，那么编译器就不知道应该调用哪一个构造函数，例如：

```
InvoiceItem item2 ;                     // 错误，系统不知道应该调用哪个构造函数
```

修改上述错误的方法有三种：

1）去掉第一个构造函数，保留其余的两个。
2）去掉第二个构造函数，保留其余的两个。
3）将第二个构造函数的默认值去掉，其他不变。

## 8.9 对象数组

在 C++ 中，可以对原子数据类型（如 int、char、float 等）的变量定义数组，同样也可以定义对象数组。例如，定义 InvoiceItem 类型的对象数组形式如下：

```
InvoiceItem inventory [40] ;
```

上述语句定义一个具有 40 个 InvoiceItem 对象的数组，数组名是 inventory。那么这就带来一个问题，如何调用构造函数？换句话说，构造函数是如何初始化这 40 个对象的？

当创建一个对象数组时，对数组中的每个元素（即对象）都将调用构造函数，以例 8-11 中的 InvoiceItem 类说明。InvoiceItem 类具有两个构造函数，其中第一个构造函数具有默认值 51，那么将对上述数组中的 40 个对象分别调用默认构造函数。

创建对象数组采用默认构造函数是最为方便的，但有时要为数组中的每个对象分别指定参数。例如为每个对象都指定参数：

```
InvoiceItem inventory[5] = {20, 55, 80, 12, 10 } ;
```

InvoiceItem 类的构造函数具有两个重载版本，其中第一个构造函数有一个 int 型参数，并带有默认值 51。在定义对象数组时，构造函数将为 inventory[0] 对象指定参数值为 20，对

inventory[1]、inventory[2]、inventory[3] 和 inventory[4] 对象分别指定参数为 55、80、12 和 10。

如果一个类具有重载构造函数，那么就不需要对数组中的每个元素都采用同一个构造函数进行初始化，例如：

```
InvoiceItem  inventory[5] = { "鼠标", "电脑", 100, 200 } ;
```

对于 inventory[0] 和 inventory[1] 两个对象将调用第二个构造函数，它们的参数变量将分别是 "鼠标" 和 "电脑"。对于 inventory[2] 和 inventory[3] 对象将调用第一个构造函数，并将 100 和 200 传递给形参。对于 inventory[4] 对象，将调用第一个构造函数，并采用默认值 51 初始化。

如果构造函数具有多个（大于 1 个）参数，那么在初始化时就必须采用函数调用的形式。为了说明这一点，在 InvoiceItem 类中增加一个构造函数：

```
class  InvoiceItem                        // 定义 InvoiceItem 类
{
public:
    InvoiceItem( int  size = 51)          // 具有一个 int 型形参的构造函数
    {       /* 代码略 */          }
    InvoiceItem( char  *d )               // 具有一个 char* 型形参的构造函数
    {       /* 代码略 */          }
    InvoiceItem( char  *d , int  u)       // 具有两个参数的构造函数
    {       /* 代码略 */          }
    // 其他成员略
} ;
```

如果要采用第三个构造函数初始化对象，就必须采用函数调用的形式，例如：

```
InvoiceItem inventory[5] = { "鼠标", InvoiceItem(" 电脑", 20), 100, 200 } ;
```

在此例中，对 inventory[1] 元素的初始化将调用第三个构造函数。其中 inventory[1] 的 desc 指针指向字符串 "电脑"，对 storage 数据成员赋值为 20。

**注意**：初始化对象数组的三个要点：

1）如果初始化值的个数比数组元素的个数要少，那么将对其余的对象调用默认的构造函数，例如，对 inventory[4] 对象就调用默认的构造函数进行初始化。

2）如果没有默认构造函数，那么必须对数组中的每个对象指定初始化值。

3）如果构造函数要求的参数个数多于一个，那么在初始化时必须采用函数调用的形式。例如，对 inventory[1] 对象的初始化就属于这种情况。

访问数组中的对象和访问其他类型的数组一样，也是采用下标的方式。例如，调用 inventory[2] 的函数成员 setstorage 的形式是：

```
inventory[2].setstorage(30) ;
```

上述语句将把 inventory[2] 的数据成员 storage 设置为 30，例 8-12 演示了 InvoiceItem 类对象数组的应用。

【例 8-12】 对象数组应用举例。

**InvoiceItem2.h 文件的内容**：

```
1    #ifndef   INVOICEITEM2_H
2    #define   INVOICEITEM2_H
3
4    class   InvoiceItem     // 定义 InvoiceItem 类
5    {
```

```cpp
 6    public:
 7        InvoiceItem( int  size = 51)         // 具有一个 int 型形参的构造函数
 8        {
 9            desc = new  char [ size ] ;
10            strcpy(desc, "noName") ;
11            storage = 0 ;
12        }
13        InvoiceItem( char  *d )               // 具有一个 char * 型形参的构造函数
14        {
15            desc = new  char [ strlen(d)+1 ] ;
16            strcpy(desc, d) ;
17            storage = 1 ;
18        }
19        InvoiceItem( char  *d , int  u )      // 具有两个参数的构造函数
20        {
21            desc = new  char [strlen(d)+1] ;
22            strcpy(desc, d) ;
23            storage = u ;
24        }
25        ~InvoiceItem(  )                       // 析构函数
26        {
27            delete[ ] desc ;
28        }
29        void  setInformation( char *d, int  u )
30        {
31            strcpy(desc, d) ;
32            storage = u ;
33        }
34        void setstorage( int  u ){  storage = u ;  }
35        char  *getDescription(  ) {  return  desc ;  }
36        int   getstorage(  ) {  return  storage ;  }
37    private:
38        char   *desc ;
39        int    storage ;
40    } ;
41    #endif
```

主程序 **pr8-12.cpp** 文件的内容：

```cpp
 1    #include  <iostream>
 2    #include  <iomanip>
 3    using namespace std;
 4    #include  "InvoiceItem2.h"
 5
 6    int  main(  )
 7    {
 8        InvoiceItem  Inventory[3]={ InvoiceItem(" 鼠标 ", 100),
 9                                    InvoiceItem(" 硬盘 ") } ;
10
11        cout << "\t 商品库信息 \n" ;
12        for( int  i = 0 ; i < 3 ; i++ )
13        {
14            cout << setw(10) << Inventory[i].getDescription( ) ;
15            cout << setw(10) << Inventory[i].getstorage( )  << endl ;
16        }
17
18        return 0;
19    }
```

程序运行结果：

```
商品库信息
    鼠标          100
    硬盘          1
    noName      0
```

主程序的第 8 行,将对 Inventory[0] 对象调用 InvoiceItem2.h 文件中第 19 行的构造函数,并初始化为"鼠标"对象且数量为 100;对 Inventory[1] 对象调用 InvoiceItem2.h 文件中第 13 行的构造函数,并初始化为"硬盘"且数量为 1;对 Inventory[2] 对象调用 InvoiceItem2.h 文件中第 7 行的构造函数,并初始化为 "noName",存储量为 0。

## 8.10 类的应用举例

假设受某银行委托,为其开发一个简单的管理系统,银行提出的主要任务如下:
1)保存结余账目。
2)保存账号的交易数量。
3)向某个账号存款。
4)从某个账号中提款。
5)计算每个阶段的利息。
6)报告当前的余额。
7)报告当前的交易数量。

根据对客户要求的理解,设计一个类完成上述功能。首先规划类中的数据成员,表 8-4 列出了私有数据成员,表 8-5 列出了公有函数成员。根据上述两个表,下面给出类的描述:

表 8-4 私有的数据成员

| 变量 | 作用 |
| --- | --- |
| balance | float 变量,保存当前余额 |
| intRate | float 变量,保存利率 |
| interest | float 变量,保存当前已经获得的利息 |
| transactions | int 变量,保存当前已经交易的次数 |

表 8-5 公有函数成员

| 函数名 | 功能 |
| --- | --- |
| 构造函数 | 该函数具有两个参数,分别用于初始化余额 balance 和利率 intRate,默认值分别是 0 和 0.02 |
| makeDeposit | 该函数具有一个 float 型参数,代表存款数量。函数功能是将参数的值追加到余额中 |
| withdraw | 该函数具有一个 float 型参数,代表取款的数量。若取款数小于余额,就从余额中减去取值,若取款数大于余额,显示出错信息,不执行操作 |
| calculateInterest | 函数无参数。函数功能是计算利息,将保存在 interest 数据成员中的值追加到余额中 |
| getBalance | 返回当前的余额,即存储在 balance 中的值 |
| getInterest | 返回利息,即存储在 interest 中的值 |
| getTransactions | 返回交易数,即存储在 transactions 中的值 |

**account.h 文件的内容:**

```
1    class Account
2    {
3    public:
4        Account( float  irate = 0.02, float  bal = 0 )
```

```
 5      {
 6          balance = bal ;
 7          intRate = irate ;
 8          interest = transactions = 0 ;
 9      }
10      void  makeDeposit( float  amount )
11      {
12          balance += amount ;
13          transactions++ ;
14      }
15      bool  withdraw( float  amount ) ;        // 该函数定义在 account.cpp 文件中
16      void  calculateInterest(  )
17      {
18          interest = balance * intRate ;
19          balance += interest ;
20      }
21      float  getBalance( )  {  return  balance ;  }
22      float  getInterest( )  {  return  interest ;  }
23      int    getTransactions( )  {  return  transactions ;  }
24  private:
25      float  balance, intRate, interest ;
26      int    transactions ;
27  } ;
```

在上述类中，没有将 withdraw 定义为内联函数。该函数的功能是从 balance 成员中减去取款数量。如果取款数量大于余额，将显示一条出错信息，不执行取款操作。如果取款成功，函数返回 true，否则返回 false。

**account.cpp 文件的内容：**

```
 1  #include "account.h"
 2  bool  Account::withdraw( float  amount )
 3  {
 4      bool  status = false ;                  // 如果取款数量大于余额，取款将失败
 5
 6      if( balance > amount )                  // 取款成功
 7      {
 8          balance -= amount ;
 9          transactions++ ;
10          status = true ;
11      }
12      return  status ;
13  }
```

Account 类中的 balance、intRate、interest 和 transactions 四个数据成员都是私有的，这是为了防止直接访问这些变量，避免出现如下几个错误：

1）执行了存/取款操作，但没有将记录交易数的数据成员 transactions 加 1。
2）取款时没有进行余额检验，导致透支。
3）使用错误的利率。

由于存在这些潜在的错误，因此应当包含一些公有函数成员，确保操作正确。

【例 8-13】 类的应用。首先采用 Account 类，先显示一个菜单，供用户进行存款、取款和查询等。并采用前面讨论过的 charRange 类，用于输入时的有效性检验。

```
 1  #include <iostream>
 2  using namespace std;
 3  #include  "account.h"
 4  #include  "chrange.h"
```

```cpp
5
6    void   displayMenu( ) ;
7    void   makeDeposit( Account  & ) ;
8    void   withdraw( Account   & ) ;
9    const   char   *Msg = " 请输入 a ~ g 之间的字母:" ;      // 出错信息
10
11   int   main( )
12   {
13       Account   savings ;                              // 定义一个 Account 对象
14       CharRange   input( 'A',  'G',   Msg ) ;          // 输入有效性检验对象
15       char   choice ;                                  // 用户输入的变量
16
17       cout.precision( 2 ) ;
18       cout.setf( ios::fixed | ios::showpoint ) ;
19
20       do {
21           displayMenu( ) ;
22           choice = input.getChar( ) ;
23           switch( choice )
24           {
25               case  'A':
26                   cout << " 当前的余额是 RMB" ;
27                   cout << savings.getBalance( ) << endl ;
28                   break ;
29               case  'B':
30                   cout << " 已经交易过 " ;
31                   cout << savings.getTransactions( ) << " 次。\n" ;
32                   break ;
33               case  'C':
34                   cout << " 这个时期的利息是：RMB" ;
35                   cout << savings.getInterest( ) << endl ;
36                   break ;
37               case  'D':
38                   makeDeposit( savings) ;
39                   break ;
40               case  'E':
41                   withdraw( savings) ;
42                   break ;
43               case  'F':
44                   savings.calculateInterest( ) ;
45                   cout << " 利息已计算结束.\n" ;
46                   break ;
47           }
48       } while(choice != 'G') ;
49       return 0;
50   }
51   // displayMenu 函数，屏幕上显示操作菜单
52   void   displayMenu( )
53   {
54       cout << "\n\na) 显示账号余额 \t\t\t" ;
55       cout << "b ) 显示交易数 \n" ;
56       cout << "c) 显示当前时期所获利息 \t\t" ;
57       cout << "d) 存款 \n" ;
58       cout << "e ) 取款 \t\t\t\t" ;
59       cout << "f) 将利息加入余额 \n" ;
60       cout << "g) 退出程序 \n" ;
61       cout << " 请输入选择:" ;
62   }
63
64   // makeDeposit 函数，采用一个 Account 引用做参数，执行存款操作
65   void   makeDeposit( Account   &acnt )
```

```
66    {
67        float   amount ;
68
69        cout << "请输入存款数： " ;
70        cin >> amount ;
71        cin.ignore( ) ;      // 忽略后面的换行符
72        acnt.makeDeposit( amount ) ;
73    }
74
75    // withdraw 函数采用一个 Account 引用做参数，执行取款操作。
76    void  withdraw( Account  &acnt )
77    {
78        float   amount ;
79
80        cout << "请输入取款数： " ;
81        cin >> amount ;
82        cin.ignore( ) ;
83        if( !acnt.withdraw( amount ) )
84            cout << "错误：取款额大于余额 .\n\n" ;
85    }
```

**程序运行结果：**

```
a) 显示账号余额            b) 显示交易数
c) 显示当前时期所获利息    d) 存款
e) 取款                    f) 将利息加入余额
g) 退出程序
请输入选择 :d [Enter]
请输入存款数： 1000 [Enter]
a) 显示账号余额            b) 显示交易数
c) 显示当前时期所获利息    d) 存款
e) 取款                    f) 将利息加入余额
g) 退出程序
请输入选择 :f [Enter]
利息已计算结束 .
a) 显示账号余额            b) 显示交易数
c) 显示当前时期所获利息    d) 存款
e) 取款                    f) 将利息加入余额
g) 退出程序
请输入选择 :c [Enter]
该时期的利息是： RMB20.00
a) 显示账号余额            b) 显示交易数
c) 显示当前时期所获利息    d) 存款
e) 取款                    f) 将利息加入余额
g) 退出程序
请输入选择 :b [Enter]
已经交易过 1 次。
a) 显示账号余额            b) 显示交易数
c) 显示当前时期所获利息    d) 存款
e) 取款                    f) 将利息加入余额
g) 退出程序
请输入选择 :e [Enter]
请输入取款数： 500 [Enter]
a) 显示账号余额            b) 显示交易数
c) 显示当前时期所获利息    d) 存款
e) 取款                    f) 将利息加入余额
g) 退出程序
请输入选择 :a [Enter]
当前的余额是 RMB520.00
a) 显示账号余额            b) 显示交易数
c) 显示当前时期所获利息    d) 存款
```

e) 取款 　　　　　　　　f) 将利息加入余额
g) 退出程序
请输入选择 :g **[Enter]**

## 8.11 抽象数组类型

面向对象程序设计的一个优点就是用户可以创建抽象的数据类型，从而弥补内嵌数据类型的不足。

### 8.11.1 创建抽象数组类型

C 和 C++ 对数组不进行下标越界检查，因此程序员很容易在下标上出错，然而可以创建一个具有数组功能的类实现下标越界检查。本章余下部分讨论的 IntArray 类就具有此功能。

**IntArray.h 文件的内容：**

```
1   #ifndef  INTARRAY_H
2   #define  INTARRAY_H
3   class  IntArray                      // IntArray 类的定义
4   {
5   public:
6       IntArray( ) ;
7       bool set( int , int ) ;
8       bool get( int , int & ) ;
9   private:
10      int   list[20] ;
11      bool isValid( int ) ;
12   } ;
13   #endif
```

**IntArray.cpp 文件的内容：**

```
1   #include <iostream>
2   using namespace std;
3   #include "IntArray.h"
4
5       // IntArray 类的构造函数，对 list 中的每个元素初始化
6   IntArray::IntArray( )
7   {
8       for( int  i = 0 ; i < 20 ; i++ )
9           list[ i ] = 0 ;
10   }
11
12      // isValid 函数，检验参数 element 是否为有效的下标
13   bool  IntArray::isValid( int  element)
14   {
15      bool   status = true ;
16      if( element < 0 || element > 19 )
17      {
18          cout << "错误："<< element << " 不是一个有效的数组下标 .\n" ;
19          status = false ;
20      }
21      return  status ;
22   }
23
24      // set 函数向指定的数组位置存储一个值。如果存储成功返回 true, 否则返回 false
25   bool  IntArray::set( int  element,  int  value )
26   {
27      bool   status = false ;
```

```
28          if( isValid( element ) )
29          {
30              list[element] = value ;
31              status = true ;
32          }
33          return  status ;
34    }
35
36       // get 函数成员，获得数组中指定位置的值，成功返回 true, 失败返回 false
37       bool  IntArray::get( int  element , int  &value )
38       {
39           bool  status = false ;
40           if( isValid(element) )
41           {
42               value = list [element] ;
43               status = true ;
44           }
45           return  status ;
46       }
```

IntArray 类允许用户操作具有 20 个整型元素空间的数组，包括存储值和获取值。为了便于理解，表 8-6 给出了各个成员的含义。

表 8-6　IntArray 类各成员的含义

| 成 员 名 | 功　　能 |
| --- | --- |
| list | 一个具有 20 个 int 型内存空间的整型数组 |
| isValid | 对数组的下标有效性检验。它接受一个参数作为数组的下标，如果该值位于 0~19 之间，就返回 true, 否则显示一个出错信息，并返回 false |
| IntArray | 对数组中的每个元素初始化为 0 |
| set | 设置数组元素。函数的第一个参数是元素的下标，第二参数是要存储到元素中的值。首先采用 isValid 函数对下标进行检验，如果返回 true, 就将第二参数的值存储到指定的位置，并返回 true, 否则显示出错信息，返回 false |
| get | 获取数组中指定位置上的元素。函数的第一个参数是元素的下标，第二参数是一个引用。首先采用 isValid 函数对下标进行检验，如果元素的下标有效，把指定位置上的值通过引用传回，否则显示出错信息，返回 false |

【例 8-14】 检验 IntArray 类的应用，首先采用循环将数组中的每个元素赋值为 1，并在每次赋值时在屏幕上输出一个 *，以表明赋值成功。然后采用另一个循环从数组中获得元素的值，并在屏幕上输出这些值。最后调用 set 函数成员向数组下标为 100 的元素中赋值，从而检验下标的有效性。

```
1     #include  <iostream>
2     using namespace std;
3     #include "IntArray.h"
4
5
6     int  main( )
7     {
8        IntArray  numbers ;
9        int  val , x ;
10
11        // 将 1 存储在数组中，同时显示 20 个 '*'
12        for(x = 0 ; x < 20 ; x++ )
13            if( numbers.set(x, 1 ) )
14                cout << "* " ;
15        cout << endl;
16        // 输出数组中的 20 个元素
```

```
17      for(x = 0 ; x < 20 ; x++ )
18          if( numbers.get(x, val ) )
19              cout << val << " " ;
20      cout << endl ;
21      // 进行越界检验: 将 3 存储在下标为 100 的位置
22      if( numbers.set(100, 3) )
23          cout << "对下标为 100 的元素空间设置成功!\n" ;
24
25      return 0;
26  }
```

程序运行结果:

```
* * * * * * * * * * * * * * * * * * * *
1 1 1 1 1 1 1 1 1 1 1 1 1 1 1 1 1 1 1 1
错误: 100 不是一个有效的数组下标.
```

## 8.11.2 扩充抽象数组类型

上一节讨论的 IntArray 类包含一个具有 20 个元素的整型数组成员,可以完成数组下标越界检查。本节继续讨论该类,并对其扩展如下几个函数成员,如表 8-7 所示。

表 8-7 对 IntArray 类扩展的函数成员

| 函 数 名 | 函数功能 |
| --- | --- |
| linearSearch | 在数组中线性查找特定的值。如果找到了该元素,就返回元素的下标,否则返回 –1 |
| BinarySearch | 在数组中二分查找特定的值。如果找到了该元素,就返回元素的下标,否则返回 –1 |
| bubbleSort | 采用冒泡排序算法,对数组进行升序排序 |
| selectionSort | 采用选择排序算法,对数组进行升序排序 |

为了增加上述几个函数成员,修改该类如下:

**IntArray2.h 文件的内容:**

```
1   #ifndef    INTARRAY2_H
2   #define    INTARRAY2_H
3   class   IntArray
4   {
5   public:
6       IntArray( ) ;                       // 构造函数
7       bool    set( int , int ) ;
8       bool    get( int , int & ) ;
9       // 下面是新增加的几个函数成员
10      int     linearSearch( int ) ;
11      int     binarySearch( int ) ;
12      void    bubbleSort( ) ;
13      void    selectionSort( ) ;
14  private:
15      int     list[20] ;
16      bool    isValid( int ) ;
17  } ;
18  #endif
```

**IntArray2.cpp 文件的内容:**

```
1   #include    <iostream>
2   using namespace std;
3   #include    "IntArray2.h"
4
```

```cpp
5       // IntArray 类的构造函数，实现对 list 中的每个元素初始化
6       IntArray::IntArray( )
7       {
8           for( int  i = 0 ; i < 20 ; i++ )
9               list[i] = 0 ;
10      }
11
12      // isValid 函数检验参数 element 是否为有效的下标
13      bool IntArray::isValid( int  element)
14      {
15          bool   status = true ;
16
17          if( element < 0 || element > 19)
18          {
19              cout << " 错误："<< element << " 不是一个有效的数组下标.\n" ;
20              status = false ;
21          }
22
23          return   status ;
24      }
25
26      // set 函数，向指定的数组位置存储一个值
27      bool  IntArray::set( int  element, int  value )
28      {
29          bool   status = false;
30
31          if( isValid( element ) )
32          {
33              list[element] = value ;
34              status = true ;
35          }
36
37          return   status ;
38      }
39
40          // get 函数获得数组中指定位置的值。成功返回 true，否则返回 false
41      bool  IntArray::get( int  element, int  &value )
42      {
43          bool   status = false ;
44
45          if( isValid(element) )
46          {
47              value = list [element] ;
48              status = true ;
49          }
50
51          return   status ;
52      }
53
54          // linearSearch 函数在数组中进行线性查找，找到就返回 value 下标，否则返回 -1
55      int  IntArray::linearSearch( int  value )
56      {
57          int   i, status = -1 ;
58
59          for( i = 0 ; i < 20 ; i++ )
60              if( list [i] == value )
61              {
62                  status = i ;
63                  break ;
64              }
65
66          return   status ;
67      }
```

```cpp
 68
 69            // binarySearch 函数在数组中进行二分查找，找到了就返回其下标，否则返回-1
 70    int    IntArray::binarySearch( int    value )
 71    {
 72        int     first = 0,                                  // 首元素的下标
 73                last = 19,                                  // 最后一个元素的下标
 74                middle ;                                    // 中间元素的下标
 75
 76        selectionSort( ) ;      // 首先对数组排序
 77        while( first <= last )
 78        {
 79            middle =(first + last) / 2 ;                    // 计算中间值的下标
 80            if( list[middle] == value )                     // 如果找到对应的元素
 81                return   middle ;
 82            else  if( list[middle] > value                  // 如果要查找的元素位于前一半
 83                last = middle - 1 ;
 84            else
 85                first = middle + 1 ;                        // 如果要查找的元素位于后一半
 86        }
 87
 88        return  -1 ;                                        // 代表未找到指定的元素
 89    }
 90
 91            // bubbleSort 排序函数成员，对数组进行升序排列
 92    void   IntArray::bubbleSort(  )
 93    {
 94        int   temp ;
 95
 96        for( int line = 0 ; line < 19 ; line++ )
 97            for( int col = 0 ; col < 19 - line ; col++ )
 98                if( list [ col ] > list [ col + 1 ] )
 99                {
100                    temp = list [ col ] ;
101                    list [ col ] = list [ col + 1 ] ;
102                    list [ col + 1 ] = temp ;
103                }
104    }
105
106            // selectionSort 排序函数成员，对数组进行升序排列
107    void   IntArray::selectionSort( )
108    {
109        int  startScan, minIndex, temp ;
110
111        for( startScan = 0 ; startScan < 19 ; startScan++ )
112        {
113            minIndex = startScan ;
114            for( int  i = startScan + 1 ; i < 20 ; i++ )
115                if( list [ i ] < list [ minIndex ] )
116                    minIndex = i ;
117            temp=list[minIndex] ;
118            list[minIndex] = list[startScan] ;
119            list[startScan] = temp ;
120        }
121    }
```

【例 8-15】 检验 IntArray 类的存储、排序、显示和查找功能。首先采用随机数初始化数组，然后进行各种操作。

程序在查找之前，首先采用选择排序算法对数组进行排序，然后提示用户输入一个待查找的数，用二分查找算法进行查找。

```cpp
  1    #include  <iostream>
```

```cpp
2    #include  <iomanip>
3    using namespace std;
4    #include  "IntArray2.h"
5
6    int  main( )
7    {
8        IntArray  numbers ;
9        int  val , x , searchResult ;
10
11       srand(time(0));                       // 根据系统时间设置随机数种子
12       for( x = 0 ; x < 20 ; x++ )           // 产生20个100以内的随机数，初始化数组
13           if( !numbers.set(x, rand( ) % 100 ))
14               cout << " 存储数据出错！\n" ;
15
16       cout << "\n下面是随机产生的 20 个数 :\n" ;
17       for( x = 0 ; x < 20 ; x++ )
18       {
19           if(numbers.get(x, val ) )
20               cout <<setw( 10 )<<val ;
21           if((x+1) % 5 == 0 )               // 每行显示 5 个数
22               cout << endl ;
23       }
24       cout << endl ;
25
26       cout << " 按 Enter 键继续..."<<endl ;
27       cin.get( ) ;
28       numbers.selectionSort( ) ;            // 采用选择排序算法排序
29       cout << " 下面是排序后的 20 个数 :\n" ;
30           // 显示排序后的 20 个数
31       for( x = 0 ; x < 20 ; x++ )
32       {
33           if(numbers.get(x, val ) )
34               cout <<setw( 10 )<<val ;
35           if((x+1) % 5 == 0 )               // 每行显示 5 个数
36               cout << endl ;
37       }
38       cout << endl << endl ;
39       cout << " 输入上面显示的一个数，然后进行查找：" ;
40       cin >> val ;
41       cout << " 正在查找，请稍候 ...\n" ;
42       searchResult = numbers.binarySearch( val ) ;
43       if( -1 == searchResult )
44           cout << " 没找到 !\n" ;
45       else
46       {
47           cout << " 在排序之后，找到它的下标位置是: " ;
48           cout << searchResult << endl ;
49       }
50
51       return 0;
52   }
```

### 程序运行结果：

```
下面是随机产生的 20 个数 :
         1        42         9        60        11
        84        51        46        53        90
        17         1        92        48        76
        31        78        76        73        37

按 Enter 键继续...

下面是排序后的 20 个数 :
```

```
 1     1     9    11    17
31    37    42    46    48
51    53    60    73    76
76    78    84    90    92
```

```
输入上面显示的一个数,然后进行查找:17
正在查找,请稍候 ...
在排序之后,找到它的下标位置是:4
```

## 思考与练习

1. 设计 Date 类,该类采用三个整数存储日期:month、day 和 year。其函数成员具有按如下方式输出日期的功能:

```
12—25—22
December 25,2022
25  December  2022
```

写一个完整的程序,检验此类。注意:对于日期 day 成员,不能接收大于 31 或小于 1 的值,对于月 month,不能接收大于 12 或小于 1 的值。

2. 在人口统计中,按如下公式计算出生率和死亡率:

$$出生率 = 出生的人数 \div 总人数$$
$$死亡率 = 死亡的人数 \div 总人数$$

设计一个人口类 Population,它能存储某年的人数、出生的人数和死亡人数。其函数成员能返回出生率和死亡率。编写一个完整的程序检验该类的正确性。输入有效性检验:人数不能小于 1,出生人数和死亡人数不能为负。

3. 设计一个类,它具有一个 float 指针成员。构造函数具有一个整型参数 count,它为指针成员分配 count 个存储数据的元素空间,析构函数释放指针指向的空间。另外,设计两个函数成员完成如下功能:

1)向指针指向的空间中存储数据。
2)返回这些数的平均值。

编写一个完整的程序检验该类的正确性。

4. 设计一个计算薪水的类 Payroll,它的数据成员包括:单位小时的工资、已经工作的小时数、本周应付工资数。在主函数定义一个具有 10 个元素的对象数组(代表 10 个雇员)。程序询问每个雇员本周已经工作的小时数,然后显示应得的工资。

输入有效性检验:每个雇员每周工作的小时数不能大于 60,同时也不能为负数。

5. 结合本章讨论的 InvoiceItem 类,设计一个商品销售类,需要完成如下功能:

1) 询问客户购买的商品名称和数量。
2) 从 InvoiceItem 对象获得每个商品的成本价。
3) 在成本价的基础上加上 30% 的利润,得到每个商品的单价。
4) 将商品单价与购买商品的数量相乘,得到商品小计。
5) 将商品小计乘 6%,得到商品的销售税。
6) 将商品小计与商品销售税相加得到该商品的销售额。
7) 显示客户本次交易购买商品的小计、零售税和销售额。

**注意**:在一个程序中实现上述两个类,可以根据自己的需要随意修改 InvoiceItem 类。
输入有效性检验:购买的商品数量不能为负数。

# 第 9 章 类的高级部分

静态成员属于同一类的对象所共享的部分,它包括静态数据成员和静态函数成员,即使不创建对象,也能访问它们。友元函数可以访问类的保护成员和私有成员,它方便编程,但破坏了类的封装性。当对象传递给函数参数或者从函数返回时,会出现对象复制,但有时这样的复制不是所希望的,这就要通过拷贝构造函数实现。运算符重载是 C++ 的一个特性,从而可以将预定义的运算扩展到对象,使程序直观、易于理解。

## 9.1 静态成员

每个对象都有自己的数据成员,同类的两个对象,它们的成员变量是独立的,例如:

```
1    class  Commodity
2    {
3    public:
4        Commodity( float  p, int  q)
5        {
6            price = p ;
7            quantity = q ;
8        }
9        float  getPrice( ) { return  price ; }
10       int    getQuantity( ) { return  quantity ; }
11   private:
12       float  price ;
13       int    quantity ;
14   } ;
```

定义 Commodity 类的两个对象:

```
Commodity  w1(14.50, 100 ) , w2(12.75, 200 ) ;
```

那么 w1 和 w2 是独立的两个对象,每个对象都有自己的数据成员:price 和 quantity,它们的构成如图 9-1 所示。

当对象 w1 调用 getQuantity 函数时,将返回当前对象(即 w1)的数据成员 quantity。依此类推,下面语句将输出 100 和 200。

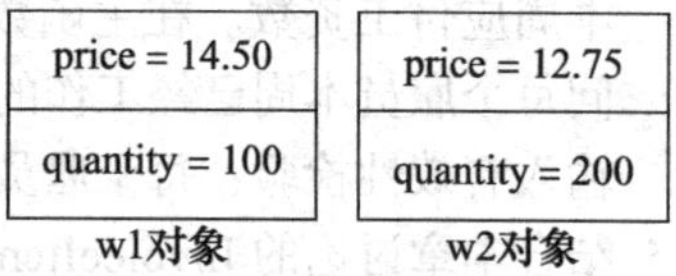

```
cout << w1.getQuantity( ) << w2.getQuantity( ) ;
```

| price = 14.50 | price = 12.75 |
| quantity = 100 | quantity = 200 |
| w1对象 | w2对象 |

图 9-1 对象的构成

说明每个对象,如 w1 或 w2,都有自己的数据成员 price 和 quantity,它们不是共享一个变量。

### 9.1.1 静态数据成员

静态数据成员是类中的一个成员,定义时前面用 static 关键字修饰,它的特点是:
1)同一个类中的所有对象都共享该变量。
2)静态变量不依赖于对象存在,无论是否定义该类的对象,这种变量都存在,例如:

```
1    class   StaticDemo
2    {
3    public:
4        void  putx( int  a){   x=a ;   }       //注意：访问静态的变量 x
5        void  puty( int  b ){  y=b ;   }
6        int   getx( ) { return  x ;   }
7        int   gety( ) { return  y ;   }
8    private:
9        static  int   x ;                      // 说明静态的数据成员
10       int   y ;
11   } ;
```

仅仅对静态变量 x 进行如上说明还是不够的，还必须在类的外面对它进行定义：

```
int   StaticDemo::x ;                           // 定义静态数据成员，默认初始值是 0
```

在类的外部对静态数据成员 x 给出定义，在不显式初始化的情况下，它的初值是 0。如果按照如下方式定义 x，那么它的初始值将是 100：

```
int   StaticDemo::x = 100 ;                     // 定义静态数据成员，初始值是 100
```

**注意**：在类的内部是对静态变量说明，在类的外部是定义，这不同于普通的数据成员，并且类中的静态变量必须在外部进行定义，否则无法通过编译。

静态变量 x 将被 StaticDemo 类的所有对象共享，例如：

```
StaticDemo  obj1,   obj2 ;
obj1.putx(5) ;
obj1.puty(10) ;
obj2.puty(20) ;
cout << "x: "<< obj1.getx( ) << "  " << obj2.getx( ) << endl ;
cout << "y: "<< obj1.gety( ) <<"  "<< obj2.gety( ) << endl ;
```

程序段输出结果：

```
x: 5   5
y: 10  20
```

由于 Obj1 对象将 5 写入了静态变量 x，并且 obj1 和 obj2 共享该变量，所以在输出 x 时，两个对象通过 getx 方法都输出 5，图 9-2 给出对象 obj1 和 obj2 的构成。

通过图 9-2 可以看出，对象 obj1 和 obj2 的大小都是 4 个字节（读者可以通过 sizeof 运算符测试对象的大小），它们的内部是由一个 int 类型的变量 y 构成；而静态变量 x 不属于任何一个对象。

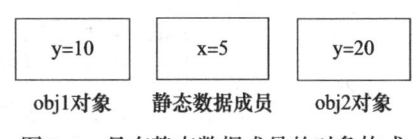

图 9-2  具有静态数据成员的对象构成

静态数据成员往往用于统计，例 9-1 演示了静态变量应用。某公司由若干个子公司组成，Budget 类用来计算公司的预算。该类包含一个静态数据成员 CorpBudget，用来存储整个公司的预算额。当调用函数成员 addBudget 时，将参数增加到 CorpBudget 中。程序结束时，CorpBudget 的值将是整个公司的预算额。

【例 9-1】 类中静态变量的应用：

**budget.h 文件的内容**：

```
1    #ifndef  BUDGET_H
2    #define  BUDGET_H
3
4    class   Budget                              // Budget 类的定义
```

```
5   {
6   public:
7       Budget( ) { divBudget = 0 ; }              // 构造函数
8       void  addBudget( float  b )
9       {
10          divBudget += b ;
11          CorpBudget += divBudget ;              // 引用静态数据成员
12      }
13      float  getDivBudget( ){  return divBudget; }
14      float  getCorpBudget( ){ return CorpBudget; }  // 引用静态数据成员
15  private:
16      static  float   CorpBudget ;
17      float   divBudget ;
18  } ;
19
20  #endif
```

**主程序 pr9-1.cpp 文件的内容:**

```
1   #include <iostream>
2   using namespace std;
3   #include  "budget.h"                           // 包含 Budget 类
4
5   float  Budget::CorpBudget = 0 ;                // 定义 Budget 类中的静态成员
6
7   int  main( )
8   {
9       Budget   divisions[4] ;
10      int      count ;
11      float    bud ;
12
13      for( count = 0 ; count < 4 ; count++ )
14      {
15          cout << "输入子公司 " <<( count + 1) << " 预算额:" ;
16          cin >> bud ;
17          divisions[count].addBudget( bud ) ;
18      }
19      cout.precision(2) ;
20      cout.setf( ios::showpoint | ios::fixed ) ;
21      cout << "公司预算如下:\n" ;
22      for( count = 0 ; count < 4 ; count++ )
23      {
24          cout << "\t子公司 " <<( count + 1) << " 预算 RMB " ;
25          cout << divisions[count].getDivBudget( ) << endl ;
26      }
27      cout << "\t公司总预算 RMB " ;
28      cout << divisions[0].getCorpBudget( ) << endl ;
29
30      return 0;
31  }
```

**程序运行结果:**

输入子公司 1 预算额: 10000 [**Enter**]
输入子公司 2 预算额: 50000 [**Enter**]
输入子公司 3 预算额: 40000 [**Enter**]
输入子公司 4 预算额: 100000 [**Enter**]
公司预算如下:
子公司 1 预算 RMB 10000.00
子公司 2 预算 RMB 50000.00
子公司 3 预算 RMB 40000.00

子公司 4 预算 RMB 100000.00
公司总预算 RMB 200000.00

## 9.1.2 静态函数成员

从函数表面上看，静态函数成员是类中的一个函数，前面由 static 修饰，格式为：

static <返回值类型><函数名>(<形式参数表>)

静态函数成员不能访问类中的非静态成员，换句话讲，它只能访问类中定义的静态成员（即静态数据成员或静态函数成员），这是因为：

1）静态数据成员实际上是在类外定义的一个变量，它的生存期和整个程序的生存期一样，在定义对象之前，静态数据成员已经存在。

2）静态函数成员与静态数据成员类似，在对象生成之前也已经存在。这就是说在对象产生之前，静态函数成员就能访问其他静态成员，从而可以给对象设置特殊的任务。

假设一个公司由几个子公司和一个总公司构成，在输入各个子公司的预算之前，首先要输入总公司的预算。对 Budget 类进行修改，它包含一个静态函数成员 mainOffice，功能是将其参数增加到静态变量 CorpBudget 中，并且在创建 Budget 类对象之前调用该函数。例 9-2 是在例 9-1 的基础上修改而成的，它验证了上述功能。

【例 9-2】 类中静态变量和静态函数的应用。

**budget2.h 文件的内容：**

```
1    #ifndef   BUDGET2_H
2    #define   BUDGET2_H
3
4    class   Budget                              // Budget 类的定义
5    {
6    private:
7        static  float   CorpBudget ;            // 说明静态数据成员
8        float    divBudget ;
9    public:
10       Budget( )  {  divBudget = 0 ;  }
11       void  addBudget( float   b )
12       {
13           divBudget += b ;
14           CorpBudget += divBudget ;
15       }
16
17       float   getDivBudget( ) {  return  divBudget ;  }
18       float   getCorpBudget( ) {  return  CorpBudget ;  }
19       static  void  mainOffice( float ) ;      // 静态函数成员
20   } ;
21
22   #endif
```

**文件 budget2.cpp 的内容：**

```
1    #include   "budget2.h"
2
3    float   Budget::CorpBudget = 0 ;            // 定义 Budget 类中的静态成员
4
5        // 定义静态函数成员 mainOffice，将总公司的预算增加到 CorpBudget 变量中
6    void   Budget::mainOffice( float   moffice )
7    {
8        CorpBudget += moffice ;
9    }
```

**主程序 pr9-2.cpp 的内容：**

```
1    #include   <iostream>
2    using namespace std;
3    #include   "budget2.h"                          // Budget 类定义在此文件中
4
5    int   main( )
6    {
7        float   amount ;
8        int     count ;
9        float   bud ;
10
11       cout << "输入总公司的预算: " ;
12       cin >> amount ;
13       Budget::mainOffice( amount ) ;              // 调用静态函数成员
14
15       Budget  divisions[4] ;
16       for( count = 0 ; count < 4 ; count++ )
17       {
18           cout << "输入子公司 " <<( count + 1 ) << " 预算额: " ;
19           cin >> bud ;
20           divisions[count].addBudget( bud ) ;
21       }
22
23       cout.precision(2) ;
24       cout.setf( ios::showpoint | ios::fixed ) ;
25       cout << "\n 公司预算如下 :\n" ;
26       for( count = 0 ; count < 4 ; count++ )
27       {
28           cout << "\t 子公司 " <<( count + 1 ) << " 预算: RMB " ;
29           cout << divisions[count].getDivBudget( ) << endl ;
30       }
31       cout << "\t 公司总预算: RMB " ;
32       cout << divisions[0].getCorpBudget( ) << endl ;
33
34       return 0 ;
35   }
```

程序运行结果：

```
输入总公司的预算: 100000
输入子公司 1 预算额: 456987.23
输入子公司 2 预算额: 123987.48
输入子公司 3 预算额: 789123.78
输入子公司 4 预算额: 654123.98

公司预算如下：
    子公司 1 预算: RMB 456987.22
    子公司 2 预算: RMB 123987.48
    子公司 3 预算: RMB 789123.75
    子公司 4 预算: RMB 654124.00
    公司总预算: RMB 2124222.50
```

对上述程序要注意如下两点：

1）调用静态函数成员 mainOffice 的语句如下：

```
Budget::mainOffice( amount ) ;
```

这说明对于静态的函数成员，是通过类名和作用域分辨符调用的。此外，也可以采用对象点的方式调用，如 divisions[0].mainOffice（1000）也是调用该函数。

2）在 main 函数的最后一行 divisions[0].getCorpBudget( ) 是通过 divisions[0] 对象调用 getCorpBudg 函数，从而输出整个公司的预算总额。请读者考虑，如果采用 divisions[1].getCorpBudget( ) 那么输出的是整个公司的预算总额吗？仍然还是。为什么呢？

## 9.2 友元函数

人类社会往往具有这样的一个特征：如果我是你的朋友（我和你不是一家人），我就能知道你的许多小秘密，如你的年龄和体重，都是你的私有特征，别人是不知道的，但我知道，原因是咱俩是朋友。由此看来，交朋友要慎重，否则自己的小秘密就有可能被泄露。面向对象 C++ 中也有这种类似的关系存在。

友元函数不是类中的函数成员，但它可以访问类中定义的私有成员。

类的私有成员对于类外语句是隐藏的，如果要访问它们，必须调用公有的函数成员。若想打破这个限制，友元函数就属于这种例外。首先要明白，友元函数不是类的函数成员，但它能访问当前类的私有成员（这和人类社会的朋友一样，朋友和你不是一家人，但他知道你的私有信息）。换句话讲，友元函数和类的函数成员一样，可以访问对象的私有成员。友元函数既可以是一个外部函数，也可以是另外一个类的函数成员。

为了使一个函数变成另外一个类的友元，首先要让这个类认可它，将它看作自己的"朋友"。将一个函数声明为一个类的友元方式很简单，只要将关键字 friend 放在函数原型之前即可，格式如下：

```
friend  <返回值类型>  <函数名>(<参数列表>)
```

### 9.2.1 外部函数作为类的友元

下面通过一个实例来讲解外部函数作为一个类的友元。

【例 9-3】 求两个点之间的距离。

分析：下面首先定义了一个 Point 类，它有关于一个点的坐标 (xPos,yPos)，然后通过一个外部函数 Distance，采用两个点对象做参数，求它们之间的距离。

```
1    #include <iostream>
2    using namespace std;
3
4    class    Point
5    {
6        int   xPos,  yPos ;
7    public:
8        Point(int xx=0, int yy=0 ) {  xPos=xx;   yPos=yy;    }
9        int   GetXPos( ) {  return xPos;    }
10       int   GetYPos( ) {  return yPos;    }
11       friend  double  Distance(Point  &a,  Point  &b);
12   };
13
14       // 一个普通的外部函数
15   double   Distance( Point   & a,    Point    & b)
16   {
17       double  dx=a.xPos-b.xPos;           //在友元情况下，对象 a 可直接访问其私有成员
18       double  dy=a.yPos-b.yPos;
```

```
19
20          return    sqrt(dx*dx+dy*dy);
21     }
22
23     int    main(  )
24     {
25          Point     p1(3, 5), p2(4, 6);
26          double    d=Distance(p1, p2);
27
28          cout<< " 距离为: "<<d<<endl;
29
30          return 0;
31     }
```

程序运行结果：

距离为：1.41421

程序第 11 行的 friend 表明 Distance 函数不是 Point 类的成员函数，而是该类的一个友元，所以在第 17 行，a.xPos 是正确的。在正常情况下，在一个外部函数中对象直接访问其私有成员是错误的，但这个地方却是正确的，就是因为 Distance 函数是类的友元函数。

思考：针对上述程序，如果将 Distance 函数修改为成员函数，还正确吗？为什么？

### 9.2.2  类的成员函数作为另一个类的友元

其他类的成员函数也可以声明为一个类的友元函数，这个成员函数也称为友元成员。友元成员不仅可以访问自己所在类对象中的私有成员和公有成员，还可以访问 friend 声明语句所在类对象中的私有成员和公有成员，这样能使两个类相互合作完成某一任务。

在下面 Budget 类的声明中，Aux 类的函数 addBudget 变成了它的友元函数：

```
class   Budget
{
public:
    Budget( ) { divBudget = 0 ; }
    void   addBudget( float   b )
    {
        divBudget += b ;
        CorpBudget += divBudget ;
    }
    float   getDivBudget( ) { return  divBudget ; }
    float   getCorpBudget( ) { return  CorpBudget ; }
    static   int   mainOffiee( float ) ;
    friend  void  Aux::addBudget( float, Budget &); //Budget 类的友元
private:
    static   float   CorpBudget ;
    float     divBudget ;
} ;
```

假设 Aux 类是一个辅助办公室类，每个子公司都有一个单独的辅助办公室，该机构有自己的预算，需要把辅助办公室的预算加到各个子公司的预算中。将 Aux::addBudget 函数定义为 Budget 类的友元，实际上是告诉编译器该函数可以访问 Budget 类中的私有数据成员。

addBudget 函数具有两个参数，一个 float 参数，另一个是 Budget 类的引用，它代表一个 Budget 类对象，将作为参数传递给该函数。下面是 Aux 类的定义：

```cpp
class  Aux
{
public:
    Aux( ) {  auxBudget = 0 ;  }
    void    addBudget( float , Budget & ) ;
    float   getDivBudget( ) { return auxBudget ; }
private:
    float   auxBudget ;
} ;
```

Aux 类的函数成员 addBudget 定义如下：

```cpp
void   Aux::addBudget( float  b , Budget  &div )
{
    auxBudget += b ;
    div.CorpBudget += auxBudget ;              // 直接访问 div 对象的私有成员
}
```

参数 div 是一个 Budget 类的引用，它出现在如下语句中：

```cpp
div.CorpBudget += auxBudget ;
```

该语句将当前对象的 auxBudget 追加到 div.CorpBudget 变量中，例 9-4 给出完整的应用示例。

**【例 9-4】** 类的成员函数作为另一个类的友元举例。

**auxi1.h 文件的内容：**

```cpp
1   #ifndef   AUXIL_H
2   #define   AUXIL_H
3
4   class   Budget ;                       // 对 Budget 类超前使用说明
5   class   Aux                            // Aux 类的定义
6   {
7   private:
8       float   auxBudget ;
9   public:
10      Aux( ) {  auxBudget = 0 ;  }
11      void    addBudget( float , Budget & ) ;
12      float   getDivBudget( ) { return auxBudget ; }
13  } ;
14  #endif
```

**budget3.h 文件的内容：**

```cpp
1   #ifndef   BUDGET3_H
2   #define   BUDGET3_H
3   #include  "auxi1.h"                    // Aux 类定义在此文件中
4
5   class   Budget                         // Budget 类的定义
6   {
7   private:
8       static  float   CorpBudget ;
9       float   divBudget ;
10  public:
11      Budget( ) { divBudget = 0 ; }
12      void  addBudget( float  B )
13      {
14          divBudget += B ;
15          CorpBudget += divBudget ;
16      }
```

```
17      float  getDivBudget( ) { return  divBudget ; }
18      float  getCorpBudget( ) { return  CorpBudget ; }
19      static void  mainOffice( float ) ;
20      friend  void  Aux::addBudget( float , Budget  & ) ;   // 声明友元函数
21   } ;
22   #endif
```

**auxi1.cpp 文件的内容：**

```
1   #include  "auxi1.h"
2   #include  "budget3.h"
3
4      // addBudget 是 Budget 类的友元, 将参数增加到静态变量 CorpBudget 中
5   void  Aux::addBudget( float  b , Budget  &div )
6   {
7      auxBudget += b ;
8      div.CorpBudget += auxBudget ;
9   }
```

**budget3.cpp 文件的内容：**

```
1   #include  "budget3.h"
2
3   float  Budget::CorpBudget = 0 ;                  // 定义 Budget 类中的静态数据成员
4      // 静态函数成员 mainOffice 将总公司的预算增加到 CorpBudget 变量中
5   void  Budget::mainOffice( float  moffice )
6   {
7      CorpBudget += moffice ;
8   }
```

**主程序 pr9-4.cpp 文件的内容：**

```
1   #include  <iostream>
2   #include  <iomanip>
3   using namespace std;
4   #include  "budget3.h"
5
6   int  main( )
7   {
8      float  amount ;
9      int    count ;
10     float  bud ;
11
12     cout << "输入总公司的预算: " ;
13     cin >> amount ;
14     Budget::mainOffice( amount ) ;
15
16     Budget   divisions[4] ;
17     Aux      auxOffices[4] ;
18     for( count = 0 ; count < 4 ; count++ )
19     {
20        cout << "输入子公司 " <<( count + 1 ) << " 预算额:" ;
21        cin >> bud ;
22        divisions[count].addBudget( bud ) ;
23        cout << "输入子公司 " ;
24        cout <<( count + 1 ) << " 的辅助办公室预算: " ;
25        cin >> bud ;
26        auxOffices[count].addBudget( bud , divisions[count] ) ;
27     }
28
29     cout.precision(2) ;
```

```
30          cout.setf( ios::showpoint | ios::fixed ) ;
31          cout << "\n 公司预算如下 :\n" ;
32          for( count = 0 ; count < 4 ; count++ )
33          {
34              cout << "\t 子公司 " <<( count + 1 ) << " 预算, RMB " ;
35              cout << divisions[count].getDivBudget( ) ;
36              cout << " , 辅助办公室预算, RBM "
37                   << auxOffices[count].getDivBudget( ) << endl ;
38          }
39          cout << "\t 公司总预算, RMB " ;
40          cout << divisions[0].getCorpBudget( ) << endl ;
41
42          return 0;
43      }
```

程序运行结果：

```
输入总公司的预算: 100000
输入子公司 1 预算额: 456321.11
输入子公司 1 的辅助办公室预算: 1000
输入子公司 2 预算额: 789321.22
输入子公司 2 的辅助办公室预算: 1500
输入子公司 3 预算额: 693582.78
输入子公司 3 的辅助办公室预算: 2000
输入子公司 4 预算额: 147852.44
输入子公司 4 的辅助办公室预算: 1800

公司预算如下：
    子公司 1 预算, RMB 456321.13 , 辅助办公室预算, RBM 1000.00
    子公司 2 预算, RMB 789321.25 , 辅助办公室预算, RBM 1500.00
    子公司 3 预算, RMB 693582.75 , 辅助办公室预算, RBM 2000.00
    子公司 4 预算, RMB 147852.44 , 辅助办公室预算, RBM 1800.00
    公司总预算, RMB 2193377.50
```

在 auxi1.h 文件中包含如下一行：

```
class   Budget ;
```

这一行是对 Budget 类的超前使用说明。在本程序中，这一行是必不可少的，因为在函数成员 addBudget 中要使用该类：

```
void    addBudget( float , Budget  & ) ;
```

由于编译器要在编译 budget.h 文件之前编译 auxi1.h 文件，如果不包含这一行，那么编译器就不知道 Budget 是一个类。超前使用说明是告诉编译器，Budget 这个类的定义在后面，目前这个地方要提前使用它。

### 9.2.3 一个类作为另一个类的友元

若一个类为另一个类的友元，则此类的所有成员都能访问对方类的私有成员。声明语法：将友元类名在另一个类中使用 friend 修饰说明，例如：

```
1   class     A
2   {
5   public:
6       void  Display(   ){ cout<<x<<endl;}
3       int   x;
4       friend   class   B;     // 类 B 是 A 的友元
7   };
```

```
8   class    B
9   {
11  public:
12      void  Set(int i)  {  a.x = i;  }      // a.x是正确的，因为B类是A类的友元
13      void  Display( )  {  a.Display( );}
11  private:
10      A    a;                                // 对象a是B类中的一个数据成员对象
14  };
```

注意，这个方法不好，因为 B 类的每个函数成员都能访问 A 类中的私有成员。最好的方法是采用 9.2.2 节介绍的方法，将 B 类中的部分函数声明为友元，从而限制对私有成员的访问。

**思考**：如果 B 类不是 A 类的友元，那么程序第 12 行的 a.x 和第 13 行的 a.Display( ) 还正确吗？为什么？

**知识点**：面向对象就是为了确保数据封装和隐藏，而友元破坏了这一原则，建议尽量不使用或少使用友元。

## 9.3　对象赋值问题

采用赋值运算符"="可以将一个对象赋值给另外一个对象，或者采用一个对象初始化另外一个对象。在默认情况下，这两个操作执行的是对象成员之间的拷贝，也称为按位拷贝或浅拷贝。

对象和其他类型的变量一样（数组除外），采用赋值运算符"="可以将一个对象赋值给另外一个对象，例 9-5 采用 Rectangle 类说明了对象赋值这个特性。

【例 9-5】浅拷贝应用举例。

```
1   #include  <iostream>
2   #include  <iomanip>
3   using namespace std;
4
5   class  Rectangle
6   {
7   private:
8       float  width, length, area ;
9       void  calculateArea( )  {  area = width * length ;  }
10  public:
11      void  setData( float  w, float  l )
12      {
13          width = w ;
14          length = l ;
15          calculateArea( ) ;
16      }
17      float  getWidth( )  {  return  width ;  }
18      float  getLength( )  {  return  length ;  }
19      float  getArea( )  {  return  area ;  }
20  } ;
21
22  int  main( )
23  {
24      Rectangle  box1 ,  box2 ;
25
26      box1.setData(2, 20 ) ;
27      box2.setData(5, 10 ) ;
```

```
28
29          cout << "对象赋值前 \n" ;
30          cout << "Box1 宽: "<< box1.getWidth( ) <<setw(7)
31               << "长: "<< box1.getLength( ) << setw(10 )
32               << "面积: "<< box1.getArea( ) << endl ;
33          cout << "Box2 宽: "<< box2.getWidth( ) <<setw(7)
34               << "长: "<< box2.getLength( ) << setw(10 )
35               << "面积: "<< box2.getArea( ) << endl ;
36
37          box2 = box1 ;      // 对象按位拷贝，即浅拷贝
38
39          cout << "\n 将 box1 对象赋值给 box2 对象以后 \n" ;
40          cout << "Box1 宽: "<< box1.getWidth( ) <<setw(7)
41               << "长: "<< box1.getLength( ) << setw(10 )
42               << "面积: "<< box1.getArea( ) << endl ;
43          cout << "Box2 宽: "<< box2.getWidth( ) <<setw(7)
44               << "长: "<< box2.getLength( ) << setw(10 )
45               << "面积: "<< box2.getArea( ) << endl ;
46
47          return 0;
48     }
```

程序运行结果：

```
对象赋值前
Box1 宽: 2    长: 20    面积: 40
Box2 宽: 5    长: 10    面积: 50

将 box1 对象赋值给 box2 对象以后
Box1 宽: 2    长: 20    面积: 40
Box2 宽: 2    长: 20    面积: 40
```

从程序的运行结果可见，第 37 行的赋值语句将 box1 对象的 width、length 和 area 等数据成员，直接拷贝给了 box2 对象的对应部分。

当采用一个对象初始化另一个对象时，对象成员之间的赋值也是按位拷贝，即将一个对象的数据成员按在内存中存储形式（二进制位），直接拷贝给另一个对象。此外，赋值和初始化之间是有区别的：赋值出现在两个对象都已经存在的情况下，而初始化出现在创建对象时，例如：

```
Rectangle   box1 ;
box1.setData( 10, 50 ) ;
Rectangle   box2 = box1 ;
```

上述程序段中的第三个语句是定义一个对象 box2，并采用 bx1 对象对其进行初始化。此时的赋值是通过按位拷贝进行的，所以 box2 对象与 box1 对象的内容完全相同。

**注意**："Rectangle box2=box1;"是采用 box1 初始化 box2 对象，它等同于"Rectangle box2(box1);"，而后者更容易令人明白。

## 9.4 拷贝构造函数

拷贝构造函数是一个特殊的构造函数，当定义一个对象并采用同类型的另外一个对象初始化时，将自动调用拷贝构造函数。

通常采用 C++ 默认的按位拷贝操作也能正确地实现赋值，但在某些特殊情况下是错误的，例如：

```
1    class  PersonInfo
2    {
3    public:
4        PersonInfo( char  *n, int  a)
5        {
6            name = new  char[ strlen(n) + 1] ;
7            strcpy( name, n) ;
8            age = a ;
9        }
10       ~PersonInfo( ) { delete [ ] name ; }      // 释放指针指向的空间
11       char  *getName( ) { return  name ; }
12       int   getAge( ) { return age ; }
13   private:
14       char  *name ;                              // 数据成员是指针
15       int   age ;
16   } ;
```

该类中潜伏的"危险分子"是第 14 行的成员 name，它是一个指针。构造函数对指针完成动态分配内存空间的操作，并将一个字符串复制到该空间中。例如：

```
PersonInfo  p1("ZhangSan", 25 ) ;
```

上述语句创建一个 personInfo 类对象 p1，对它的数据成员 name 动态分配一块内存空间，并将字符串"ZhangSan"复制到该空间。下面的语句创建另一个对象 p2，并采用 p1 初始化该对象：

```
PersonInfo  p2 = p1 ;
```

**思考**：如果采用 p1 初始化 p2，那么将出现什么问题？请读者暂时不要继续向下看，思考该问题后再继续阅读。

上述语句并不调用 p2 的构造函数，而是采用对象按位拷贝操作，将 p1 对象的每个成员复制到 p2 中。这就意味着，并没有对 p2 的成员 name 分配一块新的内存空间，仅是简单地将存储在 p1 中的 name 的地址赋给 p2 的 name 指针，此时，这两个对象的 name 指针指向同一个地址空间，如图 9-3 所示。

在此情况下，p1 和 p2 的 name 指针都能操作这个字符串，因为它们共享同一个内存空间。当某个对象的生存期结束时，如 p1，那么将调用析构函数释放该对象的 name 指针指向的内存空间。但是 p2 对象的 name 指针仍旧指向那个已经释放的内存区域，从而使 p2 的 name 指针变成"野指针"，这种程序十分危险！

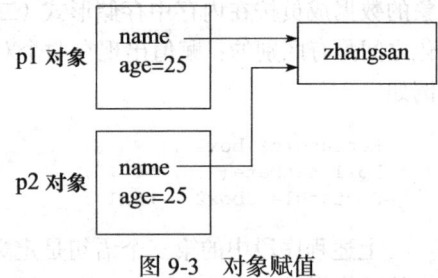

图 9-3  对象赋值

解决上述问题的方法是在类中定义一个拷贝构造函数。拷贝构造函数是一个特殊的构造函数，当采用一个对象初始化另一个对象时，将自动调用该函数。它的形式与一般构造函数类似，唯一的区别是其参数是一个当前类的引用，通过该引用就能访问参数对象的数据部分。

引入拷贝构造函数的目的是对参数对象做一个拷贝，因此就不应该在拷贝构造函数中修改参数对象的数据。基于此，拷贝构造函数的参数前面通常都加上 const，将其设置为常引用。例如：

```
1    PersonInfo( const  PersonInfo  &obj )           // 拷贝构造函数的参数为常引用
2    {
3        name = new  char[ strlen( obj.name ) + 1] ;
```

```
4        strcpy( name, obj.name ) ;
5        age = obj.age ;
6    }
```

上述代码段的第 1 行采用 const 关键字修饰，能够确保函数不能修改参数 obj 的内容，这可防止程序员无意间修改参数对象的数据。

拷贝构造函数的参数代表了"="运算符右边的对象，例如下面的初始化语句：

`PersonInfo  p2 = p1 ;`

对象 p2 将调用拷贝构造函数，该函数中的形参 obj 指代 p1 对象，执行拷贝构造函数后，对象 p1 和 p2 的 name 指针将分别指向不同的内存区域，如图 9-4 所示。

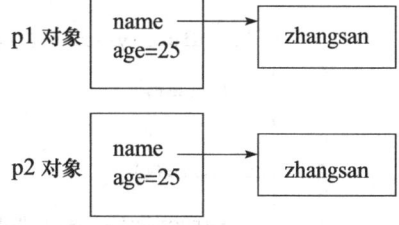

图 9-4　执行拷贝构造函数后的对象

从拷贝构造函数的代码可以看到，p2 的 name 能正确地指向自己的内存空间。这样析构 p1 就不会再影响 p2，下面给出完整的类定义。

```
1    class   PersonInfo
2    {
3    public:
4        PersonInfo( char  *n, int  a)           // 构造函数
5        {
6            name = new  char[ strlen(n) + 1] ;
7            strcpy( name, n) ;
8            age = a ;
9        }
10       PersonInfo( const  PersonInfo  &obj )   // 拷贝构造函数
11       {
12           name = new  char[ strlen( obj.name ) + 1] ;
13           strcpy( name, obj.name ) ;
14           age = obj.age ;
15       }
16       ~PersonInfo( ) { delete [ ] name ; }    // 析构函数
17       char  *getName( ) {  return  name ;  }
18       int   getAge( ) {  return  age ;  }
19   private:
20       char  *name ;
21       int   age ;
22   } ;
```

**注意**：C++ 要求拷贝构造函数的参数一定是一个引用。由于拷贝构造函数本身也是一个函数，如果它的形参不是引用，而是一个普通对象，当将对象传递给拷贝构造函数时，将再次调用拷贝构造函数自身。这个过程将无止境地进行下去，直到内存耗尽，程序才会结束。为了防止拷贝构造函数调用自己，C++ 要求其参数必须是一个引用。

### 9.4.1　默认的拷贝构造函数

如果一个类没有定义拷贝构造函数，C++ 将为其创建一个默认的拷贝构造函数。默认的拷贝构造函数的功能就是前面讨论过的按位赋值。在指针做数据成员的情况下，必须定义拷贝构造函数。

### 9.4.2　调用拷贝构造函数的情况

普通的构造函数是在创建对象时被调用，而拷贝构造函数在下面几种情况下才被调用：

1）用对象初始化同类的另一个对象。例如：

```
PersonInfo  s1("ZhangSan" , 20 );              // 定义一个对象 s1
     // 用 s1 初始化 s2, 以及用 s1 初始化 s3, 都将调用拷贝构造函数
PersonInfo  s2( s1 ) ,   s3 = s1 ;             // 此处的 s3= s1 等价于 s3( s1 )
```

2）如果函数的形参是对象，当进行参数传递时将调用拷贝构造函数。例如：

```
1    void  dispalyPerson( PersonInfo  p )      // 函数的形参是对象
2    {
3        // 代码略
4    }
5
6    int  main( )
7    {
8        PersonInfo  s1( "ZhangSan" , 20 ) ;
9
10       dispalyPerson(s1) ;                    // 参数 s1 传递给 p 时，将调用拷贝构造函数
11       return 0;
12   }
```

在程序段的第 10 行，将参数 s1 传递给第 1 行的对象 p 时，p 将自动调用拷贝构造函数，采用对象 s1 初始化对象自身。

3）如果函数的返回值是对象，函数执行结束时，将调用拷贝构造函数对无名临时对象初始化。为了便于说明问题，对 PersonInfo 类进行了简化。

【例 9-6】 函数返回的临时对象与拷贝构造函数。

```
1    #include  "iostream"
2    using namespace std;
3
4    class  PersonInfo
5    {
6    public:
7        PersonInfo( )  {  cout<<"调用构造函数 \n" ;  }
8        PersonInfo(PersonInfo  &obj )  {  cout<<"调用拷贝构造函数 \n" ;  }
9        ~PersonInfo( )  {  cout<<"调用析构函数 \n" ;   }
10   } ;
11
12   PersonInfo  getPerson( )
13   {
14       PersonInfo  person ;
15
16       return  person ;       // 返回一个局部对象
17   }
18
19   int  main( )
20   {
21       PersonInfo  student ;
22
23       student = getPerson( ) ;   // 将函数的返回值赋值给其他对象
24
25       return 0;
26   }
```

程序运行结果：

调用构造函数
调用构造函数
调用拷贝构造函数
调用析构函数

调用析构函数
调用析构函数

系统调用拷贝构造函数将 person 对象拷贝到新创建的无名临时对象中，如图 9-5 所示。

在 main 函数中，赋值运算符 "="将无名临时对象复制到 student 对象中，当它们的生存期结束时将调用析构函数。

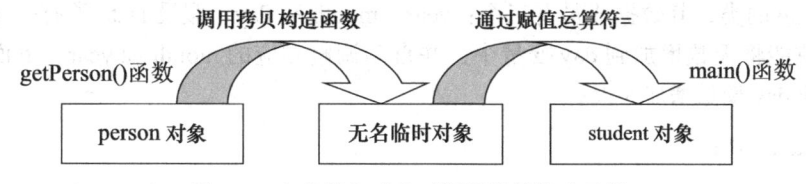

图 9-5　生成无名对象时调用拷贝构造函数

**注意**：从上述示例可以得到一个提示，如果函数返回值是一个对象，要考虑 return 语句的效率。

例如，string 是 C++ 提供的一个系统类：

```
return string(s1 + s2);
```

表示"创建一个无名的临时对象并且将它返回"。但读者不要以为这与"先创建一个局部对象 temp 并返回"是相互等价的，例如：

```
string temp(s1 + s2);        // 定义一个临时对象 temp
return temp;
```

上述代码将执行以下三个操作：

1）创建一个 temp 对象，调用构造函数完成初始化。
2）拷贝构造函数将 temp 复制到内存的外部存储单元中，如例 9-6 的操作。
3）在函数结束时，调用析构函数，销毁 temp 对象。

而"创建一个无名的临时对象并且将它返回"则是编译器直接把临时对象创建并初始化在内存的外部存储单元中，省去了调用拷贝构造函数和析构函数的过程，提高了效率。

类似地：

```
return(int)(x + y);          // 创建一个临时变量并返回它的值
```

写成

```
int temp = x + y;
return temp;
```

由于 C++ 系统提供的内部数据类型，如 int、float 型变量，不存在调用构造函数与析构函数的过程，不影响程序的效率，但采用第一种方法会使程序更简洁。

**注意**：关于拷贝构造函数的调用，有些地方易于混淆，例如：

```
1    string   s1 ("I am a string");
2    string   s2 (string("I am a string"));
3    string   s3 = s1;              // 调用拷贝构造函数初始化
```

第 1 行调用一般的构造函数初始化对象 s1；第 2 行，表面上看首先创建一个无名对象，然后调用拷贝构造函数初始化 s2，但实际上编译器自动优化，仅调用一般的构造函数初始化 s2，而不调用拷贝构造函数，所以第 1、2 行等同。第 3 行是对象 s3 调用拷贝构造函数采用

s1 初始化自身。

## 9.5 运算符重载

C++ 提供了许多操作原子数据类型的运算符，然而这些运算符并不适合对象。例如，有一个名为 Date 的类，其数据成员有三个：year、month 和 day。假设 Date 类有一个函数成员 add，该函数能将天数增加到 day 变量中，并自动调整相应的 month 和 year。下面的语句将 today 对象的 day 变量增加 5 天：

```
today.add(5) ;
```

尽管通过 add 函数对 today 对象增加了 5 天，但总感觉到不直观。如果能以如下方式实现就比较好：

```
today += 5 ;
```

上述语句采用标准的"+="运算符将 5 增加到 today 对象中，这种运算必须通过运算符重载实现。

**注意**：运算符重载并不是一个新概念。例如，运算符"/"能完成两种类型的除。如果两个运算数中有一个浮点数，那么运算结果将是一个浮点值；如果两个操作数都是整数，那么运算结果将是一个整型值，小数部分将自动舍去。这种"见机行事"的做法，就是运算符重载。

### 9.5.1 重载赋值运算符

C++ 的类可以有一个特殊的函数成员，即运算符函数。如果要定义对象的特定操作，那么就必须重载该运算符函数。当运算符应用于该类的对象时，将自动调用新定义的运算符函数。

如果对象中有指针成员，采用前面讲过的拷贝构造函数能解决对象初始化问题，但并不能处理对象赋值（注意对象初始化与对象赋值是两个不同的概念）。拷贝构造函数是在创建对象时被调用，下面的赋值语句仍然完成按位拷贝赋值：

```
PersonInfo  p1("ZhangSan" , 20 ) , p2("John",24) ;
p2 = p1 ;                                                    // 将对象 p1 按位拷贝给 p2
```

为了解决上面的赋值操作，必须重载赋值运算符，使它按照我们的要求工作。当重载后的"="运算符应用于对象时，就能重新定义该运算符的现有操作，从而实现新功能。例如，修改 PersonInfo 类，实现赋值运算符重载：

```
1    class  PersonInfo
2    {
3    public:
4        // 其他函数略
5        void  operator =( const  PersonInfo  &right )        // 重载赋值运算符
6        {
7            delete [ ] name ;
8            name = new  char[ strlen(right.name ) + 1 ] ;
9            strcpy( name , right.name ) ;
10           age = right.age ;
11       }
```

```
12     private:
13         // 数据成员略
14     } ;
```

上述程序段第 5 行,operator= 函数的首部:

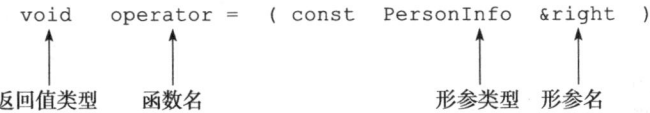

函数名是 operator=,表明类中重载了赋值运算符"="。既然它是 PersonInfo 类的一个成员,当此运算符用于 PersonInfo 类对象时,将调用 operator= 函数。

函数的形参 right 是 PersonInfo 类的一个常引用,代表运算符"="右边的对象。例如,当执行如下赋值语句时,right 将指代 p1:

```
        p2 = p1 ;           // 调用运算符函数的第一种方法
```

**注意**:operator= 函数的参数不一定是常引用,上述声明具有如下原因:

1)效率高。采用引用可以防止参数传递时生成对象拷贝,从而节省了初始化对象和析构对象的时间。

2)将参数声明为常引用,可以防止函数无意间修改对象 right 的内容。

3)符合赋值运算的常识。当执行 x=y 赋值运算时,"="运算符并不修改 y 的值,因此将 operator= 函数的形参声明为常引用符合现有运算的常识。

在上述函数中,将参数命名为 right 是为了说明该对象位于赋值号的右边,实际上可以对该参数随意命名。operator= 函数总是将赋值号右边的对象传递给函数参数,上述赋值语句实际就是如下的函数调用:

```
        p2.operator=(p1) ;                          // 调用运算符函数的第二种方法
```

上述语句是将 p1 对象传递给函数的参数 right,在函数内部,采用 right 的值初始化 p2。

**注意**:对运算符函数的调用可以采用如上所示的任意一种方法,它们是等价的。

【**例 9-7**】 以 PersonInfo 类为基础,演示运算符函数重载。

```
1    #include  <iostream>
2    using namespace std;
3
4    class   PersonInfo
5    {
6    public:
7        PersonInfo( char   *n, int   a)
8        {
9            name = new   char[ strlen(n) + 1] ;
10           strcpy( name, n) ;
11           age = a ;
12       }
13       PersonInfo( PersonInfo   &obj )           // 拷贝构造函数
14       {
15           name = new   char[ strlen( obj.name ) + 1] ;
16           strcpy( name, obj.name ) ;
17           age = obj.age ;
18       }
19       ~PersonInfo( ) { delete [ ] name ; }
20       char * getName( ) { return   name ; }
21       int getAge( ) { return   age ; }
22
23       void  operator =( const PersonInfo &right )// 重载=运算符
```

```
24          {
25              delete [ ] name ;
26              name = new  char[ strlen(right.name ) + 1] ;
27              strcpy( name, right.name ) ;
28              age = right.age ;
29          }
30
31      private:
32          char   *name ;
33          int     age ;
34      } ;
35
36      int  main( )
37      {
38          PersonInfo   jim("Jim", 20 ) , bob("Bob", 21) ,
39
40          clone = jim ;              // jim初始化clone要调用拷贝构造函数
41          cout << "Jim的信息:"<< jim.getName() << ", "<< jim.getAge() << endl ;
42          cout << "Bob的信息:"<< bob.getName() << ", "<< bob.getAge() << endl ;
43          cout << "Clone的信息: "<<clone.getName( ) <<","<< clone.getAge() << "\n" ;
44          cout << "下面将调用运算符重载函数实现对象的信息交换 \n" ;
45          clone = bob ;              // 调用重载的运算符函数 =
46          bob = jim ;
47          jim = clone ;
48          cout << "Jim的信息: "<< jim.getName() << ", "<< jim.getAge() << endl;
49          cout << "Bob的信息: "<< bob.getName() << ", "<< bob.getAge() << endl;
50          cout <<"Clone的信息: "<< clone.getName()<< ","<< clone.getAge( ) << endl;
51
52          return 0 ;
53      }
```

**程序运行结果:**

```
Jim的信息: Jim , 20
Bob的信息: Bob , 21
Clone的信息: Jim , 20
下面将调用运算符重载函数实现对象的信息交换
Jim的信息: Bob , 21
Bob的信息: Jim , 20
Clone的信息: Bob , 21
```

**注意:** 拷贝构造函数和赋值函数容易混淆。拷贝构造函数是在对象被创建时调用,而赋值函数只能在对象已经存在的情况下调用。以下程序,你能分清哪个调用了拷贝构造函数,哪个调用了赋值函数吗?

```
1       string  strOne("hello");
2       string  strTwo("world");
3       string  strThree = strOne;
4       strThree = strTwo;
```

第 3 个语句将调用拷贝构造函数,最好写成 strThree (strOne) 的形式,这样比较清楚,而第 4 个语句将调用赋值函数。

### 9.5.2  this 指针

在例 9-7 中,赋值运算符函数的返回值是 void 类型,这不符合常规,因为 C++ 提供的内嵌赋值运算符支持如下形式的赋值语句:

```
a = b = c ;
```

在上述语句中，首先执行表达式 b=c，将 c 的值送给 b，然后将表达式的返回值，即变量 b 的值再送给 a。如果重载了"="运算符，依照上述方式实现对象赋值，那么该函数的返回值类型就不应当是 void，而应当为对象类型，下面是修改后的 operator= 函数：

```
1    class  PersonInfo
2    {
3    public:
4        PersonInfo  operator =( const PersonInfo &right )   // 重载运算符函数=
5        {
6            delete [ ]name ;
7            name = new  char[ strlen( right.name ) + 1 ] ;
8            strcpy( name , right.name ) ;
9            age = right.age ;
10           return   *this ;              // 函数返回当前对象
11       }
12       // 其他函数略
13   private:
14       // 数据成员略
15   } ;
```

上述运算符函数 operator= 返回的是一个对象，见上述程序段的第 10 行，该语句返回的是一个对象。this 是一个隐含的内嵌指针，在函数成员中频繁出现，它指向调用成员函数的当前对象。如果 p1 和 p2 都是 PersonInfo 类对象，那么下面的语句使 getName 函数返回 p1 的 name：

```
cout << p1.getName( ) << endl ;
```

同样，下面的语句将使 getName 函数返回 p2 的 name：

```
cout << p2.getName( ) << endl ;
```

当 p1 对象调用 getName 函数时，this 指针就指向 p1；当 p2 对象调用 getName 函数时，this 指针就指向 p2；即 this 指针总是指向调用函数成员的当前对象。

this 指针是以隐含参数的形式传递给非静态的函数成员。例 9-8 是一个完整的程序，语句 "clone=bob=jim" 检验了重载函数 operator= 的运行。

**【例 9-8】** 检验重载函数 operator=。

```
1    #include  <iostream>
2    using namespace std;
3
4    class  PersonInfo
5    {
6    public:
7        PersonInfo( char  *n, int  a)
8        {
9            name = new  char[ strlen(n) + 1] ;
10           strcpy( name, n ) ;
11           age = a ;
12       }
13
14        PersonInfo( PersonInfo  &obj )         // 拷贝构造函数
15        {
16           name = new  char[ strlen( obj.name ) + 1] ;
17           strcpy( name, obj.name ) ;
18           age = obj.age ;
19       }
20
```

```
21        ~PersonInfo( )  {  delete [ ] name ;  }
22        char   *getName( ) {  return  name ;   }
23        int    getAge( ) {  return  age ;  }
24
25        PersonInfo & operator=( const PersonInfo &right )   //重载运算符 = 函数
26        {
27                    // 重载运算符 "=" 四大步:
28                    //1. 检查自赋值,防止一个对象自己赋值给自己
29              if( this == &right )
30                    return  *this;
31                    // 2. 释放原有的内存空间
32              delete [ ] name ;
33                    // 3. 分配新的内存空间,并复制内容
34              name = new  char[ strlen(right.name )+ 1] ;
35              strcpy( name, right.name ) ;
36              age = right.age ;
37                    // 4. 返回本对象的引用
38              return  *this ;
39        }
40
41    private:
42        char  *name ;
43        int   age ;
44  };
45
46  int  main( )
47  {
48        PersonInfo  jim("Jim", 20 ) , bob("Bob", 21 ) ,  clone = jim ;
49
50        cout << "Jim 的信息: "<< jim.getName() << ", "<< jim.getAge() << endl ;
51        cout << "Bob 的信息: "<< bob.getName() << ", "<< bob.getAge() << endl ;
52        cout << "Clone 的信息: "<<clone.getName( )<<", "<< clone.getAge() << endl;
53
54        cout << "\n下面将调用运算符重载函数 \n" ;
55        clone = bob = jim ;       // 调用重载后的运算符 =
56        cout << "Jim 的信息: "<< jim.getName() << ", "<< jim.getAge() << endl ;
57        cout << "Bob 的信息: "<< bob.getName() << ", "<< bob.getAge() << endl ;
58        cout << "Clone 的信息: "<< clone.getName()<<","<< clone.getAge( ) << endl ;
59
60        return 0;
61  }
```

**程序运行结果:**

```
Jim 的信息: Jim, 20
Bob 的信息: Bob, 21
Clone 的信息: Jim, 20

下面将调用运算符重载函数
Jim 的信息: Jim, 20
Bob 的信息: Jim, 20
Clone 的信息: Jim, 20
```

this 指针除了用于返回当前对象以外,还经常出现在非静态的函数成员中。例如,如果将 PersonInfo 类的构造函数修改如下,那么就必须通过 this 指明数据成员。

```
1   PersonInfo( char  *name, int  age )        //注意:形参与数据成员同名
2   {
3       this->name = new  char[ strlen( name ) + 1] ;
4       strcpy( this->name, name ) ;
5       this->age = age ;
6   }
```

在上述函数中，由于形参和数据成员同名，就必须通过 this 指明数据成员。第 4 行的 this->name 代表当前对象的 name，而不带 this 的 name 是形参 name。如果读者不小心将第 5 行的 this 漏写，即将"this->age=age"写成了"age=age"，那么就不能实现正确地赋值，而是将形参 age 自己赋值给自己。

### 9.5.3 重载双目算术运算符

在 C++ 中不但可以重载赋值运算符，而且也可以重载其他运算符，我们在 9.5.9 节还会具体说明这个问题。下面讲解如何重载双目算术运算符。为了便于说明双目算术运算符重载，设计一个表示距离的类 FeetInches，下面几节都要以该类为例。本节讲述如何重载双目运算符 + 和 -，其他双目运算符重载与此类似，不再叙述。

```
class  FeetInches
{
public:
    FeetInches( int  f = 0, int  i = 0 )         // 构造函数
    {
        feet = f ;
        inches = i ;
        simplify( ) ;
    }
    void  setData( int  f , int  i )              // 设置尺寸
    {
        feet = f ;
        inches = i ;
        simplify( ) ;
    }
    int  getFeet( ) { return  feet ; }
    int  getInches( ) { return  inches ; }

private:
    int   feet, inches ;                          // 采用 feet 和 inches 表示距离
    void  simplify( ) ;
} ;
void  FeetInches::simplify( )
{
    if(inches >= 12 )
    {
        feet += inches / 12 ;                     // 整除
        inches = inches % 12 ;
    }
    else  if(inches < 0 )                         // 如果 inches 为负数，向高位借 12 英寸
    {
        feet -= abs(inches ) / 12 + 1 ;
        inches = 12 - abs(inches ) % 12 ;         // 求绝对值函数 abs( )
    }
}
```

FeetInches 类采用 feet 和 inches 表示距离，它有 5 个函数成员：

1）构造函数：用来设置 feet 和 inches 的值，默认情况下是将它们设置为 0。
2）setData 函数：向 feet 和 inches 中存储值。
3）getFeet 函数：返回 feet 数据成员的值。
4）getInches 函数：返回 inches 数据成员的值。
5）simplify 函数：对 feet 和 inches 的值进行调整。

下面修改 FeetInches 类,从而使其支持 FeetInches 对象的加、减操作。例如,定义 length1 和 length2 两个对象。

```
Feetinches   length1( 3 , 5 ) , length2( 6 , 3 ) ;
```

length1 对象是 3 英尺 5 英寸,length2 对象是 6 英尺 3 英寸,假设实现两个对象相加。

```
length3 = length1 + length2 ;
```

那么 length3 对象将是 9 英尺 8 英寸,可以通过重载"+"运算符实现该功能,下面给出 operator + 函数成员的实现。

```
FeetInches   FeetInches::operator + ( const  FeetInches  &right )
{
    FeetInches   temp ;

    temp.inches = inches + right.inches ;
    temp.feet = feet + right.feet ;
    temp.simplify( ) ;
    return  temp ;
}
```

当两个 FeetInches 对象执行"+"操作时,将自动调用上述重载函数,该函数与前面讲过的重载赋值运算符"="相似,它的参数也是一个引用,代表运算符右边的对象。例如,在下面的语句中,形参 right 指代 length2 对象。

```
length3 = length1 + length2 ;
```

上述语句和下述语句完全等价,它们实际上是对同一函数的调用,只是表现形式不同。

```
length3 = length1.operator +( length2 ) ;
```

该语句把 length2 对象传递给 operator + 函数的形参 right,当函数调用结束时,将返回 FeetInches 类的一个临时对象,并把它赋值给 length3。

下面分析如何实现 operator + 函数,函数首先定义了一个局部对象 temp。

```
FeetInches        temp ;
```

这是一个临时对象,用于存储加操作的结果;然后将当前对象(本例是 length1)的 inches 和 right.inches 相加,并存储在 temp.inches 中。

```
temp.inches = inches + right.inches ;
```

该语句等价于:

```
temp.inches = this->inches + right.inches ;
```

下一步是将当前对象(本例是 length1)的 feet 和 right.feet 相加,并存储在 temp.feet 中。

```
temp.feet = feet + right.feet ;
```

此时,函数中的 temp 对象就包括了表达式中两个对象的 feet 和 inches 之和,然后调用 simplify 函数,调整 temp 对象的值。

```
temp.simplify( ) ;
```

最后返回 temp 对象。

```
    return   temp ;      // 调用拷贝构造函数返回一个临时对象，见 9.4.2 节
```

在 length3=length1+length2 语句中，将存储在 temp 中的值返回，并拷贝给 length3 对象。

**注意**：任何一个双目算术运算符 B 被重载以后，当执行如下形式的二元运算时：

```
Obj1   B   Obj2
```

完全等价于：Obj1.operator B（Obj2），即对象 Obj1 调用函数成员 operator B，其中 Obj2 做函数的实参。

### 9.5.4　重载单目算术运算符

在程序设计中，常用的单目运算符有 ++ 和 --，并且它们具有前置和后置之分。此外，单目运算符还有正负号 +/-，但它们要比 ++/-- 简单，因此只讨论 ++ 和 -- 的重载。

一元运算符 ++ 和 -- 的重载方式与二元运算符的重载方式类似。由于一元运算符仅仅作用于当前对象，因此当将这些运算符重载为函数成员时，就不再需要参数。首先考虑前置 ++ 运算符。假设有一个 FeetInches 对象 distance，它的值是 7 英尺 11 英寸，执行如下的 ++ 操作后，对象的成员值将变成 8 英尺 0 英寸。

```
++distance ;
```

首先分析如何重载前置 ++ 运算符函数。

```
FeetInches   FeetInches::operator ++( )
{
    ++inches ;
    simplify( ) ;
    return   *this ;
}
```

上述函数首先将对象的成员 inches 加 1，然后调用 simplify( ) 函数调整数据，最后返回当前对象。例如下面的语句将调用前置 ++ 函数。

```
++distance ;
```

该语句完全等价于函数调用：distance.operator ++( );

重载后置 ++ 运算符与重载前置 ++ 运算符只有一个很小的差别。下面以 FeetInches 类为例给出重载后置 ++ 运算符函数。

```
FeetInches   FeetInches::operator ++( int )        //注意：形参只有类型而没有名称
{
        //下面采用当前对象的 feet 和 inches 初始化 temp 对象
    FeetInches   temp( feet , inches );

    inches++ ;                                      // 当前对象的 inches 增 1
    simplify( ) ;
    return   temp ;                                 // 返回 inches 增加之前的临时对象
}
```

第一个差别是上述函数的参数，该参数只有类型，而没有名称，将这种形式的参数称为哑元。当 C++ 看到 ++ 函数中的哑元时，就知道这个函数是后置 ++ 运算。

第二个差别是后置 ++ 函数中采用了临时对象 temp，并用当前对象初始化 temp。这样就可以保证在当前对象 inches 加 1 之前，temp 成为当前对象的一个拷贝。接着将 inches 加 1，

最后将 temp 对象返回。例如，下面的语句是调用后置 ++ 函数。

```
distance++ ;
```

该语句完全等价于如下的函数调用。

```
distance.operator ++( 0 ) ;       // 此处的实参是整数均可
```

前置 ++ 是将对象的值先加 1，然后返回增加后的对象；后置 ++ 先将对象保留在一个临时对象中，然后再加 1，最后返回临时对象。

### 9.5.5 重载关系运算符

C++ 不但可以重载赋值运算符和算术运算符，还可以重载关系运算符。通过重载关系运算符，可以实现两个对象的比较，例如：

```
if( distance1 < distance2 )
{
    ...
}
```

重载关系运算符和重载二元运算符实现方式相似。唯一的区别是关系运算符函数要返回一个布尔值（true 或 false）。例如在 FeetInches 类中重载">"运算符的方法如下。

```
bool  FeetInches::operator >( const  FeetInches  &right )
{
    if( feet > right.feet )
        return   true ;
    else  if( feet == right.feet && inches > right.inches )
        return   true ;
    else
        return   false ;
}
```

上述函数，首先比较 feet 成员，如果 feet 相同，再比较 inches 成员。如果调用者对象包含的值大于参数对象，那么将返回 true，否则返回 false。

### 9.5.6 重载流运算符"<<"和">>"

通过重载算术运算符和关系运算符，可以像操作内嵌数据类型（整型、浮点型等）一样操作对象，然而如果对象的数据成员是私有的，还要显式地调用函数成员通过 cout 输出它们的值。例如，distance 是一个 FeetInches 对象，下面的语句显示其数据成员。

```
cout << distance.getFeet( ) <<" feet , " ;
cout << distance.getInches( ) << "inches" ;
```

同样，要设置 FeetInches 对象的数据成员，也得显式地调用有关函数成员。例如，通过用户输入的值设置 distance 对象。

```
cout << "输入英尺:" ;
cin >> f ;
distance.setFeet( f) ;
cout << "输入英寸:" ;
cin >> i ;
distance.setInches(i) ;
```

采用目前调用函数的方法，输入／输出对象并不方便。幸运的是，C++ 提供了解决这种问题的方法，通过重载流插入符"<<"，可以直接输出 distance 的信息。例如：

```
cout << distance ;
```

同样，如果重载了流提取符">>"，可以直接通过 cin 读取数据。

```
cin >> distance ;
```

重载上述两个流运算符，与重载前面讲述过的其他符号有一些差别。这两个符号实际上都是 C++ 预先定义在 ostream 和 istream 类中的函数。cou 和 cin 分别是 ostream 和 istream 类的对象，因此要重载 ostream 类的操作"<<"和 istream 类的操作">>"，必须在自己的类中编写重载函数。例如，如果要为 FeetInches 类重载流插入符"<<"，那么必须通过友元函数的形式实现函数重载。下面给出重载"<<"函数的格式，它能显示 FeetInches 类对象。

```
ostream  &operator <<( ostream  &strm , FeetInches  &obj )
{
    strm << obj.feet << "英尺，"<< obj.inches <<" 英寸" ;
    return   strm ;
}
```

上述函数具有两个参数：一个是 ostrearm 类的引用 strm，另一个是 FeetInches 类的引用 obj。其中 strm 代表插入符"<<"左边的 ostream 对象，而 obj 代表"<<"右边的 FeetInches 类对象。上述函数告诉 C++ 如何处理下列形式的表达式。

```
ostream_object << FeetInches_object
```

因此，当 C++ 遇到下列形式的语句时，它将调用重载后的"<<"函数。

```
cout << distance ;
```

函数的返回值是一个 ostream 对象，这是为了处理如下级联调用形式的语句。

```
cout << distancel <<" "<< distance2 << endl ;
```

C++ 在执行上述语句时，完全等价于如下过程：
1）首先调用 FeetInches 类中的重载函数，执行上述语句中的 cout << distancel，该表达式的返回值是 cout 对象。
2）在 1) 返回值的基础上执行 cout<<""，此处的"<<"是 C++ 系统提供的符号，而不是 FeetInches 类中的重载函数，该项表达式的返回值是 cout 对象。
3）以 2) 的方式，执行 cout<<distance2。
4）以 2) 的方式，执行表达式中的 cout<<endl。

下面给出重载插入符">>"的函数，它能处理 FeetInches 类对象。

```
istream  &operator >>(istream  &strm , FeetInches  &obj )
{
    cout << "英尺: " ;
    strm >> obj.feet ;
    cout << "英寸: " ;
    strm >> obj.inches ;
    obj.simplify( ) ;              // 进行数据变换
    return   strm ;                // 返回流对象
}
```

上述函数可以处理如下形式的输入语句。

```
istream_object >> FeetInches_object ;
```

该函数的返回值是一个 istream 对象,同样也是为了处理级联调用形式的输入。

```
cin >> distance1 >> distance2 ;    // 依次为 distance1 和 distance2 输入数据
```

如果仅仅按照上述格式定义这两个函数,它们还并不能正确地运行,因为在函数内部要访问 FeetInches 对象的私有成员。由于这两个函数不是 FeetInches 类的函数成员,所以不能访问对象的私有成员,只要将它们设置为 FeetInches 类的友元函数,即可解决这个问题,具体见后面的例 9-9。

### 9.5.7 重载类型转换运算符

C++ 系统对原子类型的数据具有自动类型转换的能力,假设具有如下形式的两个变量。

```
int    i = 10 ;
float  f =12.34f ;
```

下面的语句将存储在整型变量 i 中的值,自动转换为浮点类型的值并存储在变量 f 中。

```
f = i ;             // 变量 f 的值是 10.0, i 的值是 10
```

同样,下列的语句将把 3.14 转换为整数,并存储在 i 中。

```
i = 3.14 ;          // i 的值是 3
```

对于一个对象,通过重载类型转换函数,可实现类型转换功能。例如,假设 distance 是一个 feetInches 类对象,f 是一个 float 变量,如果在 FeetInches 类编写了相应的转换函数,那么下列的语句将把 distance 对象转换为一个 float 类型的数,并存储在 f 中。

```
f = distance ;
```

为了实现上述语句的功能,必须写一个类型转换的运算符函数,将对象类型转换为基本类型,下面是将 FeetInches 对象转换为 float 类型的函数。

```
FeetInches::operator  float( )
{
    float  temp= feet ;

    temp +=  inches / 12.0 ;
    return  temp ;
}
```

上述函数首先对 feet 和 inches 进行计算,例如,4 英尺 6 英寸将转换为 4.5,然后返回转换后的值。

**注意**:该函数没有返回值类型,这是因为该函数是一个从 FeetInches 到 float 的转换函数,它总是返回一个 float 类型的值。

【例 9-9】 修改 FeetInches 类,重载上述各个运算符函数。

**feetinches.h 文件的内容:**

```
1    #ifndef   FEETINCHES_H
2    #define   FEETINCHES_H
3
4    #include  <iostream>
```

```
5    using namespace std;
6
7    class  FeetInches
8    {
9    public:
10       FeetInches( int  f = 0, int  i = 0 )
11       {
12           feet = f ; inches = i ; simplify( ) ;
13       }
14       void setData( int  f , int  i )
15       {
16           feet = f ; inches = i ; simplify( ) ;
17       }
18       int  getFeet( ) { return  feet ; }
19       int  getInches( ){ return  inches ; }
20           // 重载算术运算符 + 和 -
21       FeetInches  operator +( const  FeetInches  & ) ; // 重载 + 运算符
22       FeetInches  operator -( const  FeetInches  & ) ; // 重载 - 运算符
23           // 重载算术运算符 ++ 和 --
24       FeetInches  operator ++( ) ;                    // 重载前置 ++ 运算符
25       FeetInches  operator ++( int ) ;                // 重载后置 ++ 运算符
26           // 重载关系运算符
27       bool  operator >( const  FeetInches  & );       // 关系运算的结果是 bool 类型
28       bool  operator <( const  FeetInches  & ) ;
29       bool  operator ==( const  FeetInches  & ) ;
30           // 重载流运算符
31       friend ostream &operator<<(ostream &,FeetInches &); // 重载 <<
32       friend istream &operator>>(istream &,FeetInches &); // 重载 >>
33           // 重载类型转换运算符
34       operator  float( ) ;
35       operator  int( ) { return  feet ; }             // 截断 inches 部分的值
36   private:
37       int  feet, inches ;
38       void  simplify( ) ;
39   } ;
40
41   #endif
```

**feetinches.cpp 文件的内容:**

```
1    #include  "feetinches.h"
2
3        // simplify 函数
4    void  FeetInches::simplify( )
5    {
6        if(inches >= 12 )
7        {
8            feet +=(inches / 12 ) ;                    // 整除
9            inches = inches % 12 ;
10       } else  if(inches < 0 )                        // 如果 inches 为负数
11       {
12           feet -= abs(inches ) / 12 + 1 ;
13           inches = 12 - abs(inches ) % 12 ;
14       }
15   }
16
17       // 重载二元运算符 +
18   FeetInches  FeetInches::operator +( const  FeetInches  &right )
19   {
20       FeetInches  temp ;
21
```

```cpp
22      temp.inches = inches + right.inches ;
23      temp.feet = feet + right.feet ;
24      temp.simplify( ) ;
25
26      return  temp ;
27  }
28
29      // 重载二元运算符 -
30  FeetInches  FeetInches::operator-( const  FeetInches  &right )
31  {
32      FeetInches  temp ;
33
34      temp.inches = inches - right.inches ;
35      temp.feet = feet - right.feet ;
36      temp.simplify( ) ;
37
38      return  temp ;
39  }
40
41      // 重载前置一元运算符 ++, 返回增加后的对象
42  FeetInches  FeetInches::operator ++( )
43  {
44      ++inches ;                          // 增加当前对象的 inches
45      simplify( ) ;
46
47      return  *this ;                     // 返回当前对象
48  }
49
50      // 重载后置一元运算符 ++, 返回增加前的对象
51  FeetInches  FeetInches::operator ++( int )
52  {
53      FeetInches  temp( feet , inches ) ; // temp 保留对象的初值
54
55      ++inches ;                          // 增加当前对象的 inches
56      simplify( ) ;
57
58      return  temp ;                      // 返回保留旧值的临时对象
59  }
60
61      // 重载 > 运算符, 若当前对象大于右边的对象, 返回 true, 否则返回 false
62  bool  FeetInches::operator >( const  FeetInches  &right )
63  {
64      if( feet > right.feet )
65          return  true ;
66      else  if( feet == right.feet && inches > right.inches )
67          return  true ;
68      else
69          return  false ;
70  }
71
72      // 重载 < 运算符, 若当前对象小于右边的对象, 返回 true, 否则返回 false
73  bool  FeetInches::operator <( const  FeetInches  &right )
74  {
75      if( feet < right.feet )
76          return  true ;
77      else  if( feet == right.feet && inches < right.inches )
78          return  true ;
79      else    return  false ;
80  }
81
82      // 重载 == 运算符。若当前对象的值和右边对象的值相同, 返回 true, 否则返回 false
```

```cpp
83   bool  FeetInches::operator ==( const  FeetInches  &right )
84   {
85       if( feet == right.feet && inches == right.inches )
86           return  true ;
87       else
88           return  false ;
89   }
90
91       // 重载流插入符<<,在屏幕上显示FeetInches对象的信息
92   ostream  &operator <<( ostream  &strm , FeetInches  &obj )
93   {
94       strm << obj.feet << " 英尺 , "<< obj.inches <<" 英寸 " ;
95
96       return  strm ;
97   }
98
99       // 重载流提取符>>,输入FeetInches对象所需要的信息
100  istream  &operator >>(istream  &strm , FeetInches  &obj )
101  {
102      cout << " 英尺: " ;
103      strm >> obj.feet ;
104      cout << " 英寸: " ;
105      strm >> obj.inches ;
106      obj.simplify( ) ;
107
108      return  strm ;
109  }
110
111      // 将FeetInches类对象转换为float类型的数
112  FeetInches::operator  float( )
113  {
114      float  temp =(int) feet ;
115
116      temp +=(inches / 12.0 ) ;
117
118      return  temp ;
119  }
```

**主程序 pr9-9.cpp:**

```cpp
1    #include  <iostream>
2    using namespace std;
3    #include  "feetinches.h"
4
5    int  main( )
6    {
7        FeetInches  first , second;
8        float  f ;
9        int  i ;
10
11           // 检验流插入符和提取符
12       cout << " 输入 first 对象 \n" ;
13       cin >> first ;
14       cout << " 输入 second 对象 \n" ;
15       cin >> second ;
16       cout << " 对象的值是:  " ;
17       cout << first << " 和 "<< second<<endl ;
18
19           // 检验前置++、后置++
20       cout << "\n检验前置 ++ \n" ;
21       first = ++second ;              // 前置 ++
```

```
22          cout <<"First 对象:"<<first.getFeet( )<<" 英尺,"
23              <<first.getInches( )<<" 英寸 ";
24          cout << "\nSecond 对象: "<< second.getFeet( ) << " 英尺 , "
25              << second.getInches( ) <<" 英寸 \n" ;
26          cout << "\n 检验后置 ++ \n" ;
27          first = second++ ;              // 后置 ++
28          cout << "First 对象: "<< first.getFeet( ) << " 英尺 , "
29              << first.getInches( ) <<" 英寸 ";
30          cout << "\nSecond 对象: "<< second.getFeet( ) << " 英尺 , "
31              << second.getInches( ) <<" 英寸 \n\n" ;
32
33          // 检验关系运算符
34          cout << " 检验关系运算 \n" ;
35          if( first == second )           // 检验关系运算
36              cout << " 这两个对象相等 \n" ;
37          else if( first > second )
38              cout << "first 对象大于 second 对象 \n" ;
39          else
40              cout << "first 对象小于 second 对象 \n" ;
41
42          // 检验类型转换
43          cout << "\n 检验类型转换 \n" ;
44          f = second ;     // 调用类型转换函数 operator  float( )
45          i = second ;     // 调用类型转换函数 operator  int( )
46          cout << " 对象的值是: " << second ;
47          cout <<" , 等于 " << f << " 英尺," ;
48          cout << " 或近似于 " << i << " 英尺 \n" ;
49
50          return 0;
51      }
```

程序运行结果:

```
输入 first 对象
英尺: 3[Enter]
英寸: 4[Enter]
输入 second 对象
英尺: 5[Enter]
英寸: 6[Enter]
对象的值是: 3 英尺 , 4 英寸 和 5 英尺 , 6 英寸

检验前置 ++
First 对象: 5 英尺 , 7 英寸
Second 对象: 5 英尺 , 7 英寸

检验后置 ++
First 对象: 5 英尺 , 7 英寸
Second 对象: 5 英尺 , 8 英寸

检验关系运算
first 对象小于 second 对象

检验类型转换
对象的值是: 5 英尺 , 8 英寸 , 等于 5.66667 英尺, 或近似于 5 英尺
```

### 9.5.8 重载运算符 "[ ]"

C++ 除了支持重载传统的运算符,还支持重载 "[ ]"。这样就能像操作普通数组一样操作对象数组。下面通过重载 "[ ]" 运算符,创建一个 IntArray 数组类,它实现了 C++ 中不具

备的数组下标越界检查，同时还有一些功能上的改进。

```
class  IntArray
{
public:
    IntArray( int ) ;                            // 构造函数
    IntArray( const  IntArray  & ) ;             // 拷贝构造函数
    ~IntArray( ) ;                               // 析构函数
    int  size( ) {  return  arraySize ;  }       // 返回数组对象的元素个数
    int  &operator[ ]( const  int& ) ;           // 重载"[ ]"运算符
private:
    int    *aptr ;                               // 指向存储区的指针
    int    arraySize ;                           // 存储数组中元素的个数
    void   memError( ) ;                         // 处理内存分配错误
    void   subError( ) ;                         // 处理下标越界
};
```

在讲述重载"[ ]"之前，首先看该类的构造函数和析构函数，下面给出构造函数的代码。

```
IntArray::IntArray( int  s )
{
    arraySize = s ;
    aptr = new int[s] ;
    if(aptr == NULL )
        memError( ) ;
    for( int  count = 0 ; count < arraySize ; count++ )
        *(aptr + count ) = 0 ;
}
```

当定义该类的一个对象时，首先将数组所需元素的个数传递给构造函数的参数 s，并把 s 的值复制给数据成员 **arraySize**，然后动态地分配数组所需的空间。如果 new 运算符返回 NULL，表明内存分配失败；如果分配成功，构造函数将数组中的所有元素赋值为 0。

```
for( int  count = 0 ; count < arraySize ; count++ )
    *(aptr + count ) = 0 ;
```

此外，该类还有一个拷贝构造函数，用于一个对象初始化另外一个对象。

```
IntArray::IntArray( const  IntArray  &obj )
{
    arraySize = obj.arraySize ;
    aptr = new int[arraySize] ;
    if(aptr == 0 )
        memError( ) ;
    for( int  count = 0 ; count < arraySize ; count++ )
        *(aptr + count ) = *(obj.aptr + count ) ;
}
```

该函数的参数是一个引用 obj，一旦为数组成功地分配了内存空间，构造函数就将 obj 数组中的值复制到调用构造函数的对象中。

析构函数释放由构造函数分配的内存空间，它首先检验对象数组中元素的个数，然后释放数组空间。

```
IntArray::~IntArray( )
{
    if(arraySize> 0 )
        delete [ ] aptr ;                        // 释放内存空间
    arraySize=0 ;                                // 将代表数组元素个数的变量清零
}
```

重载 "[ ]" 运算符与重载其他运算符类似，下面给出 IntArray 类的重载函数。

```
int  &IntArray::operator[ ]( const  int  &sub )// 函数的返回值是一个引用
{
    if( sub < 0 || sub >= arraySize )
        subError( ) ;
    return  aptr[sub] ;
}
```

"[ ]" 运算符函数仅有一个参数 sub，它是一个 int 类型的常引用，代表数组的下标。如果 table 是一个 IntArray 类对象，那么下面的语句将把 12 传递给 sub 参数。

```
cout << table[12] ;
```

函数采用下面的语句对 sub 的值进行测试。

```
if( sub < 0 || sub >= arraySize )
    subError( ) ;
```

上述语句首先判断 sub 是否位于数组下标的范围之内。如果 sub 小于 0 或大于等于 arraySize，那么 sub 将是一个无效的下标，调用 subError( ) 函数显示错误信息，否则返回 aptr[sub] 元素自身（即引用）。

operator[ ] 函数的返回值类型特别值得关注，函数不应当仅仅返回一个整型值，而应当返回一个引用，这是因为该函数有时要出现在赋值号的左边，例如：

```
table[5] = 27 ;
```

由于赋值运算符 "=" 的左边（即左元）必须代表一个可修改的内存空间（例如变量），如果函数 [ ] 返回的是一个值，那么就不能做左元，即不能出现在赋值运算符的左边。但一个引用可以做左元，因为它代表一个变量，例如：

```
table[7] = 52 ;              //[ ] 函数出现在赋值运算符的左边
```

在上述语句中，将 7 传递给了 "[ ]" 运算符函数的参数。由于 7 位于要求的范围之内，函数将返回代表 aptr+7 位置的引用，上述语句在实现功能上等价于：

```
*(aptr + 7) = 52 ;
```

"[ ]" 运算符函数返回的是一个整型元素（实际上是代表该整型元素的引用），下面给出 IntArray 类的完整定义。

**intarray.h 文件的内容：**

```
1    #ifndef  INTARRAY_H
2    #define  INTARRAY_H
3
4    class  IntArray
5    {
6    public:
7        IntArray( int ) ;                           // 构造函数
8        IntArray( const  IntArray  & ) ;            // 拷贝构造函数
9        ~IntArray( ) ;                              // 析构函数
10       int  size( ) {   return  arraySize ;   }    // 返回数组对象的元素个数
11       int  &operator[ ]( const  int& ) ;          // 重载 [ ] 运算符
12   private:
13       int  *aptr ;                                // 指向存储区的指针
14       int  arraySize ;                            // 存储数组中元素的个数
```

```
15        void memError( ) ;                        // 处理内存分配错误
16        void subError( ) ;                        // 处理下标越界
17   } ;
18
19   #endif
```

**intarray.cpp 文件的内容：**

```
1    #include  <iostream>
2    using namespace std;
3    #include  "intarray.h"
4
5        // IntArray 类的构造函数，设置数组空间的大小，分配空间并初始化
6    IntArray::IntArray( int   s )
7    {
8        arraySize = s ;
9        aptr = new int[s] ;
10       if(aptr == 0 )
11           memError( ) ;
12       for( int  count = 0 ; count < arraySize ; count++ )
13           *(aptr + count ) = 0 ;
14   }
15
16       // IntArray 的拷贝构造函数
17   IntArray::IntArray( const  IntArray  &obj )
18   {
19       arraySize = obj.arraySize ;
20       aptr = new int[arraySize] ;
21       if(aptr == 0 )
22           memError( ) ;
23       for( int  count = 0 ; count < arraySize ; count++ )
24           *(aptr + count ) = *(obj.aptr + count ) ;
25   }
26
27       // IntArray 类的析构函数
28   IntArray::~IntArray( )
29   {
30       if(arraySize > 0 )
31           delete [ ] aptr ;
32       arraySize=0 ;          // 将代表数组元素个数的变量清零
33   }
34
35       // memError 函数，用于内存分配错误时显示错误信息，终止程序
36   void  IntArray::memError( )
37   {
38       cout << "错误：内存分配出错 \n" ;
39       exit( 0 ) ;
40   }
41
42       // subError 函数，用于数组下标越界错误时显示错误信息，终止程序
43   void  IntArray::subError( )
44   {
45       cout << "错误：数组下标越界 \n" ;
46       exit( 0 ) ;
47   }
48
49       // 重载 [ ] 运算符，函数的参数代表数组下标，返回值是数组元素的引用
50   int  &IntArray::operator[ ]( const  int  &sub )
51   {
52       if( sub<0 || sub >= arraySize )
53           subError( ) ;
```

```
54
55          return  aptr[sub] ;
56      }
```

【例 9-10】 演示上述类的应用，并在主函数测试下标越界错误。

```
1    #include   <iostream>
2    using namespace std;
3    #include   "intarray.h"
4
5    int   main( )
6    {
7        IntArray   table( 10 ) ;              // 定义一个 IntArray 类对象
8        int    x ;
9
10       for( x = 0 ; x < 10 ; x++ )
11           table[ x ] = x ;
12       for( x = 0 ; x < 10 ; x++ )           // 显示数组中的值
13           cout << table[ x ] << " " ;
14       cout << endl ;
15
16       for( x = 0 ; x < 10 ; x++ )           // 采用系统提供的运算符 + 操作数组元素
17          table[ x ] = table[ x ] + 2 ;
18       for( x = 0 ; x < 10 ; x++ )           // 显示数组中的值
19           cout << table[ x ] << " " ;
20       cout << endl ;
21
22       for( x = 0 ; x < 10 ; x++ )           // 采用系统提供的运算符 ++ 操作数组元素
23          table[x] ++ ;
24       for( x = 0 ; x < 10 ; x++ )           // 显示数组中的值
25           cout << table[ x ] <<" " ;
26       cout << endl ;
27
28       cout << "访问 table[11],测试下标越界 \n" ;
29       table[11] = 0 ;                       // 测试数组下标越界
30
31       return 0;
32   }
```

程序运行结果：

```
0  1  2  3  4  5  6  7  8  9
2  3  4  5  6  7  8  9  10 11
3  4  5  6  7  8  9  10 11 12
访问 table[11],测试下标越界
错误：数组下标越界
```

在主函数的第 29 行，测试了数组的下标越界检查功能：当执行到这一行时，运算符函数 [ ] 调用 subError( ) 函数，显示错误信息并终止程序。

### 9.5.9 重载运算符时要注意的问题

首先，通过运算符重载，虽然可以改变运算符的含义，但最好不要改变它们的原意。例如，"="本来是一个赋值运算符，但可以将它设置为显示信息，而不是实现赋值，将 PersonInfo 类的 operator= 函数修改如下：

```
PersonInfo  operator =( const  PersonInfo  &right )     // 运算符函数
{
    cout << this->getName( ) <<" , "<< right.name <<endl ;
```

```
        return  *this ;
}
```

显然 operator= 函数并没有实现赋值运算,仅仅是显示当前对象和参数对象的 name,如果执行如下运算:

```
bob = jim ;
```

尽管表面上看起来是赋值,但实际上是将对象 bob 和 jim 的名字在屏幕上显示一下,显然这样实现运算符函数不是我们所希望的。

其次,运算符重载不能改变运算符原来要求的参数个数。例如,"="总是一个二元运算符,"++"和"--"总是一元运算符,无论如何重载,都不能改变这些特性。

最后,尽管可以重载 C++ 中的大部分运算符,但有些运算符是不允许重载的,如 ?:、.、.*、:: 和 sizeof。表 9-1 列出了可以重载的运算符。

表 9-1 可以重载的运算符

| + | - | * | / | % | ^ | & | \| | ~ | ! |
|---|---|---|---|---|---|---|---|---|---|
| = | < | > | += | -= | *= | /= | %= | ^= | &= |
| \|= | << | >> | >>= | <<= | == | != | <= | >= | && |
| \|\| | ++ | -- | ->* | , | -> | [] | () | new | delete |

**注意**:在多数情况下,运算符函数可以重载为成员函数,也可以重载为友元函数。有些情况下,例如,运算符左、右操作数类型不同,就不能将运算符重载为成员函数的形式,必须用友元函数或普通函数实现。

C++ 中不能用友元函数重载的运算符有:=、( )、[ ]、->。

### 9.5.10 运算符重载综合举例——自定义 string 类

C++ 提供的 string 类能处理许多繁杂的事情,如内存的动态分配、数组下标的越界检查等,同时它也提供了许多重载运算符,如"+"和"=",从而简化了字符串处理。下面通过重载函数,创建自己的 string 类,并命名为 MyString。

MyString 类是一个抽象数据类型,用来处理字符串,与字符数组相比具有如下优点:

1)自动实现内存的动态分配,程序员无须关心为一个数组分配多少个字节的空间。
2)可以将 string 对象直接赋值给 MyString 对象,无须调用 strcpy 函数。
3)采用"+="运算符可以连接两个 MyString 对象,无须使用 strcat 函数。
4)采用 ==、<、> 和 != 运算符可以实现两个对象的比较,无须调用 strcmp 函数。
5)程序员可以模仿该类,增加新的重载函数,实现新功能,下面给出该类的完整实现。

**mystring.h 文件的内容:**

```
1    #ifndef  MYSTRING_H
2    #define  MYSTRING_H
3
4    #include  <iostream>
5    using namespace std;
6
7              // 下面是 MyString 类的定义,它是处理字符串的一个抽象数据类型
```

```
8   class   MyString
9   {
10  public:
11      MyString( ) { str = NULL ; len = 0 ; }
12      MyString( const char * ) ;
13      MyString( MyString & ) ;                    // 拷贝构造函数
14      ~MyString( ) { if( len != 0 ) delete [ ] str ; }
15      int  length( ) { return len ; }             // 获取串长
16      char *getValue( ) { return str ; } ;        // 获取字符串
17          // 重载赋值运算符
18      MyString operator +=( MyString & ) ;
19      char    *operator +=( const char * ) ;
20      MyString operator =( MyString & ) ;
21      char    *operator =( const char * ) ;
22          // 重载关系运算符
23      bool  operator ==( MyString & ) ;
24      bool  operator ==( const char * ) ;
25      bool  operator !=( MyString & ) ;
26      bool  operator !=( const char * ) ;
27      bool  operator >( MyString & ) ;
28      bool  operator >( const char * ) ;
29      bool  operator <( const char * ) ;
30      bool  operator <( MyString & ) ;
31      bool  operator >=( MyString & ) ;
32      bool  operator >=( const char * ) ;
33      bool  operator <=( const char * ) ;
34      bool  operator <=( MyString & ) ;
35          // 以友元的形式重载流插入符和提取符
36      friend  ostream  &operator <<( ostream & , MyString & ) ;
37      friend  istream  &operator >>(istream & , MyString & ) ;
38  private:
39      char   *str ;
40      int    len ;
41      void   memError( ) ;
42  } ;
43  #endif
```

**mystring.cpp 文件的内容:**

```
1   #include  <iostream>
2   using namespace std;
3   #include  "mystring.h"
4
5       // memError 函数,如果内存分配失败,调用 exit( ) 函数终止程序
6   void  MyString::memError( )
7   {
8       cout << "内存分配出错 \n" ;
9       exit( 0 ) ;
10  }
11      // MyString 构造函数,采用参数 sptr 初始化数据成员 str
12  MyString::MyString( const char *sptr )
13  {
14      len = strlen( sptr ) ;
15      str = new  char[len + 1] ;
16      if( str == NULL )memError( ) ;
17          strcpy( str , sptr ) ;
18  }
19      // 拷贝构造函数
20  MyString::MyString( MyString  &right )
21  {
22      str = new  char[right.length( ) + 1] ;
```

```cpp
23        if( str == NULL )    memError( ) ;
24        strcpy( str , right.getValue( ) ) ;
25        len = right.length( ) ;
26    }
27    // 重载=运算符,当赋值号左边的MyString对象调用了该函数,将把
28    // 右边的MyString对象做参数传递给调用函数。返回值是调用对象
29    MyString  MyString::operator =( MyString  &right )
30    {
31        if( len != 0 )
32            delete [ ] str ;
33        str = new  char[right.length( ) + 1] ;
34        if( str == NULL )
35            memError( ) ;
36        strcpy( str , right.getValue( ) ) ;
37        len = right.length( ) ;
38
39        return  *this ;         // 返回调用对象本身
40    }
41    // 重载=运算符。当赋值号左边的MyString对象调用了该函数,将把右边
42    // 字符串传递给调用函数,返回值是调用对象自身
43    char  *MyString::operator =(  const  char  *right )
44    {
45        if( len != 0 )
46            delete [ ] str ;
47        len = strlen(right ) ;
48        str = new  char[len + 1] ;
49        if( str == NULL )
50            memError( ) ;
51        strcpy( str , right ) ;
52
53        return  str ;
54    }
55    // 重载+=运算符。当运算符+=左边的MyString对象调用了该函数,将把
56    // 右边MyString对象做参数传递给调用函数,并把它的字符串str连接
57    // 到当前对象str的后面,返回值是调用对象自身
58    MyString MyString::operator +=( MyString  &right )
59    {
60    char  *temp = str ;
61
62        str = new  char[ strlen( str ) + right.length( ) + 1] ;
63        if( str == NULL )
64            memError( ) ;
65        strcpy( str , temp) ;
66        strcat( str , right.getValue( ) ) ;
67        if( len != 0 )
68            delete [ ] temp ;
69        len = strlen( str ) ;
70
71        return  *this ;
72    }
73    // 重载+=运算符。当运算符+=左边的MyString对象调用了该函数,将把右边字符串传递给
74    //
75    // 调用函数,并把参数连接到当前对象str的后面,返回值是调用对象
76    char  *MyString::operator +=( const  char  *right )
77    {
78    char  *temp = str ;
79
80        str = new  char[ strlen( str ) + strlen(right ) + 1] ;
81        if( str == NULL )
82            memError( ) ;
83        strcpy( str , temp) ;
```

```cpp
84          strcat( str , right ) ;
85      if( len != 0 )
86          delete [ ] temp ;
87
88      return  str ;
89  }
90      // 重载 == 运算符，如果调用对象和参数对象的 str 内容相同，返回 true, 否则返回 false
91  bool  MyString::operator ==( MyString  &right )
92  {
93      return  strcmp( str , right.getValue( ) )==0 ? true : false ;
94  }
95      // 重载 == 运算符。若调用对象和参数 right 的内容相同，返回 true, 否则返回 false
96  bool  MyString::operator ==( const  char  *right )
97  {
98      return  strcmp( str , right )==0 ? true : false ;
99  }
100     // 重载 != 运算符。如果 != 号两边都是 MyString 对象，将调用该函数
101     // 如果它们的内容不同，返回 true, 否则返回 false
102 bool  MyString::operator !=( MyString  &right )
103 {
104     return  strcmp( str , right.getValue( ) ) == 0 ? false : true ;
105 }
106     // 重载 != 运算符。如果 != 号右边是一个 char* 字符串，将调用该函数
107     // 如果它们的内容不同，返回 true, 否则返回 false
108 bool  MyString::operator !=( const  char  *right )
109 {
110     return  strcmp( str , right ) == 0 ? false : true ;
111 }
112     // 重载 > 运算符。如果 > 号右边是一个 MyString 对象，将调用该函数
113     // 如果调用对象的 str 大于 right.str, 返回 true, 否则返回 false
114 bool  MyString::operator >( MyString  &right )
115 {
116     if( strcmp( str , right.getValue( ) ) > 0 )
117         return  true ;
118     else
119         return  false ;
120 }
121     // 重载 > 运算符。如果 > 号右边是一个 char* 字符串，将调用该函数
122     // 如果调用对象的 str 大于 right, 返回 true, 否则返回 false
123 bool  MyString::operator >( const  char  *right )
124 {
125     if( strcmp( str , right ) > 0 )
126         return  true ;
127     else
128         return  false ;
129 }
130     // 重载 < 运算符。如果 < 号右边是一个 MyString 对象，将调用该函数
131     // 如果调用对象的 str 小于 right.str, 返回 true, 否则返回 false
132 bool  MyString::operator <( MyString  &right )
133 {
134     if( strcmp( str , right.getValue( ) ) < 0 )
135         return  true ;
136     else
137         return  false ;
138 }
139     // 重载 < 运算符。如果 < 号右边是一个 char* 字符串，将调用该函数
140     // 如果调用对象的 str 小于 right, 返回 true, 否则返回 false
141 bool  MyString::operator <( const  char  *right )
142 {
143     if( strcmp( str , right ) < 0 )
144         return  true ;
145     else
```

```cpp
146            return  false ;
147    }
148        // 重载 >= 运算符。如果 >= 号右边是一个 MyString 对象，将调用该函数
149        // 如果调用对象的 str 大于或等于 right.str, 返回 true, 否则返回 false
150    bool  MyString::operator >=( MyString  &right )
151    {
152        if( strcmp( str , right.getValue( ) ) >= 0 )
153            return  true ;
154        else
155            return  false ;
156    }
157        // 重载 >= 运算符。如果 >= 号右边是一个 char* 字符串，将调用该函数
158        // 如果调用对象的 str 大于或等于 right, 返回 true, 否则返回 false
159    bool  MyString::operator >=( const  char  *right )
160    {
161        if( strcmp( str , right ) >= 0 )
162            return  true ;
163        else
164            return  false ;
165    }
166        // 重载 <= 运算符。如果 <= 号右边是一个 MyString 对象，将调用该函数
167        // 如果调用对象的 str 小于或等于 right.str, 返回 true, 否则返回 false
168    bool  MyString::operator <=( MyString  &right )
169    {
170        if( strcmp( str , right.getValue( ) ) <= 0 )
171            return  true ;
172        else
173            return  false ;
174    }
175        // 重载 <= 运算符。如果 <= 号右边是一个 char* 字符串，将调用该函数
176        // 如果调用对象的 str 小于或等于 right, 返回 true, 否则返回 false
177    bool  MyString::operator <=( const  char  *right )
178    {
179        if( strcmp( str , right ) <= 0 )
180            return  true ;
181        else
182            return  false ;
183    }
184        // 重载流插入符 <<
185    ostream  &operator <<( ostream  &strm , MyString  &obj ) // 返回一个引用
186    {
187        strm << obj.str ;
188
189        return  strm ;// 将当前流对象返回
190    }
191        // 重载流提取符 >>
192    istream  &operator >>(istream  &strm , MyString  &obj )  // 返回一个引用
193    {
194        strm.getline(obj.str ,obj.len) ;
195        strm.ignore( ) ;
196
197        return  strm ;// 将当前流对象返回
198    }
```

下面分析 MyString 类中的一些函数成员：

（1）构造函数和拷贝构造函数

MyString 类具有一个 char* 指针做参数的构造函数，其动态地分配内存空间，并且采用参数的值初始化新分配的空间。此外，该类还提供了一个拷贝构造函数，采用另一个 MyString 类对象初始化当前对象的数据成员。

（2）重载"="运算符

MyString 类具有两个重载"="运算符的函数。第一个函数用来处理将一个 MyString 对象赋值给另一个 MyString 对象，下面的程序段给出调用形式：

```
MyString  first("Hello") , second ;
second = first ;                        // 对象赋值
```

第二个重载"="函数用来处理将一个字符数组赋值给一个 MyString 对象。当赋值号右边是一个字符串常量或是一个 char* 指针时，将调用该函数，下面的程序段给出调用形式：

```
MyString  name ;
char      who[ ] = "Jimmy" ;
name = who ;
```

（3）重载"+="运算符

重载"+="函数将运算符右边的字符串连接到 MyString 对象的后面，与"="运算符一样，它也有两个重载版本的函数。第一个版本用来处理运算符右边是一个 MyString 对象，例如：

```
MyString  first( "Hello " ) , second( "world" ) ;
first += second ;
```

第二个版本用于处理运算符右边是一个字符串或一个字符指针，例如：

```
MyString  first( "Hello " ) ;
first += "World" ;
```

（4）重载"=="运算符

为了判断两个 MyString 对象是否相等，该类重载了"=="运算符，它与其他运算符函数一样，也有两个版本。第一个版本用来处理运算符右边是一个 MyString 对象，第二版本用来处理运算符右边是一个传统的字符串，如字符数组或字符串常量，例如：

```
1       MyString   name1("John"), name2("Jon") ;
2       if( name1 == name2 )
3           cout << "The names are the same.\n" ;
4       else
5           cout << "The names are different. \n" ;
6
7       MyString   name1("John") ;
8       if( name1 == "Jon" )
9           cout << "The names are the same. \n" ;
10      else
11          cout << "The names are different. \n" ;
```

（5）重载">"和"<"运算符

为了实现运算符">"和运算符"<"函数，MyString 类分别为它们提供了两个重载版本。第一个版本用来处理运算符右边是一个 MyString 对象，第二个版本用来处理运算符右边是一个传统的字符串，它们都通过调用库函数 strcmp( ) 实现字符串的比较。

对于">"运算符函数，如果调用对象的 str 成员大于右边操作数中的字符串，那么将返回 true，否则返回 false。对于"<"运算符函数，如果调用对象的 str 成员小于右边操作数中的字符串，那么将返回 true，否则返回 false。采用上述运算符函数，可以构造如下形式的关系表达式：

```
1       MyString  name1("John") , name2("Jon") ;
2       if( name1 > name2 )
3           cout << "John is greater than John" ;
4       else
5           cout << "John is not greater than John" ;
6       MyString  name1("John") ;
7       if( name1 < "Jon")
8           cout << "John is less than Jon" ;
9       else
10          cout << "John is not greater than Jon.\n" ;
```

（6）重载 ">=" 和 "<=" 运算符

MyString 类对 ">=" 和 "<=" 运算符都提供了两个重载版本的函数。它们的第一个版本都是用于处理运算符右边是一个 MyString 对象，第二个版本用于处理运算符右边是一个传统的字符串。重载函数内部都通过调用库函数 strcmp( ) 实现字符串的比较。

对于 ">=" 运算符函数，如果调用对象的 str 成员大于或等于右边操作数中的字符串，那么将返回 true，否则返回 false。对于 "<=" 运算符函数，如果调用对象的 str 成员小于或等于右边操作数中的字符串，那么将返回 true，否则返回 false。采用上述运算符函数，可以构造如下形式的关系表达式：

```
1       MyString  name1("John")  , name2("Jon") ;
2       if( name1 >= name2 )
3           cout << "John is greater than Jon.\n" ;
4       else
5           cout << "John is not greater than Jon.\n" ;
6       MyString  name1("John") ;
7       if( name1 <= "Jon")
8           cout << "John is less than Jon.\n" ;
9       else
10          cout << "John is not greater than Jon.\n" ;
```

【例 9-11】演示 MyString 类 "+=" 运算符函数和关系运算符函数的运用，不但要比较两个 MyString 类对象，而且还将 MyString 类对象和传统的字符串进行比较。

```
1       #include  <iostream>
2       using namespace std;
3       #include  "mystring.h"
4
5       int  main( )
6       {
7           MyString  obj1("I ") , obj2("love ") ;
8           MyString  obj3("China") ;
9           MyString  obj4 = obj1 ;              // 调用拷贝构造函数
10          char str[ ] = "!" ;
11
12          cout << "对象 1: "<< obj1 << endl ;
13          cout << "对象 2: "<< obj2 << endl ;
14          cout << "对象 3: "<< obj3 << endl ;
15          cout << "对象 4: "<< obj4 << endl ;
16          cout << "字符数组: "<< str << endl ;
17          // 演示对象 += 操作
18          obj1 += obj2 ;
19          obj1 += obj3 ;
20          obj1 += str ;
21          cout << "对象 1: "<< obj1 << "\n\n" ;
22
```

```
23              // 演示关系运算
24      if( obj1 == str )
25        cout << obj1 << " 等于字符数组 "<< str << endl ;
26      else
27        cout << obj1 << " 不等于字符数组 "<< str << endl ;
28      if( obj3  ==  "China" )
29        cout << obj3 << " 等于 China\n" ;
30      else
31        cout << obj3 << " 不等于 China\n" ;
32      if( obj1 > obj2 )
33        cout << obj1 << " 大于 "<< obj2 << endl ;
34      else
35        cout << obj1 << " 不大于 "<< obj2 << endl ;
36      if( obj1 >= obj2 )
37        cout << obj1 << " 大于或等于 "<< obj2 << endl ;
38      else
39        cout << obj1 << " 小于 "<< obj2 << endl ;
40
41      return 0;
42    }
```

程序运行结果：

```
对象 1: I
对象 2: love
对象 3: China
对象 4: I
字符数组 : I love China!
对象 1: I love China!
I love China! 不等于字符数组 !
China 等于 China
I love China! 不大于 love
I love China! 小于 love
```

## 9.6  对象组合

结构体支持嵌套，即在定义一个结构体类型时，可以嵌套结构体类型的变量。同样 C++ 的类也可以出现这种情况，即让某个类的对象作为另一个类中的数据成员出现，这就是对象组合。下面的 Customer 类将几个 MyString 实例和第 8 章的 Account 类的实例作为其成员出现，它属于对象组合。

**customer.h 文件的内容：**

```
1     #include  "account.h"
2     #include  "mystring.h"
3     class  Customer
4     {
5     public:
6        MyString     name ;        // MyString 类的对象作为 Customer 类的成员
7        MyString     address ;
8        MyString     city ;
9        MyString     state ;
10       MyString     zip ;
11       Account      savings ;     // Account 类的对象作为 Customer 类的成员
12       Account      checking ;
13       Customer( char  *n , char  *a , char  *c , char  *s , char  *z ):
14              name(n) , address(a),city(c),state(s),zip(z)
```

```
15          {
16          }
17       } ;
```

Customer 类描述的信息包括：名字（name）、街道地址（address）、城市（city）、省（state）、邮政编码（zip）、储蓄额（account）和账户（checking）。例 9-12 演示了该类的应用。

【例9-12】 对象组合举例。

```
1     #include  <iostream>
2     using namespace std;
3     #include   "customer.h"
4
5     int   main( )
6     {
7         Customer ZhangSan(  "Zhang San", "YuDao Street 29",
8                             "Nanjing", "Jiangsu", "210016") ;
9
10        ZhangSan.savings.makeDeposit(1000 ) ;
11        ZhangSan.checking.makeDeposit(500 ) ;
12        ZhangSan.savings.calcInterest( ) ;
13        ZhangSan.checking.calcInterest( ) ;
14        cout.precision(2) ;
15        cout.setf( ios::showpoint | ios::fixed ) ;
16        cout << "邮编:"<< ZhangSan.zip << endl ;
17        cout << "省: "<< ZhangSan.state << endl ;
18        cout << "城市: "<< ZhangSan.city << endl ;
19        cout << "街道地址: "<< ZhangSan.address << endl ;
20        cout << "客户名: "<< ZhangSan.name << endl ;
21        cout << "储蓄额: " << ZhangSan.savings.getBalance( ) << endl ;
22        cout << "利息: " << ZhangSan.savings.getInterest( ) << endl ;
23        cout << "结余: " << ZhangSan.checking.getBalance( ) << endl ;
24        cout << "核算利息: " << ZhangSan.checking.getInterest( ) << endl ;
25
26        return 0;
27    }
```

程序运行结果：

```
邮编: 210016
省: Jiangsu
城市: Nanjing
街道地址: YuDao Street 29
客户名: Zhang San
储蓄额: 1045.00
利息: 45.00
结余: 522.50
核算利息: 22.50
```

## 思考与练习

1. 定义一个 NumDays 类，它的功能是将以小时（hour）为单位的工作时间转换为天数（day）。例如，8 个小时转换为 1 天，12 小时转换为 1.5 天。该类的构造函数具有一个代表工作小时的参数，此外还有一些函数成员，实现小时和天的存储和检索。同时，该类还要重载下列运算符：

　　+：加运算符。当两个 NumDays 对象相加时，重载后的"+"运算符函数应当返回这两个对象的 hours 成员之和。

-：减运算符。当两个 NumDays 对象相减时，重载后的"-"运算符函数应当返回这两个对象的 hours 成员之差。

++：前置增 1 运算符和后置增 1 运算符。这两个函数的功能是对 NumDays 对象的 hours 数据成员增 1。hours 增加以后，应当自动重新计算对应的天数。

--：前置减 1 运算符和后置减 1 运算符。这两个函数的功能是对 NumDays 对象的 hours 数据成员减 1。hours 减 1 以后，应当自动重新计算对应的天数。

2. 在第 1 题的基础上，设计一个 TimeOff 类，用于计算雇员生病、休假和不支付报酬的时间。该类应当包含下面 NumDays 类型的成员：

maxSickDays：这是一个 NumDays 对象，用来记录雇员因生病可以不工作的最多天数。
sickTaken：这是一个 NumDays 对象，用来记录雇员因生病已经不工作的天数。
maxVacation：这是一个 NumDays 对象，用来记录雇员可以带薪休假的最多天数。
vacTaken：这是一个 NumDays 对象，用来记录雇员已经带薪休假的天数。
maxUnpaid：这是一个 NumDays 对象，用来记录在不支付薪水的情况下，雇员可以休假的最多天数。
unpaidTaken：这是一个 NumDays 对象，用来记录在不支付薪水的情况下，雇员已经休假的天数。

此外，该类还应当有一些用于存储雇员姓名和工号的数据成员，并提供适当的构造函数和成员函数，用于存储和检索上面 6 个成员对象的信息。

注意：许多公司规定，雇员带薪休假累计不能超过 24 个小时，因此，maxVacation 对象存储的 hours 值不能大于这个数。

3. 采用第 2 题设计的 TimeOff 类，定义该类的一个对象。程序要求用户输入某雇员已经工作的月数（months），然后采用 TimeOff 类对象计算并显示雇员因病休假和正常休假的最多天数。雇员每月可以有 12 小时的带薪休假和 8 小时的生病休假。

# 第 10 章 继承、多态和虚函数

继承是 C++ 的一个重要机制，使程序员可以在已有类的基础上创建新类。多态是指类中具有相似功能的不同函数采用同一个名称来实现，从而可以使用相同的调用方式来调用这些具有不同功能的同名函数。

## 10.1 继承

C++ 允许在当前类的基础上构造新类，新类就继承了当前类的所有数据成员和函数成员（构造函数和析构函数除外）。继承是 OOP 中很重要的一个方面。继承易于扩充现有类以满足新的应用。通常将已有的类称为父类，也称基类，将新产生的类称为子类，也称导出类或派生类。

导出类不做任何改变地继承了基类中的所有变量和函数（构造函数和析构函数除外），并且还可以增加新的数据成员和函数，从而比基类更为特殊化。

例如，下面是一个学生成绩类 Grade，它有两个数据成员，一个用于存储分值成绩（如 80、90.5 等），另一个用于存储字符成绩（如 A、B、C、D 等）。此外，还有一个函数成员，用于将分值成绩转换为五分制表示的字符成绩，该类定义如下：

```
1      // Grade 类的声明
2      class  Grade
3      {
4      public:
5          void     setScore( double ) ;
6          double   getScore( )  { return  score ; }
7          char     getLetter( )  { return  letter ; }
8      private:
9          char     letter ;                       // 字符成绩
10         double   score ;                        // 分值成绩
11     } ;
12
13     void  Grade::setScore( double  s )          // setScore 函数的定义
14     {
15         score = s ;
16         if( score > 89 )
17             letter = 'A' ;
18         else if( score > 79 )
19             letter = 'B' ;
20         else if( score > 69 )
21             letter = 'C' ;
22         else if( score > 59 )
23             letter = 'D' ;
24         else
25             letter == 'F' ;
26     }
```

setScore 函数将分值成绩存储在数据成员 score 中，并且根据优、良、中、差的转换原则，将相应的字符 'A'、'B'、'C'、'D' 赋给变量 letter。

Test 类是上述类的导出类，它定义了三个数据成员 numQuestions、pointsEach 和 numMissed，分别表示问题的个数、每个问题的分值和答错的题数，该类定义如下：

```
1      // Test 类
2    class  Test : public  Grade
3    {
4    public:
5        Test( int , int ) ;
6    private:
7        int       numQuestions ;         //问题个数
8        double    pointsEach ;           //每个问题的分值
9        int       numMissed ;            //答错的题数
10   } ;
```

上述程序的第 2 行指明了当前要声明的类是 Test，它的父类是 Grade，其中 public 是关键字，称为继承修饰符，它决定了能否在子类中访问基类中的成员（私有成员、保护成员和公有成员）。在下一节将详细讨论访问修饰符，下面是 Test 类的构造函数：

```
1    //参数：q 代表问题数 , m 代表答错的题数
2    Test::Test( int  q , int  m )
3    {
4    double  numericGrade ;
5
6        numQuestions = q ;
7        numMissed = m ;
8        pointsEach = 100.0 / numQuestions ;       //问题的分值
9        numericGrade = 100.0 - numMissed * pointsEach ;
10       setScore( numericGrade ) ;                //调用 setScore 函数
11   }
```

构造函数将参数 q（测试的问题数）和参数 m（答错的题数）分别赋给了 numQuestions 和 numMissed，然后计算出每个题目的分值。上述函数中的最后一个语句调用 Grade 类中定义的 setScore 函数。由于 Test 类是 Grade 类的子类，所以父类中的 setScore 也被继承到 Test 类中，成为 Test 类中的一个成员，这相当于调用该类自身定义的函数。图 10-1a 和图 10-1b 描述了它们之间的关系。当 Test 类继承 Grade 类后，Test 类的可见成员如图 10-1c 所示。

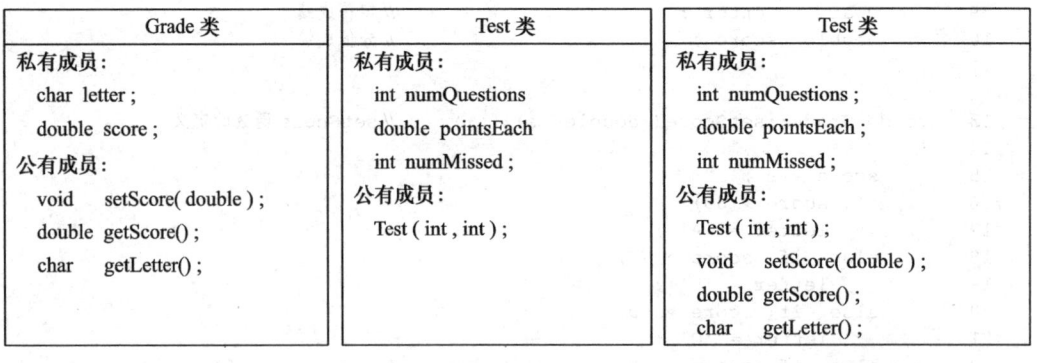

图 10-1  Grade 类与 Test 类之间的关系

需要注意的是，在子类中不可直接访问基类中的私有成员，虽然这些私有成员也被子类继承了，但由于它们是基类中的私有成员，只有基类的函数成员才能访问它们。例如，Grade 类中的 letter、score 以及函数 calculateGrade，在子类 Test 中都不可直接访问。

基类中的公有成员，如 setScore、getScore 和 getLetter，在公有继承方式下，都变成了子类中的公有成员。

**注意**：基类的访问修饰符直接影响子类从父类继承所得成员的特性，不同的访问修饰符对子类的影响也不同，将在下一节详细讨论这一特性。

**【例 10-1】** 演示 Grade 和 Test 的应用。Grade 类定义在 grade.h 文件中，而它的函数成员定义在 grade.cpp 中；Test 类定义在 test.h 中，它的函数成员定义在 test.cpp 中。

**grade.h 文件的内容：**

```
1    #ifndef  GRADE_H
2    #define  GRADE_H
3    class  Grade                              // Grade 类的声明
4    {
5    public:
6        void     setScore( double s ) { score = s ; calculateGrade( ) ; }
7        double   getScore( ) { return  score ; }
8        char     getLetter( ) { return  letter ; }
9    private:
10       char     letter ;
11       double   score ;
12       void     calculateGrade( ) ;
13   } ;
14   #endif
```

**grade.cpp 文件的内容：**

```
1    #include  "grade.h"
2
3        // 定义函数成员 Grade::calculateGrade
4    void  Grade::calculateGrade( )
5    {
6        if( score > 89)
7            letter = 'A' ;
8        else  if( score > 79)
9            letter = 'B' ;
10       else  if( score > 69)
11           letter = 'C' ;
12       else  if( score > 59)
13           letter = 'D' ;
14       else
15           letter = 'F' ;
16   }
```

**test.h 文件的内容：**

```
1    #ifndef  TEST_H
2    #define  TEST_H
3    #include  "grade.h"              // 必须包含 Grade 类的声明
4
5    class  Test : public  Grade       // Test 类的声明
6    {
7    public:
8        Test( int , int ) ;
9    private:
10       int       numQuestions ;
11       double    pointsEach ;
12       int       numMissed ;
13   } ;
14   #endif
```

**test.cpp 文件的内容：**

```
1    #include   "test.h"
2
3        // Test 类的构造函数，参数 q 代表问题的个数，m 代表答错的题数
4    Test::Test( int  q  ,  int  m )
5    {
6        double   numericGrade ;
7
8        numQuestions = q ;
9        numMissed = m ;
10       pointsEach = 100.0 / numQuestions ;
11       numericGrade = 100.0 - numMissed * pointsEach ;
12       setScore( numericGrade ) ;
13   }
```

**主程序 pr10-1.cpp 文件的内容：**

```
1    #include  <iostream>
2    using namespace std;
3    #include  "test.h"
4
5    int  main( )
6    {
7        int   questions , missed ;
8
9        cout << "测试的问题个数？" ;
10       cin >> questions ;
11       cout << "答错的个数？" ;
12       cin >> missed ;
13
14       Test   exam( questions , missed ) ;    //定义一个 test 类对象
15
16       cout.precision( 2 ) ;
17       cout << "成绩是:" << exam.getScore( ) << endl ;
18       cout << "分数是:" << exam.getLetter( ) << endl ;
19
20       return 0;
21   }
```

**程序运行结果：**

```
测试的问题个数？20 [ Enter ]
答错的个数？3 [ Enter ]
成绩是：85
分数是：B
```

主程序第 17 和 18 行中，子类对象 exam 直接调用了基类 Grade 中的公有函数成员 getScore() 和 getLetter()。

Test 类中的公有成员在被继承以后，在子类中仍然是公有的，它们可以与子类中的公有成员一样被访问。但反过来是错误的，基类对象或基类中的某个函数成员不能调用子类中的函数成员。例如，下面这个示例在编译时就会出现错误，因为第 4 行的基类 BadBase 的构造函数调用了第 13 行子类中定义的 getVal() 函数。

```
1    class  BadBase
2    {
3    public:
4        BadBase( ){   x = getVal( ) ; }           // 本行有错，不能调用子类的 getVal 函数
5    private:
```

```
 6      int  x ;
 7  } ;
 8
 9  class  Derived : public  BadBase
10  {
11  public:
12      Derived( int  z ) {  y = z ;  }
13      int  getVal( ) {  return  y ; }      // 这是子类定义的一个函数成员
14  private:
15      int  y ;
16  } ;
```

## 10.2 保护成员和类的访问

迄今为止已经用过了两个访问修饰符：private 和 public。C++ 提供的第三个访问修饰符是 protected。基类中的保护成员和私有成员类似，唯一的区别是：子类不可访问基类中的私有成员，但可访问基类中的保护成员。但对于程序的其他部分，保护成员仍然是不可访问的，与私有成员的特性类似。

**注意**：在公有继承或保护继承的情况下，子类能访问基类的 protected 成员。

【例 10-2】 修改例 10-1，将 Grade 类的私有成员修改为保护成员，并且在 Test 类中增加一个新的函数成员 adjustScore，该函数能直接访问 score 变量，并且调用 calculateGrade 函数，它的功能是判断 score 变量的小数部分是否大于或等于 0.5，如果成立就对 score 进行四舍五入处理。

**grade2.h 文件的内容：**

```
 1  #ifndef  GRADE2_H
 2  #define  GRADE2_H
 3  class  Grade
 4  {
 5  public:
 6      void    setScore( double  s) {  score = s ;    calculateGrade( ); }
 7      double  getScore( ) {  return  score ;  }
 8      char    getLetter( ) {  return  letter ;  }
 9  protected:
10      char    letter ;
11      double  score ;
12      void    calculateGrade( ) ;
13  } ;
14  #endif
```

**grade2.cpp 文件的内容：**

```
 1  #include  "grade2.h"
 2      // 定义函数成员 Grade::calculateGrade
 3  void  Grade::calculateGrade(  )
 4  {
 5      if( score > 89)
 6          letter = 'A' ;
 7      else  if( score > 79)
 8          letter = 'B' ;
 9      else  if( score > 69)
10          letter = 'C' ;
11      else  if( score > 59)
12          letter = 'D' ;
13      else
```

```
14              letter = 'F' ;
15      }
```

**test2.h 文件的内容:**

```
1    #ifndef  TEST2_H
2    #define  TEST2_H
3    #include  "grade2.h"
4
5    class  Test : public  Grade           // Test 类的声明
6    {
7    public:
8        Test( int , int ) ;
9        void  adjustScore( ) ;
10   private:
11       int      numQuestions ;
12       double   pointsEach ;
13       int      numMissed ;
14   } ;
15   #endif
```

**test2.cpp 文件的内容:**

```
1    #include  "test2.h"
2        // Test 类的构造函数,参数 q 代表问题数,m 代表答错的题数
3    Test::Test( int  q , int  m )
4    {
5    double  numericGrade ;
6
7        numQuestions = q ;
8        numMissed = m ;
9        pointsEach = 100.0 / numQuestions ;
10       numericGrade = 100.0 - numMissed * pointsEach ;
11       setScore( numericGrade ) ;
12   }
13
14       // adjustScore 函数对 score 变量进行四舍五入处理,并重新计算 letter 的值
15   void  Test::adjustScore( )
16   {
17       if(( score - int ( score ) ) >= 0.5 )
18       {
19           score=( int )( score + 0.5 ) ;
20           calculateGrade( ) ;           // 重新计算 letter 的值
21       }
22   }
```

**主程序 pr10-2.cpp 文件的内容:**

```
1    #include  <iostream>
2    using namespace std;
3    #include  "test2.h"
4
5    int  main( )
6    {
7        int  questions , missed ;
8
9        cout << "测试的问题个数? " ;
10       cin >> questions ;
11       cout << "答错的个数? " ;
12       cin >> missed ;
13
```

```
14        Test    exam( questions , missed ) ;    //定义一个 Test 类对象
15        cout.precision ( 2 ) ;
16        cout.setf( ios::fixed ) ;
17        cout << "调整前的分数: "<< exam.getScore( ) << endl ;
18        cout << "调整前的分值: "<< exam.getLetter( ) << endl ;
19        exam.adjustScore( ) ;
20        cout << "调整后的分数: "<< exam.getScore( ) << endl ;
21        cout << "调整后的分值: "<< exam.getLetter( ) << endl ;
22
23        return 0;
24     }
```

程序运行结果：

```
测试的问题个数？29 [Enter]
答错的个数？3
调整前的分数：89.66
调整前的分值：A
调整后的分数：90.00
调整后的分值：A
```

请注意 Test 类定义的第 1 行：

```
class Test : public Grade
```

从定义可见，Test 类公有继承了 Grade 类。继承修饰符可以是 public、private 或 protected，它规定了子类对象能否访问基类中定义的成员。表 10-1 总结了在不同继承修饰符的情况下，基类成员在子类中的表现。

表 10-1  不同的继承修饰符及其作用

| 继承基类的方式 | 基类成员在子类中的表现 |
| --- | --- |
| private | 基类的私有成员在子类中不可访问<br>基类的保护成员变成了子类中的私有成员<br>基类的公有成员变成了子类中的私有成员 |
| protected | 基类的私有成员在子类中不可访问<br>基类的保护成员变成了子类中的保护成员<br>基类的公有成员变成了子类中的保护成员 |
| public | 基类的私有成员在子类中不可访问<br>基类的保护成员变成了子类中的保护成员<br>基类的公有成员变成了子类中的公有成员 |

从表 10-1 可以看出，继承修饰符对基类成员在子类中的出现具有很大的影响。如果将基类的继承修饰符看作一个过滤器，那么当子类继承基类时，基类的成员必须通过这个过滤器才能成为子类中的一个"有效"成员，如图 10-2 所示。

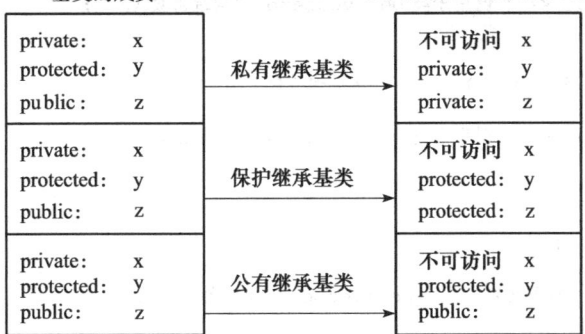

图 10-2  不同的继承方式对基类成员的影响

如果省略了继承修饰符，那么就是私有继承，下列就是对 Grade 类的私有继承：

```
class Test : Grade
```

注意：不要将继承修饰符与成员的访问修饰符相混淆，成员访问修饰符是规定类外语句能否访问类中的成员，而继承修饰符是为了限定基类成员在子类中的表现。

## 10.3 构造函数和析构函数

当基类和子类都有构造函数时，如果定义一个子类对象，那么首先要调用基类的构造函数，然后再调用子类的构造函数；析构函数的调用次序与此相反，即先调用子类的析构函数，然后再调用基类的析构函数。

### 10.3.1 默认构造函数和析构函数的调用

【例 10-3】下面定义的每个类都有一个默认的构造函数和析构函数，其中 DerivedDemo 类是 BaseDemo 的子类，在构造函数和析构函数中都有输出信息，以验证基类和子类的构造函数和析构函数的调用顺序。

```
1    #include <iostream>
2    using namespace std;
3
4    class BaseDemo                    //BaseDemo 类
5    {
6    public:
7        BaseDemo( )                   //构造函数
8        {
9            cout << "调用基类 BaseDemo 的构造函数 \n" ;
10       }
11
12       ~BaseDemo( )                  //析构函数
13       {
14           cout << "调用基类 BaseDemo 的析构函数 \n" ;
15       }
16   } ;
17
18   class DerivedDemo : public BaseDemo
19   {
20   public:
21       DerivedDemo( )                //构造函数
22       {
23           cout << "调用子类 DerivedDemo 的构造函数 \n" ;
24       }
25
26       ~DerivedDemo( )               //析构函数
27       {
28           cout << "调用子类 DerivedDemo 的析构函数 \n" ;
29       }
30   } ;
31
32   int main( )
33   {
34       cout << "下面定义一个 DerivedDemo 类对象 \n" ;
35
36       DerivedDemo  object ;         //定义一个对象
37
38       cout << "下面将要结束程序 \n" ;
39
40       return 0 ;
41   }
```

**程序运行结果：**

```
下面定义一个 DerivedDemo 类对象
调用基类 BaseDemo 的构造函数
调用子类 DerivedDemo 的构造函数
下面将要结束程序
调用子类 DerivedDemo 的析构函数
调用基类 BaseDemo 的析构函数
```

从程序运行结果可以看出：在调用构造函数时，是先调用基类的构造函数，然后再调用子类的构造函数；而在调用析构函数时，是先调用子类的析构函数，然后再调用基类的析构函数。

### 10.3.2 向基类的构造函数传参数

在例 10-3 中，基类和子类都使用了默认的构造函数，它们的调用是自动完成的，这是一种隐式调用。但是，如果基类的构造函数带有参数，那么该如何调用呢？如果基类有多个构造函数，又该如何调用呢？

答案是让子类的构造函数显式调用基类的构造函数，并且向基类构造函数传递适当的参数。例如，下面是一个矩形类的定义。

**Rectangle.h 文件的内容：**

```
1   #ifndef    RECTANGLE_H
2   #define    RECTANGLE_H
3   class  Rectangle                    //Rectangle 类的声明
4   {
5   public:
6       Rectangle( ) { width = length = area = 0.0 ; }
7       Rectangle( double , double ) ;
8       double  getArea( ){ return  area ; }
9       double  getLen( ) { return  length ; }
10      double  getWidth( ){ return  width ; }
11  protected:
12      double   width ;
13      double   length ;
14      double   area ;
15  } ;
16  #endif
```

矩形类 rectangle 能存储矩形的长、宽和面积等信息。该类具有两个构造函数：第一个构造函数无参数，它是一个默认的构造函数，仅仅实现对数据成员 width、length 和 area 赋值为 0；第二个构造函数具有两个 double 类型的参数，它的定义如下。

**Rectangle.cpp 文件的内容：**

```
1   #include  "Rectangle.h"
2
3   Rectangle::Rectangle( double  w , double  l )
4   {
5       width = w ;
6       length = l ;
7       area = width * length ;
8   }
```

下面的方体类 Cube 继承了上述 Rectangle 类。

**Cube.h 文件的内容：**

```
1   #ifndef    CUBE_H
```

```
2      #define  CUBE_H
3      #include  "Rectangle.h"
4
5      class  Cube : public  Rectangle              //Cube 类的声明
6      {
7      public:
8          Cube( double , double , double ) ;
9          double  getHeight( )  {  return  height ;  }
10         double  getVol( )  {  return  volume ;  }
11     protected:
12         double  height, volume ;
13     } ;
14     #endif
```

Cube 类对象不仅具有长和宽，而且还具有高和体积，因此它的构造函数应当有三个参数，定义如下。

**Cube.cpp 文件的内容：**

```
1      #include  "Cube.h"
2
3      Cube::Cube(double wide,double length, double high):Rectangle(wide,length)
4      {
5          height = high ;
6          volume = area * high ;
7      }
```

请注意上述构造函数的首行，在构造函数 Cube 参数列表的后面是一个冒号，其后是对基类构造函数的调用，这就是构造函数的初始化列表：

Cube :: Cube ( float  wide , float  length , float  high) : Rectangle ( wide , length)
　　　　↑　　　　　　　　　　　　　　　　　　　　　　　　　↑
　　子类构造函数　　　　　　　　　　　　　　　　　　　调用基类的构造函数

子类构造函数调用基类构造函数的一般形式是：

<子类名>::<子类名>( 参数列表 ) : <父类名>( 参数列表 )

采用上述方式，不仅将子类构造函数的一些参数传递给了基类的构造函数，而且还确定了在基类具有多个构造函数的情况下，到底需要调用基类的哪个构造函数。

**注意**：在上述示例中，对基类构造函数的调用出现在子类构造函数的定义中，而在定义子类 Cube 时并没有出现。如果子类的构造函数定义在类的声明中，即子类构造函数作为内联形式出现，那么对基类构造函数的调用也应当出现在子类的定义中。

无论构造函数是否有参数，基类构造函数仍然是在子类构造函数执行之前执行。在上述示例中，Cube 构造函数具有 wide、length 和 high 三个参数，其中 wide 和 length 传递给了 Rectangle 的构造函数。Rectangle 的构造函数执行结束以后，将调用 Cube 的构造函数。

传递给子类构造函数的参数都可以传递给基类的构造函数。

【**例 10-4**】 Rectangle 和 Cube 类的应用。

**主程序 pr10-4.cpp 文件的内容：**

```
1      #include  <iostream>
2      using namespace std;
3      #include  "Cube.h"
4
5      int  main( )
6      {
```

```
7           double cubeWide , cubeLong , cubeHigh ;
8
9           cout << "输入方体的参数: \n" ;
10          cout << "宽: " ;
11          cin >> cubeWide ;
12          cout << "长: " ;
13          cin >> cubeLong ;
14          cout << "高: " ;
15          cin >> cubeHigh ;
16
17              //注意：子类构造函数向基类构造函数传递参数
18          Cube  box( cubeWide , cubeLong , cubeHigh) ;
19
20          cout << "方体参数如下: \n" ;
21          cout << "宽: " << box.getWidth( ) << endl ;
22          cout << "长: " << box.getLen( ) << endl ;
23          cout << "高: " << box.getHeight( ) << endl ;
24          cout << "面积: " << box.getArea( ) << endl ;
25          cout << "体积: " << box.getVol( ) << endl ;
26
27          return 0;
28      }
```

程序运行结果：

```
输入方体的参数:
宽: 10 [Enter]
长: 15 [Enter]
高: 12 [Enter]
方体参数如下:
宽: 10
长: 15
高: 12
面积: 150
体积: 1800
```

**注意**：如果基类没有默认形式的构造函数，那么子类必须至少具有一个带参的构造函数，以向基类构造函数传递参数。

### 10.3.3 初始化列表的作用

初始化列表位于构造函数参数表和函数体之间，在构造函数的函数体执行之前完成初始化列表中指定的工作。初始化列表的使用主要包括如下表现形式：

1）如果类之间具有继承关系，子类必须在其初始化列表中调用基类的构造函数。例如：

```
1    class Base
2    {
3        Base(int x);                              //Base 的构造函数带参数
4    };
5
6    class Derived : public Base
7    {
8        Derived(int x, int y):Base(x)             //在初始化列表里调用 Base 的构造函数
9        {      /* 代码略 */    }
10   };
```

当然，如果父类 Base 的构造函数没有参数，或参数具有默认值，可以省略对父类构造函数的调用。

2）类中的 const 常量成员只能在初始化列表中进行初始化，而不能在函数体内用赋值的方式来初始化。

```
class Base
{
    const int SIZE ;                              // 常量成员
    Base(int size) : SIZE(size)                   // 只能在初始化列表中对常量成员赋值
    {   /* … */    }
};

Base  one(100);                                   // 对象 one 的 SIZE 值是 100
```

3）对象类型的成员的初始化放在初始化列表中，则程序的效率较高，反之较低；而基本类型变量的初始化可以在初始化列表中，也可以在构造函数体中，效率上没有区别。

```
1    class Base
2    {
3        Base( );                                 // 无参构造函数
4        Base(const Base &other);                 // 拷贝构造函数
5    };
6
7    class Derived
8    {
9        Base   B_Member;                         // Base 类型的一个成员对象
10   public:
11       Derived(const Base &a);                  // Derived 的构造函数
12   };
```

由于 Derived 类中具有一个 Base 类的对象 B_Member，其构造函数的实现可以采用如下方式：

```
1    Derived::Derived(const Base &b) : B_Member(b)    // 采用 b 初始化 B_Member
2    {
3    }
```

也可以这样实现：

```
1    Derived::Derived(const Base &b)
2    {
3        B_Member = b;
4    }
```

但这样做程序的效率较低，因为首先调用 Base 的无参构造函数创建 B_Member 对象，然后再采用按位赋值方式，将对象 b 逐位复制给 B_Member。

## 10.4 覆盖基类的函数成员

在编程中经常使用继承，以扩展子类的功能。请考虑如下 MileDist 类的定义。

**MileDist.h 文件的内容：**

```
1    #ifndef  MILEDIST_H
2    #define  MILEDIST_H
3    class  MileDist                              // MileDist 类的声明
4    {
5    public:
6        void    setDist( double d ) {  miles = d ;  }
7        double  getDist( ) {  return  miles ;  }
8    protected:                                   // 注意此处是 protected
9        double   miles ;
```

```
10     } ;
11   #endif
```

上述类用于处理以英里①为单位的距离，其中 setDist 函数是将参数 d 赋给 miles 变量，getDist 函数返回 miles 的值。为了实现英里和英尺②之间的转换，采用下面的 FeetDist 类扩展 MileDist 类。

**FeetDist.h 文件的内容：**

```
1    #ifndef    FEETDIST_H
2    #define    FEETDIST_H
3    #include "MileDist.h"
4
5    class  FeetDist : public  MileDist              //FeetDist 类的声明
6    {
7    public:
8        void    setDist( double ) ;
9        double  getDist( ) { return  feet ; }
10       double  getMiles( ) { return  miles ; }
11   protected:
12       double  feet ;
13   } ;
14   #endif
```

**注意**：子类 FeetDist 也有两个函数成员 setDist 和 getDist，并且它们的返回值类型、函数形参的个数与类型，与父类中的相应函数都相同，那么就说在此情况下，子类函数覆盖了基类中的相应函数。

覆盖（overriding）与重载（overloading）是两个不同的概念，要注意二者之间的区别。重载的特点是：

1）重载表现为多个函数，它们的名字相同但参数不全相同，编译器通过实参类型来区别到底应该调用哪个函数。

2）重载可以出现在同一个类中，例如一个类中定义有多个名称相同的函数。

3）重载也可以出现在具有继承关系的父类与子类中，如子类中定义的某个函数，与其父类中定义的某个函数名称相同，但参数的个数或类型不全相同。

4）重载也可以表现为外部函数的形式，见 3.8 节。

覆盖的特点是：

1）覆盖一定出现在具有继承关系的父类和子类之间。

2）覆盖除了要求函数名完全相同，还要求相应的参数个数和类型也完全相同。

3）当进行函数调用时，子类对象所调用的是子类中定义的函数。

4）覆盖是 C++ 多态性的部分体现。

下面继续研究 FeetDist 类，首先分析函数 setDist 的定义。

**FeetDist.cpp 文件的内容：**

```
1    #include  "FeetDist.h"
2
3    void  FeetDist::setDist( double  ft )
4    {
5        feet = ft ;
6        MileDist::setDist( feet / 5280) ;            //调用基类的 setDist 函数
7    }
```

---

① 1 英里 =1609.344 米。——编辑注
② 1 英尺 =0.3048 米。——编辑注

上述函数具有一个参数，并将其值存储到数据成员 feet 中（该值以英尺为单位）。为了实现由英尺向英里的转换，就将 feet 的值除以 5280，并把运算结果传递给基类的函数 setDist。请注意，在函数调用中使用了作用域分辨符"::"，这是因为当前的子类函数与基类函数同名，通过作用域分辨符指明要调用的是基类中的 setDist 函数。如果不使用作用域分辨符，那么该函数将调用自身，即递归调用。作用域分辨符的使用方式如下：

<基类名>::<函数名>( 参数列表 ) ;

既然 FeetDist 类中的 getDist 函数覆盖了 MileDist 类中的 getDist 函数，那么它也提供了第三个函数成员 getMiles，该函数返回 MileDist 类中的数据成员 miles 的值，例 10-5 给出了它们的完整实现。

【例 10-5】 覆盖基类中的函数应用举例。

**主程序 pr10-5.cpp 文件的内容：**

```
1    #include  <iostream>
2    using namespace std;
3    #include  "FeetDist.h"
4
5    int  main( )
6    {
7        FeetDist  feet ;
8        double   ft ;
9
10       cout << "请输入以英尺为单位的距离：" ;
11       cin >> ft ;
12       feet.setDist( ft ) ;
13       cout.precision( 1 ) ;
14       cout.setf( ios::fixed ) ;
15       cout <<feet.getDist( )<<" 英尺等于 " << feet.getMiles( )<<" 英里 \n";
16
17       return 0;
18   }
```

程序运行结果：

请输入以英尺为单位的距离：12600 [**Enter**]
12600 英尺等于 2.4 英里

读者要注意的是：尽管子类中的函数可以覆盖基类中的函数，但一个基类对象仍然可以调用这个函数，不要将"覆盖"误解为"基类中那个同名函数被覆盖了，已经不存在了"，例 10-6 对此疑问给予了解释。

【例 10-6】 验证：当子类覆盖基类函数时，基类对象调用的仍然是基类中的函数。

```
1    #include  <iostream>
2    using namespace std;
3
4    class  Base
5    {
6    public:
7        void  showMsg( ) { cout << "This is the Base class .\n" ; }
8    } ;
9
10   class  Derived : public  Base
11   {
12   public:
13       void  showMsg( ) { cout << "This is the Derived class .\n" ; }
14   } ;
```

```
15
16   int  main( )
17   {
18       Base     b ;
19       Derived  d ;
20
21       b.showMsg( ) ;
22       d.showMsg( ) ;
23
24       return 0;
25   }
```

程序运行结果：

```
This is the Base class .
This is the Derived class .
```

在上述程序中，基类 Base 定义了一个函数 showMsg，子类 Derived 覆盖了该函数。在 main 函数中分别定义了两个对象 b 和 d，其中 b 是 Base 类的对象，d 是 Derived 类的对象。当 b 调用 showMsg 函数时，它所使用的是 Base 类的函数，当 d 调用 showMsg 函数时，它所使用的是 Derived 类的函数。

## 10.5　虚函数

函数覆盖体现了一定的多态性。但是，简单的函数覆盖并不能称为真正的多态性。例如将 MileDist 类修改如下：

**MileDist2.h 文件的内容：**

```
1    #ifndef  MILEDIST2_H
2    #define  MILEDIST2_H
3    class  MileDist                                        //MileDist 类的声明
4    {
5    public:
6        void    setDist( double  d ) { miles = d ; }
7        double  getDist( ) { return  miles ; }
8        double  square( ){ return getDist( )*getDist( ); }  //新增函数
9    protected:
10       double   miles ;
11   } ;
12   #endif
```

上述类有一个新的函数成员 square，它返回的是 getDist 函数返回值的平方。如果一个 FeetDist 对象调用该函数，那么会出现什么结果呢？请分析例 10-7。

**【例 10-7】** 简单的函数覆盖不能体现多态性应用举例。

**FeetDist2.h 文件的内容：**

```
1    #ifndef  FEETDIST2_H
2    #define  FEETDIST2_H
3    #include  "MileDist2.h"
4
5    class  FeetDist : public  MileDist                     //FeetDist 类的声明
6    {
7    public:
8        void    setDist( double ) ;
9        double  getDist( ) { return  feet ; }
```

```
10        double  getMiles( ) { return  miles ;  }      //覆盖了父类中的函数
11    protected:
12        double  feet ;
13    } ;
14    #endif
```

**FeetDist2.cpp 文件的内容：**

```
1    #include   "FeetDist2.h"
2
3    void  FeetDist::setDist( double  ft )
4    {
5        feet = ft ;
6        MileDist::setDist( feet / 5280) ;
7    }
```

**主程序 pr10-7.cpp 文件的内容：**

```
1    //该程序验证了函数覆盖不正确的一面
2    #include  <iostream>
3    using namespace std;
4    #include   "FeetDist2.h"
5
6    int  main( )
7    {
8        FeetDist  feet ;
9        double    ft ;
10
11       cout << "请输入以英尺为单位的距离: " ;
12       cin >> ft ;
13       feet.setDist( ft ) ;
14       cout.precision( 1 ) ;
15       cout.setf( ios::fixed ) ;
16       cout << feet.getDist( ) << " 英尺等于 " ;
17       cout << feet.getMiles( ) << " 英里 \n" ;
18       cout << feet.getDist( ) << " 英尺的平方等于 " ;
19       cout << feet.square( ) << " \n" ;
20
21       return 0 ;
22   }
```

**程序运行结果：**

```
请输入以英尺为单位的距离: 12600 [Enter]
12600  英尺等于  2.4 英里
12600  英尺的平方等于 5.7
```

显然，12600 的平方不是 5.7，上述程序并没有正确地计算出 feet 的平方值。错误的原因是 square 函数对 getDist 函数的调用不正确。由于 square 函数属于 MileDist 类，那么它就调用 MileDist 类中的 getDist 函数，而不会去调用子类中的 getDist 函数。MileDist 类中的 getDist 函数返回的是 miles，而不是子类中的 feet，所以结果不正确。

**注意：** 上述错误的根本原因是，在默认情况下，C++ 编译器对函数成员的调用实施的是静态联编（static binding，也称静态绑定）。在函数覆盖的情况下，在子类中调用函数 getDist，实际上所调用的将是基类中的 getDist 函数，而不是子类中的这个函数。

为了解决上述问题，可以将 getDist 设置为虚函数。虚函数也是一个函数成员，唯一要求的是在子类中一定要覆盖它。对于虚函数，编译器完成的是动态联编（dynamic binding，也称动态绑定），即对函数的调用是在运行时确定的。声明虚函数的方法很简单，只需要将 virtual

关键字放在函数类型之前，如：

```
virtual  double  getDist( )
{
    return  miles ;
}
```

上述声明告诉编译器，子类要覆盖 getDist 函数，不要对该函数调用进行静态绑定。

**【例 10-8】** 修改例 10-7，使 getDist 函数是虚函数。

**MileDist3.h 文件的内容：**

```
1    #ifndef   MILEDIST3_H
2    #define   MILEDIST3_H
3    class  MileDist           //MileDist 类的声明
4    {
5    public:
6        void      setDist( double d ) { miles = d ; }
7        virtual   double  getDist( ) { return miles ; }      //虚函数
8        double    square( ) { return getDist( ) * getDist( ) ; }
9    protected:
10       double    miles ;
11   } ;
12   #endif
```

**FeetDist3.h 文件的内容：**

```
1    #ifndef   FEETDIST3_H
2    #define   FEETDIST3_H
3    #include  "MileDist3.h"
4
5    class  FeetDist : public  MileDist                    //FeetDist 类的声明
6    {
7    public:
8        void      setDist( double ) ;
9        virtual   double  getDist( ) { return feet; }      //覆盖父类中的虚函数
10       double    getMiles( ) { return miles ; }
11   protected:
12       double    feet ;
13   } ;
14   #endif
```

**FeetDist3.cpp 文件的内容：**

```
1    #include  "FeetDist3.h"
2
3    void  FeetDist::setDist( double ft )
4    {
5        feet = ft ;
6        MileDist::setDist( feet / 5280) ;             //调用基类中的 setDist 函数
7    }
```

**主程序 pr10-8.cpp 文件的内容：**

```
1    #include  <iostream>
2    #include  <iomanip>
3    using namespace std;
4    #include  "FeetDist3.h"
5
6    int  main( )
7    {
```

```
 8          FeetDist  feet ;
 9          double  ft ;
10
11          cout << "请输入以英尺为单位的距离: " ;
12          cin >> ft ;
13          feet.setDist( ft ) ;
14          cout.precision( 1 ) ;
15          cout.setf( ios::fixed ) ;
16          cout << feet.getDist( ) << " 英尺等于  " ;
17          cout << feet.getMiles( ) << " 英里 \n" ;
18          cout << feet.getDist( ) << "  英尺的平方等于  " ;
19          cout << feet.square( ) << " \n" ;
20
21          return 0;
22      }
```

程序运行结果：

请输入以英尺为单位的距离: 12600 [**Enter**]
12600  英尺等于   2.4  英里
12600   英尺的平方等于   158760000

**注意**：覆盖和重载不能体现真正的多态性，只有虚函数才是多态性的表现。一个程序设计语言，如果不支持多态性，那么就不能称为面向对象的语言，只能称为对象式语言。早期的 Ada 83 属于对象式语言，而 C++、Java 和 Ada 95 等是面向对象程序设计语言。

## 10.6  纯虚函数和抽象类

纯虚函数是在基类中声明的虚函数，在声明它的基类中没有给出函数体，要求继承基类的子类必须覆盖该虚函数。带有纯虚函数的类称为抽象类，抽象类位于类层次的上层，不能定义抽象类的对象，只能通过继承机制生成抽象类的非抽象子类，然后再定义对象。

### 10.6.1  纯虚函数

纯虚函数是一个函数成员，是一个在基类中说明的虚函数，并且没有具体的函数代码，各派生类可以根据自己的需要分别覆盖它，从而实现真正意义上的多态性。纯虚函数的声明格式为：

```
virtual  <函数返回值类型><函数名>(形参表)  =  0 ;
```

基类不需要给出纯虚函数的实现代码，而由派生类给出。如果一个类具有一个或多个纯虚函数，那么它就是一个抽象类。例如，下面的函数成员 showInfo 就是一个纯虚函数：

```
virtual  void  showInfo( ) = 0 ;
```

基类中的纯虚函数没有函数体，或者说没有对其进行定义，必须在子类中覆盖它。此外，纯虚函数的存在能防止实例化该类。

### 10.6.2  抽象类

带有纯虚函数的类称为抽象类，它位于类层次的上层，不能定义抽象类的对象。例如，下面定义一个抽象类 Student，它具有所有学生的一般信息，但它不具有每个学生都需要的特性——专业。

**Student.h 文件的内容：**

```
1   #ifndef   STUDENT_H
2   #define   STUDENT_H
3   #include <string.h>
4
5   class   Student                              // 该类是一个抽象类，它包含纯虚函数
6   {
7   public:
8       Student( )      { name[0]=id[0]=yearAdmitted=hoursCompleted=0;  }
9       void   setName( char   *n){   strcpy( name , n) ;  }
10      void   setID( char   *i)  {   strcpy( id , i) ;  }
11      void   setYearAdmitted( int   y) {   yearAdmitted = y ;  }
12      virtual   void  setHours(  ) = 0 ;       // 纯虚函数
13      virtual   void  showInfo(  ) = 0 ;       // 纯虚函数
14  protected:
15      char   name[51] ;                        // 姓名
16      char   id[21] ;                          // 学号
17      int    yearAdmitted ;                    // 入学年份
18      int    hoursCompleted ;                  // 已修学时数
19  } ;
20  #endif
```

上述 Student 类包含学生姓名（name）、学号（id）、入学年份（yearAdmitted）和已修学时数（hoursCompleted）。同时该类还提供了一些辅助函数，并声明了纯虚函数 setHours 和 showInfo。

在 Student 类的子类中，必须覆盖这两个纯虚函数。设置这两个函数的目的就是让 Student 类作为其他类的基类。例如，计算机科学专业的学生类 CsStudent 和生物专业的学生类 BiologyStudent 都能作为其子类。

CsStudent 类学生所学的课程与 BiologyStudent 类学生所学的课程，肯定属于不同的学科，它们的学时要求不相同，并且每个类显示信息的方法也应当不同。下面是 CsStudent 类的定义：

**CsStudent.h 文件的内容：**

```
1   #ifndef   CSSTUDENT_H
2   #define   CSSTUDENT_H
3   #include  "Student.h"
4
5   class   CsStudent : public   Student
6   {
7   public:
8       void  setMathHours( int  mh)  {  mathHours = mh ;  }
9       void  setCsHours( int  csh)   {  csHours = csh ;  }
10      void  setGenEdHours( int  geh) {  genEdHours = geh ;  }
11           // 下面两个函数不是纯虚函数
12      void  setHours( ){hoursCompleted=genEdHours+ mathHours+csHours ; }
13      void  showInfo( ) ;                      // 该函数定义在 CsStudent.cpp 文件中
14  private:
15      int   mathHours ;                        // 数学课程学时
16      int   csHours ;                          // 计算机科学课程学时
17      int   genEdHours ;                       // 普通教育课程学时
18  } ;
19  #endif
```

**CsStudent.cpp 文件的内容：**

```
1   #include   <iostream>
2   using   namespace  std;
```

```
3    #include "CsStudent.h"
4
5    void CsStudent::showInfo( )
6    {
7        cout << "姓名: " << name << endl ;
8        cout << "学号: " << id << endl ;
9        cout << "入学年份: " << yearAdmitted << endl ;
10       cout << "修完的学时数: \n" ;
11       cout << "\t 普通教育课程学时: " << genEdHours << endl ;
12       cout << "\t 数学课程学时: " << mathHours << endl ;
13       cout << "\t 计算机科学课程学时: " << csHours << endl << endl ;
14       cout << "\t 已修总学时: " << hoursCompleted << endl ;
15   }
```

上面的 CsStudent 类是 Student 类的子类,它具有自己的数据成员和函数。此外,它还覆盖了基类中的 setHours 和 showInfo 函数,例 10-9 演示了该类的应用。

【例 10-9】 抽象类应用举例。

```
1    #include <iostream>
2    using namespace std;
3    #include "CsStudent.h"
4
5    int main( )
6    {
7        CsStudent    student1 ;
8        char         chInput[51] ;              // 输入字符串的缓冲区
9        int          intInput ;                 // 输入整数的临时变量
10
11       cout << "输入关于学生的下列信息: \n" ;
12       cout << "姓名: " ;
13       cin.getline( chInput , 51 ) ;
14       student1.setName( chInput ) ;           // 设置学生的姓名
15       cout << "学号: " ;
16       cin.getline( chInput , 21 ) ;
17       student1.setID( chInput ) ;             // 设置学生的学号
18       cout << "入学年份: " ;
19       cin >> intInput ;
20       student1.setYearAdmitted( intInput ) ;  // 设置入学年份
21       cout << "已修完普通教育课程的学时数: " ;
22       cin >> intInput ;
23       student1.setGenEdHours( intInput ) ;    // 设置已经修完普通教育课程的学时数
24       cout << "已修完数学课程的学时数: " ;
25       cin >> intInput ;
26       student1.setMathHours( intInput ) ;     // 设置已经修完数学课程的学时数
27       cout << "已修完计算机科学课程的学时数: " ;
28       cin >> intInput ;
29       student1.setCsHours( intInput );        // 设置已经修完计算机科学课程的学时数
30       student1.setHours( ) ;                  // 计算已经修完的总学时数
31
32       cout << "\n 学生信息如下 \n" ;
33       student1.showInfo( ) ;                  // 显示学生的信息
34
35       return 0;
36   }
```

程序运行结果:

```
输入关于学生的下列信息:
姓名: ZhangSan [ Enter ]
```

学号：0412031101 [ **Enter** ]
入学年份：2012 [ **Enter** ]
已修完普通教育课程的学时数：60 [ **Enter** ]
已修完数学课程的学时数：100 [ **Enter** ]
已修完计算机科学课程的学时数：90 [ **Enter** ]
学生信息如下
姓名：ZhangSan
学号：0412031101
入学年份：2012
修完的学时数：
普通教育课程学时：60
数学课程学时：100
计算机科学课程学时：90
已修总学时：250

**知识点**：关于抽象类和纯虚函数。
1）如果一个类包含有纯虚函数，那么它就是抽象类，必须让其他类继承。
2）基类中的纯虚函数没有代码。
3）不能定义抽象类的对象，即抽象基类不能实例化。
4）必须在子类中覆盖基类中的纯虚函数。

### 10.6.3　指向基类的指针

指向基类对象的指针可以指向其子类的对象，当基类指针指向子类对象时，采用该指针所访问的仍然是基类中的成员。这种类型的指针具有如下特性：

1）指向基类对象的指针可以指向其子类的对象。
2）虽然子类覆盖了基类中的成员（函数成员或变量），但通过基类指针所访问的成员仍是基类的成员，而不是子类成员。例 10-10 对上述观点给予了验证。

【**例 10-10**】　通过基类指针访问成员举例。

```
1    #include <iostream>
2    using namespace std;
3
4    class  Base
5    {
6    public:
7        void show( ) { cout << "基类的函数show( )\n" ; }
8    } ;
9
10   class  Derived : public  Base
11   {
12   public:
13       void show( ) { cout << "子类的函数show( )\n" ; }
14   } ;
15
16   int  main( )
17   {
18       Base     *bptr ;
19       Derived  dobject ;
20
21       bptr = &dobject ;
22       bptr->show( ) ;              //采用基类指针调用函数，仍将访问基类中的函数
23
24       return 0;
25   }
```

程序运行结果:

基类的函数 show( )

**dobject** 是子类对象,即 Derived 类的对象。指向基类对象的指针 bptr 可以指向 dobject 对象。但是,当采用 bptr 调用 show 函数时,指针将忽略 dobject 对象自己的 show 函数,而是直接调用 Base 类中的 show 函数。

这种行为可以采用虚函数修正,即采用 virtual 将 Base 类中的 show 函数声明为虚函数,那么 bptr 所调用的将是子类中的 show 函数,请读者试一试。

## 10.7 多重继承

有时希望建立一种继承链,如图 10-3 所示。在此情况下,继承链可以由若干层次的类构成。

在图 10-3 中,类 C 继承了 B 的所有成员,包括 B 从 A 继承所得的成员。当然继承修饰符将限制能否在子类访问基类的成员,这个原则是不会改变的。下面分析如何创建继承链,其中 InchDist 类是 FeetDist 类的子类。

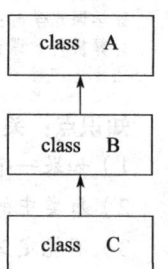

图 10-3 多重继承

**inchdist.h 文件的内容:**

```
1    #ifndef  INCHDIST_H
2    #define  INCHDIST_H
3    #include  "FeetDist3.h"           //FeetDist 类的定义在此文件中
4
5    class  InchDist : public  FeetDist    //声明 InchDist 类
6    {
7    public:
8        void    setDist( double ) ;
9        double  getDist( ) { return  inches ; }
10       double  getFeet( ) { return  feet ; }
11   protected:
12       double  inches ;
13   } ;
14   #endif
```

当定义 InchDist 类时,它有一个保护成员 inches。既然 InchDist 类公有地继承了 FeetDist 类(继承修饰符是 public),那么 FeetDist 类的所有保护成员和公有成员将原样不变地成为 InchDist 子类的成员,即 FeetDist 类的保护成员在 InchDist 类中还是保护成员,FeetDist 类的公有成员在 InchDist 类中还是公有成员。表 10-2 给出了 InchDist 类的所有成员。

表 10-2  InchDist 类的所有成员

| 修饰符 | 成员名 | 解释 |
| --- | --- | --- |
| protected | miles | InchDist 从 FeetDist 类继承所得的一个数据成员,该变量实际上是 FeetDist 从 MileDist 类继承所得(多重继承的表现) |
| protected | feet | InchDist 从 FeetDist 类继承所得的一个数据成员 |
| protected | inches | InchDist 类自身所定义的一个数据成员 |
| public | setDist | InchDist 类定义的一个函数成员,该函数覆盖了基类中的 setDist 函数 |
| public | getDist | InchDist 类定义的一个函数成员,该函数覆盖了基类中的 getDist 函数 |
| public | getFeet | InchDist 类定义的一个函数成员 |
| public | getMiles | InchDist 从 FeetDist 类继承所得的一个函数成员 |

InchDist 类也有函数成员 setDist 和 getDist，设置它们的目的是处理 inches 成员，定义如下。

**inchdist.cpp 文件的内容：**

```
1   #include  "inchdist.h"
2    // InchDist 类的函数成员 setDist
3   void  InchDist::setDist( double  in)
4   {
5       inches = in ;
6       FeetDist::setDist( inches / 12 ) ;       //调用基类的函数
7   }
```

如果某个 InchDist 类的对象调用 InchDist::setDist 函数，将引起连锁调用，即调用 FeetDist::setDist 和 InchDist::setDist。例 10-11 验证了这一点。为了节省篇幅，MileDist.h、FeetDist.h 和 FeetDist.cpp 三个文件在此不再给出，请参考前面的例 10-8。

【例 10-11】 多重继承应用举例。

该程序验证了多重继承，其中主程序 pr10-11.cpp 文件的内容如下：

```
1   #include  <iostream>
2   #include  <iomanip>
3   using namespace std;
4   #include  "inchdist.h"
5
6   int  main( )
7   {
8       InchDist  inch ;
9       double  in ;
10
11      cout << " 输入英寸表示的距离: " ;
12      cin >> in ;
13      inch.setDist( in ) ;
14      cout.precision( 1 ) ;
15      cout.setf( ios::fixed ) ;
16      cout << inch.getDist( ) << " 英寸等于 "<< inch.getFeet( ) << " 英尺.\n" ;
17      cout << inch.getDist( ) << " 英寸等于 "<< inch.getMiles( )<<" 英里 \n" ;
18
19      return 0;
20  }
```

程序运行结果：

```
输入英寸表示的距离: 115900 [Enter]
115900 英寸等于 9658.3 英尺.
115900 英寸等于 1.8 英里
```

## 10.8 多继承

如果一个子类具有两个或多个直接父类，那么就称为多继承。前一节讲述了类之间的多重继承，它们之间的继承关系构成了一个个继承链。在整个继承链中，最下层的子类有一个直接父类和多个间接父类。继承关系的另外一种方式是多继承，在此情况下，一个类有两个或多个父类，其显著的特征如图 10-4 所示。

在图 10-4 中，类 C 是从类 A 和类 B 共同导出的，因

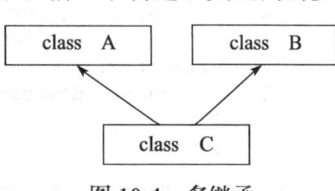

图 10-4 多继承

此，它继承了 A 和 B 的所有成员，而 A 和 B 并没有从其他类继承，它们的成员仅仅传递给了 C。

多继承已经遭到许多程序设计人员的质疑。许多人士认为，多继承只能增加程序的复杂性，并建议在编程中要尽量少用或不用多继承。Java 语言已经取消了多继承，它认为通过单继承已经能够解决比较复杂的问题。因此，本书也不准备过多地阐述多继承。为了便于读者理解多继承的含义，首先分析下面给出的两个类 Date 和 Time。

**Date.h 文件的内容：**

```
1    #ifndef   DATE_H
2    #define   DATE_H
3    class Date
4    {
5    public:
6        Date( int d , int m , int y ) { day = d ; month = m ; year = y ; }
7        int getDay( ) { return day ; }
8        int getMonth( ) { return month ; }
9        int getYear( ) { return year ; }
10   protected:
11       int day , month , year ;
12   } ;
13   #endif
```

**Time.h 文件的内容：**

```
1    #ifndef   TIME_H
2    #define   TIME_H
3    class Time
4    {
5    public:
6        Time( int h , int m , int s ) { hour = h ; min = m ; sec = s ; }
7        int getHour( ) { return hour ; }
8        int getMin( ) { return min ; }
9        int getSec( ) { return sec ; }
10   protected:
11       int hour , min , sec ;
12   } ;
13   #endif
```

上述两个类用于保存日期和时间的整型数据，它们都是第三个类 DateTime 的父类。

**DateTime.h 文件的内容：**

```
1    #ifndef   DATETIME_H
2    #define   DATETIME_H
3    #include   <string.h>
4    #include   "Date.h"
5    #include   "Time.h"
6
7    class DateTime : public Date , public Time     //注意此行的定义
8    {
9    public:
10       DateTime( int , int , int , int , int , int ) ;
11       void getDateTime( char *str) { strcpy( str , dTString ) ; }
12   protected:
13       char dTString[20] ;
14   } ;
15   #endif
```

DateTime 类定义的第一行如下：

```
class    DateTime : public    Date , public    Time
```

上面的 DateTime 类具有两个基类,它们之间采用逗号分开,并且每个基类都有自己的继承修饰符。多继承的一般声明形式为:

```
class <子类名>:<继承修饰符> <基类名 1>,<继承修饰符> <基类名 2>,…,<继承修饰符> <基类名 n>
```

在多继承方式下,需要考虑构造函数的调用问题。一个子类对象在初始化时,先调用基类的构造函数,然后再调用内嵌对象的构造函数,最后执行子类构造函数。析构函数的调用顺序与构造函数的相反。首先看 DateTime 的构造函数。

**DateTime.cpp 文件的内容:**

```
1    #include   "DateTime.h"
2    #include   <string.h>
3    #include   <stdlib.h>
4
5    DateTime::DateTime(int dy, int mon, int  yr, int  hr, int  mt, int  sc):
6              Date( dy, mon, yr) , Time( hr, mt, sc) //子类的构造函数
7    {
8        char    temp[10] ;                              //itoa( )函数使用的临时变量
9
10        //将日期存储在 dTString 中,格式为 MM/DD/YY
11        strcpy( dTString , itoa( getMonth( ) , temp , 10) ) ;
12        strcat( dTString , "/") ;
13        strcat( dTString , itoa( getDay( ) , temp , 10) ) ;
14        strcat( dTString , "/") ;
15        strcat( dTString , itoa( getYear( ) , temp , 10) ) ;
16        strcat( dTString , " ") ;
17
18        //将时间存储在 dTString 中,格式为 HH : MM : SS
19        strcat( dTString , itoa( getHour( ) , temp , 10) ) ;
20        strcat( dTString , ":") ;
21        strcat( dTString , itoa( getMin( ) , temp , 10) ) ;
22        strcat( dTString , ":") ;
23        strcat( dTString , itoa( getSec( ) , temp , 10) ) ;
24    }
```

**注意**: itoa() 函数的原型是 char * itoa( int value , char * string , int radix),它的功能是将 value 转换为以 '\0' 结束的字符串,并把结果存储在 string 中,radix 指明在转换 value 的过程中的基数值,它必须位于 2 ~ 36 之间。

上述构造函数的后面还有一些符号,它们完成向基类构造函数传递参数:

```
DateTime( int  dy , int  mon , int  yr , int  hr , int  mt , int  sc) :
    Date( dy , mon , yr), Time( hr , mt , sc)
```

在 DateTime 构造函数参数的后面是一个冒号,其后是调用 Date 和 Time 构造函数。这些调用之间采用逗号分开。采用多继承时,子类构造函数首部的一般形式为:

```
<子类名>( 参数列表 ): <基类名 1>( 参数列表 ), <基类名 2>( 参数列表 ),…,<基类名 n>( 参数列表 )
```

在子类构造函数":"的后面是对基类构造函数的调用,这个书写顺序并不重要,因为总是以继承类的顺序调用它们。换句话讲,调用基类构造函数的顺序是在定义子类时确定的。例如,由于 DateTime 类是先继承 Date 类,然后继承 Time 类,所以总是先调用 Date 类的构造函数,然后再调用 Time 类的构造函数。在析构子类对象时,与调用构造函数的顺序恰好相反。例 10-12 检验了 Date 类、Time 类和 DateTime 类的应用。

**【例 10-12】** 多继承应用举例。

**主程序 pr10-12.cpp:**

```
1       // 该程序验证了多继承
2       #include  <iostream>
3       using namespace std;
4       #include  "DateTime.h"
5
6       int  main( )
7       {
8           char    formatted[20] ;
9           DateTime   pastDay( 28 , 7 , 2021 , 11 , 32 , 27) ;
10
11          pastDay.getDateTime( formatted ) ;
12          cout << formatted << endl ;
13
14          return 0 ;
15      }
```

程序运行结果：

7/28/2021 11:32:27

**注意**：多继承使用不当会带来二义性。如果两个基类具有同名的数据成员或同名的函数成员，那么在调用时就不知道到底该调用哪个类中的成员。解决的方法是在子类中覆盖基类的函数成员，在子类的同名函数中通过作用域分辨符"::"来确定要调用的函数。对于数据成员的二义性，只能通过作用域分辨符进行区分，否则编译器会产生错误，因为它不知道该调用哪个成员。

## 10.9  类模板

类模板用于创建类属类和抽象数据类型，从而使程序员可以创建一般形式的类，而不必编写处理不同数据类型的类，这一点与第 3 章的函数模板具有相同之处。

第 9 章介绍了一个类 IntArray，它提供有重载运算符函数 []，实现了对 int 类型数组范围的检验。假设现在要对其他类型的数组范围进行检验，怎么办？显然，一个比较麻烦的方法是设计多个类，如 LongArray、FloatArray、DoubleArray 等，每个类分别实现一个数组下标越界检验。另一个比较好的解决方法是模仿函数模板，设计一个能处理任意原子类型的类模板。本节将 IntArray 类转换为一个通用的类模板，并且命名为 FreewillArray。

### 10.9.1  定义类模板的方法

定义一个类模板和定义一个函数模板相似。首先，在类定义的前面加上 template 关键字，例如 template < class T >，其中 T（也可以选择其他符号）是一个数据类型参数；然后，将整个类中参数 T 所用到的地方进行替换。下面是类模板 FreewillArray 的定义（请读者注意其中的黑体字）：

```
1       template  < class  T >
2       class  FreewillArray
3       {
4       public:
5           FreewillArray( ) {  aptr = 0 ;   arraySize = 0 ;}
6           FreewillArray( int ) ;                               // 构造函数
```

```
 7          FreewillArray( const FreewillArray & ) ;      // 拷贝构造函数
 8          ~FreewillArray( ) ;                           // 析构函数
 9          int  size( )  {  return  arraySize ;  }
10          T    &operator[ ]( const  int  & ) ;          // 对 [ ] 进行重载
11      private:
12          T    *aptr ;                                  // 采用模板参数 T 替换 int
13          int  arraySize ;
14          void  memError( ) ;                           // 处理内存分配错误
15          void  subError( ) ;                           // 处理下标越界错误
16      } ;
```

如果将上述类模板与原来的 IntArray 类进行比较,可以发现,不同的地方是在模板的开头部分增加了 template 行,并且在类的定义中对有关参数进行了替换。

**注意**:将 arraySize 变量仍然定义为 int 类型,这是因为该变量存储的是一个关于数组大小的整型值。此外,size 函数的返回值类型为 int 也是这个原因,因为它代表的是数组的大小,与数组的类型无关。下面给出整个类模板的定义。

**FreewillArray.h 文件的内容:**

```
 1   #ifndef   FREEWILLARRAY_H
 2   #define   FREEWILLARRAY_H
 3   #include  <iostream>
 4   #include  <cstdlib>
 5   using namespace std;
 6
 7   template  < class  T >
 8   class  FreewillArray
 9   {
10   public:
11       FreewillArray( )  {  aptr = 0 ;  arraySize = 0 ;}
12       FreewillArray( int ) ;                           // 构造函数
13       FreewillArray( const FreewillArray & ) ;         // 拷贝构造函数
14       ~FreewillArray( ) ;                              // 析构函数
15       int  size( )  {  return  arraySize ;  }
16       T    &operator[ ]( const  int  & ) ;             // 对 [ ] 进行重载
17   private:
18       T    *aptr ;                                     // 采用模板参数 T 替换 int
19       int  arraySize ;
20       void  memError( ) ;                              // 处理内存分配错误
21       void  subError( ) ;                              // 处理下标越界错误
22   } ;
23
24       // FreewillArray 类模板的构造函数。设置数组的大小,并对数组分配内存
25   template  < class  T >
26   FreewillArray  < T >::FreewillArray( int  s )
27   {
28       arraySize = s ;
29       aptr = new T [s] ;
30       if( aptr == 0 )
31           memError( ) ;
32       for( int  count = 0 ;  count < arraySize ;  count++ )
33           *( aptr + count ) = 0 ;
34   }
35
36       // FreewillArray 类模板的拷贝构造函数
37   template  < class  T >
38   FreewillArray  < T >::FreewillArray( const FreewillArray  &obj )
39   {
40       arraySize = obj.arraySize ;
41       aptr = new T [arraySize] ;
42       if( aptr == 0 )
```

```
43            memError( ) ;
44        for( int  count = 0 ;   count < arraySize ;   count++ )
45            *( aptr + count ) = *( obj.aptr + count ) ;
46    }
47
48    // FreewillArray 类模板的析构函数
49    template  < class  T >
50    FreewillArray  < T >::~FreewillArray( )
51    {
52        if( arraySize > 0 )
53            delete [ ] aptr ;
54    }
55
56    // memError 函数。当内存分配出错时，显示错误信息，并终止程序
57    template  < class  T >
58    void  FreewillArray  < T >::memError( )
59    {
60        cout << "错误：无足够的内存空间 .\n" ;
61        exit( 0 ) ;
62    }
63
64    // subError 函数成员。当数组下标越界时，显示错误信息，并终止程序
65    template  < class  T >
66    void  FreewillArray  < T >::subError( )
67    {
68        cout << "错误：数组下标越界 \n" ;
69        exit( 0 ) ;
70    }
71
72    // 重载运算符 [ ]，函数的参数是一个下标，在正常情况下，函数返回
73    // 下标指定的数组元素的引用，否则调用 subError 函数终止程序
74    template  < class  T >
75    T  &FreewillArray  < T >::operator[ ]( const  int  &sub )
76    {
77        if( sub < 0 || sub > arraySize )
78            subError( ) ;
79
80        return  aptr[sub] ;
81    }
82
83    #endif
```

## 10.9.2 定义类模板的对象

定义类模板对象和定义一般的类对象相似，唯一的区别是：在定义类模板对象时必须指明传递给类模板的数据类型，并且将类型名放在尖括号中。例如，下面将创建两个模板类对象：intTable 和 floatTable。

```
FreewillArray  < int >     intTable( 10 ) ;
FreewillArray  < float >   floatTable( 10 );
```

在第一个定义中（即 intTable），数据类型 int 将替换参数 T 出现的任何地方，从而使 intTable 对象存储 int 类型的数组。同样，floatTable 的声明是将 float 类型传递给参数 T，从而使它存储 float 类型的数组，例 10-13 演示了这一点。

【例 10-13】 演示 FreewillArray 类模板的作用。

```
1    #include <iostream>
2    using namespace std;
```

```cpp
3    #include  "FreewillArray.h"
4
5    int  main( )
6    {
7        FreewillArray <int>   intTable(10);    // intTable 和 floatTable 都是对象
8        FreewillArray <float> floatTable(10) ;
9        int  x;
10
11       for( x = 0 ;  x < 10 ;   x++ )                // 在数组中存储值
12       {
13           intTable[x] = x ;
14           floatTable[x] = x ;
15       }
16
17       // 显示数组中的值
18       cout << "intTable 中的值是: \n\t" ;
19       for( x = 0 ;  x < 10 ;   x++ )
20           cout << intTable[x] << "  " ;
21       cout << endl ;
22
23       cout << "floatTable 中的值是: \n\t" ;
24       for( x = 0 ;  x < 10 ;   x++ )
25           cout << floatTable[x] << "  " ;
26       cout << endl ;
27
28       // 对数组元素采用内嵌 + 操作
29       for( x = 0 ;  x < 10 ;   x++ )
30       {
31           intTable[x] = intTable[x] + 1 ;
32           floatTable[x] = floatTable[x] + 1.5f ;
33       }
34
35       // 显示数组中的值
36       cout << "intTable 中的值是: \n\t" ;
37       for( x = 0 ;  x < 10 ;   x++ )
38           cout << intTable[x] << "  " ;
39       cout << endl ;
40
41       cout << "floatTable 中的值是: \n\t" ;
42       for( x = 0 ;  x < 10 ;   x++ )
43           cout << floatTable[x] << "  " ;
44       cout << endl ;
45
46       // 对数组元素采用内嵌 ++ 操作
47       for( x = 0 ;  x < 10 ;   x++ )
48       {
49           intTable[x]++ ;
50           floatTable[x]++ ;
51       }
52
53       // 显示数组中的值
54       cout << "intTable 中的值是: \n\t" ;
55       for( x = 0 ;  x < 10 ;   x++ )
56           cout << intTable[x] << "  " ;
57       cout << endl ;
58
59       cout << "floatTable 中的值是: \n\t" ;
60       for( x = 0 ;  x < 10 ;   x++ )
61           cout << floatTable[x] << "  " ;
62       cout << endl ;
63
```

```
64         return 0;
65  }
```

程序运行结果：

```
intTable 中的值是：
    0  1  2  3  4  5  6  7  8  9
floatTable 中的值是：
    0  1  2  3  4  5  6  7  8  9
intTable 中的值是：
    1  2  3  4  5  6  7  8  9  10
floatTable 中的值是：
    1.5  2.5  3.5  4.5  5.5  6.5  7.5  8.5  9.5  10.5
intTable 中的值是：
    2  3  4  5  6  7  8  9  10  11
floatTable 中的值是：
    2.5  3.5  4.5  5.5  6.5  7.5  8.5  9.5  10.5  11.5
```

**注意**：类模板比较特殊，编译器看到类模板时并不为它分配内存空间，直到定义了一个模板对象，即模板参数由编译器替换时才为其分配空间。目前，类模板声明和定义几乎总是在同一个头文件中，因为目前的许多编译器还不支持类模板的定义和实现分开。

### 10.9.3 类模板与继承

继承不但适合类，也适合类模板。以下 SearchArray 模板就继承了 FreewillArray 模板。

**SearchArray.h 文件的内容**：

```
1   #ifndef   SEARCHARRAY_H
2   #define   SEARCHARRAY_H
3   #include  "FreewillArray.h"
4
5   template  < class T >
6   class  SearchArray : public FreewillArray < T >        //类模板继承
7   {
8   public:
9       SearchArray(int s):FreewillArray < T > ( s ) {   }  //构造函数
10      SearchArray( SearchArray & ) ;                      //拷贝构造函数
11      SearchArray( FreewillArray < T > &obj) :
12  FreewillArray < T > ( obj ) {   }
13      int  findItem( T ) ;
14  } ;
15
16      //实现类模板中的 SearchArray 拷贝构造函数
17  template  < class T >
18  SearchArray<T>::SearchArray(SearchArray &obj):
19              FreewillArray <T>(obj.size( ))
20  {
21      for( int  count = 0 ;  count < this->size( ) ;  count++ )
22          this->operator[ ]( count ) = obj[count] ;
23  }
24
25      //实现类模板中的 findItem 函数
26  template  < class T >
27  int  SearchArray<T >::findItem( T item )
28  {
29      for( int  count = 0 ;  count <= this->size( ) ;  count++ )
30      {
31          if( this->operator[ ]( count ) == item )
32              return  count ;
```

```
33          }
34          return  -1 ;
35      }
36  #endif
```

上面定义了 FreewillArray 类模板的一个子类模板 SearchArray，其函数成员 findItem 接受一个参数，在数组中对此参数进行线性查找，如果找到了与参数相同的元素就返回对应元素的下标，否则返回 –1。

类模板每次使用 FreewillArray 类型时，都用到类型参数 T。例如，在声明 SearchArray 的第一行，FreewillArray 是作为基类出现的：

```
class  SearchArray: public FreewillArray  < T >
```

在下面的构造函数初始化列表中，也出现了 FreewillArray：

```
SearchArray( int  s ) : FreewillArray  < T > ( s )
```

这是因为 FreewillArray 是一个类模板，必须将类型参数 T 传递给它。例 10-14 演示了这个类的使用，它定义了两个 SearchArray 对象，然后分别查找指定的值。

【例 10-14】 演示 SearchArray 模板的应用。

```
1   #include  <iostream>
2   using namespace std;
3   #include  "SearchArray.h"
4
5   int  main( )
6   {
7       SearchArray<int >  intTable( 10 ) ;
8       SearchArray<float>  floatTable( 10 ) ;
9       int  x , result ;
10
11          //在数组中存储值
12      for( x = 0 ;   x < 10 ;   x++ )
13      {
14          intTable[x] = x +3 ;
15          floatTable[x] = x + 1.6f  ;
16      }
17
18          //显示数组中的值
19      cout << "intTable 中的值是: \n\t" ;
20      for( x = 0 ;   x < 10 ;   x++ )
21          cout << intTable[x] << "  " ;
22      cout << endl ;
23      cout << "floatTable 中的值是: \n\t" ;
24      for( x = 0 ;   x < 10 ;   x++ )
25          cout << floatTable[x] << "  " ;
26      cout << endl ;
27
28          //在数组中查找特定的值
29      cout << " 在 intTable 中找元素 6\n" ;
30      result = intTable.findItem( 6 ) ;
31      if( result == -1 )
32          cout << " 在 intTable 中没有找到元素 6\n" ;
33      else
34          cout << "\t 元素 6 的下标是:" << result << endl ;
35      cout << " 在 floatTable 中查找 9.6\n" ;
36      result = floatTable.findItem( 9.6f ) ;
37      if( -1 == result )
```

```
38              cout << "\t 在 floatTable 中没有找到 9.6\n" ;
39          else
40              cout << "\t 元素 9.6 的下标是: " << result << endl ;
41
42          return 0;
43      }
```

程序运行结果：

```
intTable 中的值是:
    3   4   5   6   7   8   9   10  11  12
floatTable 中的值是:
    1.6 2.6 3.6 4.6 5.6 6.6 7.6 8.6 9.6 10.6
在 intTable 中找元素 6
    元素 6 的下标是: 3
在 floatTable 中查找 9.6
    元素 9.6 的下标是: 8
```

**注意**：1）上面的程序证明了一个类模板可以从另一个类模板导出，实际上类模板也可以从一个普通类导出，并且普通类也可以从其他类模板导出。

2）一般来说，类模板能处理多种类型的数据。例如，上面定义的 FreewillArray 和 SearchArray 模板能处理数值类型和字符类型，但不能处理字符串类型。在此情况下必须采用特定类型的模板。

所谓特定类型的模板，就是专门为处理特殊的数据类型而设计的模板。在此情况下，要使用实际的数据类型，而不是使用类型参数。如下是 FreewillArray 的一个特定版本：

```
class FreewillArray < char * >
```

在此情况下，FreewillArray 的这个版本专门处理 char * 类型的数据。

## 思考与练习

1. 在前文中，Time.h 文件包含了一个 Time 类。设计一个 Time 类的子类 MilTime，该类能将军用时间（24 小时制，如军用时间 1630 就是实际时间 16 点 30 分）转换为标准时间格式（12 小时制）。该类具有如下数据成员：

    milHours: 存储军用时间格式的时间。例如，将 4:30PM 存储为 1630。

    milSeconds: 秒数。

此外，该类还具有如下的函数成员：

1）构造函数：该函数具有两个参数，一个参数用于接收军用时间格式（即 24 小时制）数据，另一个参数用于接收秒。该函数根据这两个参数，将它们转换为标准时间，并分别存储在 Time 类的 hours、min 和 sec 数据成员中。

2）setTime：该函数将接收的参数存储在 milHours 和 milSeconds 变量中，并将时间转换为标准时间，分别存储在 hours、min 和 sec 数据成员中。

3）getHour：返回军用时间。

4）getStandHr：返回标准时间。

当用户输入军用时间后，程序能以军用时间格式和标准时间格式显示时间。

输入数据的有效性检验：MilTime 类不能接收大于 2359 或小于 0 的时间，也不能接收大于 59 或小于 0 的秒。

2. 设计一个名为 Employee 的雇员类，它的数据成员能保存如下信息：

雇员的姓名：采用 char * 指针表示；
雇员编号：格式为 XXX-L，此处的 X 是 0 ~ 9 之间的数字，L 是 A ~ M 之间的字母；
受雇日期（自己设计）。

向该类增加构造函数、析构函数和其他相关的函数成员。构造函数能动态分配内存以存储雇员姓名，析构函数能释放不用的空间。

下面设计一个 Employee 类的子类 EmployeePay，它具有如下数据成员：

月工资：double 类型的变量表示；
部门号：整型变量表示。

编写一个完整的程序，要求用户从键盘输入雇员的信息，然后在屏幕上显示这些信息。

3. 设计一个名为 HourlyPay 的类，它是第 2 题中 EmployeePay 的子类。HourlyPay 类中的数据成员能存储如下信息：正常工作每小时的工资、超时工作每小时的工资和已经工作的小时数。编写程序，要求用户从键盘输入信息，检验程序的正确性。

输入数据的有效性检验：

1）正常工作每小时的工资：该数据不能为负数，也不能大于 50 元。
2）超时工作每小时的工资：该数据不能为负数，也不能大于 100 元。
3）工作的小时数：由于该程序是计算月薪，因此，每月工作的小时数不能大于 176 小时，也不能为负数。

4. 设计一个 TimeClock 类，该类是第 1 题中 MilTime 类的子类。该类能接收两个参数：开始时间和终止时间。该类具有一个函数成员，它能返回这两个时间的差值。例如，开始时间是 900（代表 9:00 AM），终止时间 1700（代表 5:00 PM），那么时间差就是 8 小时。

输入数据的有效性检验：该类接收的时间不能大于 2359，也不能小于 0。

5. 根据第 3、4 两题中的类编写程序，输入雇员的信息、工作开始时间和终止时间，计算一天的工资。

6. 设计一个名为 StudentInfo 的类，该类具有如下的数据成员：

学生名：char * 指针；
学号：10 个字符，采用数组表示；
专业：采用字符数组表示，如计算机专业、管理专业等。

编写适当的函数成员，能操作上述变量。注意：在构造函数中对学生名分配内存空间，在析构函数中释放空间。

另外再设计一个 Grades 类，该类是 StudentInfo 的子类，其数据成员能存储：

考试成绩：这是 double 类型的数组，具有 6 个元素；
平均成绩：上述 6 门功课的平均成绩。

编写适当的函数成员，能存储和获取上述数据成员的信息。

编程：定义一个 Grades 类的对象数组，用户输入每个对象的信息，并能正确输出每个学生的平均成绩。

**注意**：每门功课的成绩不能小于 0，也不能大于 100。

7. 定义一个抽象类 BasicShape，它具有如下成员：

私有数据成员：
　　area：double 类型变量，用于存储面积。

公有函数成员：
  getArea：返回 area 变量中的值；
  calcArea：纯虚函数。

下面定义一个 BasicShape 类的子类 Circle，它具有如下成员：

私有数据成员：
  centerX：整型变量，存储圆中心的 X 坐标；
  centerY：整型变量，存储圆中心的 Y 坐标；
  radius：double 类型变量，存储圆的半径。
公有函数成员：
  构造函数：接收初始化 centerX、centerY 和 radius 的三个参数，并且要调用下面的 calcArea 函数，以计算圆的面积；
  GetCenterX 和 GetCenterY 函数：分别返回 centerX 和 centerY 的值；
  calcArea：计算圆的面积，并将结果存储在继承所得的 area 变量中。

下面再定义一个 BasicShape 类的子类 Rectangle，它具有如下成员：

私有数据成员：
  Width 和 Length：都是 long 类型的数据成员，分别代表矩形的宽和长。
公有函数成员：
  构造函数：接收初始化 width 和 length 两个参数的值，并且要调用下面的 calcArea 函数，以计算矩形的面积；
  GetWidth 和 GetLength 函数：分别返回 width 和 length 的值；
  calcArea：计算矩形的面积，并将结果存储在继承所得的 area 变量中。

创建上述三个类，定义 Circle 对象和 Rectangle 对象。检验程序能否正确地计算各形状的面积。

8. 修改本章的类模板 SearchArray，使其能够实现二分查找，而不是本章使用的顺序查找。编写一个完整的程序测试该模板。

9. 编写具有排序功能的类模板 SortableArray，该类模板是本章给出的 FreewillArray 类模板的子类。SortableArray 具有一个函数成员，实现对数组元素的升序排列（自己选择排序算法，如选择排序）。编写一个完整的程序测试该模板。

# 第 11 章 异常处理

我们所编写的程序，不仅要保证其正确性，而且要保证其具有一定的容错能力。也就是说，不仅在正确的操作条件下运行正确，而且在出现意外的情况下，也应该能有合理的正确表现，不能出现灾难性的后果（如数据丢失）。所以在进行程序设计时要考虑到各种意外的情况，并给予恰当的处理。

## 11.1 异常

异常就是在程序执行期间的突发性事件。异常与错误不同，错误的处理比较直接，可以通过编译系统处理。有些错误可以采用 if 语句或其他控制语句处理，例如下面的程序片段可以处理 0 做除数的问题：

```
1    if( divisor == 0 )
2        cout << "错误: 0 做除数 \n" ;
3    else
4        quotient = dividend / divisor ;
```

但是如果上述代码位于函数中，那么函数的返回值是多少？考虑如下函数：

```
1    float  divide( int  dividend , int  divisor )
2    {
3        if( divisor == 0 )
4        {
5            cout << "错误: 0 做除数 \n" ;
6            return  0 ;
7        } else
8            return  float ( dividend ) / divisor ;
9    }
```

通常，标识错误条件采用一个预先定义的值。显然，上述函数在 0 做除数的情况下返回 0，并不是一个可信的结果，因为 0 是一个有效的除操作结果。即使上述函数显示了一个错误信息，但调用该函数的程序段并不知道已经出现了错误，仍然会继续执行，像上述问题就需要一种有效的错误处理技术。

### 11.1.1 抛出异常

处理上述问题可以采用异常，异常是一个代表出错的值或对象，当出现错误时，就抛出异常。修改上述示例，采用异常处理上述问题：

```
1    float  divide( int  dividend , int  divisor )
2    {
3        if( divisor == 0 )
4            throw  "错误: 0 做除数 \n" ;
5        else
6            return  float ( dividend ) / divisor ;
7    }
```

修改后的函数采用下面这个语句抛出异常：

```
throw  "错误: 0 做除数 \n" ;
```

其中 throw 是一个关键字，它后面是一个参数，该参数可以是任意一种类型的值，用于确定错误的特性，将在后面讲述。上述函数仅仅抛出一个包含错误信息的字符串。

**注意**：throw 语句的所在行称为异常抛出点。当程序执行 throw 语句时，函数将终止执行，程序流程将转向异常处理部分。

### 11.1.2 处理异常

处理异常必须采用 try/catch 语句，就像 switch/case 一样，它们不能单独使用，必须成对出现，它们的一般形式如下：

```
1    try {
2         //可能出现异常的程序代码
3    }
4    catch( exception  param1 )
5    {
6         //处理异常类型 1 的代码
7    }
8    catch( exception  param2 )
9    {
10        //处理异常类型 2 的代码
11   }
12   //异常处理结束后，继续执行的代码
```

上述语句的第 1 ~ 3 行是 try 语句。其中 try 是关键字，第 2 行代表了一段语句代码，这些代码有可能会直接抛出异常或间接抛出异常。try 语句块后面是一个或多个 catch 语句，它（们）用于处理异常，如第 4 ~ 7 行、第 8 ~ 11 行，catch 关键字的后面是一对包含异常参数的括号。例如，下面的 try/catch 结构可以用于处理 0 做除数问题：

```
1    try{
2        quotient = divide( num1 , num2 ) ;
3        cout << " 商是: "<< quotient << endl ;
4    }
5    catch( char  *exceptionString )
6    {
7        cout << exceptionString ;
8    }
```

既然 divide 函数抛出一个异常，并且异常的值是一个字符串，那么就必须有一个 catch 语句捕捉该异常，并进行异常处理。上述 catch 语句捕捉了由参数 exceptionString 携带的异常，采用 cout 显示异常信息。下面分析 throw、try 和 catch 语句是如何协同工作的。例 11-1 在第一次运行时给它输入有效的数据，从程序运行结果可见，程序没有显示错误信息；在第二次运行时，将除数设置为 0，程序显示了异常信息。

【**例 11-1**】异常处理基本编程举例。

```
1    #include  <iostream>
2    using namespace std;
3
4    float  divide( int , int ) ;                //函数原型
5
6    int  main( )
7    {
8        int  num1 , num2 ;
```

```
 9          float   quotient ;
10
11          cout << "输入两个整数: " ;
12          cin >> num1 >> num2 ;
13          try{
14              quotient = divide( num1 , num2 ) ;
15              cout << "商是: " << quotient << endl ;
16          }
17          catch( char  *exceptionString )
18          {
19              cout << exceptionString ;
20          }
21          cout << "程序结束 \n" ;              // 异常处理结束后执行的第一条语句
22
23          return 0;
24      }
25
26      float  divide( int  dividend , int  divisor )
27      {
28          if( divisor == 0 )
29              throw   "错误: 0做除数 \n" ;
30          else
31              return  float ( dividend ) / divisor ;
32      }
```

**程序运行结果（第一次）：**

```
输入两个整数: 12   2 [Enter]
商是: 6
程序结束
```

**程序运行结果（第二次）：**

```
输入两个整数: 12   0 [Enter]
错误: 0 做除数
程序结束
```

在第二个输出结果中，由于出现了异常，从而使流程跳出 divide 函数，进入 catch 语句。在 catch 语句执行结束以后，从 try/catch 语句后面的第一条语句恢复执行，本例是执行 cout <<"程序结束 \n"; 语句。

**注意**：异常处理也有可能会失败，原因有两个：一是 try 语句块中实际产生的异常，与 catch 语句圆括号指定要捕捉的异常类型不匹配；二是 try 语句块的范围太小，在 try 语句之前就已经产生了异常，那么后面的 try 语句块将不再执行。无论出现上述情况的哪一种，整个程序都将终止。

## 11.2 基于对象的异常处理

上面的举例都是基本类型的异常处理，此外 C++ 还支持面向对象的异常处理，下面举例说明面向对象的异常处理方法，首先看一个 intRange 类：

**intRange.h 文件的内容：**

```
1   #ifndef  INTRANGE_H
2   #define  INTRANGE_H
3   #include  <iostream>
4   using namespace std;
```

```
5
6      class   intRange
7      {
8      public:
9          class   OutOfRange {          };           // 这是一个内隐类：该类中没有定义任何成员
10         intRange( int   low , int   high )          // 函数成员
11         {
12             lower = low ;
13             upper = high ;
14         }
15         int   getInput(  )
16         {
17             cin >> input ;
18             if( input < lower || input > upper )
19                 throw   OutOfRange( ) ;
20             return   input ;
21         }
22     private:
23         int   input ;                              // 用户输入的数据
24         int   lower ;                              // 输入数据的下限
25         int   upper ;                              // 输入数据的上限
26     } ;
27     #endif
```

intRange 类采用函数 getInput 输入一个整型值，并判断这个值是否位于数据成员 lower 和 upper 之间，其中 lower 和 upper 是通过构造函数进行初始化的，如果输入值小于 lower 或大于 upper，那么将抛出一个异常，以表明该值超出了指定的范围，否则 getInput 函数将返回该值。另外要注意的是：函数 getInput 抛出的是一个对象，而不是一个字符串，也不是一个其他基本类型的值。

**注意**：在 intRange 类的 public 部分定义一个类 OutOfRange，它是一个内隐类，也称为嵌套类。C++ 2.1 以前的版本不支持这种类。内隐类的作用域就是封装它的那个类，类 OutOfRange 的作用域就是 intRange 类，一旦超出该范围，内隐类将失效。

OutOfRange 类中没有定义任何成员，也没有定义该类型的对象。该类唯一重要的地方是其名字，使用这个名字处理异常，看 getInput 函数中的 if 语句：

```
if( input < lower || input > upper )
    throw   OutOfRange( ) ;
```

throw 语句的后面是调用构造函数 OutOfRange()，这将产生一个 OutOfRange 类对象，并将该对象作为一个异常抛出，例 11-2 给出该类的应用。

【例 11-2】 内隐类在异常处理中的作用。

```
1      #include   <iostream>
2      using namespace std;
3      #include   "intRange.h"
4
5      int   main(  )
6      {
7          intRange   range( 5 , 10 ) ;
8          int   userValue ;
9
10         cout << " 输入一个 5-10 之间的值: " ;
11         try   {
12             userValue = range.getInput( ) ;
13             cout << " 输入的是 " << userValue << endl ;
14         }
```

```
15         catch( intRange :: OutOfRange )
16         {
17                 cout << "输入值越界\n" ;
18         }
19         cout << "程序结束\n" ;
20
21         return 0;
22  }
```

程序运行结果：

输入一个 5 - 10 之间的值: 12 [**Enter**]
输入值越界
程序结束

在上述程序的 catch 语句中，处理异常的是程序的第 15 ~ 17 行，第 15 行的 catch 中出现的参数是一个异常类型，这是因为本例没有必要定义一个具体的参数，catch 语句所需要的仅仅是一个异常对象的类型。

由于 OutOfRange 类定义在 intRange 类内部，那么它的名字就必须通过作用域分辨符进行指定。

## 11.3 捕捉多种类型的异常

例 11-1 和例 11-2 都只是处理一个异常，但在许多情况下，程序需要处理多种不同类型的异常。C++ 在处理多种类型的异常时，要求这些异常对象必须属于不同类型，并且对每种类型的异常都要编写一段对应的 catch 代码。

继续扩展 intRange 类，使得它能够处理低于 low 的输入值，同样也能处理高于 high 的输入值。首先声明两个不同类型的异常类，它们都是内隐类：

```
class  tooLow {} ;
class  tooHigh{} ;
```

当用户的输入值低于 low 时，将抛出一个 tooLow 类型的异常对象，同样当输入值高于 high 时，将抛出一个 tooHigh 类型的异常对象。下面修改 getInput 函数成员，使它能够处理这两种类型的异常：

```
if( input < lower )
    throw  tooLow( ) ;
else  if( input > upper )
    throw  tooHigh( ) ;
```

将整个修改后的类命名为 intRange2，定义如下：

**intRange2.h 的内容：**

```
1   #ifndef   INTRANGE2_H
2   #define   INTRANGE2_H
3   class  intRange2
4   {
5   public:
6            //异常类
7        class  tooLow { } ;
8        class  tooHigh{ } ;
9            //函数成员
10       intRange2( int  low, int  high ){ lower = low;  upper = high; }
```

```
11      int  getInput( )
12      {
13          cin >> input ;
14          if( input < lower )
15              throw tooLow( ) ;
16          else if( input > upper )
17              throw tooHigh( ) ;
18
19          return input ;
20      }
21   private:
22      int  input ;                              // 用户输入的数据
23      int  lower ;                              // 输入数据的下限
24      int  upper ;                              // 输入数据的上限
25   } ;
26   #endif
```

【例 11-3】 验证 intRange2.h 类。

```
1    #include <iostream>
2    using namespace std;
3    #include "intRange2.h"
4
5    int main( )
6    {
7        intRange2 range( 5 , 10 ) ;
8        int userValue ;
9
10       cout << "输入一个 5-10 之间的值:" ;
11       try {
12           userValue = range.getInput( ) ;
13           cout << "输入的是 " << userValue << endl ;
14       }
15       catch( intRange2 :: tooLow )
16       {
17           cout << "输入值小于下限 \n" ;
18       }
19       catch( intRange2 :: tooHigh )
20       {
21           cout << "输入值大于上限 \n" ;
22       }
23       cout << "程序结束 \n" ;
24
25       return 0 ;
26   }
```

程序运行结果 (第一次):

输入一个 5 - 10 之间的值: 4 [**Enter**]
输入值小于下限
程序结束

程序运行结果 (第二次):

输入一个 5 - 10 之间的值: 12 [**Enter**]
输入值大于上限
程序结束

当程序第一次运行时，输入 "4"，执行了第 15 行的 catch 语句；当程序第二次运行时，输入 "12"，执行了第 19 行的 catch 语句。

## 11.4 通过异常对象获取异常信息

可以通过异常对象将异常信息传递给异常处理者。例如，希望 intRange 类不仅在输入值无效时能发出异常信号，并且还能将这个无效值传递给调用者。实现这个功能的方法是在异常类中增加一个数据成员，以存储输入值。

下面继续修改 intRange 类，将其定义为 intRange3，在该类中增加一个数据成员和一个构造函数：

```
1   class  OutOfRange                         //异常类
2   {
3   public:
4       int  value ;
5       OutOfRange( int  i )  {  value = i ; }
6   } ;
```

当抛出异常时，将用户输入值传给 OutOfRange 的构造函数，通过下列的语句实现：

```
throw  OutOfRange( input ) ;
```

上述语句创建一个 OutOfRange 类的异常对象，并且将输入变量的值传递给构造函数，构造函数就将该值存储在异常对象的数据成员 value 中，这样，OutOfRange 类的实例就携带了用户的输入值，从而可以在 catch 块中捕捉异常信息。

```
1   catch( intRange3 :: OutOfRange  ex )       //通过异常对象获取异常信息
2   {
3       cout << "输入值 " << ex.value << " 越界 \n" ;
4   }
```

上述 catch 语句定义了参数对象 ex，这一点是必不可少的，因为需要获取异常对象的数据成员，例 11-4 验证了这个类。

**intRange3.h 的内容：**

```
1   #ifndef   INTRANGE3_H
2   #define   INTRANGE3_H
3   class  intRange3
4   {
5   public:
6            //异常类，该类是一个内隐类
7       class  OutOfRange
8       {
9       public:
10          int  value ;
11          OutOfRange( int  i )  {  value = i ; }
12      } ;
13           //函数成员
14      intRange3( int  low , int  high ){ lower = low; upper = high; }
15      int  getInput( )
16      {
17          cin >> input ;
18          if( input < lower || input > upper )
19              throw  OutOfRange( input ) ;
20
21          return  input ;
22      }
23  private:
24      int  input ;                              //用户输入的数据
```

```
25        int   lower ;                        // 输入数据的下限
26        int   upper ;                        // 输入数据的上限
27    };
28    #endif
```

**【例 11-4】** 基于对象的异常处理。

```
1   #include  <iostream>
2   using namespace std;
3   #include  "intRange3.h"
4
5   int  main( )
6   {
7        intRange3   range( 5 , 10 ) ;
8        int   userValue ;
9
10       cout << "输入一个 5-10 之间的值: " ;
11       try  {
12            userValue = range.getInput( ) ;
13            cout << "输入的是 " << userValue << endl ;
14       }
15       catch( intRange3 :: OutOfRange  ex )
16       {
17            cout << "输入值 " << ex.value << " 越界 \n" ;
18       }
19
20       cout << "程序结束 \n" ;
21
22       return 0;
23   }
```

程序运行结果：

```
输入一个 5 - 10 之间的值: 12 [Enter]
输入值 12 越界
程序结束
```

**注意：**

1）一旦程序抛出异常，即使在异常处理以后，程序也不能回到原来的抛出点继续执行，这是因为 C++ 采用的是不可恢复的异常处理模型。

2）一旦程序抛出异常，执行 throw 语句的函数将立即停止执行。如果该函数被另外一个函数调用，那么调用者函数也将停止执行，其他依此类推。

3）如果对象的函数成员抛出了异常，那么将立即对该对象调用析构函数。

4）如果在抛出异常的 try 块中创建对象，并且这些对象还未来得及析构，那么将对这些对象立即调用析构函数。

## 11.5 再次抛出异常

有时，在一个 try/catch 语句中对异常处理得不充分，可以将该异常对象提交给调用者函数进行再次处理，首先分析下面的 try/catch 程序段：

```
1   try {
2        doSomething( ) ;
3   }
4   catch( exception1 )
```

```
5   {
6       // 处理 exception1 的代码
7   }
8   catch( exception2 )
9   {
10      // 处理 exception2 的代码
11  }
```

程序段的 try 块调用了第 2 行的 doSomething 函数，并且有两个 catch 块，一个处理 exception1 类型的异常，另外一个处理 exception2 类型的异常。如果 doSomething 函数也有 try/catch，那么就说这是一种 try/catch 的嵌套。

嵌套的 try 块适合处理内部的异常处理者传递给外部的异常处理者的异常对象。有时，内部块和外部块都必须完成特定的异常处理操作。在此情况下，要求内部的 catch 块将异常重新抛给外部的 catch 块，以便进行再次处理。

采用 throw 语句，catch 块能够将自己处理后的异常再次抛出。假设 doSomething 函数（注意下面程序的 throw 块）调用了 doSomethingElse 函数，而 doSomethingElse 函数可能要抛出 exception1 或 exception3。假设 doSomething 不能处理 exception1，那么在此情况下，它将该异常对象抛给了外部的 try 块，下面的代码说明了这一点。

```
1   try{
2       doSomethingElse( ) ;
3   }
4   catch( exception1 )
5   {
6       throw ;                              // 再次抛出异常
7   }
8   catch( exception3 )
9   {
10      // 处理 exception 3 的代码
11  }
```

当第一个 catch 块（第 4 行）捕捉到 exception1 时，throw 语句简单地将该异常再次抛出，外部的 catch 块将处理该异常。

## 思考与练习

1. Date 类异常。修改第 8 章习题中的第 1 题 Date 类，实现如下的异常处理功能：

   InvalidDay：当传递给类的日期小于 1 或大于 31 时，抛出这种类型的异常。
   InvalidMonth：当传递给类的月份小于 1 或大于 12 时，抛出这种类型的异常。

   为上述异常处理功能编写完整的程序进行测试。

2. 时间格式类异常。修改第 10 章习题中的第 1 题 MilTime 类，实现的功能如下：

   BadHour：当传递给类的小时数小于 0 或大于 2359 时，就抛出这种类型的异常。
   BadSeconds：当传递给类的秒数小于 0 或大于 59 时，就抛出这种类型的异常。

   为上述异常处理功能编写完整的程序进行测试。

# 第 12 章　数据库程序设计

数据库（database）是按照一定的数据结构来组织、存储和管理数据的仓库。数据库有多种模型，如关系模型、面向对象模型和网状模型等。本章主要介绍通过 Microsoft Studio 2015 编程操作 MySQL 8.0 数据库的方法。读者通过本章的学习要了解 SQL 常用操作，掌握通过 C++ 连接并使用 MySQL 数据库的方法，最终学会采用 C++ 进行数据库编程，为读者进行课程设计以及后继课程（如数据结构、数据库等）的学习打下坚实的基础。

## 12.1　数据库简介

关系数据库是目前各类数据库中最重要、应用最为广泛的数据库。关系数据库建立在集合代数基础上，应用数学方法来处理数据库中的数据。现实世界中的各种实体以及实体之间的各种联系均可用关系模型表示。MySQL 是最流行的关系数据库之一，由瑞典 MySQL AB 公司开发，目前属于 Oracle 公司旗下产品。MySQL 是一个开源的关系型数据库管理系统，分为社区版和企业版，因为其体积小、速度快、总体拥有成本低而被个人用户以及中小企业所青睐。关系型数据库以表为单位组织数据，表是由行和列组成的一个二维表格。如表 12-1 所示为存放学生信息的一个样例表。

表 12-1　students 表的内容

| no | name | gender | score | no | name | gender | score |
| --- | --- | --- | --- | --- | --- | --- | --- |
| 2001 | 貂蝉 | 女 | 85 | 2003 | 张飞 | 男 | 75 |
| 2002 | 赵云 | 男 | 95 | 2004 | 周瑜 | 男 | 98 |

表由结构和记录两部分组成，表结构对应表头，其包含列名、数据类型和数据长度等信息。在数据库中，列也称为字段。如表 12-2 所示为学生信息表的结构。

表 12-2　students 表结构

| 字段名 | 类型 | 字段宽度 | 字段名 | 类型 | 字段宽度 |
| --- | --- | --- | --- | --- | --- |
| no | 文本 | 4 | gender | 文本 | 2 |
| name | 文本 | 8 | score | 数字 | 浮点类型 |

目前大型数据库多采用基于浏览器和服务器（Browser/Server，简称 B/S 结构）的架构，B/S 结构最大的优点就是可以在任何地方进行操作而不用安装任何专门的软件。C++ 属于面向对象型语言以及具备运行速度快等特点，这使其成为最具吸引力的后台开发工具之一。

## 12.2　SQL 语句

SQL（Structured Query Language，结构化查询语言）是所有关系数据库支持的一种编程语言，可用于存取、查询、更新和管理数据库系统。在 C++ 中对数据库的操作是通过 SQL 语句实现的。下面介绍编程中常用的 SQL 语句。

## 12.2.1 定义表

CREATE TABLE 语句用于创建数据库中的表。CREATE TABLE 语法如下：

CREATE TABLE 表名称 ( 列名称 1 数据类型， 列名称 2 数据类型， 列名称 3 数据类型，…)

下面给出一个 CREATE TABLE 实例。本例演示了如何创建名为"students"的表。该表包含 5 个列，列名分别是：no、name、gender 和 score。

```
CREATE TABLE students(
    no char(4) not null,
    name char(8),
    gender char(2),
    score float,
)
```

其中，no 列的数据类型是 char(4)，属主键，不可为空。name 和 gender 两列的类型也是字符类型，score 列属于浮点类型。

## 12.2.2 查询

SELECT 语句用于从表中查询数据。查询结果存储在一个临时表中，也称为结果集。SELECT 语法如下：

SELECT 列名 FROM 表名称 [ WHERE  条件 ]
SELECT * FROM 表名称 [ WHERE  条件 ]

SQL 语句对大小写不敏感，如 SELECT 完全等价于 select，但我们一般将 SQL 中的命令写成大写，而将用户定义的标识符写成小写，这是一个写程序时不成文的约定。例如，我们要从名为"students"的数据表中获取那些成绩大于 80 分的学生的姓名和性别，可使用这样的 SELECT 语句：

```
SELECT   name , gender
FROM     students
WHERE    score > 80
```

## 12.2.3 插入

INSERT INTO 语句用于向表格中插入新行，语法如下：

INSERT INTO 表名称 VALUES （值 1，值 2，…）

也可以同时指定要插入列的数据。

INSERT INTO table_name （列 1，列 2，…） VALUES （值 1，值 2，…）

例如，向表中插入一行。

INSERT INTO students   VALUES ( "2008", "Bill", " 男 ",96 )

## 12.2.4 删除

DELETE 语句用于删除表中的行，语法如下：

DELETE FROM 表名称 WHERE 条件

例如，删除 name 为"Bill"的学生。

```
DELETE FROM students WHERE name = "Bill"
```

如果要删除表中所有的记录，可以进行如下操作，这意味着表的结构没有任何变化：

```
DELETE FROM table_name        或者        DELETE * FROM table_name
```

### 12.2.5 修改

UPDATE 语句用于修改表中的数据，语法格式如下：

```
UPDATE 表名 SET 列名1 = 值1, 列名2 = 值2, WHERE 条件
```

将满足条件的记录中列名 1 对应列中的值用值 1 替换，列名 2 对应列中的值用值 2 替换，其他以此类推。例如，将 no 为 "2001" 的学生的 name 修改为 "曹操"，score 修改为 98，性别改为 "男"。

```
UPDATE students SET score =99,name = "曹操",gender = "男"  WHERE no = "2001"
```

## 12.3 数据库连接

### 12.3.1 创建数据表

我们打开 MySQL 8.0 Command Line Client，首先输入密码来登录账户。登录成功后便可以开始使用 SQL 语句进行操作。我们首先查看当前用户权限范围以内的数据库，语法如下：

```
SHOW DATABASES;
```

一般可以看到 information_schema、mysql、performance_schema、sakila、sys、world 等数据库。我们选择使用 mysql，语法如下：

```
USE mysql
```

在该数据库下通过 SQL 语句创建 students 数据表，相关语句如下：

```
CREATE TABLE students(
    no char(4) not null,
    name char(8),
    gender char(2),
    score float,
);
INSERT INTO students  VALUES ( "2001", "貂蝉", "女",85 );
INSERT INTO students  VALUES ( "2002", "赵云", "男",95 );
INSERT INTO students  VALUES ( "2003", "张飞", "男",75 );
INSERT INTO students  VALUES ( "2004", "周瑜", "男",98 );
```

### 12.3.2 配置 Visual Studio 2015 相关环境

然后我们打开 Visual Studio 2015，创建一个 Visual C++ 下的空白 Win 32 控制台应用程序，并在源文件目录下添加 main.cpp，如图 12-1 所示。

然后将上方的解决方案平台设为 x64，如图 12-2 所示。

接着右键项目，在下拉菜单中选择 "属性"，如图 12-3 所示。

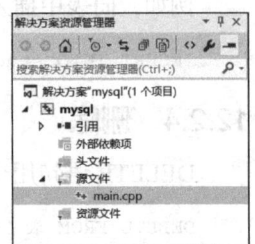

图 12-1　添加源文件

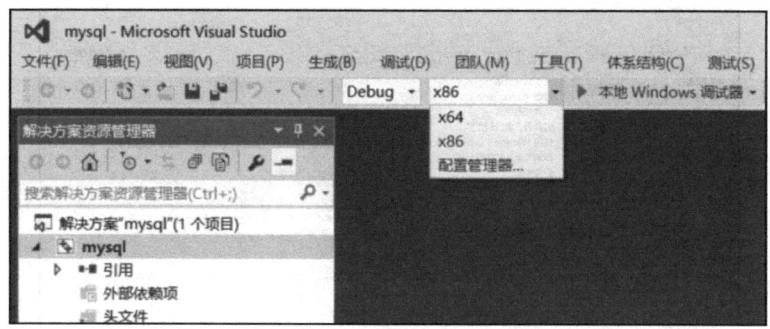

图 12-2　设置解决方案平台

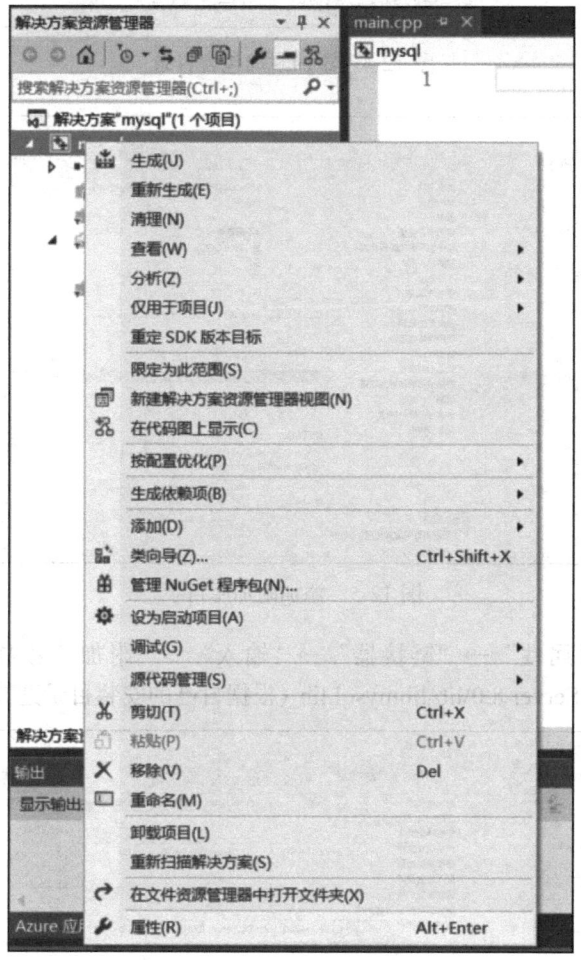

图 12-3　设置项目属性

在项目的属性页中，依次选择"配置属性"→"C/C++"→"常规"→"附加包含目录"，添加 C:\Program Files\MySQL\MySQL Server 8.0\include(根据自己的安装目录选择)，如图 12-4 所示。

依次选择"配置属性"→"链接器"→"常规"→"附加库目录"。添加 C:\Program Files\MySQL\MySQL Server 8.0\lib（根据自己的安装目录选择），如图 12-5 所示。

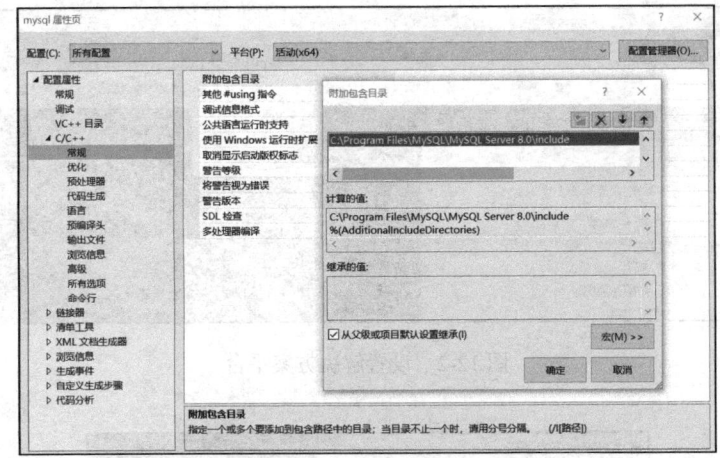

图 12-4　添加附加包含目录

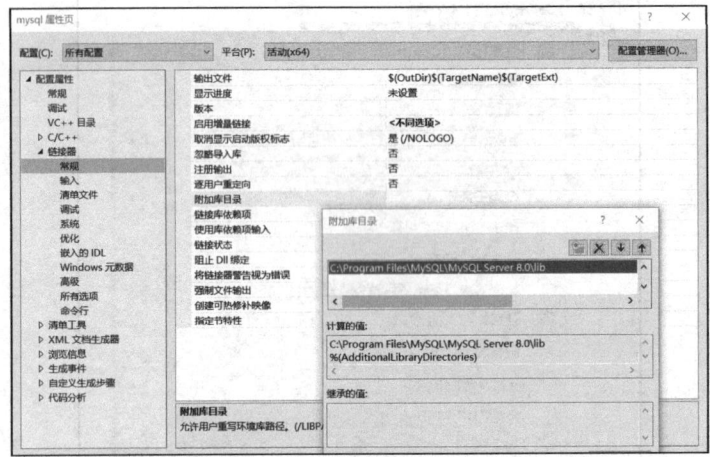

图 12-5　添加附加库目录

依次选择"配置属性"→"链接器"→"输入"→"附加依赖项"。添加 C:\Program Files\MySQL\MySQL Server 8.0\lib\libmysql.lib（根据自己的安装目录选择），如图 12-6 所示。

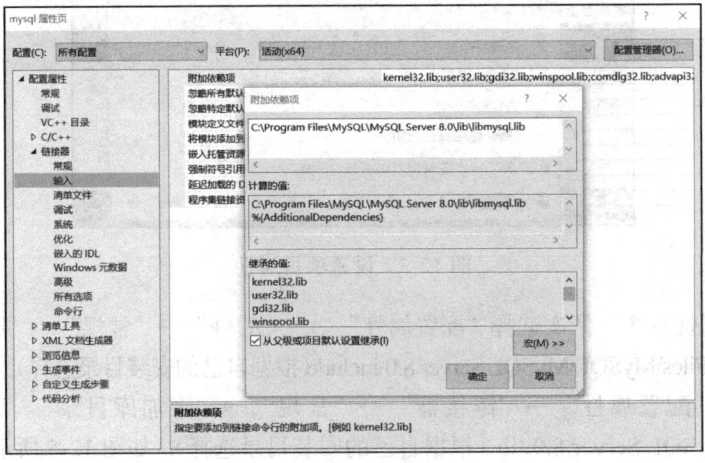

图 12-6　添加附加依赖项

最后将动态链接库中的 libmysql.dll 复制到和 main.cpp 相同的目录下。该动态链接库文件在 C:\Program Files\MySQL\MySQL Server 8.0\lib\ 目录下，如图 12-7 所示。

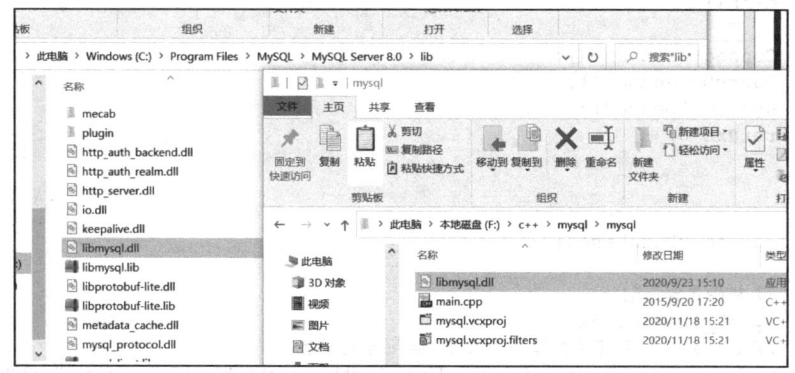

图 12-7　添加动态链接库文件

至此，Visual Studio 2015 与 MySQL 8.0 数据库的连接操作已经完成。

## 12.4　数据库编程中的基本操作

### 12.4.1　数据库编程的基本过程

数据库编程的基本过程如下：

1）用头文件 mysql.h 中提供的接口建立数据库连接。

2）执行 SQL 语句。

3）处理执行结果。

4）释放数据库连接。

我们下面将通过实例给出数据库编程的方法。

### 12.4.2　数据库查询

前面我们已经在 MySQL 数据库中建立了 students 表。我们采用 MySQL 的 C++ API 方式访问它，显示表中所有学生的 no（编号）、name（姓名）、gender（性别）和 score（成绩）。

【例 12-1】　显示 MySQL 数据库中 students 表的所有学生的所有信息。

```
1   #define _CRT_SECURE_NO_WARNINGS
2   #include<iostream>
3   #include<Windows.h>
4   #include<WinSock.h>
5   #include<mysql.h>
6   #include<string.h>
7   using namespace std;
8   #pragma comment(lib,"libmysql.lib")
9   #pragma comment(lib,"wsock32.lib")
10  MYSQL *mysql = new MYSQL;   //mysql 连接
11  MYSQL_FIELD *fd;            // 字段列数组
12  char field[32][32];         // 存字段名二维数组
13  MYSQL_RES *res;     // 这个结构代表返回行的一个查询结果集
14  MYSQL_ROW column;   // 一个行数据的类型安全 (type-safe) 的表示,表示数据行的列
15  char query[150];    // 查询语句
16
```

```cpp
17  bool ConnectDatabase();
18  bool QueryDatabase1();
19
20  int main()
21  {
22      ConnectDatabase();
23      QueryDatabase1();
24      system("pause");
25      return 0;
26  }
27
28
29  bool ConnectDatabase()
30  {
31      // 初始化mysql
32      mysql_init(mysql);
33      // 返回false则连接失败，返回true则连接成功
34      if(!(mysql_real_connect(mysql, "localhost", "root","112358", "mysql",3306, NULL, 0)))
35      {
36          cout<<"Error connecting to database\n";
37          return false;
38      }
39
40      else
41      {
42          cout<<" 数据库连接成功 \n";
43          return true;
44      }
45  }
46
47
48  bool QueryDatabase1()
49  {
50      strcpy(query, "select * from students");   // 执行查询语句
51      mysql_query(mysql,"set names gbk");        // 设置编码格式
52
53      // 返回0则查询成功，返回1则查询失败
54      if (mysql_query(mysql, query))             // 执行SQL语句
55      {
56          cout<<" 查询失败 \n";
57          return false;
58      }
59      else
60      {
61          cout<<" 查询成功 \n";
62      }
63      if (!(res = mysql_store_result(mysql)))    // 获得sql语句结束后返回的结果集
64      {
65          cout<<"Couldn't get result\n";
66          return false;
67      }
68
69      // 打印数据行数
70      cout<<"number of dataline returned:"<<mysql_affected_rows(mysql)<<endl;
71
72      // 获取字段的信息
73      char *str_field[32];                       // 定义一个字符串数组存储字段信息
74      for (int i = 0; i < 4; i++)                // 在已知字段数量的情况下获取字段名
75      {
76          str_field[i] = mysql_fetch_field(res)->name;
77      }
```

```
78      for (int i = 0; i < 4; i++)              // 打印字段
79          cout<<str_field[i]<<"\t";
80      cout<<endl;
81      // 打印获取的数据
82      while (column = mysql_fetch_row(res))     // 获取并打印下一行
83      {
84          cout<<column[0]<<"\t"<<column[1] <<"\t"<<column[2] <<"\t"<<column[3] <<"\n";
85      }
86      cout<<"\n--------------------------------\n";
87      return true;
88  }
```

程序运行结果：

```
       编号    姓名    性别    分数
1:     2001    貂蝉    女      85.0
2:     2002    赵云    男      95.0
3:     2003    张飞    男      75.0
4:     2004    周瑜    男      98.0
```

程序解析：程序首先使用 mysql_init() 初始化连接，然后使用 mysql_real_connect() 输入相关参数并建立连接。接着使用 mysql_query() 执行 SQL 语句，最后用 mysql_store_result() 获取查询结果集。输入部分通过循环的方式依次显示每条记录，分别用 mysql_affected_rows()、mysql_fetch_field()、mysql_fetch_rows() 获取行数、字段名以及每行的数据。

### 12.4.3 插入记录

【例 12-2】 向数据库 mysql 中的 students 表插入一条记录，其数据为 "2005, '刘备', '男', 90"。

```
1   #define _CRT_SECURE_NO_WARNINGS
2   #include<iostream>
3   #include<Windows.h>
4   #include<WinSock.h>
5   #include<mysql.h>
6   #include<string.h>
7   using namespace std;
8   #pragma comment(lib,"libmysql.lib")
9   #pragma comment(lib,"wsock32.lib")
10  MYSQL *mysql = new MYSQL;  //mysql 连接
11  MYSQL_FIELD *fd;           // 字段列数组
12  char field[32][32];        // 存字段名二维数组
13  MYSQL_RES *res;            // 这个结构代表返回行的一个查询结果集
14  MYSQL_ROW column;          // 一个行数据的类型安全(type-safe)的表示，表示数据行的列
15  char query[150];           // 查询语句
16
17  bool ConnectDatabase();
18  bool QueryDatabase1();
19  bool InsertDatabase();
20
21  int main()
22  {
23      ConnectDatabase();
24      InsertDatabase();
25      QueryDatabase1();
26      system("pause");
27      return 0;
28  }
29  bool ConnectDatabase()
```

```cpp
30  {
31      // 初始化mysql
32      mysql_init(mysql);
33      // 返回false则连接失败,返回true则连接成功
34      if (!(mysql_real_connect(mysql,"localhost","root","112358","mysql",3306,NULL,0)))
35      {
36          cout<<"Error connecting to database\n";
37          return false;
38      }
39      else
40      {
41          cout<<" 数据库连接成功 \n";
42          return true;
43      }
44  }
45
46
47  bool QueryDatabase1()
48  {
49      strcpy(query, "select * from students");    // 执行查询语句
50      mysql_query(mysql, "set names gbk");        // 设置编码格式
51      // 返回0则查询成功,返回1则查询失败
52      if (mysql_query(mysql, query))              // 执行SQL语句
53      {
54          cout<<" 查询失败 \n";
55          return false;
56      }
57      else
58      {
59          cout<<" 查询成功 \n";
60      }
61      if (!(res = mysql_store_result(mysql)))     // 获得sql语句结果集
62      {
63          cout<<"Couldn't get result\n";
64          return false;
65      }
66
67      // 打印数据行数
68      cout<<"number of dataline returned:"<<mysql_affected_rows(mysql)<<endl;
69
70      // 获取字段的信息
71      char *str_field[32];                        // 定义一个字符串数组存储字段信息
72      for (int i = 0; i < 4; i++)                 // 在已知字段数量的情况下获取字段名
73      {
74          str_field[i] = mysql_fetch_field(res)->name;
75      }
76      for (int i = 0; i < 4; i++)                 // 打印字段
77          cout<<str_field[i]<<"\t";
78      cout<<endl;
79      // 打印获取的数据
80      while (column = mysql_fetch_row(res))
81      {
82          cout<<column[0] <<"\t"<<column[1] <<"\t"<<column[2] <"\t"<<column[3] <<"\n";
83      }
84      cout<<"\n-------------------------\n";
85      return true;
86  }
87
88  bool InsertDatabase()
89  {
90      cout<<" 测试插入数据 \n";
```

```cpp
91      strcpy(query, "insert into students values (2005, '刘备', '男', 90)");
92      mysql_query(mysql, "set names gbk");        // 设置编码格式
93      //返回0则插入成功,返回1则插入失败
94      if (mysql_query(mysql, query))              // 执行SQL语句
95      {
96          cout<<"插入失败 \n";
97          return false;
98      }
99      else
100     {
101         cout<<"插入成功 \n";
102         return true;
103     }
104 }
```

程序运行结果:

```
    编号    姓名    性别    分数
1:  2001    貂蝉     女     85.0
2:  2002    赵云     男     95.0
3:  2003    张飞     男     75.0
4:  2004    周瑜     男     98.0
5:  2005    刘备     男     90.0
```

程序解析:通过 strcpy (query, "insert into students values (2005, '刘备', '男', 90)") 以及 mysql_query(mysql, query),将插入记录的 SQL 语句存入字符串并通过相应 API 执行。最后复用 12.4.2 节中的代码显示结果。

### 12.4.4 修改记录

【例 12-3】 修改 students 表中 no 为"2005"的记录,将其 score 值改为 100。

```cpp
1   #define _CRT_SECURE_NO_WARNINGS
2   #include<iostream>
3   #include<Windows.h>
4   #include<WinSock.h>
5   #include<mysql.h>
6   #include<string.h>
7   using namespace std;
8   #pragma comment(lib,"libmysql.lib")
9   #pragma comment(lib,"wsock32.lib")
10  MYSQL *mysql = new MYSQL; //mysql 连接
11  MYSQL_FIELD *fd;          // 字段列数组
12  char field[32][32];       // 存字段名二维数组
13  MYSQL_RES *res;           // 这个结构代表返回行的一个查询结果集
14  MYSQL_ROW column;         // 一个行数据的类型安全(type-safe)的表示,表示数据行的列
15  char query[150];          // 查询语句
16
17  bool ConnectDatabase();
18  bool QueryDatabase1();
19  bool UpdateDatabase();
20
21  int main()
22  {
23      ConnectDatabase();
24      UpdateDatabase();
25      QueryDatabase1();
26      system("pause");
27      return 0;
28  }
29
```

```cpp
30
31  bool ConnectDatabase()
32  {
33      // 初始化mysql
34      mysql_init(mysql);
35      // 返回false则连接失败，返回true则连接成功
36      if(!(mysql_real_connect(mysql,"localhost","root","112358","mysql",3306,NULL,0)))
37      {
38          cout<<"Error connecting to database\n";
39          return false;
40      }
41      else
42      {
43          cout<<" 数据库连接成功 \n";
44          return true;
45      }
46  }
47
48
49  bool QueryDatabase1()
50  {
51      strcpy(query, "select * from students");    // 执行查询语句
52      mysql_query(mysql, "set names gbk");        // 设置编码格式
53      // 返回0则查询成功，返回1则查询失败
54      if (mysql_query(mysql, query))              // 执行SQL语句
55      {
56          cout<<" 查询失败 \n";
57          return false;
58      }
59      else
60      {
61          cout<<" 查询成功 \n";
62      }
63      if (!(res = mysql_store_result(mysql)))     // 获得sql语句结束后返回的结果集
64      {
65          cout<<"Couldn't get result\n";
66          return false;
67      }
68
69      // 打印数据行数
70      cout<<"number of dataline returned:"<<mysql_affected_rows(mysql)<<endl;
71
72      // 获取字段的信息
73      char *str_field[32];                        // 定义一个字符串数组存储字段信息
74      for (int i = 0; i < 4; i++)                 // 在已知字段数量的情况下获取字段名
75      {
76          str_field[i] = mysql_fetch_field(res)->name;
77      }
78      for (int i = 0; i < 4; i++)                 // 打印字段
79          cout<<str_field[i]<<" \t" ;
80      cout<<"\n";
81      // 打印获取的数据
82      while (column = mysql_fetch_row(res))
83      {
84          cout<<column[0] <<"\t"<<column[1] <<"\t"<<column[2] <<"\t"<<column[3] <<"\n";
85      }
86      cout<<"\n-------------------------\n";
87      return true;
88  }
89  bool UpdateDatabase()
90  {
```

```
91        cout<<"测试修改数据 \n";
92        strcpy(query, "update students set score = 100 where no = 2005");
93        mysql_query(mysql, "set names gbk");  // 设置编码格式
94        // 返回 0 则修改成功，返回 1 则修改失败
95        if (mysql_query(mysql, query))          // 执行SQL语句
96        {
97            cout<<"修改失败 \n";
98            return false;
99        }
100       else
101       {
102           cout<<"修改成功 \n";
103           return true;
104       }
105   }
```

程序运行结果：

```
   编号    姓名    性别    分数
1: 2001    貂蝉    女     85.0
2: 2002    赵云    男     95.0
3: 2003    张飞    男     75.0
4: 2004    周瑜    男     98.0
5: 2005    刘备    男     100.0
```

程序解析：通过 strcpy (query, "update students set score = 100 where no = 2005") 以及 mysql_query(mysql, query)，将修改记录的 SQL 语句存入字符串并通过相应 API 执行。最后复用 12.4.2 节中的代码显示结果。

## 12.4.5 删除记录

【例 12-4】 删除 students 表中 no 为 "2005" 的记录。

```
1   #define _CRT_SECURE_NO_WARNINGS
2   #include<iostream>
3   #include<Windows.h>
4   #include<WinSock.h>
5   #include<mysql.h>
6   #include<string.h>
7   using namespace std;
8   #pragma comment(lib,"libmysql.lib")
9   #pragma comment(lib,"wsock32.lib")
10  MYSQL *mysql = new MYSQL;  //mysql 连接
11  MYSQL_FIELD *fd;           // 字段列数组
12  char field[32][32];        // 存字段名二维数组
13  MYSQL_RES *res;            // 这个结构代表返回行的一个查询结果集
14  MYSQL_ROW column;          // 一个行数据的类型安全(type-safe)的表示,表示数据行的列
15  char query[150];           // 查询语句
16
17  bool ConnectDatabase();
18  bool QueryDatabase1();
19  bool DeleteDatabase();
20
21  int main()
22  {
23      ConnectDatabase();
24      DeleteDatabase();
25      QueryDatabase1();
26      system("pause");
27      return 0;
28  }
```

```
29
30
31   bool ConnectDatabase()
32   {
33       // 初始化 mysql
34       mysql_init(mysql);
35       // 返回 false 则连接失败，返回 true 则连接成功
36       if(!(mysql_real_connect(mysql,"localhost","root","112358","mysql",3306,NULL,0)))
37       {
38           cout<<"Error connecting to database\n";
39           return false;
40       }
41       else
42       {
43           cout<<" 数据库连接成功 \n";
44           return true;
45       }
46   };
47
48
49   bool QueryDatabase1()
50   {
51       strcpy(query, "select * from students");  // 执行查询语句
52       mysql_query(mysql, "set names gbk");       // 设置编码格式
53       // 返回 0 则查询成功，返回 1 则查询失败
54       if (mysql_query(mysql, query))              // 执行 SQL 语句
55       {
56           cout<<" 查询失败 \n";
57           return false;
58       }
59       else
60       {
61           cout<<" 查询成功 \n";
62       }
63       if (!(res = mysql_store_result(mysql)))    // 获得 sql 语句结束后返回的结果集
64       {
65           cout<<"Couldn't get result\n";
66           return false;
67       }
68
69       // 打印数据行数
70       cout<<"number of dataline returned:"<<mysql_affected_rows(mysql)<<endl;
71
72       // 获取字段的信息
73       char *str_field[32];                        // 定义一个字符串数组存储字段信息
74       for (int i = 0; i < 4; i++)                 // 在已知字段数量的情况下获取字段名
75       {
76           str_field[i] = mysql_fetch_field(res)->name;
77       }
78       for (int i = 0; i < 4; i++)                 // 打印字段
79           cout<<str_field[i]<<" \t" ;
80       cout<<"\n";
81       // 打印获取的数据
82       while (column = mysql_fetch_row(res))
83       {
84           cout<<column[0] <<"\t"<<column[1] <<"\t"<<column[2] <<"\t"<<column[3] <<"\n";
85       }
86       cout<<"\n-----------------------\n";
87       return true;
88   }
89
```

```
 90    bool DeleteDatabase()
 91    {
 92        cout<<" 测试删除数据 \n";
 93        strcpy(query, "delete from students where no = 2005");
 94        mysql_query(mysql, "set names gbk");    // 设置编码格式
 95        // 返回 0 则删除成功 , 返回 1 则删除失败
 96        if (mysql_query(mysql, query))          // 执行 SQL 语句
 97        {
 98            cout<<" 删除失败 \n";
 99            return false;
100        }
101        else
102        {
103            cout<<" 删除成功 \n";
104            return true;
105        }
106    }
```

程序运行结果：

```
    编号    姓名    性别    分数
1:  2001    貂蝉    女      85.0
2:  2002    赵云    男      95.0
3:  2003    张飞    男      75.0
4:  2004    周瑜    男      98.0
```

程序解析：通过 strcpy (query, "delete from students where no = 2005")，以及 mysql_query(mysql, query)，将删除记录的 SQL 语句存入字符串并通过相应 API 执行。最后复用 12.4.2 节中的代码显示结果。

## 思考与练习

1. 简述 C++ 编程中的几种数据库连接方法。
2. 简述数据库编程的基本过程。
3. 根据本章提供的学生信息表 students 和其中的数据，在本章程序的基础上编程完成如下操作：
   1）增加 5 条记录，数据自己设计。
   2）显示成绩大于 80 分的学生信息。
   3）将数据表中的所有记录按照成绩从大到小的顺序排序并显示。

# 课程设计

某书店聘请你为其开发一个"图书管理系统",书店经理希望该系统能完成收银、图书销售和库存管理。其中书库文件包含了该书店所有的图书。该系统完成的主要功能如下:

- 计算总的销售额和销售税。
- 当用户购买一本书后,就应当将其从书库中扣除。
- 实现对书库的增加、修改和查找功能。
- 显示多种报表。
- 采用文件保存数据。所有对书库的操作,如增加、删除和修改等都要反映在文件中。

到目前为止,你可以自己编写一个具体而微的图书管理系统,从而将面向对象知识和一个具体的系统相结合,为以后的发展打下一个良好的基础。

**1. 系统模块**

该系统可以分为如下三个模块:

- 收银模块,即前台销售管理模块。
- 书库管理模块。
- 报表模块。

当运行该系统时,应当在屏幕上显示一个菜单,供用户选择这三个模块之一。下面讨论这三个模块。

(1) 收银模块

收银模块主要是辅助图书销售的工作。用户输入购买图书的数量和编号,要计算销售额和销售税,此外还要从书库中自动扣除已经销售的图书。

(2) 书库管理模块

书库就是一个文件,它包含了该书店中的所有图书,每本书包含如下几个数据项:

| 数 据 项 | 含 义 |
| --- | --- |
| ISBN 号 | 书的标准代码,对于任何一种书,ISBN 号是唯一的 |
| 书名 | 书的名称。如《程序设计语言原理》就是书名 |
| 作者 | 书的作者 |
| 出版单位 | 出版社 |
| 进书日期 | 书店购进该书的日期 |
| 库存量 | 该书当前库存的数量。例如,书店一次购买了《程序设计语言原理》1000 本,已经销售了 600 本,那么当前的库存就是 400 本 |
| 批发价 | 某种书的批发价 |
| 零售价 | 某种书的零售价。例如,《程序设计语言原理》的批发价格是 20 元/本,而零售价是 23 元/本 |

书库管理模块允许用户可以查看任何一本书的信息、进书、删除某种书、修改书的任何信息。

显然,可以创建一个类 BookData 来存储书的信息,该结构体的成员如下:

isbn:字符数组。该数组具有 14 个元素,即 ISBN 号最多由 13 个字符组成。
bookTitle:字符数组。该数组具有 51 个元素,即书名最多由 50 个字符组成。

author:字符数组。该数组具有 31 个元素,即作者名最多由 30 个字符组成。
publisher:字符数组。该数组具有 31 个元素,即出版社名称最多由 30 个字符组成。
dateAdded:字符数组。该数组具有 11 个元素,用于存放书店进书的日期。存储日期的格式为 YYYY-MM-DD。
　　例如,2014 年 1 月 1 号,表示为 2014-1-1。
qtyOnHand:int 类型整数。存放该书的库存量。
wholesale:double 类型实数。存放该书的批发价。
retail:double 类型实数。存放该书的零售价。

(3) 报表模块

报表模块主要用于分析书库中各种书的信息,并产生如下结果报表:

| 报　表　名 | 说　　明 |
| --- | --- |
| 书库列表 | 列出书库中所有图书信息 |
| 批发价列表 | 列出书库中所有图书的批发价,以及所有图书的批发价总额 |
| 零售价列表 | 列出书库中所有图书的零售价,以及所有图书的零售价总额 |
| 按书的数量列表 | 首先按照书的库存量进行从大到小排序,然后给出书的列表。书店经理可以依据各种书的库存量进行分析,以便做好以后的进书和销售工作 |
| 按书的价值额列表 | 首先根据书的批发价总额进行从大到小排序,然后给出列表。例如,《程序设计语言原理》的批发价是 20 元 / 本,库存 400 本,而《C# 程序设计》的批发价是 30 元 / 本,库存 300 本。先根据它们的批发价总额进行排序,然后再给出列表 |
| 按进书日期列表 | 先根据进书的日期从小到大排序,然后给出列表 |

**2. 屏幕输出要求**

1)设计一个主菜单。编写一个函数输出如下形式的一个主菜单:

```
        XXX 图书管理系统
             主菜单

    1. 收银模块
    2. 书库管理模块
    3. 报表模块
    4. 退出系统
       输入选择:
       请输入 1 – 4 之间的数。
```

用户输入以后,程序要对输入值进行检验,然后采用 switch 语句进入相应的模块。

2)设计收银界面。该界面允许用户一次可以进行多笔交易。在每种书的信息输入以后,程序要询问是否还购买了其他书。如果是,就允许用户输入其他书的信息,否则计算销售总额、零售税和总价。例如:

```
              前台销售模块

    日期:2021 年 12 月 26 日
    数量   ISBN 号        书名         单价        金额
     2    12345678     C++ 程序设计    RMB 20.0    RMB 40.0
     3    87654321     程序设计语言原理  RMB 30.0    RMB 90.0
    ------------------------------------------------
    销售合计:RMB 130.0
    零售税: RMB 7.8
    应付总额:RMB 137.8

    谢谢光临!
```

自动查找功能：一旦用户输入 ISBN 号，要自动在书库中查找书名和单价。如果找不到对应的 ISBN 号，就显示一个出错信息，然后询问用户是否再输入一个 ISBN 号。

3）设计显示书的屏幕格式。编写一个函数采用如下格式显示书的信息，例如：

```
        XXX 图书管理系统
           书的资料

ISBN 号：0123456789
书　名：XXXXXX
作　者：XXXXXX
出版社：XXXXXX
进书日期：XXXXXX
库存量：XXXXXX
批发价：XXXXXX
零售价：XXXXXX
```

4）设计报表显示格式，例如：

```
        XXX 图书管理系统
           报表模块

1. 书库列表
2. 批发价列表
3. 零售价列表
4. 按书的数量列表
5. 按书的价值额列表
6. 按进书日期列表
7. 返回到主菜单

输入选择：6
```

在用户输入选择项以后，采用 switch 语句调用相应的函数执行操作。如果用户输入的值不在 1～7 范围之内，那么程序应当显示一个出错信息，提示用户重新输入选择项。

5）设计书库操作菜单，例如：

```
        XXX 图书管理系统
           书库管理模块

1. 查找某本书的信息
2. 增加书
3. 修改书的信息
4. 删除书
5. 返回到主菜单

输入选择：4
```

在用户输入选择项以后，采用 switch 语句调用相应的函数执行操作。如果用户输入的值不在 1～5 范围之内，那么程序应当显示一个出错信息，提示用户重新输入选择项。

**3. 目前存储书的结构**

采用 BookData 类的对象数组存储每本书的信息。假设该书店具有 100 种书（很不实际的一个假设），那么就定义一个具有 100 个元素的对象数组空间。当然，这是一个方法，你可以发挥自己的聪明才智，如采用链表解决。

该程序需要的一些函数如下：

（1）strUpper 函数

编写一个名为 strUpper 的函数，该函数接收一个 char * 指针为参数，将参数中小写字母转换为大写字母。

（2）lookUpBook 函数

编写一个名为 lookUpBook 的函数，它要求用户输入书名，然后在书库中查找该书，如果没找到，在屏幕上显示一个出错信息，以表明书库中没有该书。如果找到了该书，调用 BookInfo 函数，显示该书的信息。注意：BookInfo 函数的参数是一个 BookData 数组。

（3）editBook 函数

编写一个名为 editBook 的函数，它要求用户输入想修改的数据项，并输入该项的新值。

（4）deleteBook 函数

该函数要求用户输入书名，然后从书库中删除该书。该函数首先在书库中查找，如果没有找到对应的书，那么给出一个提示信息；如果找到了该书，那么就从 BookData 对象数组中移除该书。

（5）辅助性函数

1）setTitle：设置书名。函数的参数为一个代表书名的 char * 指针和一个代表 BookData 对象数组下标的 int 整数。函数是将书名复制到 BookData 对象数组的 bookTitle 成员中，元素的位置由下标指定。函数无返回值。

2）setISBN：设置书的 ISBN 号。函数参数与 setTitle 类似。

3）setAuthor：设置书的作者。函数参数与 setTitle 类似。

4）setPub：设置书的出版社。函数参数与 setTitle 类似。

5）setDateAdded：设置进书日期。函数参数与 setTitle 类似。

6）setQty：设置书的库存量。函数参数是两个 int 整数，其中第一个参数代表该书库存量，第二个参数是对应的数组下标。其余与 setTitle 类似。

7）setWholesale：设置该书批发价。函数的第一个参数是 double 类型，代表书的批发价，第二个参数是对应的数组下标。

8）setRetail：设置该书零售价。函数的第一个参数是 double 类型，代表书的零售价，第二个参数是对应的数组下标。

9）isEmpty：该函数的参数是一个 int 类型的整数，它代表 BookData 对象数组的下标。如果当前参数代表的结构体为空，函数返回 true（即 1），否则返回 false（即 0）。判断结构体为空的原则是，如果 bookTitle 成员的第一个字符为空字符（'\0'），那么函数就返回 true，否则返回 false。

10）removeBook：该函数的参数是一个 int 类型的整数，它代表 BookData 对象数组的下标。函数的功能是从数组中移除由参数指定的数组中的结构体元素。

注意：移除的方法很多，一种简单的方法是将书名的第一个字符设置为空字符（'\0'），另一种方法是将后面的数组元素向前移动，显然后一种方法比较浪费 CPU 时间。

# 参考文献

[1] 杨长虹,徐碚. C++语言大全[M]. 北京:电子工业出版社,1992.
[2] Budd T A. 面向对象编程导论[M]. 黄名军,李桂杰,译. 北京:机械工业出版社,2003.
[3] Sethi R. 程序设计语言:概念和结构(原书第2版)[M]. 裘宗燕,译. 北京:机械工业出版社,2002.
[4] Gaddis T. Starting Out with C++ from Control Structures to Objects[M]. 9th ed. Pearson, 2017.
[5] 孔令德,叶瑶,杨慧炯. C++程序设计案例精编[M]. 北京:中国铁道出版社,2007.
[6] 皮德常. C++程序设计教程[M]. 2版. 北京:机械工业出版社,2014.
[7] 王珊珊,臧洌,张志航,皮德常. C程序设计基础[M]. 2版. 北京:清华大学出版社,2019.
[8] Liang Y D. C++程序设计(英文版·第3版)[M]. 北京:机械工业出版社,2013.
[9] Sebesta R W. 程序设计语言原理(原书第8版)[M]. 张勤,王方矩,译. 北京:机械工业出版社,2008.